磁性ビーズのバイオ・環境技術への応用展開

Biomedical and Environmental Applications of Functionalized Magnetic Beads

《普及版》

監修 半田 宏，阿部正紀，野田紘憙

シーエムシー出版

刊行にあたって

　磁性ビーズは魅惑的（magnetic）な材料である。慈母が子を引き寄せる様の連想から"磁石"の名が由来したと言われているが，微粒子状の磁石，すなわち磁性ビーズは，空間を隔てて磁気力で分離，輸送，回収が可能である。さらに，磁性体の電磁的な応答によって検出（センシング），標識（ラベリング），誘導加熱などが可能であり，磁気力による操作と組み合わせることによって，他の微粒子材料では不可能な応用が色々と提案されている。

　磁性ビーズは，すでに，磁気記録材料や磁気カードの磁気インク用材料として広く実用に供されているが，本書では，次世代技術として注目を集めている医療・バイオ分野および環境保全分野への応用展開をめざした。

　磁性ビーズは広い分野へ応用展開が可能であるがゆえに，学際性の高い研究が要求される。従って，多彩な異分野が融合した研究が推進されなければ目的は達成されない。特に，磁性ビーズを医療などへ実用化するには，動物実験から治験へと展開するため，大学の医学部や獣医学部に加えて，病院との共同研究開発も必要となる。またその際，基礎研究から応用展開・実用化へと密につながっているので，企業と共同で行う産学連携型の研究も必要である。そこで，本書では，できるだけ多くの応用技術を網羅するととともに，関連・周辺技術をとりあげ，また磁性ビーズの基礎をも記載して，すでに取り組んでおられる研究者，技術者から，これからこの分野に進もうとしておられる方々にもお役に立つことをめざした。

　科学技術が質的，量的に著しく進歩した20世紀が過ぎ去り，今や人々および産業界の関心は，作ることもさることながら，守り，保つことに寄せられている。自分の健康を守る医療，地球の環境を保つ技術の開発に重点がおかれつつある。Magneticな微粒子を用いた新規技術が21世紀の"保つ"技術の開発を実現するために貢献できることを願いつつ本書を世に送る。

2006年4月

半田　宏，阿部正紀，野田絋憙

普及版の刊行にあたって

本書は2006年に『磁性ビーズのバイオ・環境技術への応用展開』として刊行されました。普及版の刊行にあたり，内容は当時のままであり加筆・訂正などの手は加えておりませんので，ご了承ください。

2012年6月

シーエムシー出版　編集部

執筆者一覧（執筆順）

阿部　正紀	東京工業大学　大学院理工学研究科　電子物理工学専攻　教授	
松下　伸広	東京工業大学　応用セラミックス研究所	
堀石　七生	戸田工業㈱　T&Mリサーチセンター　技術顧問	
山室　佐益	名古屋工業大学　ながれ領域　プロジェクト助手	
隅山　兼治	名古屋工業大学　ながれ領域　教授	
田中　三郎	豊橋技術科学大学　工学部　エコロジー工学系　教授	
川口　春馬	慶應義塾大学　大学院理工学研究科　教授	
大場　慎介	慶應義塾大学　大学院理工学研究科	
弓削　類	広島大学大学院　保健学研究科　生体環境適応科学教室　教授	
井藤　彰	名古屋大学　大学院工学研究科　化学・生物工学専攻　生物機能工学分野　バイオテクノロジー講座　生物プロセス工学グループ　助手	
本多　裕之	名古屋大学　大学院工学研究科　化学・生物工学専攻　生物機能工学分野　バイオテクノロジー講座　生物プロセス工学グループ　教授	
松永　是	東京農工大学大学院　教授	
鈴木　健之	東京農工大学大学院	
新垣　篤史	東京農工大学大学院　助手	
小林　猛	中部大学　応用生物学部　教授	
谷本　伸弘	慶應義塾大学　医学部　放射線診断科　専任講師	
西嶋　茂宏	大阪大学　工学部　環境エネルギー工学専攻　教授	
大西　徳幸	マグナビート㈱　代表取締役社長	
近藤　昭彦	神戸大学　工学部　教授	
野田　紘憙	和歌山大学　システム工学部；㈶理化学研究所　中央研究所　田代分子計測工学研究室	
サンドゥー　アダルシュ	東京工業大学　量子ナノエレクトロニクス研究センター　助教授	
福本　博文	旭化成㈱　研究開発センター　主幹研究員	
西尾　広介	東京工業大学　大学院生命理工学研究科　生命情報専攻	
坂本　聡	東京工業大学　大学院生命理工学研究科　生命情報専攻　助手	
宇賀　均	㈱アフェニックス　研究開発部　研究員	
倉森　見典	東京工業大学　大学院生命理工学研究科　生命情報専攻	

半田　　　宏	東京工業大学　大学院生命理工学研究科　生命情報専攻　教授	
富樫　謙一	ロシュ・ダイアグノスティックス㈱　MD事業部　血液事業推進部 製品学術・企画課	
坂倉　康彦	ロシュ・ダイアグノスティックス㈱　MD事業部　遺伝子診断開発部 研究開発課	
八幡　英夫	ロシュ・ダイアグノスティックス㈱　MD事業部　血液事業推進部 製品学術・企画課　課長	
玉造　　　滋	ロシュ・ダイアグノスティックス㈱　MD事業部　遺伝子診断開発部 部長	
本間　直幸	プロメガ㈱　テクニカルサービス部　部長	
澤上　一美	プレシジョン・システム・サイエンス㈱　研究開発本部 開発第3グループ	
田島　秀二	プレシジョン・システム・サイエンス㈱　代表取締役社長	
玉浦　　　裕	東京工業大学　炭素循環エネルギーセンター　教授	
岡田　秀彦	㈳物質・材料研究機構　強磁場研究センター　特別研究員	
酒井　保蔵	宇都宮大学　工学部　応用化学科　助教授	
井原　一高	宮城大学　食産業学部　環境システム学科　助手	
渡辺　恒雄	首都大学東京　工学研究科　電気電子工学専攻　教授	
福井　　　聡	新潟大学　自然科学系　助教授	
笠木　伸英	東京大学　大学院工学系研究科　機械工学専攻　教授	
鈴木　雄二	東京大学　大学院工学系研究科　機械工学専攻　助教授	
三輪　潤一	東京大学　大学院光学系研究科　機械工学専攻	
式田　光宏	名古屋大学　エコトピア科学研究所　助教授	
藤田　博之	東京大学　生産技術研究所　教授	
バラチャンドラン・ジャヤデワン	東北大学大学院　環境科学研究科　助教授	
島田　邦雄	福島大学　共生システム理工学類　助教授	
野地　博行	大阪大学　産業科学研究所　高次細胞機能講座　教授	
石川　　　満	㈳産業技術総合研究所　健康工学研究センター　生体ナノ計測チーム チーム長	

執筆者の所属表記は，2006年当時のものを使用しております。

目　次

第Ⅰ編　基礎編

第1章　磁性ビーズの特長と作製法の原理概説　　阿部正紀

1　はじめに …………………………… 3
2　磁性ビーズの特長・利点 ………… 3
3　磁性ビーズの作製法とFeの重要性 … 5
　3.1　化学的合成法の利点 ………… 5
　3.2　Feを含む磁性ビーズの重要性 …… 5
　3.3　Feを含む磁性ビーズの化学的合成の原理 ………………………… 6
4　まとめ ……………………………… 7

第2章　医用磁性ビーズの開発動向　　松下伸広

1　はじめに …………………………… 9
2　市販の医用磁性ビーズ …………… 10
3　大学・研究機関における磁性ビーズの開発 ……………………………… 11
　3.1　フェライト粒子の合成とビーズへの応用 ……………………………… 11
　3.2　金属微粒子の合成とビーズへの応用 ……………………………… 14
4　今後の展望 ………………………… 15

第3章　フェライト微粒子の合成と用途　　堀石七生

1　はじめに …………………………… 18
2　合成方法 …………………………… 18
　2.1　乾式法 ………………………… 18
　2.2　湿式法 ………………………… 19
　　2.2.1　共沈法 …………………… 20
　　2.2.2　中和酸化法 ……………… 20
　　2.2.3　ヘマタイト転換法 ……… 23
　　2.2.4　コバルト被着反応 ……… 24
　　2.2.5　その他の水溶液中合成法 … 25
3　磁性と用途 ………………………… 25
　3.1　微粒子磁性 …………………… 25
　3.2　用途 …………………………… 25
4　おわりに …………………………… 26

第4章　金属磁性ナノ粒子の作製　−液相合成法−　　山室佐益，隅山兼治

1　はじめに …………………………… 28
2　磁性金属ナノ粒子合成の研究開発動向
　　……………………………………… 29
　2.1　磁性金属ナノ粒子合成の問題点 … 29
　2.2　粒子サイズの単分散化 …………… 30
3　サイズおよび形状を制御したFeナノ粒
　　子の合成 …………………………… 31
　3.1　Feナノ粒子の合成方法 ………… 31
　3.2　単分散Feナノ粒子の合成と平均
　　　　サイズ制御 ………………………… 33
　3.3　立方形状Feナノ粒子の合成 …… 35
4　今後の課題 ………………………… 36

第Ⅱ編　応用編

第1章　バイオサイエンスへの応用技術

1　磁気マーカー技術 …………田中三郎 … 41
　1.1　センチネルリンパ節生検への応用
　　……………………………………… 41
　1.2　高温超伝導SQUID磁気センサ … 42
　1.3　リンパ節生検用の実験装置 ……… 43
　1.4　基礎実験の実験結果 ……………… 44
　1.5　動物実験の実験結果 ……………… 44
　1.6　まとめ ……………………………… 45
2　高分子微粒子を用いた遺伝子診断シス
　　テムの構築……川口春馬，大場慎介 … 47
　2.1　遺伝子診断技術の流れ …………… 47
　2.2　高分子微粒子を用いる診断 ……… 48
　2.3　MutSとアントラキノンを担持する
　　　　微粒子の構築 ……………………… 48
　2.4　担体高分子微粒子の調製 ………… 49
　2.5　複合化を目指してのMutSとAQの
　　　　改質 ………………………………… 51
　2.6　AQ-MutSハイブリッドの調製と粒
　　　　子への固定化 ……………………… 51
　2.7　MutSのSG粒子への固定によるア
　　　　フィニティラテックスの調製 …… 51
　2.8　粒子上のMutSへのAQの結合 … 52
　2.9　AQ-MutS-SG粒子を用いた遺伝子
　　　　診断システム ……………………… 53
　2.10　結論 ……………………………… 54
3　細胞の培養・分離技術……弓削　類 … 56
　3.1　はじめに …………………………… 56
　3.2　磁性ビーズを使った細胞伸展シス
　　　　テム ………………………………… 56
　3.3　磁場を使った筋芽細胞伸展実験 … 57
　　3.3.1　細胞伸展による筋芽細胞の形
　　　　　　態的変化 ……………………… 58
　　3.3.2　細胞伸展による筋の分化マー
　　　　　　カーの変化 …………………… 59
　3.4　磁場を使った骨芽細胞伸展実験 … 60
　　3.4.1　細胞伸展による骨芽細胞の形
　　　　　　態的変化 ……………………… 60
　　3.4.2　細胞伸展による骨の分化マー

		カーの変化 …………… 61
3.5		磁性ビーズによる細胞の選別 …… 62
3.6		おわりに ……………………… 63

4 再生医療への応用技術
　　　　………井藤　彰・本多裕之 … 64
- 4.1 はじめに ……………………… 64
- 4.2 機能性磁性微粒子 ……………… 65
- 4.3 AMLを用いたMSCの分離・濃縮培養法 ……………………… 66
- 4.4 MCLを用いた表皮細胞シートの構築 ………………………… 68
- 4.5 Mag-TEによる網膜色素上皮組織の構築と移植 ……………… 69
- 4.6 MCLを用いた肝臓様組織の構築 …………………………… 71
- 4.7 MCLを用いた管状組織の構築 … 72
- 4.8 おわりに ……………………… 73

5 バクテリアの合成するナノ磁性ビーズの応用技術
　　……松永　是・鈴木健之・新垣篤史 75
- 5.1 はじめに ……………………… 75
- 5.2 バクテリアの合成する磁性ビーズ ……………………………… 75
- 5.3 磁性細菌粒子生成機構の解析 …… 76
  - 5.3.1 磁性細菌の全ゲノム解析 …… 76
  - 5.3.2 磁性細菌粒子膜タンパク質のプロテオーム解析 ………… 77
  - 5.3.3 磁性細菌のトランスクリプトーム解析 ………………… 77
  - 5.3.4 磁性細菌粒子の生成機構 …… 78
- 5.4 機能性磁性細菌粒子の開発と応用 ……………………………… 79
  - 5.4.1 磁性細菌粒子表面への分子構築 ………………………… 80
  - 5.4.2 磁性細菌粒子表面へのタンパク質のアセンブリング技術 … 80
  - 5.4.3 自動化技術の開発 ………… 82
  - 5.4.4 磁気プローブ ……………… 83
- 5.5 おわりに ……………………… 83

第2章　医療への応用技術

1 磁気ハイパーサーミア……小林　猛 … 85
- 1.1 はじめに ……………………… 85
- 1.2 マグネタイト微粒子を用いた加温素材の開発 ………………… 87
- 1.3 マグネタイト微粒子を用いたガンの温熱免疫療法 …………… 88
- 1.4 ハイパーサーミアとガン免疫における熱ショックタンパク質の役割 ……………………………… 90
- 1.5 ハイパーサーミアによるガン細胞特有の免疫活性の向上メカニズム ……………………………… 92
- 1.6 おわりに ……………………… 95

2 磁性微粒子を用いたMRI技術
　　　　　　　　　　………谷本伸弘 … 97
- 2.1 はじめに ……………………… 97
- 2.2 超常磁性酸化鉄製剤SPIOの現状 ……………………………… 97

2.2.1 肝特異性造影剤としての応用 …………………………… 97	4.1 微粒子 …………………………… 111
2.2.2 リンパ節造影剤としての応用 …………………………… 101	4.1.1 微粒子のバイオ領域での応用 …………………………… 111
2.2.3 血液プール造影剤としての応用 ………………………… 102	4.1.2 ナノ粒子の新しい展開 …… 111
2.2.4 動脈壁 Plaque imaging への応用 ………………………… 102	4.1.3 磁性ナノ粒子への期待 …… 112
2.2.5 molecular imaging ………… 102	4.2 熱応答性磁性ナノ粒子の開発 …… 112
2.2.6 再生医療への応用 ………… 103	4.2.1 刺激応答性材料－磁性材料－バイオ分子の融合 ……………… 112
2.3 今後の展望 …………………… 103	4.2.2 刺激応答性高分子とは …… 113
3 薬剤の磁気輸送（DDS）技術 ……………………西嶋茂宏 105	4.2.3 下限臨界溶液温度を持つ熱応答性高分子 …………………… 113
3.1 はじめに ……………………… 105	4.2.4 上限臨界溶液温度を持つ熱応答性高分子 …………………… 114
3.2 DDSシステム ………………… 105	4.2.5 熱応答性磁性ナノ粒子 …… 115
3.2.1 薬物誘導システムの概念 …… 105	4.3 熱応答性磁性ナノ粒子のバイオ領域への展開例 ………………… 116
3.2.2 磁動システムの設計 ……… 106	4.3.1 バイオ分離への応用 ……… 116
3.2.3 磁性微粒子誘導試験 ……… 107	4.3.2 酵素固定化への応用 ……… 117
3.2.4 超伝導磁石の導入 ………… 109	4.3.3 細胞分離・アッセイへの応用 …………………………… 117
3.3 まとめ ………………………… 110	4.3.4 医療分野への応用 ………… 118
4 熱応答性磁性ナノ粒子の応用技術 ……………大西徳幸，近藤昭彦 … 111	4.4 将来展望 ……………………… 118

第3章　バイオセンシングへの応用技術

1 スピンバルブ，GMRセンシング技術 ……………………野田紘憲 … 120	1.3.1 磁性微粒子・磁性ビーズ …… 123
1.1 はじめに ……………………… 120	1.3.2 GMRバイオセンサ ……… 124
1.2 スピンバルブ・GMRセンサ …… 120	1.3.3 64アレイ化GMRチップ …… 125
1.2.1 磁気抵抗効果 ……………… 120	1.3.4 GMRセンサシステムに組み込むマイクロ流路技術 ………… 126
1.2.2 磁気的免疫検査法 ………… 122	1.3.5 生体分子検出への応用 …… 126
1.3 バイオセンシングへの応用 …… 123	1.3.6 ドラッグデリバリーシステム

への応用 …………………… 126	2.4 展望 ………………………… 134
1.3.7 MTJバイオセンサ …………… 127	3 CMOSセンシング技術…… **福本博文**… 136
1.3.8 今後のバイオセンサ ………… 127	3.1 はじめに ……………………… 136
1.4 おわりに ……………………… 128	3.2 磁気ビーズによるバイオセンシング …………………………… 136
2 ホール素子を用いた生理活性物質検出 …………**サンドゥー アダルシュ** … 130	3.3 CMOSセンサによる磁気ビーズのセンシング ……………………… 137
2.1 はじめに ……………………… 130	3.4 測定原理 ……………………… 139
2.2 ホールセンサーと磁性微粒子検出 …………………………………… 130	3.5 測定システム ………………… 141
2.2.1 Free Standing ホールセンサー …………………………… 130	3.6 CMOSセンサによるイムノアッセイ ……………………………… 142
2.2.2 磁性微粒子検出 …………… 132	3.7 おわりに ……………………… 143
2.3 生理活性物質検出 …………… 133	

第4章 磁気分離法のバイオ応用技術

1 創薬を指向したバイオスクリーニング技術の開発 ………**西尾広介,坂本 聡,宇賀 均,倉森見典,半田 宏**… 144	2.1 はじめに ……………………… 154
	2.2 献血血液の実際 ……………… 155
	2.3 磁性ビーズによる核酸抽出・精製 …………………………………… 156
1.1 はじめに ……………………… 144	2.4 リアルタイム TaqManPCR ……… 157
1.2 アフィニティークロマトグラフィー法 …………………………… 145	2.5 内部標準・IC ………………… 159
	2.6 Multiplex 検出 ………………… 160
1.3 ナノ磁性アフィニティー粒子の開発 …………………………… 147	2.7 実際のNAT検査の成績 ………… 160
	2.8 海外におけるNAT検査 ………… 161
1.4 FGビーズの性能評価 ………… 150	2.9 磁性ビーズを選択するに当たって …………………………………… 161
1.5 FGビーズを利用した薬剤設計と今後の展開 ……………………… 152	
	2.10 血液スクリーニングの今後 …… 162
2 磁性ビーズによる核酸抽出の自動化ならびにその献血スクリーニングへの応用 ………**富樫謙一,坂倉康彦,八幡英夫,玉造 滋**… 154	3 DNA/RNA抽出とタンパク質精製技術 …………………………**本間直幸** … 164
	3.1 はじめに ……………………… 164
	3.2 DNA/RNA抽出への応用 ……… 164

v

3.2.1 磁性粒子を用いた核酸精製 … 164
3.2.2 ストレプトアビジンコート磁性粒子 … 168
3.3 タンパク質精製への応用 … 169
3.3.1 Hisタグ，GSTタグ融合タンパク質の精製 … 169
3.3.2 大腸菌以外のサンプルからのHisタグ融合タンパク質の精製 … 172
3.3.3 Ni^{2+}へのヘモグロビンの非特異的結合の回避 … 172
3.4 おわりに … 173
4 バイオ反応・測定のシステム化技術 …………澤上一美・田島秀二 … 175
4.1 はじめに … 175
4.2 磁性ビーズとMagtration®Technology … 175
4.3 バイオ・環境分野で求められる自動システム … 176
4.3.1 手作業の自動化 … 177
4.3.2 ハイスループット化 … 177
4.3.3 既存測定技術との組み合わせ … 178
4.3.4 独自技術：完全自動化専用システム … 178
4.4 おわりに … 181

第5章　磁気分離法の環境応用技術

1 排水高度処理技術………玉浦　裕 … 183
1.1 はじめに … 183
1.2 湖沼の環境基準達成状況 … 183
1.3 超伝導磁石の超強磁場下でのリン酸イオンの磁気分離 … 184
1.4 無機系吸着剤へのmagnetic seeding法 … 187
1.5 常磁性粒子の超伝導磁石での磁気分離 … 187
1.6 超強磁場の永久磁石による磁気分離 … 189
2 環境汚染物質除去技術……岡田秀彦 … 191
2.1 はじめに … 191
2.2 磁気分離の方法 … 192
2.2.1 開放勾配型磁気分離 … 192
2.2.2 高勾配磁気分離 … 192
2.3 応用例 … 193
2.3.1 地熱水からのヒ素除去 … 193
2.3.2 製紙排水のリサイクル … 195
2.3.3 環境ホルモン等の化学物質の除去・濃縮 … 197
3 磁化活性汚泥法による水質浄化技術 …………酒井保藏 … 200
3.1 活性汚泥法 … 200
3.2 活性汚泥法の問題点 … 201
3.2.1 余剰汚泥の発生 … 201
3.2.2 固液分離の難しさ，バルキング現象 … 201
3.3 磁化活性汚泥法による活性汚泥法の問題解決 … 202
3.4 活性汚泥の磁気分離特性 … 203
3.5 磁気分離装置 … 204

3.6 磁化活性汚泥法による余剰汚泥ゼロエミッション水処理の実現 …… 205
3.7 磁化活性汚泥法の処理フロー …… 206
3.8 物理化学的水処理法との比較 …… 206
3.9 磁化活性汚泥法研究の最先端 …… 207
　3.9.1 磁化活性汚泥法研究の広がり ……………………………… 207
　3.9.2 磁化活性汚泥法の高度処理への試み …………………… 208
　3.9.3 様々な排水処理への適用 …… 208
4 高勾配磁気分離および電気化学反応を活用した水質浄化技術
　………… 井原一高,渡辺恒雄 … 209
4.1 はじめに ……………………… 209
4.2 電解凝集と高勾配磁気分離による廃水処理 ………………………… 209
　4.2.1 高勾配磁気分離と磁性付与 … 209
　4.2.2 磁性付与法としての鉄電解 … 210
4.3 電解酸化法 ……………………… 210
4.4 鉄電解,磁気分離,電解酸化を組み合わせた廃水処理 ……………… 210
　4.4.1 装置の概要および実験方法 … 211
　4.4.2 実験結果 ………………… 212
4.5 まとめ ………………………… 213
5 超伝導マグネットを用いた環境技術
　………………………… 福井　聡 … 214
5.1 はじめに ……………………… 214
5.2 磁気分離装置の超伝導化 ……… 215
5.3 地熱水中の砒素除去システム …… 217
5.4 製紙工場からの廃水処理システム ………………………………… 218
5.5 バルク超伝導体を用いた下水浄化システム ……………………… 219
5.6 湖沼水中のアオコ除去システム … 221

第6章　MEMS応用技術

1 マイクロ・セルソーティング技術
　…… 笠木伸英・鈴木雄二・三輪潤一 … 224
1.1 幹細胞を用いた再生医療 ……… 224
1.2 細胞分離法 …………………… 225
1.3 免疫磁気細胞分離法 ………… 226
1.4 マイクロ免疫磁気細胞分離システム ……………………………… 227
1.5 マイクロスケールにおける混合 … 228
1.6 アクティブ・マイクロ混合器 …… 229
1.7 パッシブ・マイクロ混合器 ……… 230
1.8 結論および今後の展開 ………… 232
2 磁性微粒子操作による小型分析技術
　………………………… 式田光宏 … 235
2.1 分析システムの小型化 ………… 235
2.2 磁性微粒子操作とそれを用いた分析システム ……………………… 236
　2.2.1 動作原理 ………………… 236
　2.2.2 磁気力による微粒子の抽出および融合操作 ……………… 237
　2.2.3 磁性微粒子操作技術による生化学反応 ……………………… 240
2.3 今後の展開 …………………… 245
3 マイクロマシンのバイオ・化学への応用 ………………… 藤田博之 … 246

3.1 はじめに ……………………… 246
3.2 ナノ・マイクロマシンの製作法 … 246
　3.2.1 MEMSの作り方 …………… 246
　3.2.2 マイクロアクチュエータ …… 247
　3.2.3 集積化システム …………… 247
3.3 MEMS技術実用化の進展 ……… 248
　3.3.1 光学応用 ………………… 248
　3.3.2 情報機器 ………………… 248
　3.3.3 マイクロ・ナノ化学システム
　　　　とナノバイオ技術応用 ……… 249
　3.3.4 ナノテクノロジー応用 ……… 250
3.4 細胞操作用マイクロマシン ……… 250
3.5 分子ピンセット ………………… 250
3.6 MEMS技術による生体分子モータ
　　の1分子解析 …………………… 251
3.7 生体分子モータによる人工物の搬
　　送システム ……………………… 253

第Ⅲ編　関連技術と技術動向

第1章　磁性粒子・流体の調製と医療応用

バラチャンドラン　ジャヤデワン

1 はじめに ………………………… 259
2 磁性ナノ粒子の合成 ……………… 260
　2.1 共沈法 …………………… 260
　2.2 ゾルゲル法 ………………… 260
　2.3 ミセル法 …………………… 261
　2.4 熱分解法 …………………… 262
　2.5 ホウ化水素還元法 …………… 262
　2.6 ポリオール法 ………………… 262
3 磁性流体の分散性 ………………… 263
　3.1 理論 ………………………… 263
　3.2 分散機構 …………………… 266
4 磁性流体作製 ……………………… 266
　4.1 酸化物磁性流体 ……………… 267
　　4.1.1 界面活性剤吸着による立体障
　　　　　害をベースとした磁性流体の
　　　　　作製 …………………… 267
　　4.1.2 電気二重層相互作用をベース
　　　　　とした磁性流体の作製 …… 268
　4.2 金属磁性流体 ………………… 269
　　4.2.1 金属磁性流体の概要 ……… 269
　　4.2.2 鉄-コバルト合金磁性流体の
　　　　　作製 …………………… 269
5 磁性流体の応用技術 ……………… 270
　5.1 医療応用 …………………… 271
　　5.1.1 細胞の磁気選別 …………… 272
　　5.1.2 ドラッグデリバリー ……… 272
　　5.1.3 ハイパーサーミア ………… 273
　　5.1.4 MRI（magnetic resonance
　　　　　imaging）の造影剤 ……… 275
6 おわりに ………………………… 275

第2章　機能性磁気応答流体技術　　島田邦雄

1 機能性磁気応答流体について ………… 279
2 MFとMRFについて ……………… 279
3 MCFについて ………………………… 281
　3.1 MCFとは ………………………… 281
　3.2 粘度特性 ………………………… 282
　3.3 磁化特性 ………………………… 283
3.4 磁気圧力 ………………………… 284
3.5 磁気クラスタ …………………… 285
3.6 粒子沈降 ………………………… 286
3.7 スパイク ………………………… 287
4 MCFの応用技術 ……………………… 287

第3章　磁性ビーズを用いた回転分子モーターの研究　　野地博行

1 はじめに …………………………… 293
2 生体分子モーターの種類と1分子操作
　………………………………………… 293
3 分子モーターの駆動エネルギー ……… 294
　3.1 ATP駆動モーター ……………… 294
　3.2 プロトンの電気化学ポテンシャル
　　　駆動モーター ………………… 295
4 ATP合成酵素を構成する二つの回転
モーター ……………………………… 295
5 ATP合成酵素と水力発電機 ………… 296
6 F_1モーターの構造 ………………… 296
7 F_1モーター回転運動の1分子観察 … 297
8 磁気ビーズを用いたF_1モーターの1分
　子操作 ……………………………… 297
9 ATP合成実験 ……………………… 298
10 おわりに …………………………… 300

第4章　量子ドットによる標識技術　　石川　満

1 概要 ………………………………… 302
2 量子ドットの特長 …………………… 302
3 量子ドットの合成・表面修飾・可水溶化
　………………………………………… 304
4 量子ドットを用いた細胞, 組織および
　器官の可視化 ……………………… 306
5 量子ドット共役体を用いたバイオアッ
セイとバイオセンシング …………… 308
　5.1 毒物の検出 …………………… 308
　5.2 DNAフラグメントと特定の塩基配
　　　列の検出, タンパク質の検出 …… 308
　5.3 マイクロアレイ, フローサイトメ
　　　トリー, クロマトグラフィーへの
　　　応用 ……………………………… 309

第Ⅰ編　基礎編

第 1 編　基礎理論

第1章　磁性ビーズの特長と作製法の原理概説

阿部正紀*

1　はじめに

　ポストゲノム解析時代が幕開けした21世紀初頭の今日，ゲノム情報を駆使した革新的な医療・バイオ技術の開発に対する熱い期待が寄せられている[1,2]。それらの新規技術の開発において，磁性ビーズを用いることによる新展開に，現在，人々の注目が集められている[3～8]。

　また20世紀後半以来グローバルな課題となっている環境保全技術分野でも，廃水や環境汚染物質の除去に磁性ビーズを用いる新技術の開発研究が，特に日本を中心として行われている。

　これらのバイオおよび環境技術へ，磁性ビーズを用いることによって，なぜ他の手法では得られないブレークスルーが得られるのか，その背景にある磁性ビーズの特長と利点を本稿で概説する。また，現在，バイオ・環境技術に実際に応用されている磁性ビーズでは，化学的合成法で作製されたフェライトまたはFeのビーズが主役である。その理由を明らかにするとともに，フェライトおよびFeの磁性ビーズを化学的に合成する原理にもふれる。

2　磁性ビーズの特長・利点

　磁性ビーズをバイオおよび環境技術へ応用する場合に，ほとんどすべてが水中（または水を多量に含んだ生体組織内）で用いられる[9]。すなわち水中に磁性ビーズを分散させ，ビーズ表面での現象（化学反応，吸着など）およびビーズの磁気応答を利用する。以下に，水中（生体組織中）で利用する磁性ビーズの特長と利点を説明する。

(1)　大表面積と高い反応効率

　磁性ビーズに限らず一般に，微粒子を用い，その表面での反応を利用することにより，高い反応効率が得られる。それは，微粒子の比表面積がバルク体や膜に比べて桁違いに大きいからである。すなわち比表面積は，粒子表面が平滑であると仮定すると粒径に反比例するので，例えばmmサイズの粒子をμmサイズのミクロン粒子にすることにより，比表面積，すなわち反応効率を千倍，さらに100nm以下のナノ粒子にすることにより1万倍以上にも高めることができる。さ

＊　Masanori Abe　東京工業大学　大学院理工学研究科　電子物理工学専攻

らに実際には，微粒子が水中に分散すると，微粒子のランダム運動(ブラウン運動)によって，粒子とターゲット（標的）とする分子などの物質が接近する確率が高まるとともに，粒子の表面近傍での物質の拡散が促進されるので，化学反応の効率がさらに上がる。

(2) 磁気分離可能

水溶液中に分散させた磁性ビーズは，磁力(磁気勾配)で分離・回収できる。それゆえ，図1に示したように，ターゲット（標的）とする物質（バイオ応用[3〜9]では抗体やDNAなどの生理活性物質，環境技術応用では人工汚染物質や天然有害物質など）を，磁性ビーズ表面に捕捉し，これを，永久磁石または電磁石を用い，磁性ビーズとともに水溶液中から分離できる。

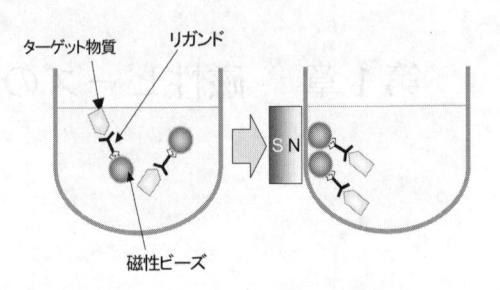

図1 ターゲット物質の磁気分離
ターゲット物質を，磁性ビーズの表面に固定したリガンドとの特異的反応によって捕捉して磁気分離する。

さらに，ターゲット物質を捕捉した磁性ビーズを，磁力で固定しておいて水洗いすることができる。非磁性のビーズを用いた場合には，ビーズをフィルターまたは遠心分離機によって回収するのであるが，前者では目づまりが問題となり，後者では，ビーズと同程度の質量の遊離分子や不純物を分離できないという欠点がある。さらに両者とも装置が大掛かりで操作も面倒である。磁気分離技術によってこれらの欠点をたやすくクリヤーできることが磁性ビーズの大きなの利点の一つである。

(3) 磁気輸送可能

磁性ビーズは，磁石を用いて望みの場所に輸送して，そこにとどめおいたり，またリリースすることができる。したがって，バイオ応用では磁性ビーズに薬剤，ウイルス，細胞などを固定してこれらを磁気輸送することが可能となる。また，磁性ビーズを用いたバイオセンシングでは，図2に示すように導線のネットワークに流す電流を制御してミクロスケールでビーズを磁気輸送することもできる[10]。

(4) 光学的検出よりすぐれた磁気的検出[11]

磁性ビーズに交流磁界を印加すると，磁気モーメントが動いて外部に磁界変化を起こす。この磁界変化を検出する磁気バイオセンシングや磁気マーキング(標識)は，ビーズに固定した蛍光物質や発光物質を利用する光学的センシングやマーキングに比べて，一般に次のような優位性を持つ。

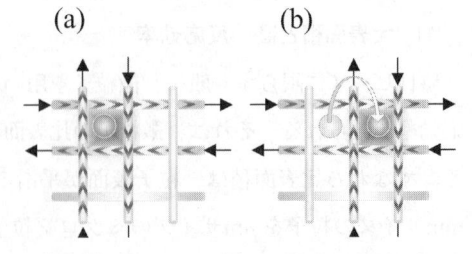

図2 磁性ビーズのミクロスケール輸送法[10]
「たてよこ」方向に配置した導線に電流を流すことによって，局所磁界を移動させて磁性ビーズを輸送する。

第1章　磁性ビーズの特長と作製法の原理概説

① バックグラウンド雑音が低い

　ほとんどすべての物質が，程度の差こそあれ蛍光や発光現象を示すので，光学的測定では，バックグラウンド雑音が深刻な問題となることが多い。一方，強磁性または超常磁性をもつビーズを用いる場合，非磁性である他の物質の磁気応答は無視できるので，磁気に由来するバックグラウンド雑音はほとんど問題とならない。

② 安定性

　物質が発する蛍光や発光は不安定であることが多いが，磁性体のスピンは極めて安定である。

③ 透明媒体不要

　光学的検出を行うには，蛍光物質または発光物質を固定したビーズを，光を透過する水溶液中などに分散させねばならないが，磁性ビーズを用いて磁界変化を検出する場合にはこのような制約はない。

(5) ユニークな磁気応答（誘導加熱と核磁気共鳴）[4, 5, 9]

　磁性ビーズに適度な周波数と振幅の交流磁界を印加すると，磁気緩和損失やヒステリシス損失によって発熱する。この誘導磁気加熱は，がん細胞を熱死させる抗ガン・温熱療法（ハイパーサーミア）に応用されている。

　また，磁性ビーズに静磁界中で電磁波を印加すると核磁気共鳴吸収を起こすので，これを利用したMRI診断用の造影剤が開発されている。

3　磁性ビーズの作製法とFeの重要性

3.1　化学的合成法の利点

　磁性ビーズの作製法は多種にわたるが，真空またはガス中で行う物理的方法と，溶液中で行う化学的方法（英語ではwet method, chemical methodなどとよばれる）に大別することができる。水中に分散して用いることが基本になっているバイオ・環境技術応用では，化学合成法の方が相性が良いのは当然である。また一般に，化学合成法は，粒径，形態（morphology），化学組成，結晶相，表面状態などを精密にコントロールして望みの磁性と水中分散性を得る上ですぐれており，特にナノ磁性微粒子の作製においてこの傾向が顕著である[11]。

3.2　Feを含む磁性ビーズの重要性

　Willardらの解説論文[11]に，磁性ナノビーズを化学的方法で作製した例314件が表に一覧されている。これらの磁性ビーズのほとんどすべては，Fe，Co，Niのいずれかを含んでおり（例外

はMnOとMn$_{52.5}$Pt$_{47.5}$の2例のみ），また76%はFeを含んでいる。これは，定温で強磁性を示す元素が，Fe, Co, NiおよびGdしかないことからも分かるように，磁性の担い手であるスピンを持った強磁性元素のFe, Co, Niが重要だからである。特に，Fe^{3+}は最大のスピン量子数（S = 5/2）を持つ強磁性イオンのチャンピオンである。

その上，磁性ビーズのバイオ・環境技術応用では，次のような理由によって，Feを含む強磁性体の酸化物（フェライト）および金属のビーズがさらに重要な立場を占めている。

(1) 血液のヘモグロビンではFeイオンが重要な役割をはたしている。ある種のバクテリア（いわゆる走磁性細菌，第Ⅱ編1章5参照）の体内でFe$_3$O$_4$の磁性ビーズが合成されるなど，Feは生理現象と関連が深く[12]，生体適合性（biocompatibility）が高い。

(2) Feを含むフェライトビーズ（(Fe, M)$_3$O$_4$, M = Fe, Co, Ni, Mn, Znなど）の作製が非常に簡単であり，古く19世紀から知られている[13]。

(3) Feは資源として豊富に存在しており，安価である。また環境規制物質（Pbなど）に該当しない。

3.3 Feを含む磁性ビーズの化学的合成の原理

このように重要なFeを含む磁性ビーズの化学的合成法のエッセンスを本項で説明する。

一般に水中から微粒子を合成するには，まず原料の元素を水中に溶解しておく必要がある。Feの場合は，Fe^{2+}が（Fe^{3+}に比べて）水中で安定に存在できる領域が広いので，Fe^{2+}の水中での相平衡[14]をベースとして考えることにする[6~8]。図3に示したように，Fe^{2+}（およびM^{n+}）が安定に存在できるpHおよび酸化還元電位の条件下で溶解させておいて，これを変えることによって固相（微粒子）を得る。

矢印①は，古くから知られている「共沈法」によるフェライト微粒子の合成法を示す。Fe^{2+}, Fe^{3+}（および必要に応じてM^{n+} = Ni^{2+}, Co^{2+}などを加える）の酸性溶液（pH = 2～3）中にアルカリ水溶液を加えて（あるいは逆にアルカリにFe$^{2+, 3+}$原料溶液を加えて）激しく撹拌し，pHを一気に10～12に上昇させてFe$_3$O$_4$（もしくは(Fe, M)$_3$O$_4$）の微粒子を合成する。

矢印②は，pH調整剤のみならず酸化剤（NaNO$_2$, NaNO$_3$, O$_2$など）を加えて，Fe^{2+}→Fe^{3+}の酸化反応を

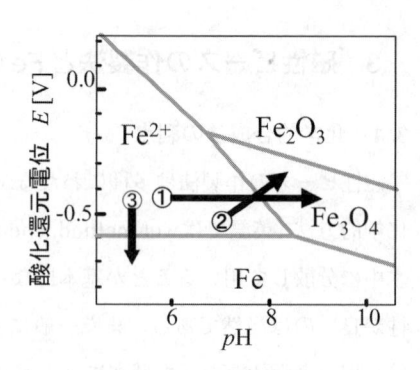

図3 Feの酸化還元電位-pHダイヤグラム[14]上で示した，水溶液中のFe^{2+}イオンから種々の固相が生成される化学反応

矢印①は従来の共沈法によるFe$_3$O$_4$微粒子合成法，矢印②はpHの上昇とFe^{2+}→Fe^{3+}酸化を伴うFeフェライト合成法，矢印③はFe微粒子合成法[6]。

第1章　磁性ビーズの特長と作製法の原理概説

も利用してスピネル微粒子を得る反応を示す。この反応は，排水中の重金属イオンを回収する「フェライト法」（日本で開発された）および，フェライト薄膜を水中で作製する「フェライトめっき法」[6]で用いられたものである。また反応の始めから終わりまで中性領域近傍（$pH：7～9$）で行うので，反応液中に，変成しやすいたんぱく質や各種の生理活性物質を固溶させておくことによって，これらの物質をフェライトビーズの合成中に直接ビーズの表面に固定することができる（第Ⅱ編4章1参照）。

矢印③は$Fe^{2+} \rightarrow Fe^{0+}$の還元反応によってFe金属微粒子を合成する反応を示す。実際の合成方法には，水中のみならず有機溶媒中で行う方法も含めて各種存在するが，詳細は第Ⅰ編4章および文献11)を参照されたい。

4　まとめ

磁性ビーズは，"小さい"ゆえに"広い"表面での反応効率が高いことと，"磁性"をもつゆえに，磁気分離・輸送が可能，バックグラウンド雑音の低い検出が可能，磁気誘導加熱や核磁気共鳴などの電磁応答を医学的目的に応用できる，などの特技をもつ。

これらを実際にバイオ・環境技術に応用するためには，ビーズの組成，形状，磁性などを精密にコントロールしなければならないが，そのためには，物理的合成法より，水中での化学的合成法（wet method）がすぐれている。

Feは，強い磁性を得るために不可欠の元素であり，かつ生体適合性，環境適合性が高いので，バイオ・環境技術に応用する磁性ビーズでは，Feを含むビーズが主役を演じている。

文　献

1)　林崎良英，応用物理，**70**，984(2001)
2)　馬場嘉信，応用物理，**71**，1481(2002)
3)　阿部正紀，半田宏，バイオインダストリー，**21**，7 (2004)
4)　Q.A. Pankhurst, J. Connolly, S.K. Jones, and J. Dobson, *J. Phys. D.Appl. Phys.*, **36** R167 (2003)
5)　本田裕之，日本応用磁気学会誌，**25**，1301 (2001)
6)　阿部正紀，松下伸広，日本応用磁気学会誌，**27**，721 (2003)
7)　阿部正紀，半田宏，日本応用磁気学会誌，**28**，841 (2004)
8)　阿部正紀，半田宏，応用物理，**74**，1580 (2005)

9) U. Hafeli, W. Schutt, J. Teller, and M. Zborowski (ed.), "Scientific and Clinical Applications of Magnetic Carriers", Plenum Press, New York (1997)
10) C.S. Lee, H. Lee, and R.M. Westervelt, *Appl. Phys. Let.*, **79**, 3308 (2001)
11) W.A. Willard *et al.*, *International. Materials. Reviews*, **49**, 125 (2004)
12) E.V. Mielczarek and S.B. McGrayne, "Iron, Nature's Universal Element", Rutgers Univ. Press, New Brunswick (2000)
13) J. Le Fort and C. R. Acad, *Sci. Paris*, **34**, 488 (1852)
14) M. Pourbaix, "Atlas of Electrochemical Equilibria", p312, Pergamon Press, London (1966)

第2章　医用磁性ビーズの開発動向

松下伸広[*]

1　はじめに

　磁性粒子を使ったバイオテクノロジー実験の始まりは1980年頃だと言われている。それから四半世紀を経た現在，磁性ビーズは基礎研究から応用研究あるいは臨床応用に至るまで，極めて広い領域にわたって利用され，今や医療・メディカルエンジニアリングの発展にとって不可欠なツールとなっている。

　例えば，磁性ビーズと生理活性分子を結合させれば，磁気誘導や磁気反発によって，それらの「分離・抽出」や目的とする場所への「誘導・運搬」が可能になる。また電子工学分野で既に実用化されているホール素子やスピンバルブ等の磁気センサーによる高感度検出が可能となるため，蛍光や電気化学シグナルに代わる「磁気マーカー」としても利用できる。この磁性ビーズを用いた分離抽出法は，必要とするサンプル量が少ない上に，ターゲットとする生理活性分子の高濃度化が容易である点が，ターゲットを希釈してしまうカラムクロマトグラフィと比べて優れている。また，複数のマイクロチューブと磁石を用いた並列処理による高効率化が容易で，遠心分離器やフィルターを用いた従来法に比べると，スクリーニングプロセスの速度と精度を飛躍的に高めることができる。このため，スクリーニングプロセス用の磁性ビーズの開発も精力的に進められている。

　医用磁性ビーズを利用した応用研究の1つに磁気ハイパーサーミアが挙げられるが，これは交流磁界中における磁性粒子の発熱現象を利用したガンの温熱療法である[1,2]。その発熱効果に磁性粒子の磁気特性と濃度に加えて粒子径や分散の程度が大きな影響を与えるため，これらを考慮した発熱特性制御に関する研究が行われている[3]。また，磁気ターゲッティングによる薬物輸送[4]や，抗体を用いた特定組織への薬物輸送[5]も研究されている。実際に臨床に供されている医用磁性ビーズとして，フェライトナノ粒子を利用したMRI造影剤[6]があり，肝臓網内系やリンパ節をターゲットとするものが製品化されている。

　本章では，現在商品化されている幾つかの「医用磁性ビーズ」のサイズ・磁化量・構成・特長等に触れた後に，国内ならびに欧米の大学・研究機関等で開発されている磁性ビーズについて紹介してゆく。

---

[*]　Nobuhiro Matsushita　東京工業大学　応用セラミックス研究所

2 市販の医用磁性ビーズ

これまでに医薬品メーカー，化学メーカー，食品メーカー等により様々な製品名，平均粒径，密度，磁化量，材料構成の磁気ビーズが商品化されている。これらの一部を表1に示す。

これらビーズ中の磁性材料として用いられているnmサイズのフェライト粒子は，単体で超常磁性を示すが，溶液中では凝集し沈降してしまう。商品化された磁性ビーズではフェライト粒子をポリスチレン，シリカ，デキストラン，アガロース，アルブミン等のマトリックス中に分散あるいはそれらで包埋することで，磁気凝集を起こさない様になっている。つまり，外部磁界が存

表1 市販されている医用磁性ビーズ

製品名	平均粒径 [μm]	密度 [g/cm^3]	磁化 [emu/cm^3 at 1kOe]	材料構成	特徴 他
Dynabeads M280	2.8±0.2	1.3	~12	ポリスチレン中に12% γ-Fe$_2$O$_3$含有	基礎研究等の in vitro 用，表面が親水性ポリマーでコート
micromer®-M	12	1.2	3	ポリスチレン共重合ポリマー中に3%Fe$_3$O$_4$含有	基礎研究等の in vitro 用
nanomag®-D	0.13, 0.25	4	172	デキストラン(分子量40,000)中に75~80% Fe$_3$O$_4$含有	基本的には基礎研究等の in vitro 用
PLA-M	2	1.3	13.7	ポリ乳酸(分子量17,000)中に30%Fe$_3$O$_4$含有	ドラッグデリバリー，ドラッグターゲッティングの開発用で，ビーズの半減期はポリマーの分子量が多いほど長い
Albumin-M	2	1.2	10.3	アルブミン中に30% Fe$_3$O$_4$含有	基礎研究等の in vitro 用
BioMag®Plus	1.0, 1.6		150~200	Fe$_3$O$_4$微粒子のみ	基礎研究等の in vitro 用，表面を凹凸にして表面積を大きくしている
MPG®	5	2.5	4	15% iron oxide 含有ポーラスホウ珪酸ガラス	基礎研究等の in vitro 用，ポーラスな表面が表面積を大きくしている
リゾビスト (SPIO)	0.025~0.065			カルボキシデキストラン等で被覆	MRI造影剤としての臨床用
リゾビスト (USPIO)	0.018			カルボキシデキストラン等で被覆	MRI造影剤としての臨床用

第2章　医用磁性ビーズの開発動向

在する場合は磁化による磁気回収を可能とするが，磁界が取り除かれた場合には残留磁化をゼロあるいは僅かにあったとしてもそれらマトリックスを立体障害として用いることで，凝集を防いでいるのである。

さらにその表面にアミノ基（NH_2），カルボキシル基（$COOH$），スルホ基（SO_3H），ヒドロキシル基（OH）等の反応性の高い官能基や avidin，streptavidin，albmin（BSA），Protein等の生物高分子またはAu（金），Ag（銀），Pd（パラジウム）などの化学結合に寄与する金属を結合させることで，特定の生理活性分子のみの固定化や機能的反応場の形成を行っている。ビーズメーカー各社によって，表面に固定化する分子の種類や目的に応じてマトリックスや表面の官能基等に種々の工夫がなされている[7]。なお，この表中には記載していないが，ビーズ表面にマーカーとして赤色や緑色の蛍光特性を持たせることで，磁気と蛍光のマルチ検出を可能にしているものもある。

市販されているビーズのうち，実際臨床に用いられているリゾビスト（SPIO：SuperParamagnetic Iron Oxide あるいは USPIO：Ultrasmall SuperParamagnetic Iron Oxide）やデキストランに包埋されたマグネタイトである nanomag®-D を除くと，その殆どが $1\,\mu m$ 以上の大きさとなっている。これは，磁気凝集を避けるために常磁性となっている磁性ビーズを，永久磁石からの磁界強度（〜1 kOe）によって磁化し，溶液中の粘性抵抗に勝って磁気回収するためには，ある程度以上の磁気量を体積で稼ぐ必要があるからである。昨今，基礎研究あるいは応用研究にて使用される磁性ビーズは，生理活性分子の反応場となる表面の有効面積を増やすために，粒径の小さいものが使われる傾向にある。そのまま粒子サイズを小さくしたのでは磁気検出や運搬・移送を効率的に行う際に技術的な困難が生じるため，飽和磁化と呼ばれるビーズのもつ単位体積あたりの磁化量を増やす必要がある。如何にして飽和磁化を増やすかが磁性ビーズ開発の大きなカギの一つとなっている。

3　大学・研究機関における磁性ビーズの開発

3.1　フェライト粒子の合成とビーズへの応用

医用磁性ビーズの磁性は，磁性金属イオンとしてFeイオンのみを含み，生体適合性が良いスピネル構造のマグネタイト（Fe_3O_4）やマグヘマイト（$\gamma\text{-}Fe_2O_3$）が担うことが殆どである。これは，強アルカリ溶液を用いた共沈法によって〜7 nm程度のフェライト微粒子が容易に，そして多量に作製できることも理由の一つである。フェライト粒子に限らず磁性粒子は一定以上小さくなると磁気異方性が小さくなり，熱擾乱によって残留磁化や保磁力がほぼゼロの超常磁性を示す。フェライト微粒子の場合で直径が10nmよりも小さくなるあたりから，この超常磁性と呼ば

れる特性を顕著に示すが，表面電位やpH等の諸条件を制御してやれば，磁石による回収後も磁気凝集が少なく，再分散することが可能である。このため，超磁性ナノフェライト粒子の作製プロセスに関する研究は，初期の磁性ビーズはもちろん現在に至っても，基礎研究の位置づけで精力的になされている。様々なサイズ・組成の異なるフェライト粒子の作製プロセスについては，Matijevic，Sugimoto[8]やHoriishi（本書第Ⅰ編3章の執筆者）による報告を参照されたい。

　フェライト粒子の表面に機能性生体分子が固定化できれば，それらの外部磁界による操作や分離が可能となるが，一般的には生体分子をフェライト粒子表面に直接結合させた例は少ない。これは抗原，抗体，DNAを始めとする生理活性分子が，耐熱性，耐酸性，耐アルカリ性に乏しく，代表的なフェライト微粒子の形成法である共沈法プロセス（特に高いpH）に対応できないからである。このため，フェライト粒子を一旦合成後に化学プロセスによる表面修飾が必要であるが，このプロセスは生理活性分子毎に異なり複雑で手間がかかる上に，生理活性分子の固定強度が十分でなく，磁気分離の際に容易に脱離しやすいという問題があった。Abeらは，生理活性分子の入った水溶液に空気を送り込みながら2価と3価のFeイオンを含む反応液（$FeCl_2 + \alpha FeCl_3$，$\alpha = 0 \sim 1.0$，$pH < 5$）とpH調整液であるNH_4OHを加えると，フェライト（$Fe_3O_{4+\delta}$）超微粒子（粒径10〜15 nm）が合成されると同時に，その表面に生理活性分子が固定化できることを見いだした[9]。このプロセスにより4℃という極めて低温で且つ中性pH付近において，様々な生理活性分子（トリプシン，アビジン等）をフェライト微粒子表面に強固に固定化させることができた。また，Handaらはカルボキシル基，チオール基，スルフォニル基などタンパク質表面に存在する官能基がフェライト粒子に対して高い結合性をもつこと，それらは高塩濃度水溶液（1 M NaCl），変性剤（8 M Urea），界面活性剤（1% sodium dodecyl sulfate）および有機溶剤（N, N'-dimethiylformamide, dimethylsulfoxide, methanol）等で洗浄しても，$pH = 5 \sim 14$の幅広いpH領域の水溶液中で，ほぼ離脱が無く強固に結合することを確認した[10]。また，フェライト粒子表面に結合したアスパラギン酸やシステインを始めとする低分子化合物は，水溶液中での粒子の分散安定性を著しく変化させることも見出している。また，HandaはKawaguchiらと共同で非特異的吸着性に優れるSGビーズ，すなわちスチレン（St）とグリシジルメタクリレート（GMA）の共重合体をコアにもち，表面をGMAでシード重合した無孔性ラテックスビーズ[11]の開発に成功した。さらにAbeらの協力を得て，この中にフェライト粒子を内包したラテックス磁気ビーズの作製に成功した。このビーズは表面はSGビーズであるため，タンパク質の非特異的吸着が少なく，且つリガンドの固定化に必要な官能基の導入も可能であるなど，優れた特性を有する。さらに直径が160 nm程度，1 kOe印加時の磁化量が24 emu/gと，市販の代表的磁性ビーズであるDynabeads（直径2.0 μm，磁化量12 emu/g）と比べると，直径が1/16以下で，飽和磁化は2倍となっている[12]。このビーズを用いて，生体内レセプターの探索をハイスループッ

第2章　医用磁性ビーズの開発動向

トで行う自動化システムの構築にも成功した。

　Matsunagaらは磁性細菌が，粒径50～100 nmと比較的揃った単磁区構造のマグネタイト（バイオ磁性ビーズ）を生合成することに着目し，これを利用した研究を行っている[13]。バイオ磁性ビーズはリン脂質二重膜に覆われており，この膜の存在によって，粒径が比較的大きいにもかかわらず，磁気凝集が抑制され，溶液中で分散する。このリン脂質二重膜の表面電荷は，イオン強度やpH依存性等から負電荷であると考えられる。リン脂質の主成分であるホスファチジルエタノールアミンのアミノ基を反応基とすることで，抗体・酵素・DNAなどの固定化が可能であり，この抗体固定化バイオ磁性ビーズを用いて，IgG[14]や大腸菌[15]，環境毒物[16,17]の分離・検出を行っている。アミノ基デンドリマーを合成して正電荷を持たせることで，分散性に優れるDNA抽出担体としての利用も可能にしている。アミノ基の正電荷とDNAの負電荷による静電的相互作用に基づく分離の自動化にも成功し[18]，さらにリン脂質二重膜状に局在する数種類のタンパク質をアンカー分子として用いるアセンブリング技術に関する研究も進めている。特に，ビーズ膜上に局在した鉄輸送タンパク質MagAと抗体結合したプロテインAにさらに抗インスリン抗体を結合させたバイオ磁性ビーズを用いて，血清中から効率よくインスリンを検出する自動免疫測定システムを構築している。また，医薬品開発の中で大きなシェアを占めるGタンパク質共役型受容体（GPCR）の一つであるドパミンレセプターをフォールディングさせることにも成功しており，医薬品開発に求められる精製プロセスの自動化に貢献する可能性を示している。

　Yamamotoらは，フェライト粒子表面に金粒子を担持した複合ナノ粒子の合成に成功し，バイオ磁性ビーズとしての応用を検討している[19,20]。これらの粒子は粒径20～30 nmのフェライトナノ粒子がアルコール・ポリマーと共に分散した金イオン水溶液にガンマ線（^{60}Co γ 線源，2～3 kGy/h，3時間）あるいは超音波（200 kHz，200 W，30分）を照射して合成されている。ここではガンマ線や超音波の照射による水の分解で生成した還元性活性種（水和電子，Hラジカル，アルコールラジカル）によって，金イオンが還元され，これが10 nm以下の金ナノ粒子となってフェライト粒子表面に担持される。出発原料の比率，濃度等により，金粒子のサイズならびに担持率の制御が可能で，作成後の磁気分離操作を繰り返すことで，二次粒子径が150～200 nmまで減少し，水中での良好な分散性が得られている。作製された粒子は強磁性を示すものの，残留磁化が殆ど無いために溶液中で磁気凝集しない。この金／酸化鉄磁性複合ナノ粒子は，金がS–Au結合を介して生体分子と結合でき，さらに外部磁界による分離回収操作も可能であるので，様々なバイオ応用に利用可能である。彼らは17種のアミノ酸と複合粒子を水溶液中で混合し，磁気分離を行うと，含硫アミノ酸のみが選択的に吸着すること，その吸着量は粒子表面の金粒子の表面積増加に伴って増加することが明らかにされている。SH基修飾したssDNAの吸着量は市販のDynabeads M-280（2.8 μm）と比較して4～15倍程度高いことも確認しており，硫黄を含む

生体分子の選択的磁気分離が可能なビーズとして高いポテンシャルを示している。

Klemらは，鉄貯蔵タンパク質であり球状の"フェリチン"のかご形構造を利用し，その中にFeフェライトのみならず，CoフェライトあるいはコバルタイトCo$_3$O$_4$を作製し，磁気特性について調べている。これは粒度分布に優れる磁性粒子の形成が可能なプロセスとして注目される[21]。

磁気ハイパーサーミアに使用される磁性粒子も，主に生体適合性に優れるマグネタイトを中心としたフェライト微粒子である。RosensweigやTohj, Jeyadevanらはその発熱特性に粒子サイズ，濃度，分散の程度，粒子間の相互作用等様々な因子が影響を与えることを示した[3,22]。使用部位によって必要となるサイズが異なるが，20～30 nmよりも小さくなるとヒステリシス損失による発熱は殆ど無くなり，さらに腫瘍に直接あるいはその近傍にビーズを固定化した場合にはブラウン緩和による発熱も限定されるので，発熱はネール緩和によるものが中心となる。この場合，ネール緩和による発熱は，サイズ分布に極めて敏感であるため，1 nmを切るレベルでの粒度分布制御と磁性ビーズ内部の磁化量の均質化などが要求されることになる[23,24]。

3.2 金属微粒子の合成とビーズへの応用

上記はすべてフェライト微粒子に関する研究であったが，より大きな磁化量を持つ金属微粒子，特に単元素中で最大の磁化量を持つFe微粒子を用いれば，ビーズの磁化量の大幅な増加が可能である。ただし，Fe微粒子は直径が数百nm以下になると，表面の化学的活性度が急激に高くなり，僅かな酸素の存在により，発熱とともにすぐに酸化が進行してしまうため，何らかの耐酸化処理が必要となる。

D. Farrellらはアルゴン雰囲気中において，オレイン酸やオレイルアミンなどの分散剤を含んだ鉄カルボニル(Fe(CO)$_5$)溶液を熱分解することによって，単分散可能な鉄微粒子の合成に成功している[25]。大きさは7～11 nm程度であり，合成時のカルボニル鉄，界面活性剤の種類および量，触媒用Pt微粒子の有無や量などの諸条件を変えて，比較的粒度分布を少なくしている。単位質量あたりの磁化量も直径が9.2±0.7 nmのもので最大の200 emu/gと，純鉄の218 emu/gと比較して一割程度しか減少しておらず，これは表面の酸化物層の厚みが0.4 nmと極めて薄く抑えられていることによると考えられる。

Yamamuroらは高温の有機溶媒中にてFe(III) acetylacetonate：Fe(acac)$_3$をアルコール還元するとサイズ分布の小さいFe微粒子が合成できることを示している[26]。彼らは核形成と粒成長にそれぞれ適した温度や時間のプロセス条件を制御することにより，粒子サイズが7.5 nmで，極めて粒度分布がシャープなFe微粒子の合成に成功した。

Abeらは，Yamamuroらのポリオール還元プロセスを用いて飽和磁化が170 emu/gで，粒子サ

第2章　医用磁性ビーズの開発動向

イズが15～20 nmのFe微粒子を作製し，非特異吸着性に優れたGMA中に内包して，直径100～200 nmのFeポリマービーズの作製に成功している。このビーズは市販の代表的な磁性ビーズであるDynabeadsよりも一桁以上小さいにもかかわらず，ポリマー部も含めた飽和磁化が61 emu/gと5倍程度の大きな値を得ており[27]，バイオスクリーニング装置等のハイスループット化に寄与するものと期待される。

　Fe以外の微粒子として，米国海軍研究所(Naval Research Laboratory)は，タンパク質，ウィルス，バクテリアの自動検出が可能な卓上型イミュノアッセイシステムであるThe Force Amplified Biological Sensor（FABS）[28]の開発に際して，ガスアトマイズNdFeBLa粒子（球形）を用いた研究を行った。この粒子はダイナビーズよりも50倍以上も大きな磁化を有するという利点を持つものの，比重が重く（8.9 g/cm^3），粒径分布が2.0±1.1 μmとかなり広い。さらには化学的に腐食し易く，凝集により取扱が困難である等多くの問題点を持つが，シリカに封入することで腐食の問題を解決できると同時に表面の化学修飾も可能になるとしている。この磁性粒子の諸特性は，市販のビーズに適用するには問題が多すぎるものの，硬磁性材料を用いている点が興味深い。磁性ビーズに内包される磁性粒子の特長を生かしつつ，分散性や非特異吸着性の確保など磁性ビーズに求められる諸特性を確保するためのマトリックス材料の研究が今後もビーズ開発の大きなテーマであると言える。

4　今後の展望

　磁性ビーズは今後も医療技術やバイオエンジニアリングの発展に不可欠なツールであり続けるであろう。

　その開発を進める上で，形状・大きさの均一性・磁気量の均一性・生理学的条件下での分散性維持が不可欠なパラメータとなっていく。現在市販のビーズの殆どが数μmであるが，表面積向上によるB/F分離の高効率化をはかるために，現在は数百nm程度のビーズの開発が求められている。サイズ減少にともなう磁化量の減少に対応するために，フェライト粒子よりも大きな磁化をもつFeや本文では割愛したCoあるいはFeCoなどの金属磁性微粒子を，多量に，且つ大きさを揃えて合成するプロセスの開発と，合成後の耐酸化処理技術の開発が平行して進んでいくものと思われる。

　ビーズ1個あたりの磁化量の均一性を向上させるためには，内包される磁性粒子のサイズ磁化量の均一性もさることながら，磁性粒子の高い分散性を持たせるための表面処理技術が重要である。ビーズ表面に非特異吸着性を持たせるためのマトリックス材料の開発は必須である。

　また，これまでは医用磁性ビーズは，*in vitro* すなわち体外での使用が中心であり，SPIOな

ど実際に体内に供されたものはまだまだ数が少ない。しかしながら，昨今のバイオエンジニアリングの趨勢を鑑みるに，*in vivo*すなわち体内での使用を念頭においた磁性ビーズの設計開発の必要性がますます増えていくものと思われる。このためにも先に述べた様にビーズを構成するポリマーを含めた各種物質が，免疫システムも含めて人体に悪影響を与えないものとすることが必要である。さらにビーズ内部の磁性粒子のイオンや金属元素ならびにコネクター分子等が流出しない様な完全被覆技術の開発とともに，それらが万が一に漏洩した場合にも人体に与える影響を極小とする様な安全設計に基づいた「ビーズのマテリアルデザイン」が求められていく。

文　　献

1) M. Yanase *et al.*, *Jpn. J. Cancer Res*, **88**, 630–632 (1997)
2) U. O. Hafeli, G. J. Pauer, *J. Magn. Magn. Mater.*, **194**, 76–82 (1999)
3) R. E. Rosenweig, *J. Mag. Mag. Mat.*, **252**, 370–374 (2002)
4) C. Alexiou *et al.*, *Cancer Res.*, **60**, 6641–6648 (2000)
5) E. L. Sievers *et al.*, *Blood*, **93**, 3678–3684 (1999)
6) P. Reimer *et al.*, *Radiology*, **209**, 831–836 (1998)
7) 例えばCordula Grüttner *et al.*, *J. Mag. Mag. Mater.*, **225**, 1–7 (2001)
8) T. Sugimoto and E. Matijeviec, J. Colloid Inter face Sci. **74** (1), 227–243 (1980)
9) K. Nishimura *et al.*, *Journal of Applied Physics*, **91** (10), 8555–8556 (2002)
10) 西尾広介他分筆，医療用マテリアルと機能膜，シーエムシー出版，204–214 (2005)
11) 半田宏，川口春馬，ナノアフニティビーズのすべて，中山書店 (2003)
12) H. Nishibiraki *et al.*, *J. Appl. Phys.*, **97**, 10Q919 (2005)
13) T. Matsunaga *et al.*, *Appl Microbiol. Biotechnol.*, **35**, 65 (1991)
14) T. Matsunaga *et al*, *Anal. Chem.*, **68**, 3551 (1996)
15) N. Nakamura *et al*, *Anal. Chem.*, **65**, 2036 (1993)
16) T. Matsunaga *et al.*, *Anal. Chim, Acta.*, **475**, 75 (2003)
17) T. Tanaka *et al.*, *J Biotechno.*, **108**, 153 (2004)
18) B.Yoza *et al.*, *J. BioSci. Bioeng.*, **95**, 21 (2003)
19) S. Seino *et al.*, *Chem. Lett.*, **32**, 690 (2003)
20) Y. Mizukoshi *et al.*, *Ultrasonics Sonochemistry*, **12**, 191 (2005)
21) M. T. Klem *et al.*, Abstracts book of 50th MMM conference, DF-11 (2005)
22) O. Perales *et al.*, *J. Appl. Phys.*, **91** (10), 6958–6960 (2002)
23) T. Atsumi *et al.*, Digest of Intermag 2005, Fx-10, 778, 2005
24) K. Okawa *et al.*, *J. Appl. Phys.* to be published in 2006
25) D. Farrell *et al.*, *J. Phys. Chem. B*, **107**, 11022–11030 (2003)
26) S. Yamamuro *et al.*, *J. J. Appl. Phys.*, **43** (7A), 4458–4459 (2004)

27) M. Maeda *et al.*, *J. Appl. Phys.* to be published in 2006
28) D.R. Baselt *et al.*, *Proc. IEEE*, **85** (4), 672–680 (1997)

第3章　フェライト微粒子の合成と用途

堀石七生*

1　はじめに

フェライトには，2価遷移金属Mから成るスピネル型$MOFe_2O_3$，マグネトプランバイト型$MOFe_{12}O_{18}$及び希土類元素Mから成るペロブスカイト型$MFeO_3$，ガーネット型$M_3Fe_5O_{12}$等がある。本章ではスピネル型フェライトに関し，その微粒子の合成方法と用途について解説する。スピネル型フェライトは$M^{2+}OFe_2O_3$で示される亜鉄酸塩である。2価金属M^{2+}にはFe，Co，Ni，Mn，Zn，Mg，Cu等があり，単元フェライトと2種以上のM^{2+}から成る複合フェライトがある。M^{2+}がFeの場合を鉄フェライトと言い，その代表は，マグネタイトで，$FeOFe_2O_3$またはFe_3O_4と示される酸化鉄強磁性体である。

スピネル型磁性酸化鉄には，マグネタイト$FeOFe_2O_3$の他にマグネタイト中のFe^{2+}が酸化したマグヘマイト$\gamma-Fe_2O_3$及び，この酸化過程の中間酸化物$Fe_{1-x}OFe_2O_3$（$0<x<1$）でベルトライド型化合物と呼ばれるものがある。

磁性ビーズには，このスピネル型磁性酸化鉄の微粒子が主に用いられている。

2　合成方法

スピネルフェライトの合成方法には，乾式法，湿式法及び気相法等があるが，本章では前2法について述べる。

2.1　乾式法

酸化鉄粉末とフェライト組成金属酸化物の粉末を配合して焼成することによりフェライト焼結部品を製造する方法である。その基本反応式を式(1)に，製造工程を図1に示す。

$$\alpha-Fe_2O_3+M^{2+}O \longrightarrow M^{2+}OFe_2O_3 \tag{1}$$

フェライトの電磁気特性は原料の純度に依存するので，酸化鉄粉及び組成金属酸化物原料は目

---

* Nanao Horiishi　戸田工業㈱　T&Mリサーチセンター　技術顧問

第3章　フェライト微粒子の合成と用途

```
原料混合工程  ： 酸化鉄粉とフェライト組成金属酸化物粉を配合
   ↓
造粒工程     ： 数ミリ～十数ミリのクリンカーに造粒
   ↓
仮焼成工程   ： フェライト化反応
   ↓
粉砕工程     ： 焼成クリンカーを粉砕して微粉化
   ↓
成型工程     ： 目的部品の形状に成型
   ↓
本焼成工程   ： フェライト焼結部品に焼成
   ↓
検査工程     ： 品質検査
```

図1　フェライト製造工程の基本フロー図

的に応じて精選して用いられている。また、高性能化のために混合、焼成及び成型条件を精密に制御して製造されており、その条件や方式も種々開発されている。

この他の乾式法に、酸化鉄粒子を還元性ガス中で加熱還元してマグネタイト粒子を得る方法、真空中で行うCVD（Chemical Vapor Deposition）法や金属塩類を加熱分解するアルコキシド法等があるが、本章では省略する。

2.2　湿式法

鉄塩の水溶液とフェライト組成金属塩の水溶液を出発原料とし、アルカリを副材料として水溶液中で直接フェライト粒子を合成する方法である。

鉄塩水溶液中では、鉄イオンは表1に示すようなヒドロキソ錯イオンやフェロジック錯イオンを形成している。

本項では、共沈法、中和酸化法、pHコントロール法、二段酸化法、ヘマタイト転換法、コバルト被着法などの合成法について詳述する。

表1　鉄塩水溶液中の鉄イオン

ヒドロキソ錯イオン	Fe（Ⅱ）水溶液の場合	$[Fe(OH_2)_6]^{2+}$, $[Fe(OH)(OH_2)_5]^{2+}$
	Fe（Ⅲ）水溶液の場合	$[Fe(OH_2)_6]^{3+}$, $[Fe(OH)(OH_2)_5]^{3+}$, $[Fe(OH)_2(OH_2)_4]^{3+}$
フェロジック錯イオン	Fe（Ⅱ），（Ⅲ）混合水溶液の場合	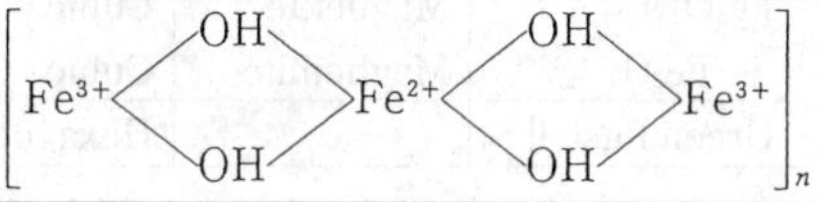 $\left[Fe^{3+} \begin{smallmatrix} OH \\ OH \end{smallmatrix} Fe^{2+} \begin{smallmatrix} OH \\ OH \end{smallmatrix} Fe^{3+} \right]_n$

2.2.1 共沈法

第一鉄Fe^{2+}濃度が1モルの第一鉄塩水溶液と，第二鉄Fe^{3+}濃度が2モルの第二鉄塩水溶液との混合液に，苛性ソーダ等のアルカリを撹拌しながら添加すると，瞬時に黒色沈殿が生じる。この沈殿は組成が$FeOFe_2O_3$で，結晶構造がスピネル型の磁性酸化鉄，すなわち，マグネタイト粒子である。この反応を共沈法と言う。この反応は反応速度が非常に速いので微粒子が容易に生成できると言う特徴がある。

この反応機構は，鉄塩水溶液中に生じている4配位の水酸基OHと鉄イオンとから成るフェロジック錯イオンがアルカリの作用により生起する縮重合反応である。

共沈法において，(Fe^{2+})の一部または全量を(Co^{2+})に換えた第一鉄塩とコバルト塩の混合水溶液を用いて第二鉄塩水溶液と混合した後，アルカリを添加すると瞬時に黒色沈殿を生じる。この沈殿は組成が$Fe_{1-x}Co_xOFe_2O_3$で，結晶構造がスピネル型の磁性酸化鉄，すなわち，コバルトフェライト粒子である。組成xは$x=1$の時がコバルトフェライトであり，$1>x$の時は2価鉄にコバルトが固溶したスピネル型構造の磁性粒子となるが，$1<x$の場合には過剰のコバルトは未反応のまま残留する。

2.2.2 中和酸化法[1]

第一鉄塩水溶液にアルカリを加えるとヨウ化カドミウムCdI_2型の結晶構造を呈する水酸化第一鉄$Fe(OH)_2$コロイドの白色沈殿が生じる。この水酸化第一鉄コロイドの水溶液を中性以上の強アルカリ性とし，50℃以上の温度に加熱しながら空気等の酸素含有ガスを通気すると，白色コロイド液から黒色のマグネタイト粒子が沈殿生成する。

この合成反応の特徴は，鉄塩水溶液中の水酸化第一鉄コロイドの酸化条件を制御することにより，表2に示す種々の酸化鉄粒子を任意に合成することができることである。

しかし，課題としては水酸化第一鉄コロイド水溶液の反応濃度を高濃度化することである。そ

表2　鉄酸化物と物性[1]

Type	Mineral name	Crystal str.	a_0 / b_0 / c_0	Color
α-FeO(OH)	Goethite	Orthorhombic	4.587/ 9.937/ 3.015	Yellowish brown
β-FeO(OH)	Akagenite	Tetragonal	10.48 / — / 3.06	Dull orange yellow
γ-FeO(OH)	Lepidcrocite	Orthorhombic	3.87 /12.51/ 3.06	Dull orange brown
α-Fe_2O_3	Hematite	Hexagonal	5.035/ — /13.75	Dark red
$Fe_xO \cdot Fe_2O_3$ ($0 \leq x \leq 1$)	Berthollide	Cubic		—
Fe_3O_4	Magnetite	Cubic	8.396/ — / —	Black
γ-Fe_2O_3	Maghemite	Cubic	8.338/ — / —	Brown
Green Rust II*	—	Hexagonal	3.174/ — /10.94	Dark green

※ basic salts containing ferrous and ferric ions.

第3章　フェライト微粒子の合成と用途

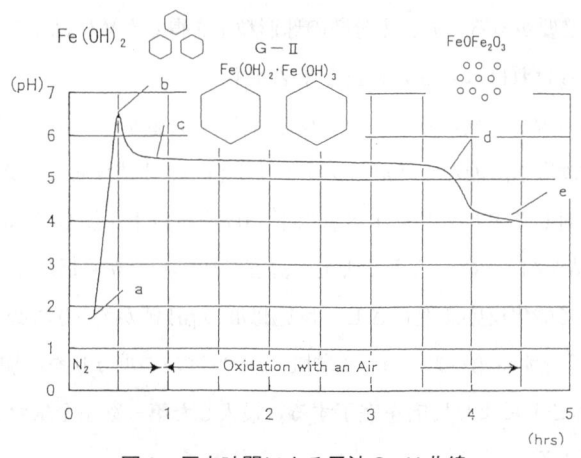

図2　反応時間による母液のpH曲線

れは，水酸化コロイドが膠質で粘性が高いものであるから，均一な生成物を得るためには反応鉄塩濃度を低濃度で行う必要があるからである。

(1) pHコントロール法[2]

この方法は，飽和濃度の第一鉄水溶液を用いて，マグネタイトの生成反応濃度を最大とし，さらに反応母液の粘度を低く保持するために，高粘性である水酸化第一鉄コロイドが存在しないように，pHコントローラによりアルカリ水溶液の添加量を制御して，第一鉄塩水溶液のpH値を5～6に終始維持することにより，第一鉄イオンが酸化して生じる第二鉄イオンの過飽和度が最大である反応母液中からマグネタイト微粒子を合成する方法である。

図2は反応時間と母液のpH値変化を示す図である。この反応は，水酸化第一鉄コロイドを緩酸化して得られる中間酸化物のGreen rust-IIを，あらかじめ反応母液の第一鉄塩水溶液中に沈殿させておくことにより，マグネタイト生成反応が進行する間は，反応母液のpH値を5～6に高精度（±0.05）で制御することができるので，高濃度の鉄塩水溶液から均質なマグネタイト粒子を得ることを可能にした。

また，この方法の特徴は，高濃度反応であることにより，マグネタイトを1モル生成する際に発生する発熱量が，中和反応で18.3 Kcal. 酸化反応熱で64.1Kcal. であり，この発熱量は合成反応に必要な60～90℃の反応温度をまかなうことができ，外部からの加熱を必要としない省エネルギー型反応である。

(2) 二段酸化法[3]

この方法は単分散球形マグネタイト粒子の高収率合成法である。従来から，単分散球形マグネタイト粒子は，中性付近の水溶液で溶質の過飽和度が低い条件下でないと生成[4]できないことが知られていた。すなわち，収率を上げることが困難であった。すなわち，収率を上げるためには

反応鉄濃度を高める必要がある一方，単分散の球形粒子を得るためにはマグネタイト核発生の過飽和度を低く抑制しなければならないと言う矛盾があった。

　この方法は従来の定説とは異なるもので，反応母液のpH値を6.0～6.5の弱酸性に制御することにより，高濃度の鉄塩水溶液から球形マグネタイト粒子を生成することができる。すなわち，この方法は第一鉄に対してアルカリを1当量以下，0.8当量以上添加して水酸化第一鉄コロイド溶液を調製し，pH値が約6.5になるまで所定の温度で加熱しながら低酸素分圧で緩酸化した後に，酸素分圧を高めて酸化反応を進行させ，反応母液のpH値が約5.0に低下した時点（第一段の反応）で，母液に残存する第一鉄イオンに対して1当量のアルカリを添加して酸化反応（第二段の反応）を続行することにより反応を完了する。投入した第一鉄を全量マグネタイトとして回収する二段酸化法である。

　この反応メカニズムを検討するために，反応途中の母液から生成したマグネタイト微粒子を抜き取りX-線によるXRDと電子顕微鏡によるTEMで分析測定した。その結果は下記のようである。

　第一段の反応で均一なGreen rust-IIコロイド粒子が生成し，このGreen rust-IIコロイド粒子が第二段の加熱酸化反応において，Green rust-II粒子表面からヒドロキソ第一鉄イオン及びヒドロキソ第二鉄イオンが溶出することにより，ヒドロキソ第一鉄イオンの酸化と同時に共沈反応が生じてマグネタイトの核粒子が生成する。この時，Green rust-II粒子は僅かな過飽和度の変化を自らがリザーバーとなり，鉄イオン量を一定に補償しながらマグネタイト核粒子を生成し，この核粒子の数が増加して粒子密度が高まると，核粒子同士が急速に凝集して，もっとも安定な形状である球形粒子を形成することが判明した。

　写真1は，本方法で生成した球形マグネタイト粒子と，従来方法で生成した六面体のマグネタイト粒子の透過型電子顕微鏡TEM写真である。

　この反応の特徴は，Green rust-IIコロイド粒子の単位面積当たりの核発生数が常に過飽和状態の溶質濃度と平衡状態にあるので，粒子表面に沿った二次元的な粒子成長過程，すなわち，

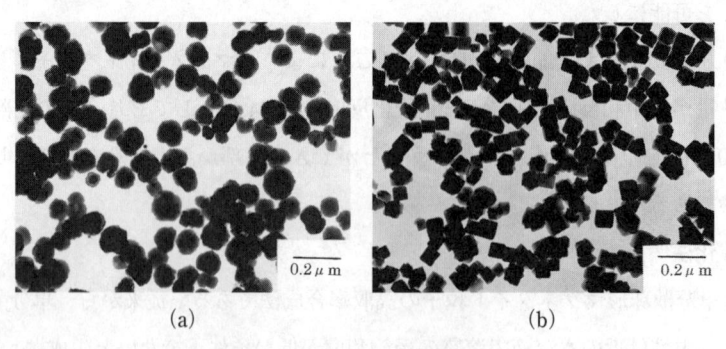

写真1　マグネタイトの粒子形態
(a) 球形粒子，(b) 六面体粒子

第3章 フェライト微粒子の合成と用途

Green rust-Ⅱの溶解速度が，粒子成長の律速段階となる反応律速成長であることにより，粒度が均一な単分散球形マグネタイト微粒子が生成する。また，反応が終了するまでGreen rust-Ⅱがリザーバーとなって残存することにより，反応母液のpH値が変化しないので均一な生成反応を維持することができる等である。

2.2.3 ヘマタイト転換法[5]

ヘマタイト α-Fe_2O_3粒子を強アルカリ性の水酸化第一鉄コロイド水溶液中，非酸化性雰囲気下で分散混合して，50～100℃の温度で加熱すると(2)式の反応が生起して，赤褐色ヘマタイト α-Fe_2O_3から黒色マグネタイト Fe_3O_4粒子に転換する反応である。

$$\alpha\text{-}Fe_2O_3 + Fe(OH)_2 \longrightarrow Fe_3O_4 + H_2O \tag{2}$$

この反応のメカニズムを検討するために，反応途中の母液から生成物を抜き取りXRDとTEMで分析した。その結果は下記のようである。

図3は，出発物のヘマタイト α-Fe_2O_3粒子(A)と反応生成物のマグネタイト粒子(B)の粒子形態を電子顕微鏡TEMで，結晶構造をX線回折法XRDで測定した結果を示す図である。

出物(A)は，結晶構造がコランダム型からスピネル型に変化しており，生成物(B)はマグネタイトであることを示していた。また粒子形態が針状粒子から立方状粒子に変化していることから，この反応は，水酸化鉄コロイドとヘマタイト粒子がOH基を介して溶解析出反応を生起しているものと考える。

次に，同じ反応条件下で，ヘマタイト α-Fe_2O_3粒子に代えて，スピネル型のマグヘマイト γ-Fe_2O_3粒子を用いた場合にも，同様にマグネタイト Fe_3O_4に転換する反応が生起する。

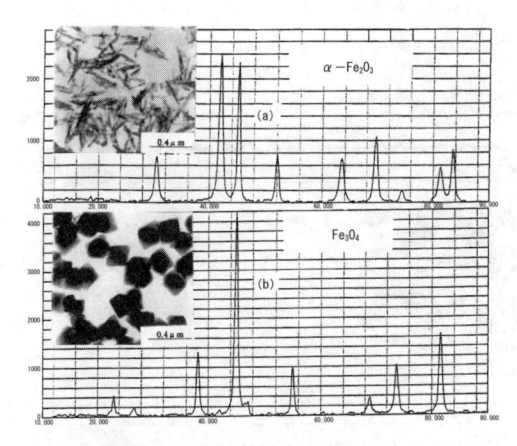

図3 出発物ヘマタイトα-Fe_2O_3粒子（a）と生成物粒子（b）の粒子形態の電子顕微鏡写真と結晶構造のX線回折結果を示す図

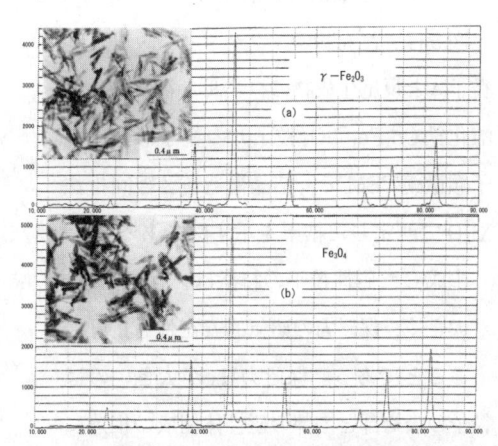

図4 出発物マグヘマイトγ-Fe_2O_3粒子（a）と生成物粒子（b）の粒子形態の電子顕微鏡写真と結晶構造のX線回折結果を示す図

注目すべきことは，結晶構造がスピネル型のマグヘマイト粒子から生成したマグネタイト粒子は，結晶構造に変化がなく，また粒子形態にも変化が生じないと言う点である。すなわち，この反応機構はヘマタイト粒子の場合と異なり，マグヘマイト粒子表面において，水酸化第一鉄コロイドとマグヘマイト粒子との間で電子のポッピングによる酸化還元が生起し，マグヘマイト粒子内部に電子が拡散してマグネタイト粒子に転換したのである。

図4は，出発物のマグヘマイトγ-Fe_2O_3粒子(A)と反応生成物のマグネタイト粒子(B)の粒子形態を電子顕微鏡TEMで，結晶構造をX線回折法XRDで測定した結果を示す図である。

2.2.4 コバルト被着反応[6]

この反応は，前項2.2.3のヘマタイト転換法[5]を基本としたもので，針状マグヘマイト粒子表面に，コバルト濃度が高い磁性層を被着させる合成方法である。コバルト被着反応のメカニズムは複雑であるが要約すれば次のようである。

すなわち，針状マグヘマイト粒子を第一鉄塩とコバルト塩の混合水溶液に分散した後，アルカリを添加することにより，針状マグヘマイト粒子と水酸化第一鉄及び水酸化コバルトとのアルカリ性混合溶液を調製し，この混合溶液を非酸化性雰囲気下で攪拌加熱すると，針状マグヘマイト粒子表面にコバルトフェライト層が被着した粒子が生成する。水酸化コバルトコロイドとマグヘマイト粒子のみの場合は，マグヘマイト粒子表面における水酸化コバルトの酸化還元電位が高いために，電子交換反応が生起し難いが，水酸化コバルトは水酸化第一鉄と共存した場合には，水酸化第一鉄がマグヘマイト粒子表面においてマグネタイト化反応を生じる際に，コバルトを取り込んでスピネルフェライト化する。この反応でコバルトは出発物粒子の内部にまで拡散しないので，コバルトフェライト組成物としてマグヘマイト粒子表面に被着する。

図5は，出発物のマグヘマイトγ-Fe_2O_3粒子(A)と反応生成物のコバルト被着型磁性酸化鉄$Co_xFe_{1-x}O_4$粒子(B)の粒子形態を電子顕微鏡TEMで，結晶構造をX線回折法XRDで測定した結果を示す図である。

生成した磁性粒子の特徴は　保磁力Hcが大きく，保磁力の磁気的安定性も良好であることである。保磁力Hcが大きいのは粒子の表層部と内部の磁性体組成の相違により発現した交換磁気異方性によるものであり，磁気的安定性が発現するのは磁気安

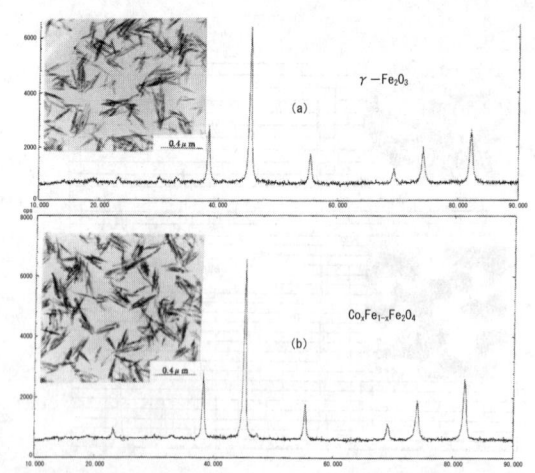

図5　出発物マグヘマイトγ-Fe_2O_3粒子（a）と生成物$Co_xFe_{1-x}O_4$粒子（b）の粒子形態の電子顕微鏡写真と結晶構造のX線回折結果を示す図

第3章 フェライト微粒子の合成と用途

定性に優れたコバルトフェライト組成物で被着したことによるものである。

2.2.5 その他の水溶液中合成法

その他の水溶液中合成法には，フェライトめっき法[7]，錯体重合法[8]等があるが省略する。

3 磁性と用途

3.1 微粒子磁性

スピネルフェライト粒子の磁気特性は，形状異方性や結晶異方性などにより異なる。大きな粒子は外部磁界により磁化されると，粒子内部で互いに逆向きに磁化した複数の磁区を形成する。この多磁区構造の磁性体の保磁力Hcは小さいものであるが，この粒子を微細化して，大きさが，磁区の境界である磁壁の厚み以下になると，単磁区構造の粒子となり，磁化は一方向に揃うので保磁力は大きくなる。単磁区磁性粒子は大きさが小さくなるほど保磁力は大きくなるが，単磁区粒子には臨界粒子径があり，この大きさより微細になると熱擾乱作用により保磁力はゼロになる。

このような超微粒子は超常磁性体であり，磁界により磁化するが，磁界から開放すると残留磁束がゼロとなる。強磁性のマグネタイトであっても臨界粒子径以下に微細になると超常磁性体となる。図6は磁性と粒子径の関係を示した模式図である。

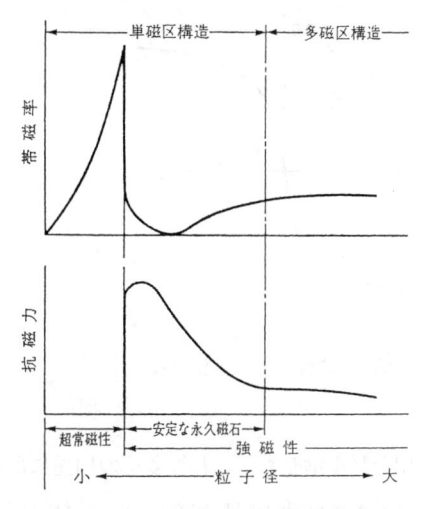

図6 磁性と粒子径の関係模式図

3.2 用途

フェライト微粒子粉は，電磁気材料として多岐にわたる用途で重用されている。表3に主な応

表3 フェライトの応用分野

材料	応用分野の例
磁石材料	スピーカー，マイクロフォン，レシーバー，マイクロモータ，発電機，磁気選別機，磁気分離機，吸引用磁石など。
電子材料	トランス，アンテナ，フィルター，磁気ヘッド，VTR，AV機器，通信機器，モーター，電磁波吸収体など。
磁気記録材料	オーディオテープ，ビデオテープ，コンピュータテープ，FD，磁気カード（交通券，バンクカード，ポイントカード）など。
電子印刷材料	磁性トナー，キャリアー，マグネットローラーなど。
ナノテク材料	磁性流体（真空用，防塵用等軸受けシール，アクチュエータ，振動吸収体），バイオ用（磁性マイクロカプセル，磁気ビーズ）など。

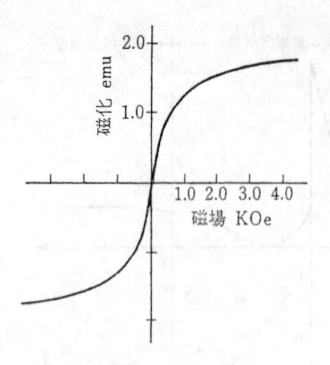

図7　磁性流体の磁化曲線

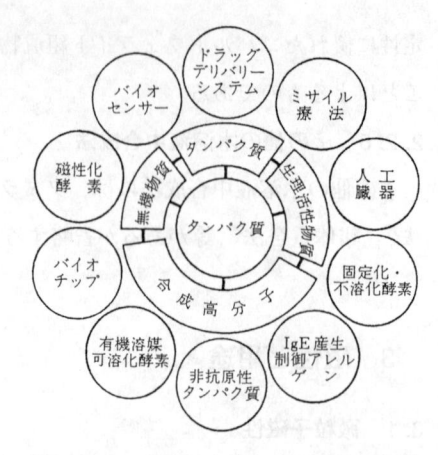

図8　タンパク質ハイブリッドとその利用[9]

用分野を示した。これ等多くの用途にはバルク状に成型した焼結体や樹脂複合体，または，樹脂に分散して塗料や塗布膜に加工して用いられているが，近年では，粒子自体を水や油などの液体に分散した磁性流体，カプセルやビーズに加工した磁性マイクロ粉体など新しい用途が開発されている。これらの用途に必要な磁性粒子は単磁区から成る微粒子であり，特に超常磁性のナノサイズの微粒子が要求されている。

磁性流体は，回転部の真空シールや防塵用の軸受けシール，交流磁場を印加すると磁性流体の界面が変化する現象を利用したアクチュエータやダンパー及び，磁気光学効果を利用する磁場検出用や，磁性流体に流れるガスを磁化の変化で検出するガスセンサー等各種センサーなどに用いられている。図7は磁性流体の磁化曲線である。

マイクロカプセルや磁性ビーズは，図8に示すように多種多様[9]な使用方法が検討されているが，本書の命題であるバイオや環境分野への応用例は他の章に詳述されているので省略する。

4　おわりに

フェライト微粒子の合成法と用途について概説した。合成法は微粒子の合成を主としたので，湿式法である水溶液反応技術を中心に，また用途は，汎用している電磁気応用分野と磁性体としての微粒子特性について記述した。ナノ磁性粒子に関する最大の課題は，磁性粒子の分散と凝集をコントロールする技術であると考えるが，この課題はそれぞれの応用分野で個々に取り組みが行われているので本章では触れなかった。しかし，フェライト微粒子を用いるいかなる分野でも，磁性微粒子とのハイブリッド化を行う場合には，磁気特性や表面物性に関する微粒子特性をよく解明して，配合物質とのアフィニティーをコントロールする技術が重要であることを明記する。この章がバイオ・環境関技術の発展に少しでも役立てば幸いである。

第3章 フェライト微粒子の合成と用途

文　献

1) M. Kiyama, *Bull. Chem. Soc. Jpn.*, **47**, 1646 (1974)
2) 特許第773657号
3) 特許第1440963号
4) 小笠原和夫ほか, 粉体粉末冶金協会昭和46年度秋季大会講演概要集, 112 (1971)
5) 特許第722759号
6) 堀石七生, 粉体および粉末冶金, **42**, 683 (1995)
7) 阿部正紀ほか, 日本応用磁気学会誌, **27**, 721 (2003)
8) 高田潤ほか, 現代化学, **10**, 25 (2005)
9) 稲田祐二ほか, タンパク質ハイブリッド第Ⅲ巻, 共立出版, p.1 (1990)

第4章　金属磁性ナノ粒子の作製
― 液相合成法 ―

山室佐益[*1], 隅山兼治[*2]

1　はじめに

　ナノテクノロジーの一環として，サイズならびに形状を高度に制御したナノメートルの大きさの微粒子（ナノ粒子）が注目されている[1,2]。とりわけ磁気モーメントを有する磁性ナノ粒子は，外部磁場による位置・集積制御が可能であり，磁性流体・磁気レオロジー流体やバイオ・医療における磁気分離・薬物搬送用の磁性ビーズ等への応用が期待される。これらナノ粒子の合成には，原材料を原子・分子状にしてから凝集・成長させるプロセスが不可欠であり，原材料を気化蒸発させる気相法と溶液から出発する液相法に大別される。特に，磁性流体やバイオへ応用する場合には，磁性ナノ粒子を溶液中に懸濁・分散させ，磁石に引き付けられる液体磁石あるいは磁石により目的物質のみを溶液中から分離・回収する際の磁気担体として利用する。したがって，生成時に溶液中に存在している方が取り扱いが容易であり，以下に述べる化学的液相法で合成するナノ粒子の優位性がより鮮明になる。

　さて，磁性ナノ粒子の応用に際しては，粒子サイズをできるだけ小さくして大きな比表面積を確保しつつ，印加磁場への応答性を向上させることが重要な課題である。その目的には，磁性ナノ粒子の飽和磁化を増大することが最も効果的であり，従来使用されてきた酸化鉄（主にマグネタイト）に換えて磁性金属（鉄あるいはコバルト等）を使用することが考えられる。例えば，マグネタイトを純鉄に置き換えることにより，単位体積あたりの飽和磁化を約3倍まで向上させることができるが[3]，つい最近まで液相法によりサイズの揃った金属磁性ナノ粒子の作製は困難であった。その大きな理由の一つは，粒子形成プロセスで必要となる遷移金属イオンの還元が難しく，且つそれらの金属粒子をナノサイズに保持する有効な手段が開発されていなかった点にある。90年代になり，比較的還元が容易な貴金属ならびに化合物半導体に関して，サイズ分散性を高度に制御した10 nm以下のナノ粒子の合成法が開発されるようになった[4〜9]。それらの手法が遷移金属ナノ粒子合成にも応用され[10〜18]，今日の磁性ナノ粒子の合成と応用研究の隆盛に繋がっ

[*1]　Saeki Yamamuro　名古屋工業大学　ながれ領域　プロジェクト助手
[*2]　Kenji Sumiyama　名古屋工業大学　ながれ領域　教授

第 4 章　金属磁性ナノ粒子の作製 － 液相合成法 －

ている。

著者らは，高飽和磁化，軟磁気特性を有する Fe や Fe 合金のナノ粒子合成を目指し，反応系の探索と改良に取り組んできた[19, 20]。特に，磁性ナノ粒子は超常磁性／強磁性転移ならびに形状磁気異方性を示すことから，粒子のサイズおよび形状を精密に制御することが重要である。本章では，サイズの単分散化ならびに平均サイズおよび形状制御を施した Fe ナノ粒子の合成に関する最近の研究動向や，我々の研究結果について紹介する。

2　磁性金属ナノ粒子合成の研究開発動向

2.1　磁性金属ナノ粒子合成の問題点

先述したように，化学的手法による遷移金属ナノ粒子の作製を阻害してきた原因は，それらの金属イオンの還元が困難であったことにある。イオンの還元の難易度は，酸化還元電位に基づき議論することができるので，代表的な金属についてその値を図 1 に示しておく[21]。通常，化学的手法により金属ナノ粒子を作製する場合，その前駆体である金属塩あるいは有機金属錯体から放出される金属イオンを還元して 0 価の金属原子を生成・凝集して粒子を形成する手法がとられる。したがって，貴金属（Au, Ag, Pt）のように酸化還元電位 $E_0(M^{n+}/M^0)$ が高く還元しやすい金属に関しては比較的容易にナノ粒子を作製できるが，Al のように電気的に卑な金属（$E_0(Al^{3+}/Al^0) = -1.66\,V$）について金属相を得るには溶融塩電解のような特殊な手法が必要となる。同様に，一般の遷移金属も E_0 が低いので，ナノ粒子形成が困難である。具体的に 2 価と 3 価のイオンが存在する Fe の場合をみてみると，$Fe^{3+} \rightarrow Fe^{2+}$ への標準還元電位は $E_0(Fe^{3+}/Fe^{2+}) = +0.77\,V$ と高く，この反応は比較的容易に進行するが，$Fe^{2+} \rightarrow Fe^0$ への標準還元電位は $E_0(Fe^{2+}/Fe^0) = -0.44\,V$ と低く，通常 0 価まで還元することは困難である（図 1）。同じ鉄族の遷移金属である Co，Ni の場合，標準還元電位はそれぞれ $E_0(Co^{2+}/Co^0) = -0.28\,V$，$E_0(Ni^{2+}/Ni^0) = -0.23\,V$ と Fe の場合よりも高く，Fe，Co，Ni の順で金属イオンの還元・粒子形成が容易になる。特に，Ni の場合，比較的容易に金属 Ni 粒子を生成することができ，粒子表面に耐酸化性の酸化被膜が形成されるので，大気中に保持しても比較的安定に存在

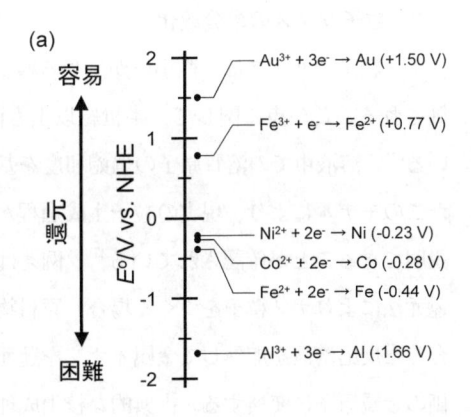

図 1　各種金属の標準還元電位

する。ただし，これらの議論はあくまでも一般論であり，金属イオンの存在する環境により還元の難易度が異なってくる。後で述べるように，溶媒中で金属イオンが界面活性剤等と安定な錯体を形成する場合，還元はより困難になる。

難還元性の磁性遷移金属イオンを還元するには，水素化ホウ素ナトリウム（NaBH$_4$）のような強い還元剤が使用される。ただし，NaBH$_4$は水溶性であるため水相中での反応に限定されるとともに，顕著な潮解性を示すことから，適切に管理された雰囲気下で取り扱う必要がある。また，強還元剤を使用すると反応が一気に進行するので，粒子が粗大化し易くなる。このような粒子成長を抑制するために考案された合成手法の一つとして，界面活性剤を鋳型として用いた逆ミセル法がある[12, 22, 23]。この方法では，有機相中に懸濁された両親媒性界面活性剤が水溶液相を含んだ逆ミセル（微小な反応空間）を形成し，その中で粒子が核生成・成長する。このとき，粒子のサイズが逆ミセルの大きさによって制御可能であり，これまでにFe，Coならびにそれらの合金ナノ粒子の合成例が報告されている[12, 22, 23]。

一方，金属イオンを還元する代わりに，有機金属錯体を熱分解して金属原子を供給する方法も利用されている[13〜18]。金属微粉を作製する際の金属原子供給源として，金属カルボニル錯体が古くから用いられてきた。そして，金属カルボニル錯体を界面活性剤が共存する反応溶液中で加熱分解することにより，FeやCoのナノ粒子が効率よく合成されている[13, 14, 16, 17]。しかし，この錯体は毒性が強く，反応中においても有毒なCOガスを放出する。したがって取り扱いに注意を要する金属カルボニル錯体に代わるより安全な金属供給源の探索がなされてきており[10, 18]，我々もその一翼を担ってきた。

2.2 粒子サイズの単分散化

ナノ粒子のサイズは，微小核が生じる核生成過程とそれらの成長過程における反応を通して制御される。この点に関して，半世紀以上も前にLaMerが図2に示す粒子生成モデルを提唱している[24]。溶液中での溶質原子の過飽和度を基準としたこのモデルにより，現実の粒子生成過程が的確に説明できることが確認されている[25]。例えば，液相還元法によりナノ粒子をつくる場合，原料物質を混合した反応溶液を加熱して金属イオンを還元し，0価の金属原子に変換する。古典的な核生成理論に従えば核生成過程は臨界現象であるため，溶液中における金属原子濃度の多寡（過飽和度）が核生成の頻度に大きく影響する。長時間にわたり核生成が継続

図2　LaMerによる単分散粒子生成機構

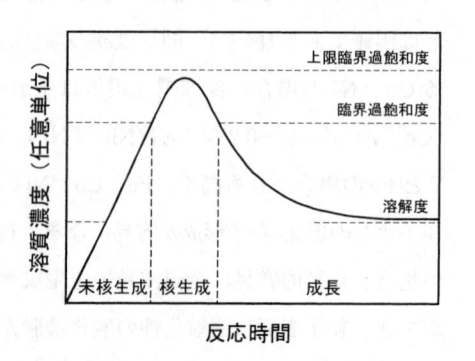

第4章　金属磁性ナノ粒子の作製 － 液相合成法 －

されると，核生成と同時に成長も進行するので，早く生成した核ほど大きく成長し，粒子サイズの分布が広くなる。したがって，粒子サイズを揃えるためには，短い時間内に生成した微小核が互いに合体・融合するのを防止しながら均一に成長させることが必要不可欠である。それらの詳細については，既に公表されている多くの解説を参照されたい[24~26]。実際の粒子合成においてサイズを揃えるには，これらの条件を満たす反応過程を見出す（選択する）ことが重要な鍵となる。

一方，LaMerの粒子形成モデルから外れた事例も散見されている。例えば，界面活性剤の存在によって金属原子の粒子表面への可逆的な吸着・脱離が促進される場合，反応の進行に伴い界面活性剤あるいは粒子の材質によって規定される特異なサイズに収束する傾向が見られる[14, 27, 28]。また，粒子成長が停止した後，オストワルド熟成を促し小さな粒子を消滅させることにより，大きな粒子のみを残す手法も利用されている[29]。

3　サイズおよび形状を制御したFeナノ粒子の合成

3.1　Feナノ粒子の合成方法

我々は，不活性雰囲気中の反応系を昇温し，有機溶媒中で有機金属錯体を還元してFeナノ粒子を合成しているが，この方法は，Sunらによって開発された手法[13]と類似している。酸化の原因となる空気や水を反応に介在させていないので，酸化雰囲気に弱い遷移金属ナノ粒子を生成できることがその特長である。また，高沸点有機溶媒を用いて高温で加熱反応させるので，常温付近で還元し難い遷移金属イオンの還元反応が促進されるとともに，生成されたナノ粒子の結晶性が改善される点で優れている。

この方法は，多価アルコールにより金属イオンを還元するポリオール法[30, 31]と，界面活性剤の存在下で粒子成長を行うホットソープ法[5]を合体したものである。ポリオール法において，アルコールは金属イオンを還元してそれ自身はアルデヒドに変化するとともに，界面活性剤としても機能する。アルコールは弱還元剤であるため還元速度が遅く，穏和な環境下で還元反応を進行させるので，生成粒子の急速な粗大化を抑止することができる。ただし，ヒドロキシル基(-OH)の粒子への配位力は弱く，粒子の成長・融合を効果的に抑止することができないため，通常は界面活性剤としてポリオールを用いるだけでは10 nm以下のナノ粒子を作製することが困難である。一方，ホットソープ法は高温に加熱された溶液中で界面活性剤が共存する条件下で粒子合成を行う方法であり，生成した粒子表面を直ちに界面活性剤で被覆して粒子間の融合・合体を効果的に防止するとともに，金属原子の粒子表面への吸着を界面活性剤により抑制して生成粒子をナノサイズに留める。このように，2つの方法のそれぞれの特徴を併せて実現させることにより，

Co等の大きな飽和磁化を有する磁性金属，ならびにそれらの合金のナノ粒子の合成が可能となるわけである[13, 17]。この手法は，高度サイズ単分散ナノ粒子が形成できる点からも注目されている。

使用した化学反応装置の概略を図3に示す。そして，金属イオン供給源としてFe (III) アセチルアセトナト (Fe(acac)$_3$) を使用するプロセスを以下に例示する。Fe(acac)$_3$は，金属カルボニル錯体(鉄ペンタカルボニル)と比べ化学的に安定であり，有毒な副次生成物を生じないので，取り扱いが容易である。また，還元剤として1,2-ヘキサデカンジオール，界面活性剤として脂肪酸 (オレイン酸，ステアリン酸等)，アルキルアミン (オレイルアミン等) あるいはそれらの混合物，溶媒としてジオクチルエーテルを用いる。実験室レベルでの標準的な反応では，10～20 mLの溶媒をフラスコに充填し，Fe(acac)$_3$：還元剤：界面活性剤の混合モル比を1：5：3程度に設定する。全ての原料物質を充填後，フラスコ内をアルゴンガスで置換して，溶液を撹拌しながらマントルヒーターにより加熱する。加熱反応中，蒸発による溶媒および反応物質の減少を防ぐために，水冷された冷却管をフラスコ直上に設置して還流させる。昇温過程の200℃付近で溶液の色が黒く変化し，この温度付近で核生成が始まっていることが判別できる。このときの主な制御パラメータは，原料物質の混合比，反応温度，反応時間である。反応終了後は反応溶液を室温まで空冷し，メタノールあるいはエタノール等の極性有機溶媒を添加してナノ粒子を沈殿させ，遠心分離して粒子のみを抽出する (洗浄プロセス)。この洗浄プロセスを2～3回繰り返し，最終的に粒子をヘキサンあるいはトルエン等の無極性有機溶媒中に再分散させる。洗浄中，粒子表面から界面活性剤が脱離するので，少量の界面活性剤を随時補充する必要がある。このようにして懸濁されたナノ粒子は，その表面に界面活性剤が疎水基を外側へ向けて吸着し保護されているので極めて安定であり，長期間にわたり沈殿することなく良好な分散状態を維持している。

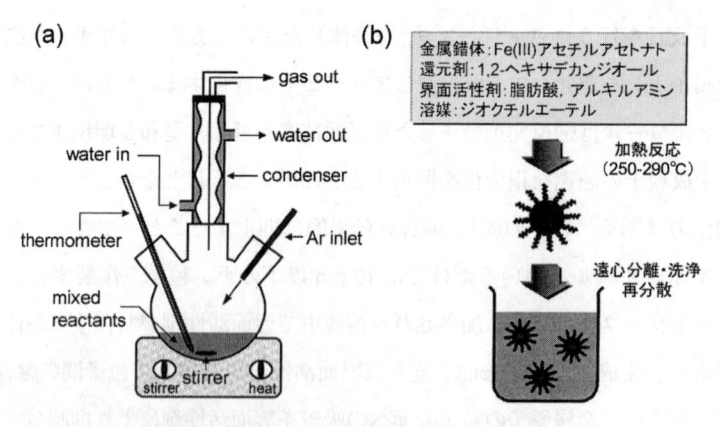

図3 ナノ粒子合成用反応装置の概略図
(a) 具体的な反応装置，(b) 反応過程

第4章 金属磁性ナノ粒子の作製 — 液相合成法 —

3.2 単分散Feナノ粒子の合成と平均サイズ制御

ナノ粒子合成においては，平均サイズを制御することと併せて，サイズ単分散化を図ることも重要である。磁性ナノ粒子の場合，磁気特性ならびに粒子間の磁気双極子相互作用が粒子サイズに強く依存するので，このことは特に重要である。そこで，LaMerの粒子形成モデルを前提として，急速な昇温（> 10 ℃/min）・還元反応により過飽和度を急峻に上昇させ，核生成を一気に進行させてみた。図4に，この様な方法で作製したFeナノ粒子の透過電子顕微鏡（TEM）像を示す。具体的な合成は，10 mLのジオクチルエーテル中にFe(acac)$_3$を0.5 mmol，1,2-ヘキサデカンジオールを2.5 mmol，オレイン酸およびオレイルアミンを各1.5 mmol添加し，290 ℃で30分間加熱させる反応に基づいている。図4(a) から，粒子サイズが約7 nm，その標準偏差が約5％と，大変良く揃っていることがわかる。粒子同士が直接接触することなく一定の粒子間隔を保持しており，個々の粒子表面が界面活性剤により被覆されていることを示している。また，良好なサイズ単分散性に起因して，試料をTEMグリッド上に滴下した後溶媒が蒸発する際に，ナノ粒子が自己組織的に規則配列した様子が観察される（図4(b)）。

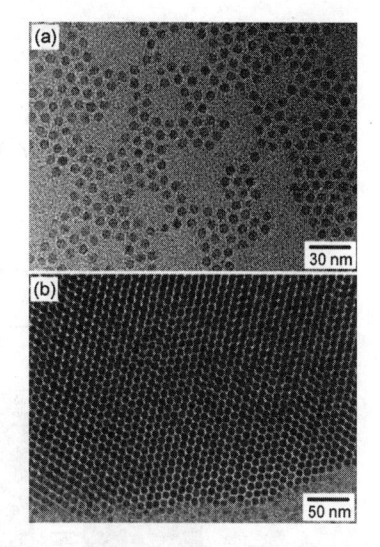

図4　Feナノ粒子の透過電子顕微鏡像
(a) 孤立分散した粒子
(b) 規則配列した粒子

電子回折やX線回折の実験に際して試料を大気中に一旦取り出す必要があるが，サイズが10 nm程度のナノ粒子の測定結果は，酸化鉄（主にFe$_3$O$_4$）の回折線が支配的である。Fe(acac)$_3$を出発原料とした同様の実験においても酸化鉄相が形成されることが報告されている[32, 33]。しかし，粒子サイズを20 nm程度まで成長させると，大気中に取り出しても粒子内部は金属鉄（bcc Fe）相が維持され，比較的大きな飽和磁化を示す結果が得られている[34]。この方法における酸化物の成因についてはまだよく分かってなっていない点もあり[33]，更なる研究が必要であろう。

上述のように，1段階の反応により単分散ナノ粒子を作製することは可能である。しかし，粒子サイズの単分散性を保持しつつ，平均サイズを系統的に制御することは難しい。この問題を克服する手段の一つとして，LaMerによる単分散粒子生成モデルを拡張し，予め作製した種粒子を均一に成長させる2段階成長法（seeded growth）が提案され，幾つかのナノ粒子合成に活用されている[35〜37]。Feナノ粒子を2段階で成長させるプロセスを図5の上段に示した。通常の1段階反応により種粒子を作製した後，一旦反応溶液を室温まで空冷して粒子成長を停止する。そして，種粒子の成長に必要な原料物質を反応系に追加した後，今度は2次核生成が生じないようにゆっくり昇温（約2 ℃/min）して，既存の種粒子のみを均一に成長させる。その際，溶媒も同

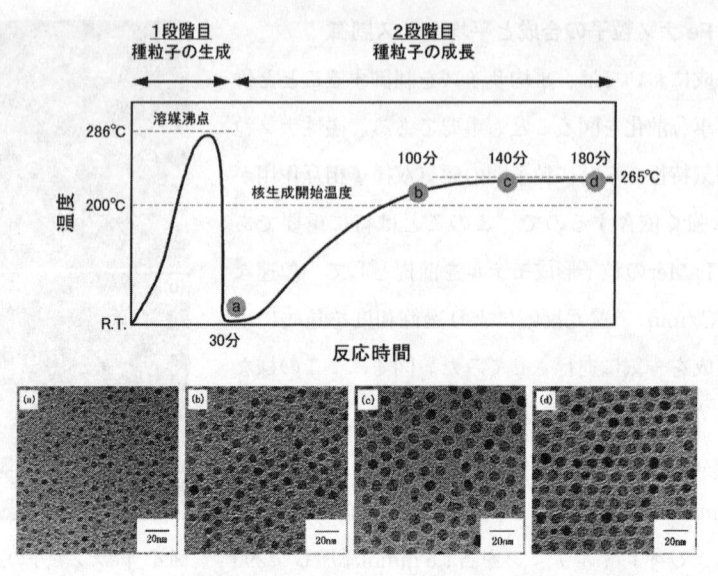

図5 ２段階成長法によるFeナノ粒子の単分散サイズ制御
上段：２段階成長法の概念図，下段：(a) - (d) は上段に示す反応時間においてサンプリングした試料の透過電子顕微鏡像

時に添加して粒子濃度を希釈すると粒子同士の衝突確率が低減し，効果的に融合・合体を防止できる。この方法においては，核生成と成長過程を完全に分離してそれぞれを独立制御することが可能であり，２段階目の反応時間を調節することが平均サイズの分布制御要因となる。図５の下段に示すように，１段階合成法で作製した4.5nmの種粒子を，新たな原料物質（１段回目の２倍の量）とともに目的の温度までゆっくり加熱する。265℃まで180分間反応させることにより，4.5nmの種粒子を8.5nmまで成長させることができた。粒子サイズ分布の標準偏差は，いずれの場合も10％程度かそれ以下であり，良好な単分散性を示している。このとき，反応の途中で新たに物質を供給していないので，金属前駆体が消費し尽くされた時点で成長は停止する。更にこの手法を逐次繰り返すと，より大きな粒子を成長させることも可能である[35]。

反応温度の他に粒子サイズを制御する因子として，２段階目の反応に先駆けて補充する金属錯体の量，ならびに反応温度が挙げられる。実験室においてフラスコを用いるような閉鎖反応系の場合，種粒子の量と新たに添加する金属錯体の比が最終的に到達可能な粒子サイズの決定要因となる。粒子体積は直径の３乗に比例するので，再充填する金属錯体はできるだけ多くすることが望ましい（例えば，種粒子のサイズを２倍にするには，種粒子の約７倍量の金属錯体が必要である）。しかし，原料物質の再充填量が増大すると溶質原子濃度が高くなるので，２次核生成が生じやすくなる問題に直面する。また，２段階目の反応温度も還元速度を決定する重要な因子である。反応温度が高すぎると，金属イオンの還元が促進され，新たな核生成を引き起こすので，生

第4章　金属磁性ナノ粒子の作製 － 液相合成法 －

成したナノ粒子のサイズ分布ヒストグラムには，種粒子が成長したものと新たに生成した粒子に対応する2つのピークが観測される。一方，反応温度が低すぎると，還元反応自体が進行せず，したがって粒子も成長しない。これらの例からも明らかなように，多段階成長を用いて大きな粒子を作製するには，2次核生成を抑制することが必須条件であり，相反する制御因子のバランスを取り，反応条件を最適化しなければならない。

　3.1でも述べたように，金属の還元・粒子形成の反応過程において，界面活性剤は，高分子の長さや側鎖密度に依存する立体障害物として粒子同士の合体・融合を防止するとともに，生成粒子との付着・離脱反応を通して核の成長速度を左右し，最終的な粒子サイズを決定する役割を担っていると考えられているが，その反応系への影響はそれ程単純でない。例えば，反応の際にFe(acac)$_3$に対する界面活性剤の混合モル比を増加させると，かえって粒子の平均サイズが大きくなることがある[17]。これは，界面活性剤を増加すると，粒子成長が効果的に抑制されるという考え方と矛盾する。実際には，配位力の強い界面活性剤の相対量が増加すると，Feイオンと脂肪酸が安定な錯体を形成して還元速度が低下し（過飽和状態が抑制され）[38]，核生成数が減少することになり，個々の粒子が多くのFe原子を吸収して，より大きく成長すると推測される。

3.3　立方形状Feナノ粒子の合成

　これまで述べてきた球状Feナノ粒子以外に，還元剤の混合モル比の高い反応条件下で，立方形状Feナノ粒子が合成されることが見出された[19]。代表的なFeナノ粒子試料のTEM像を図6に示す。このFeナノ粒子合成には，10 mLのジオクチルエーテル中にFe(acac)$_3$を0.5 mmol，1,2-ヘキサデカンジオールを3.75 mmol，ステアリン酸を2 mmol添加し，290 ℃で100分間加熱する反応を用いている。立方体ナノ粒子の一辺の長さは約10 nmであり，サイズも良く揃っている。また，高分解能電子顕微鏡観察により，立方体ナノ粒子の各面はFe$_3$O$_4$の{100}面であることが明らかになった。サイズにより立方体以外の形状を有するナノ粒子も観察されることから，立方形状は粒子の成長途上において現れる非平衡形の1つであると推測される。実際，立方形状ナノ粒子が出現するか否かは，粒子サイズにも強く依存し，サイズが約10nmを超えないと明瞭な立方形状の晶癖を有する粒子が形成され難いことが認められる。しかし，様々な形状のナノ粒子の形成機構に

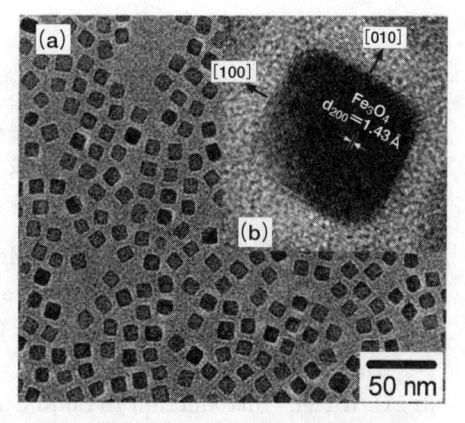

図6　立方形状Feナノ粒子の透過電子顕微鏡像　(a) 低倍像，(b) 高分解像。黒矢印は結晶方位，白矢印はFe$_3$O$_4$ (200)の格子面間隔

関しては，現在のところまだ不明な点が多く，多数の実例に基づく現象論の構築と，本格的なシミュレーションによるプロセス解明の研究が必要である。

4 今後の課題

以上，我々の研究結果を中心に，サイズおよび形状を制御したFeナノ粒子の合成例とプロセスおよびその背景となる考え方のポイントを記述してきた。近年のナノ粒子液相合成法の進展により，粒子サイズを揃える技術は急速に向上している。しかし，形状制御に関しては経験的手法に拠るところが大きく，今後一層系統的な実験が必要である。特に我々の関心事である磁性金属ナノ粒子の応用を展望すると，ナノ粒子の酸化を防ぎ金属相を安定化させることが最大の課題となる。ナノ粒子は，その比表面積が大きく反応性に富み，これまで超微粒子が研究開発の対象となって以来，その酸化防止と安定化は積年の課題となってきた[39]。この点に関して，ナノテクノロジーとしての応用・実用への期待から，ナノ粒子表面を耐酸化膜で被覆する取り組みが盛んである。耐酸化膜の材料として最もよく用いられているのは，化学的に極めて安定なAu等の貴金属である。これら貴金属の薄膜やナノ粒子はチオール基(–SH)を有する界面活性剤と強く結合し，配位子との相互作用が広く研究されている。AuやPt膜により，FeやCoナノ粒子の表面を被覆し，耐食性や耐酸化性の向上と複合機能化を図る例が報告されているが，その特性や再現性は十分でなく，克服すべき課題が多い[40~43]。最大の問題である被覆膜の構造・組織の不完全性を極力少なくしたコアシェルFe/Auナノ粒子の作製法の開発が待たれる。更に工業的には，Auよりも安価で且つAuと同程度に安定な新しい被覆材料を見出す必要があり，我々もサイズ・形状制御とともに安定性を考慮した金属ナノ粒子の研究・開発を展開したい。

文　　献

1) K. Sumiyama *et al.*, "Transition Metal Nanocluster Assemblies", in Encyclopedia of Nanoscience and Nanotechnology, ed.by H.S. Nalwa, **10**, 471 (2004)
2) G. Schmit (Editor), "Nanoparticles: From Theory to Application", WILEY-VCH Verlag GmbH & Co (2004)
3) C. Kittel, "Introduction to Solid State Physics", 7th ed., p.449, John Wiley & Sons, New York (1996)
4) M.L. Steigerwald *et al.*, *J.Am.Chem. Soc.*, **110**, 3046 (1988)

第4章 金属磁性ナノ粒子の作製 — 液相合成法 —

5) C.B. Murray et al., *J.Am.Chem.Soc.*, **115**, 8706 (1993)
6) M. Brust et al., *Chem.Commun.*, 801 (1994)
7) C.B. Murray et al., *Science*, **270**, 1335 (1995)
8) 米澤徹, 戸嶋直樹, 高分子論文集, **52**, 809 (1995)
9) R.L. Whetten et al., *Acc.Chem.Res.*, **32**, 397 (1999)
10) S. Sun and C.B. Murray, *J.Appl.Phys.*, **85**, 4325 (1999)
11) M. Giersig and M. Hilgendorff, *J.Phys.D*, **32**, L111 (1999)
12) C. Petit et al., *J.Phys.Chem.B*, **103**, 1805 (1999)
13) S. Sun et al., *Science*, **287**, 1989 (2000)
14) V.F. Puntes et al., *J.Am.Chem.Soc.*, **124**, 12874 (2002)
15) J.-I. Park et al., *J.Am.Chem.Soc.*, **122**, 8581 (2000)
16) D.F. Farrell et al., *J.Phys.Chem.B*, **107**, 11022 (2003)
17) E.V. Shevchenko et al., *J.Am.Chem.Soc.*, **125**, 9090 (2003)
18) F. Dumestre et al., *Science*, **303**, 821 (2004)
19) 隅山兼治, 山室佐益, 特願 2003-415157
20) S. Yamamuro et al., *Jpn.J.Appl.Phys.*, **43**, 4458 (2004)
21) 大堺利行ほか, ベーシック電気化学, 化学同人, 第1版, p.189 (2000)
22) J.P. Chen et al., *J.Appl.Phys.*, **76**, 6316 (1994)
23) E.E. Carpenter et al., *J.Appl.Phys.*, **87**, 5615 (2000)
24) V.K. LaMer and R.H. Dinege, *J.Am.Chem.Soc.*, **72**, 4847 (1950)
25) E. Matijevic, *Ann.Rev.Mater.Sci.*, **15**, 483 (1985)
26) 杉本忠夫(日本化学会編), コロイド化学Ⅰ, 東京化学同人, 第1版, p.135 (1995)
27) M.A. Hines and G.D. Scholes, *Adv.Mater.*, **15**, 1844 (2003)
28) T. Kuzuya et al., *Chem.Phys.Lett.*, **407**, 460 (2005)
29) T. Shimizu et al., *J.Phys.Chem.B*, **107**, 2719 (2003)
30) H. Hirai et al., *J.Macromol.Sci.-Chem.*, **A13**, 727 (1979)
31) G. Viau et al., *Solid State Ionics*, **84**, 259 (1996)
32) S. Sun and H. Zeng, *J.Am.Chem.Soc.*, **124**, 8204 (2002)
33) S. Sun et al., *J.Am.Chem.Soc.*, **126**, 273 (2004)
34) 前田正人ほか, 第29回日本応用磁気学会学術講演会概要集, p.48 (2005)
35) T. Teranishi et al., *J.Phys.Chem.B*, **103**, 3818 (1999)
36) H. Yu et al., *J.Am.Chem.Soc.*, **123**, 9198 (2001)
37) N.R. Jana et al., *Chem.Mater.*, **13**, 2313 (2001)
38) T. Hyeon et al., *Chem.Commun.*, 97 (2003)
39) 上田良二編著, 金属物理セミナー別冊特集号「超微粒子」, アグネ技術センター (1984)
40) J. Lin et al., *J.Solid State Chem.*, **159**, 26 (2001)
41) M. Min et al., *J.Appl.Phys.*, **93**, 7551 (2003)
42) S.-J. Cho et al., *J.Appl.Phys.*, **95**, 6804 (2004)
43) J.-I. Park et al., *J.Am.Chem.Soc.*, **126**, 9072 (2004)

第Ⅱ編　応用編

第1章　バイオサイエンスへの応用技術

1　磁気マーカー技術

田中三郎[*]

1.1　センチネルリンパ節生検への応用

　ナノサイズの磁性微粒子をマーカーとして体内に入れて，それを追いかけることによって，リンパ節の位置を同定する方法がある。本節では磁性微粒子のセンチネルリンパ節生検への応用について述べる。近年，センチネルリンパ節生検は，乳ガンなどの悪性腫瘍の治療において導入され，成果をあげている。センチネルリンパ節（見張りリンパ節）とはがん細胞が最初に流れ込み転移を起こすリンパ節の意味で，乳がん手術の際に数個のセンチネルリンパ節のみを切開，摘出し，これを詳細に検査（生検）した上で，転移がなければそれ以上のリンパ郭清（残さずに切除すること）を省略する方法である。多くのリンパ節の郭清は術後に乳房切除後疼痛症候群（PMPS）と呼ばれる痛みや，しびれ，リンパ浮腫などを引き起こすため，できれば切除は最小限にしたいと考えられている[1,2]。センチネルリンパ節生検の原理を図1に示す。腫瘍はセンチネルリンパ節につながっており，さらにその後にいくつものリンパ節がつながっている。まず，センチネルリンパ節を取り出して生検を行い，がん細胞の転移の有無を調べる。検査の結果，陽性であれば図1aのように腫瘍からリンパ節にがん細胞が流れていることになるので，残念であるが，それ以降のリンパ節をすべて切除する。陰性であれば，図1bのようにがん細胞の転移はないのでセンチネルリンパ節から後のリンパ節は残すことができる。そのプロセスで一番大事なポイントは，どのようにしてセンチネルリンパ節を探すのかという点にある。

　手術時に色素とRI（放射性元素）コロイドの両方を腫瘍近傍に注入し，肉眼で色素を確認すると

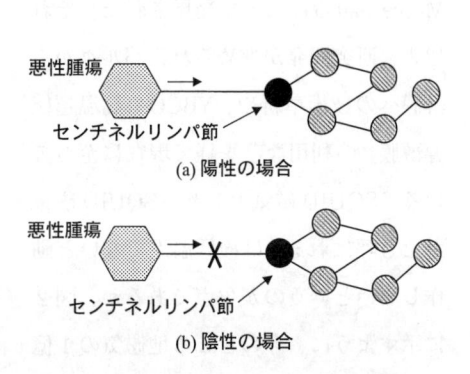

図1　センチネルリンパ節生検の原理
腫瘍はセンチネルリンパ節につながっており，さらにその後にいくつものリンパ節がつながっている。摘出した最初の（センチネル）リンパ節が陽性であれば(a)図のように腫瘍からリンパ節にがん細胞が転移していると判断される。陰性であれば，(b)図のようにがん細胞の転移はないと判断される。

---

　[*]　Saburo Tanaka　豊橋技術科学大学　工学部　エコロジー工学系　教授

磁性ビーズのバイオ・環境技術への応用展開

ともに，ガンマカウンターで放射線を計測してリンパ節を同定する方法[3, 4)]が主流であるが，日本では管理区域外でのRI使用が規制され，RIを含んだ摘出物の扱いに関する法律が未整備であることや，外科医，看護婦，病理医などのスタッフの被爆が大きな問題となっている。従って，非RI法によるリンパ節同定法の開発が望まれている。

ここでは，生体内にRIコロイドの代わりに磁性ナノ微粒子を注入し，リンパ節に流れ込んだ微量の磁性微粒子を高温超伝導SQUID磁気センサで検出する診断システムについて紹介する。

1.2　高温超伝導SQUID磁気センサ

ここで，磁性微粒子マーカーを検出するのに用いる超高感度磁気センサ，高温超伝導SQUIDについて説明する。SQUID (Superconducting Quantum Interference Device) 磁気センサは超伝導アナログデバイスの代表的な応用の一つである。詳細原理は他書[5)]に譲るが，ジョセフソン接合と呼ばれる超伝導結合の弱い箇所を含む環状超伝導体（リング）内での量子干渉効果を巧みに利用したものである。この現象は今からおよそ40年前の1964年にフォード自動車の研究員であったJ. E. Mercereauらによって発見された。それ以来，研究開発が進められ，バルクから薄膜への技術革新や，YBCO（高温超伝導薄膜）の利用などを経て現在に至っている。SQUID磁気センサ（SQUID磁束計とも呼ばれる）は極低温下でないと動作しないというのが欠点であるが，図2に示すように，今のところ地磁気の1億分の1から10億分の1の小さな磁界を計測することができる地球上にある唯一の超高感度磁気センサである。従来からSQUID磁気センサは生体工学において利用されてきており，MEG（脳磁場）やMCG（心臓磁場）計測などで知られている。特にMEG分野ではSQUIDを用いた臨床用の装置が製品化されており，てん

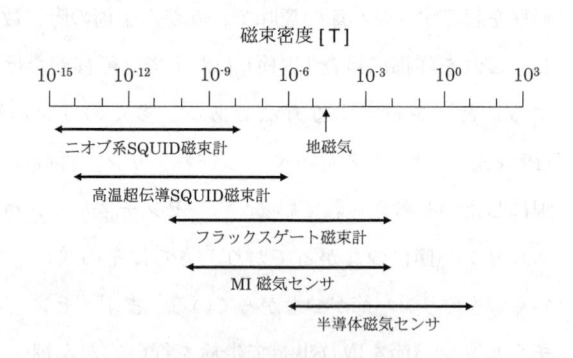

図2　各種磁気センサの感度
SQUID磁気センサは冷却が必要との欠点はあるが，地磁気の8〜9桁高い感度をもっている。近年，MI (Magneto Impedance) センサやフラックスゲートセンサの感度が向上してきたが，SQUIDには及ばない。

・生体磁気
　・脳磁場（MEG）
　・心臓磁場（MCG）
・バイオ・医療
　・免疫診断
　・DNAチップ
　・リンパ節位置検出

・金属鉱床探査
　・電磁探査法
・非破壊検査
　・食品内異物
　・航空機
　・炭素繊維強化複合材料
　・半導体ウエハ

図3　SQUIDの新しい応用分野
従来からあるMEG（脳磁場），MCG（心臓磁場）計測に加えて，免疫診断，リンパ節位置検出，食品内異物検査，半導体ウエハ内不良検査などの新しい分野の芽が育ってきている。

第1章 バイオサイエンスへの応用技術

かん治療や脳の高次機能の解析などに利用されている[6]。これらの分野では一部を除いて主に，液体ヘリウム温度（4.2 K）で動作するニオブ系のSQUID磁気センサが用いられている。しかしながら近年では高温超伝導薄膜を用いた液体窒素温度（77 K）で動作するSQUID磁気センサの性能が向上し，図3に示すように，従来の分野に加えて，免疫診断[7]，リンパ節位置検出など，新しい応用が考えられてきている。

1.3 リンパ節生検用の実験装置

図4に磁性微粒子を用いたセンチネルリンパ節検出法の概念図を示す。本方法は予め体内に注入された磁性微粒子（直径10nm）の位置をSQUID磁気センサ[8]で検出するものである。磁性微粒子にはマグネタイト（Fe_3O_4）をコアに持つものを用いた。コアの直径は約11nmで周囲がデキストランで被覆されており，その外径はおよそ100nmである[9]。その微粒子は超常磁性の特性を示し，室温ではほとんど永久磁気モーメントを持たない。従って，何らかの方法で磁化する必要がある[10, 11]。以下，交流磁界印加による計測方法について述べる。

磁性微粒子の検出原理を実証するために図5に示す模擬実験装置を作製して実験を行った。磁性微粒子を注入する血管を模擬したチューブに磁性微粒子試料を流し，シリンジポンプ（注射器状のポンプ）を用いた空圧伝達機構によって，SQUID磁気顕微鏡上[12]まで移動させて磁気信号を計測した。チューブはヘルムホルツコイルに通されており，軸方向に平行な100Hzの変調磁界が印加される。磁束密度は$9 \times 10^{-5} \sim 4 \times 10^{-4}$T程度とした。

SQUIDからの磁気信号はいったんロック

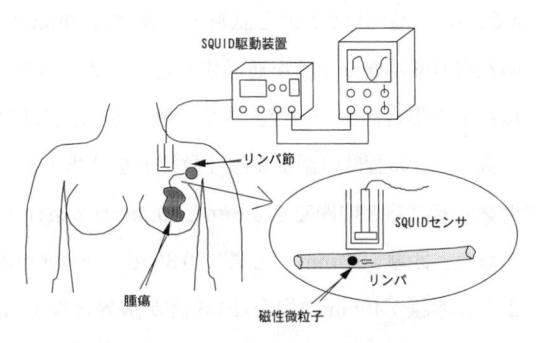

図4 センチネルリンパ節検出の概念図
予め体内に注入された磁性微粒子の位置をSQUID磁気センサで検出する。磁性微粒子にはマグネタイト（Fe_3O_4）をコアに持つものを用いる。微粒子は超常磁性の特性を示し，室温ではほとんど永久磁気モーメントを持たないので外部から磁化を行い計測する。

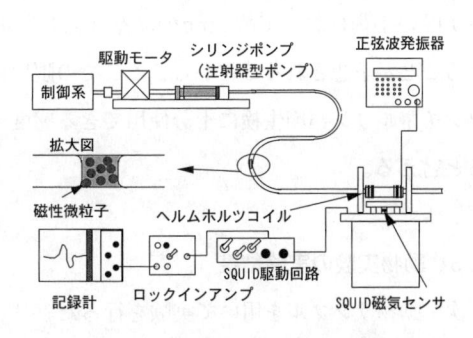

図5 磁界変調法による実験装置図
シリンジポンプによって，SQUID磁気顕微鏡上に微粒子を移動させて磁気信号を計測した。チューブはヘルムホルツコイルに通されており，軸方向に平行な交流磁界が印加される。SQUIDからの磁気信号はいったんロックインアンプに入力されて位相検波されるため信号対雑音比が改善される。

インアンプに入力されて位相検波される。この方式では変調磁界と同じ100Hzの信号成分のみを復調するため，SQUID特有の雑音の大きい領域（低周波の1/f領域）を用いなくともよい。また，ロックインアンプ[13]の後段で積分器を設けて高い周波数成分を取り除くため，さらに対雑音性能が向上すると期待される。

1.4 基礎実験の実験結果

図6に出力信号波形の一例を示す。このとき用いた試料は65μgの鉄を含有し，体積にして5.8μl（チューブ中の試料長さにして約8mm）に相当する量とした。流す速度は約0.33〜1.1mm/sであり，SQUIDセンサと試料との距離は10mmとした。明瞭な磁気信号が得られており，試料の左右の端部がセンサを通過するときに大きなピークが現れることがわかった。このことから，微粒子の集合体が一つの大きな双極子を形成し信号が現れることがわかる。

次に，どの程度の微量な磁性微粒子を計測することができるかを評価した。ここでは，SQUIDセンサと試料との距離を1mmと40mmの2条件で計測した。いずれも信号強度は濃度に比例しており，距離が1mmのときで0.36ngのFe量が本システムの検出限界となることがわかった。また，距離が40mmの場合は1.6μgが限界となることがわかった。これらの値は$10^{-3}\phi_0$のSQUID出力に相当する。これを直接磁束密度の単位に変換するためには均一磁場であるとの仮定が必要となる。実際は均一ではないが少し無理をして換算すると，およそ18pT（pは10^{-12}）であることがわかる。この磁界の大きさは人の心臓から発生する磁界のピーク値のおよそ1/10程度と非常に小さい値である。SQUIDはこれより一桁優れた感度を持つので，システムのノイズにより制限を受けているものと予想される。

実際の手術において約5mgの鉄を注入した場合，経験的にその約5%の250μgが部位に到達することが予想されることから，ここでの限界値はセンチネルリンパ節生検に十分使用できる感度であると言える。

1.5 動物実験の実験結果

次に動物サンプルを用いて実験を行った[14, 15]。動物には10ヶ月の雄ウイスターラットを用いた。ラットに麻酔をし，後脚に磁性微粒子を注射した。写真1aに磁性微粒子を注射しているところの様子を，写真1bに微粒子がリンパ管を流れている様子を示す。そして数分後に切開し，写真2に示すよう

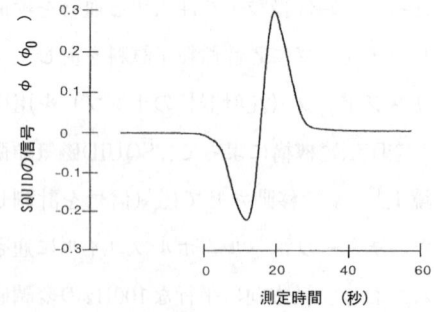

図6 SQUID磁気センサの出力信号波形
試料左右の端部がセンサを通過するときに大きなピークが現れた。微粒子の集合体が一つの大きな双極子を形成していると思われる。

第1章 バイオサイエンスへの応用技術

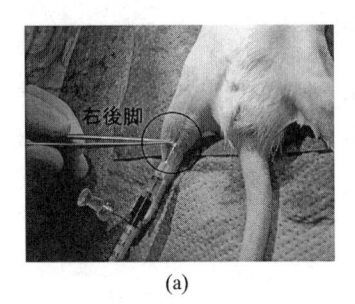

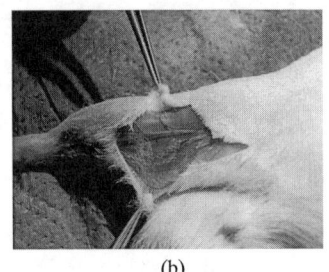

写真1 ラットへの磁性微粒子の導入
(a) ラットに磁性微粒子を注射しているところの写真，
(b) 磁性微粒子がリンパ管を流れている様子の写真。

に黒色に染まったリンパ節を摘出した。サンプルは組織検査での常法に従い，ホルマリン固定，パラフィン包埋により処理した。これをSQUID磁気センサ上約6mm離れたところでスライドさせて磁界下で計測を行った結果，約0.5〜1ϕ_0の非常に大きな信号が得られた。実際の手術では距離は3倍程度離れる可能性がある。信号はおよそ距離の3乗に反比例するので，その場合，信号は約1/20〜1/30になり，予想される信号は30mϕ_0(500pT)となる。この値は先ほど示した現状の検出感度の10倍程度大きく，充分使えることがわかる。

写真2 開腹したラットのリンパ節の写真
中央部の丸で囲んだ所に磁性微粒子で染色されたリンパ節が見られる。

1.6 まとめ

ナノ磁性微粒子を用いたセンチネルリンパ節生検に応用について述べた。この方法は乳ガンのみならず5mm以下の位置精度が必要な副甲状腺ガン手術などへの応用も考えられており，これからの進展が期待されている。最近では手術はできるだけ小さな面積(低侵襲)で済ませることが重要視されている。それは患者の負担が少なく，回復も早いからである。このように人類がより快適に生活できるような環境を創生することも工学の重要な役目と言えよう。今後，環境ノイズの影響の低減，小型冷凍機付き測定子の開発，など多くの克服すべき課題があるが，実用化に結び付く可能性は高い。

謝　辞

　動物実験サンプルを提供いただいた大阪大学大学院医学系研究科臓器制御医学専攻腫瘍外科学玉木康博助教授，および微粒子を提供いただいた名糖産業株式会社の長谷川正勝氏ならびに村瀬勝俊氏に深く感謝いたします．

文　献

1) 田中三郎　技術ノート　応用物理vol.70 p55-56 (2001)
2) U. Veronesi, G. Paganelli, V. Galimberti, G. Viale, S. Zurrida, M. Bedoni, A. Costa, C. de Cicco, J. G. Geraghty, A. Luni, V. Sacchini and P. Veronesi: *The Lancet* **349**, 1864 (1997)
3) A. E. Giuliano, D. M. Kirgan, J. M. Guenther and D. L. Morton: *Ann. Surg.* **220**, 391 (1994)
4) C. E. Cox, S. P. Pendas, J. M. Cox, E. Joseph, A. R. Shons, T. Yeatman, N. N. Ku, G. H.Lyman, C. Berman, F. Haddad and D. S. Reintgen: *Ann. Surg.* **227**, 645 (1998)
5) 松田瑞史，栗城眞也，応用物理71巻第12号p1534-1537 (2002)
6) 栗城眞也，応用物理71巻第1号p23-28 (2002)
7) 円福敬二　"平成14年度高温超伝導SQUID応用技術の動向調査"未踏科学技術協会p13-16 (2003)
8) ホームページ：http://www.shs.co.jp/squid
9) M. Hasegawa, S. Maruno, T. Kawaguchi and T. Moriya: *Proc. 6th Int. Conf. Ferrites, Tokyo and Kyoto*, 1992, p. 1007 (粉体粉末冶金協会, 1992)
10) R. Koetitz, H. Matz, L. Trahms, H. Koch, W. Weitschies, T. Rheinlaender, W. Semmler and T. Bunte: *IEEE Trans. Appl. Supercond.* **7**, 3678 (1997)
11) K. Enpuku, T. Minotani, T. Gima, Y. Kuroki, Y. Itoh, M. Yamashita, Y. Katakura and S. Kuhara: *Jpn. J. Appl. Phys.* **38**, L1102 (1999)
12) S. Tanaka, O. Yamazaki, R. Shimizu and Y. Saito: *Jpn. J. Appl. Phys.* **38**, L505 (1999)
13) P. Horowitz and W. Hill: The Art of Electronics, 2nd ed., p.1032 (Cambridge University press, New York, 1995)
14) Saburo Tanaka, Hajime Ota, Yoichi Kondo, Yasuhiro Tamaki, Shinzaburo Noguchi and Masakatsu Hasegawa, "Position Determine System for Lymph Node relating Breast Cancer using a High Tc SQUID", *Physica C*, **368**, 32-36 (2002)
15) Saburo Tanaka, Hajime Ota, Yoichi Kondo,Yasuhiro Tamaki, Shogo Kobayashi and Shinzaburo Noguchi, "Detection of Magnetic Nanoparticles in Lymph Nodes of Rat by high Tc SQUID", *IEEE Transactions on Applied Superconductivity*, **13** 377-380 (2003)

2 高分子微粒子を用いた遺伝子診断システムの構築

川口春馬[*1], 大場慎介[*2]

2.1 遺伝子診断技術の流れ

 変異DNAは遺伝病や多系と深く関わることから，これを検出するための高感度・高識別能のシステムの開発が急がれている。塩基の変異を検出する方法は，①ハイブリダイゼーションした二重鎖の安定性の差から検出する方法，と，②人工の機能物質の介在を通して検出する方法とに分類される。

 ①では，フリーのDNAのハイブリダイゼーションに伴う蛍光物質と消光物質の相互作用の変化を利用する方法[1]が検討されているが，一塩基の変異が二重鎖の安定性に与える影響は些少であることから①の方法には限界があると考えざるを得ない。期待されるのは②の方法である。②の分類に属するものについては次のような方法が提案されている。

(1) **人工核酸を用いる方法**[2]： 例えばペプチド核酸はDNAとディメンションがほぼ揃っていながら電荷を持たないため低塩濃度でハイブリダイゼーションを行うことができ二重鎖の形成能の違いをより厳密に判定できる。

(2) **添加物が関わる物理量の変化としてハイブリッド化を検出する方法**： 添加物として金コロイド[3]やポリN-イソプロピルアクリルアミド（PNIPAM）[4]が研究されている。金コロイドの場合[3]，ハイブリッド化に伴って金の表面プラズモン共鳴吸収が変化することを利用できる。PNIPAM系の場合，ハイブリッド化に伴って疎水性・親水性が変化する現象をコロイド科学的に利用することができる。筆者らは以前DNAをビーズに固定することでフレキシビリティ，あるいはエントロピーが減少し，識別能が向上することを報告した[5]。

(3) **ハイブリッド状態を制御したり検出したりする物質を利用する方法**： 中谷はナフチジリンダイマーを用いてG-Gミスマッチを選択的に検出することに成功した[6~7]。これはグアニンとナフチジリンとの相補的な水素結合を効率よく実現させた結果である。グアニンに対するナフチジリンのように他の塩基にもマッチングの良いリガンドがみつかればこの方式の利用価値はきわめて大きくなる。

 ナフチジリンダイマーを高分子微粒子に固定すればG-Gミスマッチ鎖分離用のアフィニティラテックスになる。ミスマッチ鎖を認識できる化合物を合成品に頼らない道もあろう。筆者らはDNAのミスマッチ部やバルジ部を認識する酵素MutSに注目した。これを高分子微粒子に固定し，さらに新奇性を加味した点変異DNA検査システムを構築することにチャレンジした[8]。

[*1] Haruma Kawaguchi　慶應義塾大学　大学院理工学研究科　教授
[*2] Shinsuke Ooba　慶應義塾大学　大学院理工学研究科

2.2 高分子微粒子を用いる診断

高分子微粒子の生体機能材料としての利用法の一つに，診断薬がある。1957年にSingerが抗リウマチ因子抗体を感作したポリスチレン粒子をリウマチ因子の検査に用いた[9]のに端を発し，多くのラテックス診断薬が作られ使われてきた。Singerの系では，タンパク質の非特異吸着を抑えるための配慮はなされていないが，その後の研究では，カルボキシル化ポリスチレン粒子に抗体を化学結合し，むき出しのポリスチレン部分をアルブミンやポリエチレングリコールなどでマスクする方法がとられた。これまでの多くのラテックス診断薬は抗原抗体反応による凝集反応を利用している。一方，筆者らは粒子に一本鎖DNAを固定し相補鎖を検出すること[5]や二本鎖DNAを固定し転写因子を検出すること[10]を提案してきた。それらの系で利用されたのは，スチレンとグリシジルメタクリレートの共重合体粒子（SG粒子）で，その表面はポリグリシジルメタクリレート（PGMA）で覆われている。PGMAはふたつの利点をもつ。一点はタンパク質やDNAの非特異吸着を抑制できること[11]であり，他の一点は生体物質と結合する部位を持つことである。PGMAが非特異吸着を抑えられる理由は解明できていない。微粒子生成重合中にグリシジル基の一部が加水分解によりグリセロール基に変わり水溶性化したポリグリセロールユニットが散漫相を形成しタンパク質等の定着を抑える可能性や，PGMA表面に中間水が存在する可能性が指摘される。

2.3 MutSとアントラキノンを担持する微粒子の構築

SG粒子を担体として，新しいDNA検査薬を調製することを試みた。その検査用粒子は図1に示すように二つの成分を担持する。そのひとつであるMutSはDNA修復酵素で，構造は図2[12]で示される。MutSはそのダイマーがつくる溝の中に二本鎖DNAを導いて（図2下図）滑らせながら塩基対をチェックする[13]。チェックしたDNAが完全相補鎖であれば，MutSはそのDNAを開放する。チェックしたDNAにミスマッチやバルジ部分があれば，MutSはそのDNAを拘束して離さない[14]。従って，MutSをSG粒子に固定すると，欠陥DNAを検出するアフィニティラテックスが得られることになる。もう一方の成分のアントラキノン（AQ）は紫外線で活性化しそのとき生じるラジカルによりDNAを切断できる（図3）[15]。

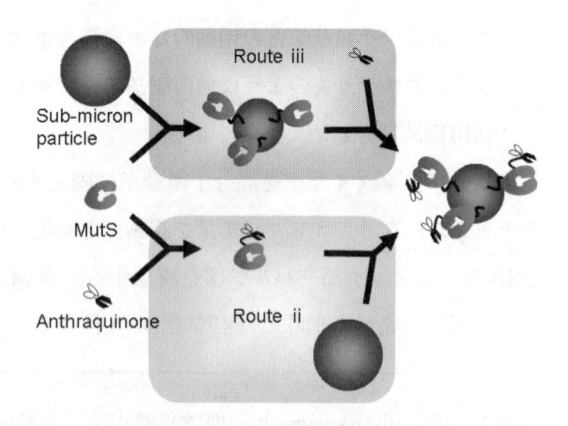

図1 Dual functional particle to catch and cut selected DNA

第1章 バイオサイエンスへの応用技術

　AQをMutSの近傍に配置させておくと，MutSが捕捉した欠陥DNAは紫外線照射下でAQによって分解される。MutSとAQとがともに粒子に固定されていれば，系から欠陥DNAが一掃され，完全相補鎖だけが残ることが期待される。このとき系中から消失したDNA量を蛍光法[16]などで測定できれば，MutS–AQ–SG粒子は欠陥DNA検査キットになり得る。その構築法には次の三様がある。

① MutSとAQをそれぞれSG粒子に直接固定する。

② MutSにAQを結合し，それをSG粒子に固定する（図1 Route ii）。

③ SG粒子にMutSを固定し，MutSにAQを結合する（図1 Route iii）。

2.4　担体高分子微粒子の調製

図2　Molecular structure of MutS[12]

　目的を考えれば，MutSの担体になる高分子微粒子はDNAの非特異吸着を排除するものでなければならない。非特異吸着を抑える素材として，筆者らはグリシジルメタクリレート（GMA）で被覆された粒子（SG粒子）を用いてきている。非特異吸着の抑制を物理的側面から配慮すれば，粒子は孔を持たないことが望ましい。光学系による検出・定量を考えるなら，粒子径は可視光の波長よりかなり小さめの100nm以下に抑

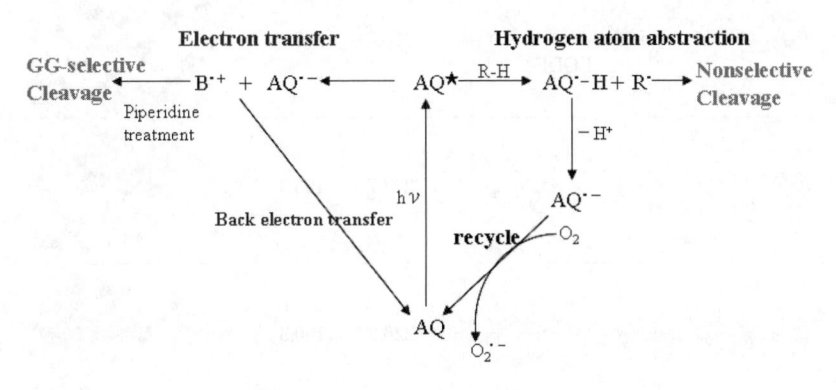

図3　Cleavage of DNA by anthraquinone

えたい。SG粒子は，スチレン (St) とGMAをモノマーとし，ジビニルベンゼンを架橋剤，V50 (和光純薬) を重合開始剤として，ソープフリー乳化重合を行い，さらに少量の GMA を後添加重合することで得られる。一般的な処方によるとき，粒子の水中粒子サイズは約200nmである。この後，この粒子にMutSを加え結合させるための準備が必要である。表1に示すように，エポキシ基を表面にもつ粒子はアミノ化，エチレングリコールジグリシジルエーテル (EGDE) の結合を経て，トシル化粒子に変えられた。ここでEGDEは，リガンドを粒子表面から離して固定するためのスペーサーである。EGDE はほどよい親水性とほどよい長さをもった重宝なスペーサーである。

表1の各ステップの粒子について，タンパク質の非特異吸着の程度を調査した。エポキシにアンモニアを作用させたときに若干吸着量が増したが，そのほかのステップの粒子では非特異吸着はきわめて少なかった。特に150mM NaCl中では非特異吸着はほぼゼロであった。

表1 Modification of surface of SG particle

Particle codes	Diameters (nm)		TEM views
	PCS	TEM	
	204.4	174.9	
	223.0	191.0	
EGDE	216.8	185.4	
	222.7	195.3	
	226.2	190.3	

2.5 複合化を目指してのMutSとAQの改質

粒子表面のトシル基と反応できるアミノ酸として，ヒスチジン（His），リシン（Lys），システイン（Cys）があげられる。MutSモノマーにはそれらが，それぞれ16, 28, 6個ある[12]。それらがランダムに粒子への固定に絡むとMutSがミスマッチDNAを捕捉する効率が低下することが考えられる。そこで，活性に影響が及ばない部分でMutSを粒子に固定することを目的に，MutSのN末端にヒスチジンタグ$(His)_6$を導入した。$(His)_6$を付けてもミスマッチDNA識別能は変わらないことを確認した。

AQ分子自体は反応性部位を持たない。AQの固定を可能にするため，ヒドロキシメチルAQを出発物質とし，下記のトシル化物を調製した。トシル化してもDNA切断能は変化しなかった。

こうして得られた$(His)_6$-MutSとヒドロキシメチルAQの双方を直接粒子に固定すること（方法①）を試みたが，固定のコントロール，活性の維持が困難であった。

2.6 AQ-MutSハイブリッドの調製と粒子への固定化

そこで，方法②を試みた。AQについてはまずヒドロキシメチル化した。これをトシル化し，トシル化AQをMutSにカップリングさせてMutS-AQハイブリッドを得た。一定量のMutSへのトシル化AQの添加量を変化させ，MutSダイマーあたり10から88分子のAQを固定した。これらのハイブリッドはミスマッチDNAを優先的に切断した。次にこのMutS-AQハイブリッドをSG粒子に固定した。しかしこの方式で得られたAQ-MutS-SG粒子はMutSの活性を示さなかった。これはMutSにAQが結合される際にMutS分子上の望ましい結合部位が優先的に使われ，MutSのSG粒子への固定時には，MutSの活性に影響を及ぼす部位が結合に関与したためと考えられる。そこで，③の方式でMutS-AQ-SG粒子を調製することとした。

2.7 MutSのSG粒子への固定によるアフィニティラテックスの調製

トシル化したSG粒子に種々の量の$(His)_6$-MutSを添加し，4℃で4時間反応させ，その後，遠心分離・デカンテーション・再分散を繰り返し精製して，MutS固定SG粒子を得た。MutSの固定密度は0.1～3.0分子/100nm^{2}であった。得られた粒子のミスマッチDNA選択捕捉能を比較した。固定密度が小さすぎても大きすぎてもミスマッチDNA/フルマッチDNAの識別能が低下した。固定量が小さすぎるとMutS分子が粒子上に乱れたコンフォメーションをとり，固定量が多すぎるとMutSは識別機能を発揮するスペースを確保できず，いずれの場合も活性が低下したものと見られる。結局，固定密度0.3分子/100nm^{2}程度のMutS-SG粒子が最大のミスマッチ選択性を示した。この特性は，N末端HisタグMutSをC末端HisタグMutSに代え，Trisで未反応トシル基をマスキングし，界面活性剤tween20を添加することで一層向上した。それらの

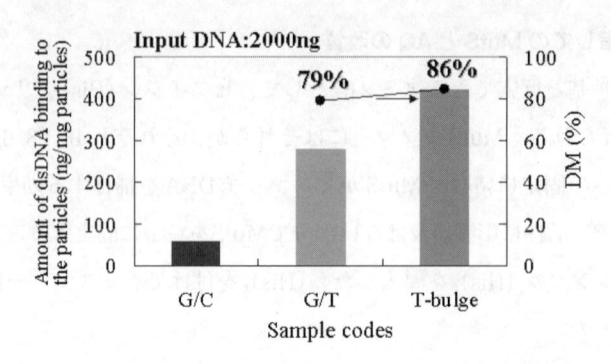

図4 Amount of dsDNA caught by MutS-immobilized particle

処理をした系での，MutS-SG粒子のTバルジ鎖とG/Tミスマッチ鎖とG/C相補鎖結合量を図4に示す。図4中のバーの長さが粒子に捉えられたDNAの量を示す。ミスマッチ識別能（DM）を次式のように定義すると，G/Tミスマッチ鎖に対するDMは79%，Tバルジ鎖に対するDMは86%であった（DM値は図4中に●で表示）。この結果は，MutSは塩基-塩基ミスマッチ鎖より挿入／欠失ミスマッチ鎖へのアフィニティが強いとの報告[17]と合致する。

$$DM = \left(1 - \frac{捕捉された完全相補鎖の量}{捕捉されたミスマッチ鎖の量}\right) \times 100 \quad (\%)$$

MutS-SG粒子に捕捉されたDNAは，EDTA処理により溶出され，粒子は反復利用できることが確認された。ミスマッチDNAを分離回収するためのアフィニティラテックスを得ることが目的であれば，これでほぼ目的が達せられたことになる。この場合，ミスマッチDNAを吊り上げた粒子を効率よく回収することが必要になる。上記の粒子は遠心分離で回収されるが，粒子径が小さくなるほど回収が難しくなる。そこで磁性体を粒子内部に含ませ磁力で回収する方法が検討された。筆者らはミニエマルション重合で磁性体含有複合粒子を作製する方法を提示した[18]。ポリスチレン粒子の系では想定通りの複合粒子が得られるが，SG粒子そのものへの磁性体の内包化は容易ではない。そこで，表面がSG粒子のそれに近いものになるように後処理して目的物を作製することを試みた。すなわち，まず僅かにグリシジルメタクリレート（GMA）を含むスチレンについてミニエマルション重合を行い得られた複合粒子表面にGMAを後添加し，重合する方法が対案になり得る。

2.8 粒子上のMutSへのAQの結合

本研究では，粒子の回収を必要としない診断薬の創製を目指している。従って，この先は磁性体を含有させることは考えない。先に得られたMutS固定粒子に新たな機能を付与するために，

表2 Dissociation constants (Kd) for G/C homoduplex and G/T heteroduplex

	$Kd_{(G/C)}$(nM)	$Kd_{(G/T)}$(nM)	Specificity
MutS–immobilized particles	909.1	65.4	13.9
AQ–MutS–immobilized particles	1,000	68.5	14.6
SPR data *J. Biol. Chem.*, **276**, pp.34339–34347 (2001)	1,400 ± 50	30 ± 3	47.0

Specificity = $Kd_{(G/C)}/Kd_{(G/T)}$

粒子上のMutSにトシル化AQを結合させた。MutS分子あたり1～8分子のAQを固定できた。得られたAQ–MutS–SG粒子のミスマッチ識別能DMはやはり70％程度であった。AQ–MutS–SG粒子系のミスマッチDNA選択的切断活性をPicoGreenによる蛍光法で評価し，UVによるDNAの切断を確認した。また，スキャチャードプロットで粒子上のMutSのG/C相補鎖とG/Tミスマッチ鎖の解離定数（Kd）を求めた。表2に示すように，AQ–MutS–SG粒子上のMutS，MutS–SG粒子上のMutSの解離定数はほぼ等しく，フリーのMutSのそれとさほど差異がなかった。

2.9 AQ–MutS–SG粒子を用いた遺伝子診断システム

40塩基のDNAをサンプルとし，粒子の使用量を0.2 μg/ml，サンプル濃度を2.22nMとし，蛍光試薬としてSYBR–Gold[19]を用い，図5に示すシステムでミスマッチ検出を行った。UV照射は400W高圧水銀ランプ（365nm）で30分間行った。このシステムでは，ミスマッチ鎖の含量に応じて蛍光強度が減少するものと予想される。結果を図6に示す。用いたDNA量は5pmolである。比較としてAQを結合していないMutS固定粒子についても合わせて実験した。AQの有無に関わらずUV照射前の各サンプルから発せられる蛍光強度は同一である。MutSに捕まれても捕まらなくても系に存在するDNA量は変わらないからである。UV照射後はAQ–MutS–SG粒子の系だけG/Tミスマッチ鎖の相対蛍光強度が大幅に減少している。このサンプルでのみかなりのDNAが切断されたことが分かる。このシステムは，粒子径が100nm前後の微粒子を使用しているため，蛍光との相互作用が少なく，微粒子を系から除去せず測定を行うことができる。All or Noneの実現まで隔たりはあるものの，システム構築における諸段階の最適化により，実用への

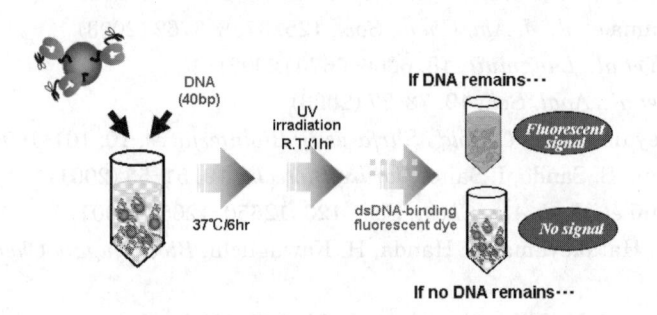

図5 DNA diagnosis using AQ–MutS–SG particle

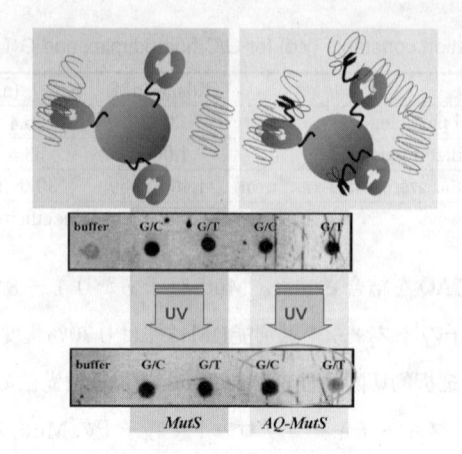

図6 Relative amount of remaining G/C and G/T before and after incubation with AQ-MutS-SG particle with or without UV irradiation

道が開かれる可能性がある。

2.10 結論

SG粒子にミスマッチDNA認識酵素MutSとDNA切断能をもつアントラキノンを適量かつ適切な方法で固定した複合粒子は，ミスマッチDNAを捕獲し切断することで，DNA診断剤としての機能を発揮することを見出した。

文　　献

1) G. Bonnet et al., Proc. Natl. Acad. Sci. USA, **96**, 6171–6176 (1999)
2) M. Komiyama et al., J. Am. Chem. Soc., **125**, 3758–3762 (2003)
3) J. Storhoff et al., Langmuir, **18**, 6666–6670 (2002)
4) T. Anada et al., Anal. Sci., **19**, 73–77 (2003)
5) M. Hatakeyama et al., Colloids Surfaces B. Biointerfaces, **10**, 161–169 (1998)
6) K. Nakatani, S. Sando, I. Saito, Nature Biotech., **19**, 51–55 (2001)
7) K. Nakatani et al., J. Am. Chem. Soc., **123**, 12650–12657 (2001)
8) S. Oba, M. Hatakeyama, H. Handa, H. Kawaguchi, Bioconjugate Chem., **16**, 551–558 (2005)
9) J. M. Singer, C. M. Plotz, Am. J. Med., **21**, 888 (1956)

10) Y. Inomata *et al.*, *J. Biomat. Sci. Polym. Ed.*, **5**, 293 (1994)
11) Y. Inomata *et al.*, *Anal. Biochem.*, **206**, 109–114 (1992)
12) M. H. Lamers *et al.*, *Nature*, **407**, 711–717 (2000)
13) G. Obmolova, C. Ban, P. Hsieh, W. Yang, *Nature*, **407**, 703–710 (2000)
14) J. Brown, T. Brown, K. R. Fox, *Biochem. J.*, **354**, 627–633 (2001)
15) D. T. Breslin, G. B. Schuster, *J. Am. Chem. Soc.*, **118**, 2311–2319 (1996)
16) Molecular Probes Inc., "CBQCA Protein Quantitation Kit (C–6667) Product Information, Revised on 11–Oct–2001"
17) G. Natrajan *et al.*, *Nucleic Acids Res.*, **31**, 4814–4821 (2003)
18) Molecular Probes Inc., "SYBR Gold Nucleic Acid Gel Strain Product Information, Revised on 15–Jan–2001"

3　細胞の培養・分離技術

弓削　類*

3.1　はじめに

　スペースシャトルや現在建造中の International Space Station（ISS：国際宇宙ステーション）のある環境とは，肉眼で見えない磁場，微小重力，宇宙放射線が織りなす環境である。生体は，環境が変化するとその新しい環境に適応しようとする。「微小重力環境」における宇宙飛行士の筋萎縮という現象は，地球上から考えれば病的であるが，宇宙環境に適応した姿といえる。すなわち生体は，宇宙へ出て行くことによって起こる「重力」という負荷量の低下から無駄になったものを省き，その環境に応じて遺伝学，生理学，生化学，生力学，運動学的に適応をする。

　磁場は，重力と同様に生体や生活に密接なつながりのある環境因子である。磁場を発生させるには磁石を必要とする。この磁石には，常時磁気を帯びている磁性体と電磁石のように電流を流すことによって磁石になるものの2種がある。また，生体より発生している磁場もあり，これは定常磁場と変動磁場に分けられる。生体内には，蓄積された鉄原子を含んだ磁性体が存在する肝臓や呼吸等で吸い込まれて蓄積された鉄粉を含む肺，胃，腸等があり，これを定常磁場とよぶ。これは体内に不純物として入った磁性物質が外部の磁界によって磁化したものである。他方，神経，心臓，脳などの生体が機能しているときも細胞内外に弱い電流が発生する。これを活動電流，シナプス電流とよび変動磁場という。これらの磁性体と電流が生体磁気の磁場発生源である。

　磁場や重力といった物理的環境因子は，生体を構成する物質の分子や原子の状態，生体の個体に変化を与えることが知られている。筆者は，「磁性体」を使った研究として，培養細胞内に磁性微粒子を直接導入し，磁場により細胞を伸展する研究システムを考案した。本システムを用いて筋芽細胞や骨芽細胞に機械的伸張を加え，磁場の細胞分化に及ぼす影響について検討したので紹介したい[1〜7]。また，磁性ビーズを使った細胞の選別についてもふれたい。

3.2　磁性ビーズを使った細胞伸展システム

　筆者は，磁性体を培養細胞内（細胞質内）に直接導入し，磁場により細胞を伸展するシステムを開発した（図1）。これまでの細胞の機械的伸展（mechanical tension）研究は，シリコン膜上で細胞を培養し，圧力チャンバーやステッピング・モーターで細胞を伸展する手法が主流であった。このシステムでは，細胞がシリコン基質に接着している必要があるが，シリコンは，撥水性が強くて細胞の接着性が悪いため，細胞を伸展すると細胞がシリコン基質から浮いて解離しやすくなるという問題点があり，2〜3日までの細胞伸展はできても長期の細胞伸展には適さなかっ

---

　*　Louis Yuge　広島大学大学院　保健学研究科　生体環境適応科学教室　教授

た．本システムは，遺伝子導入装置を使って磁性微粒子（magnetic microparticle）を細胞内に導入したのち，細胞の周りに表面磁束密度0.5Tの希土類磁石を用いた磁場の発生装置を設置し，培養皿の左右一方にN極，他方にS極を置き水平方向へ細胞を伸展するシステムで，3週間以上の細胞培養が可能である．

　遺伝子導入装置を使って磁性微粒子（magnetic microparticle）を取り込ませる場合は，一時的に細胞膜が微細に破れるが，その細胞膜断裂は数十秒で回復し，細胞の機能には影響を及ぼさない．細胞への伸展力は，磁力は距離の2乗に反比例するという磁場の原理を利用して，磁束密度により調整した．磁束密度0.01T（弱い伸展力：細胞1個あたり0.0019 Nmの張力発生），0.03T（中程度伸展力：細胞1個あたり0.0059 Nmの張力発生），0.05T（強い伸展力：細胞1個あたり0.0098 Nmの張力発生）の3強度の張力が細胞にかかるように設定した．

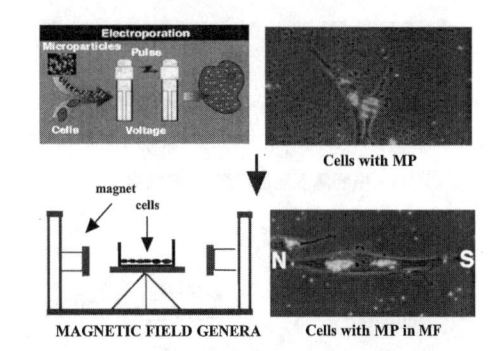

図1　磁性微粒子の導入と導入細胞の磁力伸展システム*
磁性体を導入した細胞はランダムに配列している（右上），この細胞を磁場の中に置くとN極-S極の水平方向へ細胞が配列する（右下）．
＊特願中：磁性微粒子導入磁場による細胞伸展システム，弓削 類

3.3　磁場を使った筋芽細胞伸展実験[1〜3]

　はじめに筋芽細胞の分化について解説したい．筋芽細胞（myoblast）は，以下の段階を経て筋線維を形成する．

① 中胚葉多能性細胞（幹細胞）から将来筋芽細胞へ分化することが運命づけられている単核の予定筋芽細胞（拘束：commitment）が発生し，これが決定（determination）を受けて筋芽細胞となる．
② 筋芽細胞がしかるべき数に増殖（proliferation）する．
③ 筋芽細胞が増殖を停止して分化（differentiation）し，筋芽細胞同士が融合することにより多核の筋管細胞（myotube）を形成する．
④ 筋管細胞がさらに成熟（maturation）し，筋線維として維持される．

　筋分化制御因子（MyoDファミリー）は，筋芽細胞への分化方向の決定と筋特異的タンパク質の転写を時空間的に制御している．骨格筋の決定，増殖，分化の過程における転写調節ネットワークを図2に示す．MyoDとMyf-5は，増殖している筋芽細胞で発現し，筋芽細胞への決定とその維持に関与すると考えられている．また，MyoDまたはMyf-5の少なくとも一方が発現することが中胚葉多能性細胞から筋芽細胞への決定に必須であるといわれている．ミオゲニン

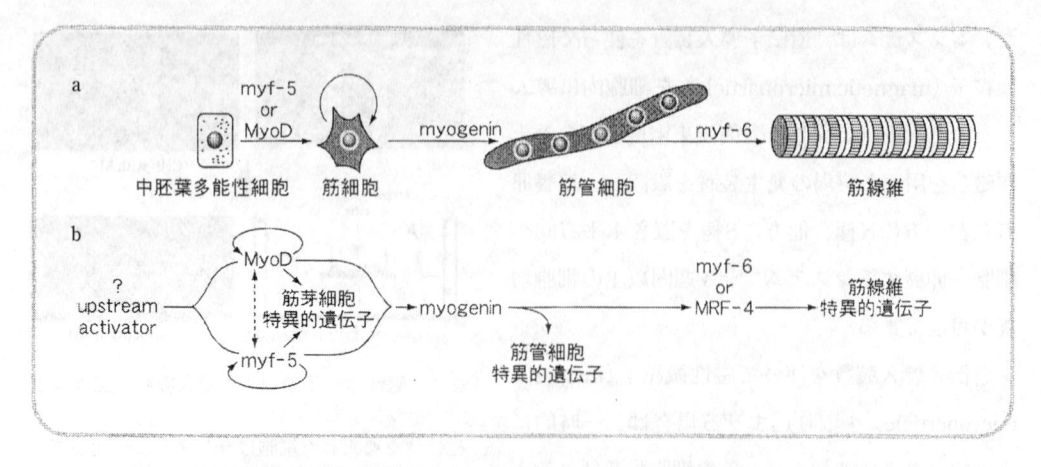

図2 骨格筋細胞の発達段階（a）とMyoDファミリーの分化制御ネットワーク（b）
(吉田松生他，細胞工学，**14**（1995）より改変)

a) 中胚葉多能性細胞は，体節内で骨格筋系譜に「決定」され，筋芽細胞となる。筋芽細胞は「増殖」を繰り返して数を増した後，増殖を止め「分化」し，筋管細胞を形成する。筋管細胞は筋線維へと「成熟」する。
b) 中胚葉多能性細胞からの「決定」または筋芽細胞の維持は，MyoDあるいはMyf-5が担い，筋管細胞への「分化」はミオゲニンが担っている。「成熟」には，MRF-4（またはMyf-6）が働いている。これらの因子は，互いに発現調整を行い図のようなネットワークを形成している（→は転写活性を表す）。「分化」のステップは正常な筋発生では不可逆的でありMyoDあるいはMyf-5による発現がミオゲニンの活性化の引き金となる。MyoDとMyf-5の相互関係は現在のところ決着がついていない。また，MyoDファミリーの発現を最初に引き起こす因子（upstream activator及びこれを誘導する因子）も十分に解明されていない。

(myogenin)は，筋芽細胞が増殖を停止し，分化段階に入ると初めてその発現が誘導される。このときMyoDが新たなタンパク質合成を必要とせずにミオゲニンを活性化する。MRF-4（またはMyf-6)は，筋細胞分化後期に発現し，筋管の成熟や筋線維の形成に関与していると考えられている。

本実験では，ラット骨格筋由来の筋芽細胞であるL6細胞株を用いた。標本作製は，磁性体を導入せず磁場もかけないコントロール群（C群），磁性体を導入せず磁場のみをかけた群（MF群），磁性体を導入し磁場をかけない群（MP群），磁性体を導入し磁場をかけて細胞を伸展した群（MP-MF 0.01T群，MP-MF 0.03T群，MP-MF 0.05T群）の以上6群に分けた。

3.3.1 細胞伸展による筋芽細胞の形態的変化

細胞分化の経時的変化は，C群，M群，MP群及びMP-MF 0.01T群では，ほぼ同様の経過を示した。培養開始24時間後の筋芽細胞は長い紡錘形の形態を示した。3日後から細胞のコロニー（細胞集団）が出現し，5日後には細胞が分裂してコロニーを形成する細胞が増加した。7日後には長さと大きさを増しながら増加した。細胞はさまざまな方向を向いていた。10日後から細胞は群となり，方向性をもって列をなして並んだ。すでに融合を開始し，核を2〜3個有する細胞も認められたが，大半は単核であった。細胞は細胞質に富み長さも長くなった。15日後には核

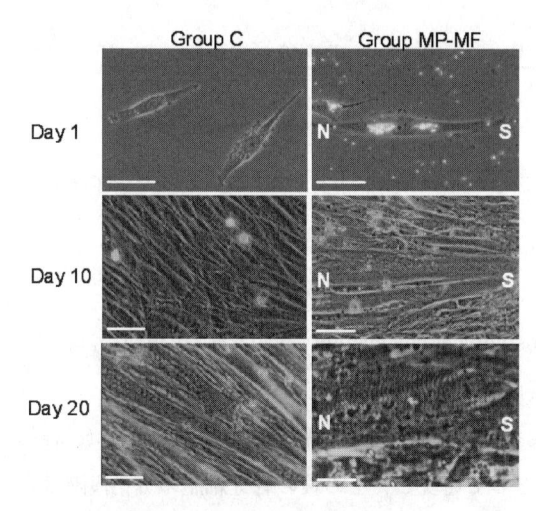

第1章 バイオサイエンスへの応用技術

図3 C群（Group C）とMP-MF 0.05T群（Group MP-MF）の経時形態的変化

培養1日後，10日後，20日後，NおよびSは，N極，S極の磁界方向。筋管細胞の発現は，Group MP-MFで10日後にGroup Cでは20日後にみられた。筋細胞に見られる横紋がGroup MP-MFの20日後にのみ発現した（Scale bar：50μm）。

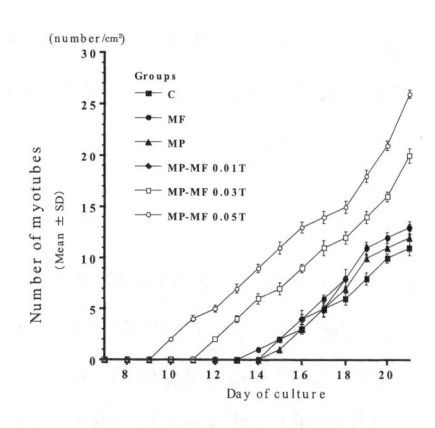

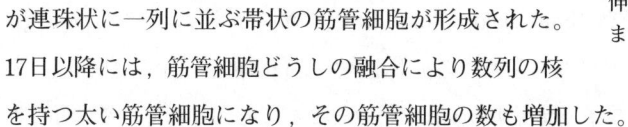

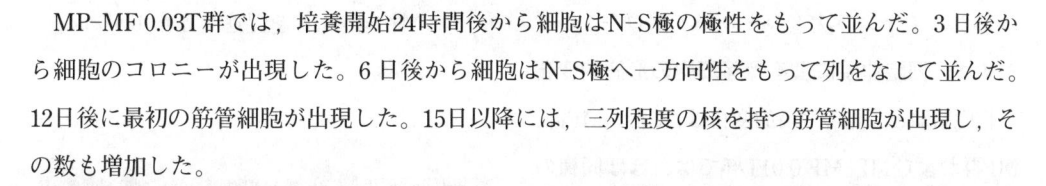

図4 筋管細胞の発生数の変化

筋管細胞の発生率（一元配置分散分析）をみるとC群，M群，MP群及びMP-MF 0.01T群との間では統計的有意差は認められなかった。MP-MFの0.03T，0.05T群とC群，M群，MP群及びMP-MFの0.01T群との間にはp<0.001の統計的有意差が認められた。MP-MFの0.03T，0.05T群では，他の群と比べ筋管細胞の発現が早く，さらに0.03Tよりも0.05Tの磁束密度をかけた方が筋管細胞の発現が早かったことから細胞伸展刺激の強度により筋芽細胞の分化が早まることが示唆された。

が連珠状に一列に並ぶ帯状の筋管細胞が形成された。17日以降には，筋管細胞どうしの融合により数列の核を持つ太い筋管細胞になり，その筋管細胞の数も増加した。

MP-MF 0.03T群では，培養開始24時間後から細胞はN-S極の極性をもって並んだ。3日後から細胞のコロニーが出現した。6日後から細胞はN-S極へ一方向性をもって列をなして並んだ。12日後に最初の筋管細胞が出現した。15日以降には，三列程度の核を持つ筋管細胞が出現し，その数も増加した。

MP-MF 0.05T群では，培養開始24時間後から細胞はN-S極の極性をもって並んだ。2日後から細胞のコロニーが出現し，5日後からN-S極へ一方向性をもって細胞が並んだ。10日後に最初の筋管細胞が出現した。15日以降には，七列程度の核を持つ太い筋管細胞が多く出現し，その数も増加した。20日後には筋管細胞がさらに分化して筋細胞にみられる横紋が発現した（図3）。

筋管細胞の発生数をみるとMP-MF 0.03T，0.05T群では，他の群と比べ筋管細胞の発現が早く，さらに0.03Tよりも0.05Tの磁束密度をかけた方が筋管細胞の発現が早かった（図4）。

3.3.2 細胞伸展による筋の分化マーカーの変化

細胞伸展における筋芽細胞の分化の影響をミオゲニンの発現からみた。C群は10日後から発現があり15日後に発現量のピークをむかえた。MP-MF 0.05T群では，5日後から発現があり10

日後に発現のピークを示し，12〜15日後とその発現が低下した。ミオゲニンmRNAの発現もタンパク質と同様の傾向を示した（図5）。

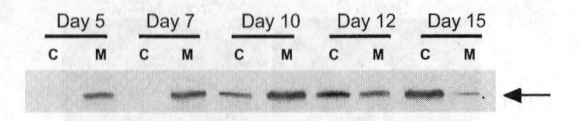

図5 Western blot によるミオゲニンタンパク質の経時的発現
Lane C：C群，Lane M：MP-MF 0.05T群

3.4 磁場を使った骨芽細胞伸展実験[4〜7]

本実験では，ヒト骨芽細胞（normal human osteoblast cell system：NHOst）を用いた。標本作製は，前述の筋芽細胞伸展実験と同様の6群に分けた。

骨芽細胞は，骨基質上に存在し，骨基質形成やその石灰化を行う細胞である。Cbfa1（core-binding factor A1）は，骨形成に必須の遺伝子として発現し，その後の骨芽細胞の分化段階は，骨芽細胞の産生するタンパク質によりある程度規定される。骨芽細胞は，筋芽細胞のMyoDファミリーのように時空的に調整する分化誘導因子の発現が分化の過程ではっきりとは分かれていない。

骨芽細胞は，前駆細胞の段階よりI型コラーゲン，アルカリホスファターゼ（alkaline phosphatase：ALP），オステオネクチン（osteonectin）を産生する。前駆細胞が幼若骨芽細胞まで分化するとオステオポンチン（osteopontin）を産生し始め，骨結節を形成し，その後成熟細胞に分化するにつれて骨シアロタンパク（bone sialoprotein：BSP），オステオカルシン（bone gla protein：BGP）の産生を始め，ハイドロキシシアパタイトを産生し石灰化へと至る（図6）。オステオカルシンは，現在，骨分化の後半で発現する分化マーカーとして考えられており，骨のカルシウムイオンの沈着つまりハイドロキシシアパタイトの骨への沈着を促進する作用がある。

3.4.1 細胞伸展による骨芽細胞の形態的変化

細胞増殖と分化の経時的変化は，C群，MF群，MP群およびMP-MF 0.01T群では，ほぼ同様の経過を示した。培養開始1日後の骨芽細胞は，長い紡錘形の形態を示し，その細胞は様々な方向を向いていた。3日後にはコロニーを形成し始めた。7日後にはコロニーの数と大きさが増え，ALP活性（ALPase）を検出した。10日後からは細胞は集団となり他方向に列をなして並んだ。12日後には最初の結節が出現した。結節の第一列目の細胞は細胞質に富み，第二列目より周囲の細胞と比べ大型の細胞となった。その後

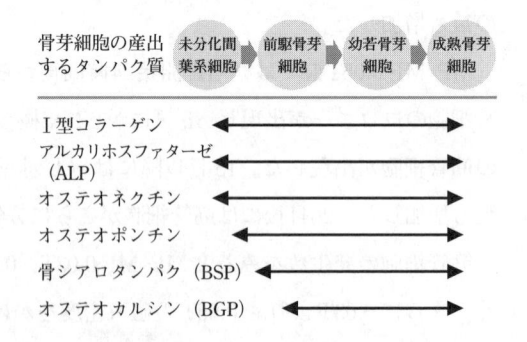

図6 骨芽細胞の分化に伴う産生タンパク質の経時的変化
（小守壽文，The bone，**121**，49-59（1998）より一部改変）

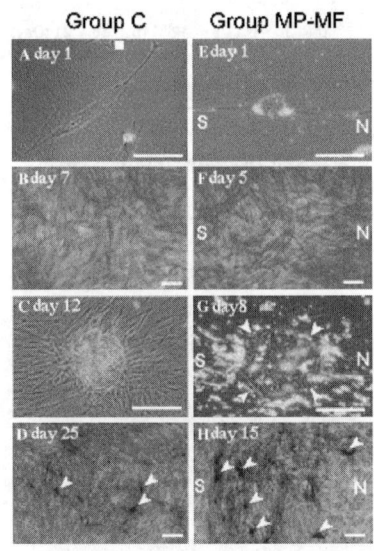

第 1 章　バイオサイエンスへの応用技術

図 7　C 群と MP-MF 0.05T 群の位相差顕微鏡像と ALPase-von Kossa 二重染色像

(A, C, E, G) は位相差顕微鏡像, (B, D, F, H) は ALPase-von Kossa 二重染色像。N および S は N 極, S 極の磁界方向を示す。Group C (C 群) では, 培養 1 日後に紡錘形の形態を示し (A), 12 日後に骨結節を形成した (C)。培養 7 日後に ALPase (B), 培養 25 日後に石灰化を検出した (D)。Group MP-MF (MP-MF0.05群) では, 細胞は培養 1 日後から極性を持って並んだ (E)。培養 8 日後に骨結節を形成した (G)。ALPase は培養 5 日後 (F), 石灰化は培養 15 日後 (H) に検出した (Scale bar：100 μm)。

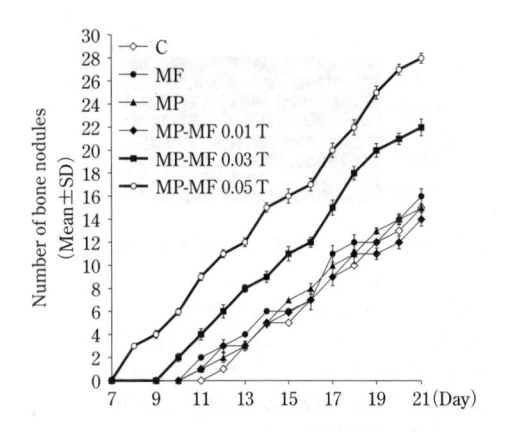

図 8　骨結節の発生数の変化

筋管細胞の発生率（一元配置分散分析）をみると C 群, M 群, MP 群及び MP-MF 0.01T 群との間では統計的有意差は認められなかった。MP-MF の 0.03T, 0.05T 群と C 群, M 群, MP 群及び MP-MF 0.01T 群との間には, 各々 $p < 0.001$, $p < 0.01$ の統計的有意差が認められた。MP-MF の 0.03T, 0.05T 群では, 他の群と比べ骨結節の発現が早く, さらに 0.03T よりも 0.05T の磁束密度をかけた方が骨結節の発現が早かったことから, 細胞伸展刺激の強度により筋芽細胞の分化が早まることが示唆された。

結節の数が経時的に増加し, 25 日で ALPase と von Kossa の二重染色にて石灰化を検出した。

MP-MF 0.03T 群では, 10 日後に最初の結節が観察され, 18 日後には石灰化を検出した。

MP-MF 0.05T 群では, 培養開始 24 時間後から細胞は N-S 極の極性をもって並んだ。3 日後にはコロニーを形成した。培養 5 日後に ALPase を検出した。8 日後に最初の結節が観察され, その後結節の発現数とサイズが増し, 15 日後には石灰化を検出した (図 7)。

結節の発生数をみると MP-MF 0.03T, 0.05T 群では, 他の群と比べ発現が早く, 数も有意に多かった。さらに 0.03T よりも 0.05T の磁束密度をかけた方が結節の発現が早かった (図 8)。

3.4.2　細胞伸展による骨の分化マーカーの変化

細胞伸展における骨芽細胞の分化の影響を Cbfa1 mRNA の発現からみると, MP-MF 0.05T 群は C 群と比較して, その発現時期が早まり発現量も増加した (図 9)。オステオカルシンのタンパク質の発現も, MP-MF 0.05T 群の方が C 群より早く, 発現量も多かった (図 10)。

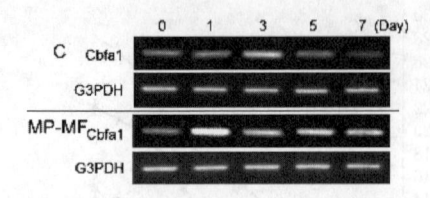

図9 RT-PCRによるCbfa1 mRNAの経時的発現

C群では培養3日後に発現が強かった。MP-MF 0.05T群（MP-MF）では培養1日後の発現が最も強かった。また，7日後までC群より強い発現がみられた。G3PDHは，内部標準遺伝子。

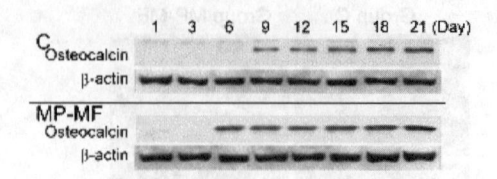

図10 Western blotによるオステオカルシンタンパク質の経時的発現

C群では培養9日後から発現がみられた。MP-MF 0.05T群（MP-MF）では培養6日後から発現がみられた。β-actinは，内部標準タンパク質。

3.5 磁性ビーズによる細胞の選別

21世紀の新しい医療として再生医療が注目されている。この治療方法に欠かせない幹細胞は，胚性幹細胞（embryonic stem cells：ES細胞）と成人幹細胞（adult stem cells：AS細胞）に分類できる。AS細胞には，間葉系幹細胞（将来，骨・軟骨・脂肪・筋・神経になる細胞），造血幹細胞（将来，血液になる細胞），神経幹細胞（将来，神経になる細胞）などがある。

採取した骨髄細胞の中からAS細胞を分離する方法として，細胞表面抗原を標識に使う方法がある。FACS（fluorescence activated cell sorting）は，幹細胞特有に発現している抗原に蛍光標識した抗体と反応させて細胞を分離・採取する手法である。これに似た原理で，蛍光標識ではなく超磁性のマイクロビーズを用いて細胞を磁気標識し，永久磁石の中においた分離カラムに標識した細胞を通すことで細胞を分離する手法をMACS（magnetic cell sorting）という。磁気標識されない（特定の抗原をもたない）細胞は，分離カラムを通過するので陰性細胞として，分離カラム中に留まった磁気標識された（特定の抗原をもつ）細胞は，カラムを永久磁石からはずすと分離カラムから抽出でき陽性細胞として回収できる仕組みである。

筆者は，成体マウスから骨髄細胞を採取し，MACSにてCD133陽性細胞を分離した。CD133抗原は，造血幹細胞の指標としてだけでなく，間葉系幹細胞や神経幹細胞の指標として注目されている抗原である。このCD133陽性細胞を培養・増殖させ，神経に分化誘導をかけると長く突起を伸ばした神経細胞様の細胞が出現した。免疫染色によりこの細胞が神経に特異的なタンパク質であるニューロフィラメントを発現していたことから，CD133陽性細胞が神経に分化した可能性が示唆された。このように，磁性ビーズは再生医療における細胞選別の研究分野でもその一端を担っている。

第1章　バイオサイエンスへの応用技術

3.6　おわりに

　前述のように，磁場による機械的伸展は，筋芽細胞および骨芽細胞において細胞の分化を促進した。ヒポクラテス（BC 460–355）は，物理的もしくは自然エネルギーを種々の疾患に対する治療として用いたことが知られている。筆者は，過去15年余りにわたって重力，磁場，電気刺激，超音波，レーザーなどの物理的刺激における組織，細胞応答の研究を行ってきた。この物理的刺激という因子は，35億年の生命の歴史において微生物からヒトにいたる全ての生命現象に影響を与えてきた根元的な環境因子といえる。面白いことに，この物理的環境を個別に取り出して細胞，個体（組織）を刺激すると細胞および組織の増殖，分化を制御できることから，この物理的刺激を用いた研究は他の隣接学術領域からも注目されている新しい研究分野である。本節で紹介した磁性微粒子（magnetic microparticle）による細胞の研究が，物理的刺激に対する細胞応答の理解に役立てば幸いである。

　本稿で記載した研究の一部は，宇宙開発事業団㈶宇宙フォーラム，文部科学省宇宙科学研究所，文部科学省科学研究費補助金の助成を受けて行った。

文　　献

1) 弓削 類ら, *Space Utilization Research*, **15**, 126 (1999)
2) Yuge L *et al.*, *Italian Journal of Anatomy and Embryology*, **104**, 787 (1999)
3) Yuge L *et al.*, *In Vitro Cell Dev Biol.*, **36**, 383 (2000)
4) Yuge L *et al.*, *Gravitational Space Biology*, **14**, 32 (2000)
5) 弓削 類ら, *Space Utilization Research*, **16**, 112 (2000)
6) 弓削 類ら, *Space Utilization Research*, **17**, 169 (2001)
7) Yuge L *et al.*, *Biochem Biophys Res Commun.*, **311**, 32 (2003)

4 再生医療への応用技術

井藤　彰[*1]，本多裕之[*2]

4.1　はじめに

　重篤な疾患などが原因で自然には再生できなくなってしまった組織や臓器を再生させ，機能を回復させようという再生医療が非常に注目されている。LangerとVacantiは，細胞と細胞外マトリクス（extracellular matrix：ECM）などの細胞の足場（スキャフォールド），サイトカインなどの細胞成長因子の三者を組み合わせることによって，人工的に生体組織を再構築できるという考えをTissue engineeringとして提唱した[1]。彼らは，生体吸収性のポリグリコール酸のスポンジ状の足場に軟骨細胞を播種し，それをマウスの背中に埋め込むことによって軟骨が再生することを示した。彼らがTissue engineeringの名を世界に広めることに成功したのは，埋め込むスキャホールドの形を人体の中でも特に形状が複雑な「耳」にしたためであり，ヒトの耳を背中に持つネズミが走り回る様子は大きなインパクトを与えた。

　Tissue engineeringの定義は，「生命科学と工学の協力によって生体の機能を維持し，また失われた機能を代替する臓器あるいは物質を創造するための学際的研究分野」であり[1]，医学と工学の融合分野といった，筆者ら工学部の研究者にとっても，現在最もエキサイティングな研究領域の一つである。Tissue engineeringのキーワードの一つは細胞である。再生医療に用いる細胞供給源として，最も有望な細胞は胚性幹細胞（embryonic stem cell：ES細胞）であることは間違いない。ES細胞は，受精卵が細胞分裂して形成した胚盤胞内の内部細胞塊から得られる細胞で，生体内のあらゆる細胞に分化する能力を持っている。1998年にヒトのES細胞が分離されて以来，そのES細胞から様々な組織への再生の可能性が示された[2]。一方，あらゆる組織に分化できるES細胞に対して，ES細胞から少し分化したものが体性（組織）幹細胞である。体性幹細胞の中でも，現在，多くの研究者が取り組んでいるのは，骨髄から得られる間葉系幹細胞（Mesenchymal Stem Cell：MSC）の利用である。MSCを使用する利点として，MSCは患者の骨髄から比較的容易に採取することが可能であること，骨，軟骨，脂肪組織などの再生医療に重要な組織に分化する能力を持つことがある[3]。しかし，こういった幹細胞への期待が大きくふくらむ反面，ES細胞やMSCがどのような仕組みで様々な組織や細胞に成長するのかといったメカニズムは，ほとんどわかっていない。それは幹細胞だけではなく，極論かもしれないが，全ての細胞においても

---

*1　Akira Ito　名古屋大学　大学院工学研究科　化学・生物工学専攻　生物機能工学分野
　　　バイオテクノロジー講座　生物プロセス工学グループ　助手

*2　Hiroyuki Honda　名古屋大学　大学院工学研究科　化学・生物工学専攻　生物機能工学分野　バイオテクノロジー講座　生物プロセス工学グループ　教授

第1章　バイオサイエンスへの応用技術

いえることであり，現在の科学をもってしても細胞内の生命システムというのは未だブラックボックスであるといえるだろう。つまり我々は，細胞内の情報を完全に操作することが現段階ではできない。こういった状況を把握した上で，我々は細胞をどのようにコントロールして，Tissue engineeringに応用するかを研究するわけだが，細胞内における分子レベルでのイベントである増殖・分化のメカニズム解明は分子生物学者に譲り，筆者らは生物工学に携わる研究者として，「細胞を物理的にハンドリングする」といった生物プロセス工学的な視点から，次世代のTissue engineeringにおけるキーテクノロジーになると考えられる「細胞の配置・配列技術」について，磁性微粒子を用いた細胞の磁気誘導の研究開発を行っている。筆者らは，磁性ナノ粒子（Magnetic nanoparticles）と磁力（Magnetic force）を用いたTissue Engineering技術を"Mag-TE"と名付けた。Mag-TEは，磁性微粒子であるマグネタイトを細胞内に取り込ませることによって細胞を磁気標識し，磁石を目的の位置に設置して，磁力で細胞を引きつけることによって，細胞を任意の場所に配置・接着させて，細胞を高密度に集積させる[4,5]，あるいは，細胞からなる三次元組織を構築する手法である[6~11]。本稿では，今まで筆者らが行ったMag-TE法を用いた研究について紹介する。

4.2　機能性磁性微粒子

磁性微粒子であるマグネタイト（Fe_3O_4）は，鉱物として自然界に存在しており，生体内にも微量に存在していることが知られている生体に無害な酸化鉄と考えられる。筆者らはマグネタイトをナノメーターサイズに成形したものを用いて，標的の細胞へ特異的に集積させることができる機能性磁性微粒子としてのリポソーム封入型磁性微粒子の開発を行ってきた[12~16]。リポソームは生体膜の基本構成成分であるリン脂質により形成される閉鎖小胞であり，その水相あるいは脂質膜に種々の薬物を封入することが可能な優れたカプセルである。また，生体成分であるリン脂質から構成されているため，生体適合性にも非常に優れており，また，荷電，粒子径，あるいは脂質成分を変えたり，抗原，抗体，糖などの特異的リガンドを化学的に結合させたりすることで，細胞特異性を持たせることが可能なことから，ドラッグデリバリーシステム（Drug Delivery System：DDS）の材料として注目を集めている。

リポソームの標的細胞へのDDSの応用例として，遺伝子導入用ベクターであるカチオニック・リポソーム（Cationic Liposome：CL）が挙げられる。これは細胞との静電的相互作用によってリポソームが膜融合あるいはエンドサイトーシスを起こし，内封したプラスミドが細胞内に導入されるベクターである。筆者らはCLにマグネタイトのナノ粒子を包埋することで，正電荷脂質包埋型マグネトリポソーム（Magnetite Cationic Liposome：MCL）を開発した[12,13]。図1aにMCLの概略図を示す。MCLは正電荷を持っているために，ほとんどの細胞に結合することがで

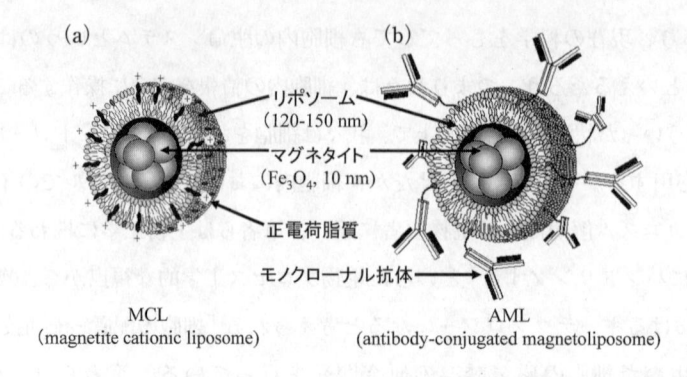

図1　機能性磁性微粒子としてのMCL（a）およびAML（b）の概略図

きる一方，多種類の細胞が混在する場合には目的の細胞だけを選択的に結合させることはできない。そこで筆者らは，中性の電荷をもつリポソームでマグネタイトを包埋して，マグネトリポソーム（Magnetoliposome：ML）を作製し，MLの表面に細胞特異的な抗体を結合させることで，抗体結合型マグネトリポソーム（Antibody-conjugated Magnetoliposome：AML）を開発した[14〜16]。図1bにAMLの概略図を示す。本稿では，細胞にマグネタイトを取り込ませて磁気ラベルするための材料（機能性磁性微粒子）として，AMLとMCLを用いた研究を紹介する。

4.3 AMLを用いたMSCの分離・濃縮培養法

　細胞が増殖する際には，細胞どうしの情報交換(オートクライン効果等による)が必要である。その細胞どうしが離れすぎていると細胞間の情報伝達が難しくなるため，培養細胞密度を高めなくてはならない。特に，再生医療で必要な細胞は採取できる細胞の絶対数が少ない。したがって，細胞を自由にハンドリングできる技術が確立されれば，培養細胞密度を自在に操作することができる。前述したように，間葉系幹細胞（Mesenchymal Stem Cell：MSC）は主に骨髄中に存在し，骨や軟骨，筋肉組織の細胞への多分化能を持つため，再生医療に有用な細胞である[3]。しかし，骨髄中においては血球系の細胞が大多数を占めており，MSCは全細胞の内0.0005%から0.01%しか存在していない。そこで筆者らは，MSCに特異的な細胞表面抗原タンパク質であるCD105に対するモノクローナル抗体を結合させたAML（antiCD105-AML）を作製して，この新規素材を利用することで，①骨髄液中からのMSCの磁気分離と，②磁石によるMSCの高密度培養，が同時に可能であるかを，名古屋大学医学部遺伝子・再生医療センターとの共同研究として検討した[5]。本方法の概略図を図2に示す。

　まず，antiCD105-AMLによるMSCの磁気分離能力を調べるために，antiCD105-AMLをヒトMSCに添加して，磁石に引き寄せられる細胞数を計測したところ，80%以上の細胞が磁石に引き寄せられ，磁気分離された（図3a）。一方，抗体を結合していないMLで同様の実験を行った

第1章　バイオサイエンスへの応用技術

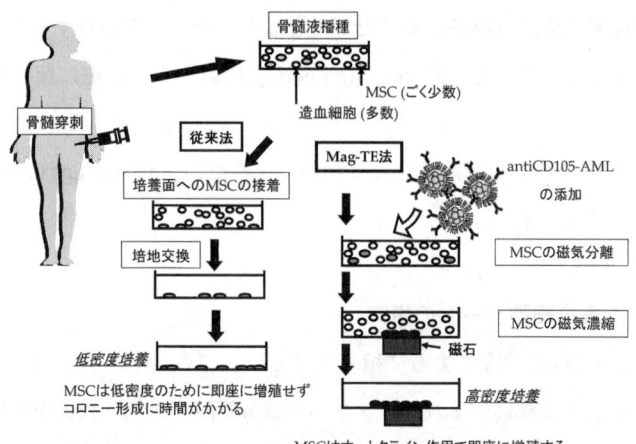

図2　Mag-TEによるMSCの分離・高密度播種培養法の概略図

ところ，30%程度の分離能しか有さなかった。これらの結果から，抗CD105抗体の磁気分離における有用性が示された。次に，antiCD105-AMLを用いたMag-TEによるMSCの骨髄からの分離・濃縮培養を行った。名古屋大学医学部附属病院でインフォームドコンセントを得た後，顎骨および腸骨から骨髄穿刺による骨髄液（1 mlずつ）の採取を行った。採取した骨髄液は培地で希釈した後，antiCD105-AMLを添加した。antiCD105-AML添加後，22 mmϕの円柱磁石（磁束密度，4000 G）を底面に固定した100 mmϕのcell culture dishに播種し，シェーカーで5分間振とうすることで磁力により細胞を高密度に集めた。24時間そのまま培養し，細胞接着後に磁石をはずした。コントロールとしては，従来法として一般的に行われているように，antiCD105-AMLを添加しない骨髄液を10 cmϕのcell culture dishに播種して静置培養した。MSCをantiCD105-AMLを用いて培養したところ，細胞は磁石を設置した箇所に高密度に集積して増殖した。培養7日後の細胞数を図3bに示す。磁石で細胞を高密度に集めることによって，腸骨由来の骨髄からはコントロール（従来法）と比較して24倍の細胞数を得ることができた。ま

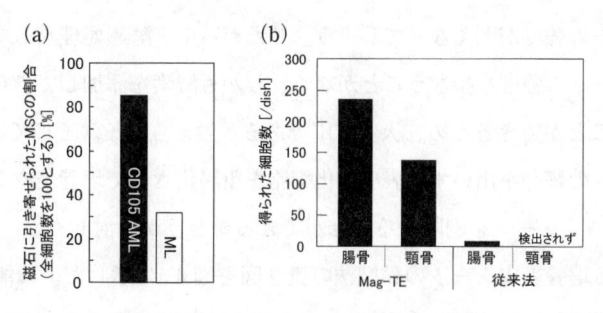

図3　CD105-AMLによる磁気分離の効率（a）と高密度播種培養によって得られた細胞数（b）

た，顎骨からは，従来法では細胞を得ることができなかったにも関わらず，本方法によって平均134個の細胞を得ることができた。Tissue engineeringにおいて，治療に用いるために採取される細胞は非常に少数であることが問題であるが，これらの結果から，AMLを用いた分離・濃縮培養法は少数の細胞を効率よく増殖させることができるため，Tissue engineeringにおいて大変有用な方法であると考えられる。

4.4 MCLを用いた表皮細胞シートの構築

培養細胞を*in vitro*で自然沈降によって積み上げていっても，その上下の細胞どうしが即座に接着して重層化することはない。それは，タンパク質分解酵素を用いた細胞回収法では細胞が接着するためのECMが分解されてしまうことによる。筆者らは，磁性微粒子で細胞を標識し，磁力で引きつけることにより，細胞間を密に長時間維持することが可能となり，上下の細胞間の接着を促進させて三次元重層組織を構築することができるのではないかと考えた。そこで，表皮角化細胞をMag-TE法によって重層化させることで，表皮細胞をシート状に成形して培養表皮シートが構築できるかを検討した[6]。

培養表皮はTissue engineeringの分野で最も開発が進んでいる組織である。表皮角化細胞の初代培養は，線維芽細胞が混入してしまい，培養を続けると線維芽細胞の増殖が優勢になってしまう。1975年にRheinwaldとGreenは，放射線照射して不活性化したマウス線維芽細胞をヒト表皮角化細胞の初代培養に混ぜることで，ヒト線維芽細胞の増殖を抑えることに成功し，さらにマウス線維芽細胞が死滅すると表皮角化細胞が重層化することから培養表皮シートが作製可能であることを報告した[17]。この技術は培養表皮シートの優れた作製方法として現在も利用されているが，他種細胞であるマウスの細胞がヒト表皮シートに混入する危険性は避けられないと考えられる。また，この技術におけるもう一つの改良すべき点は，作製したシートを酵素処理で剥がす工程にある。表皮角化細胞は足場依存性の細胞であることから，作製したシートは培養表面に接着タンパク質を介して接着している。したがって，接着面から剥離させるためにはディスパーゼ等のプロテアーゼを用いる必要があるが，この酵素処理によって培養表皮シートの細胞間の結合が切断されて，シートの強度が弱くなってしまう。したがって，酵素処理なしで培養細胞シートを回収できれば，シートの強度を損なうことがなく，しかも酵素を添加してさらに洗浄除去するといった工程を除くことができるため，大変有用であると考えられる。そこで筆者らは，Mag-TE法によって，マウスの細胞を用いずに表皮角化細胞を重層化させて培養表皮シートを作製し，さらに酵素を用いないでシートを剥離することができるかどうか検討した。

Mag-TE法による培養表皮シートの作製法の概念図を図4aに示した。機能性磁性微粒子としてMCLを用いた。MCLを添加することによって磁気ラベルした細胞を，タンパク質や細胞がほ

第1章　バイオサイエンスへの応用技術

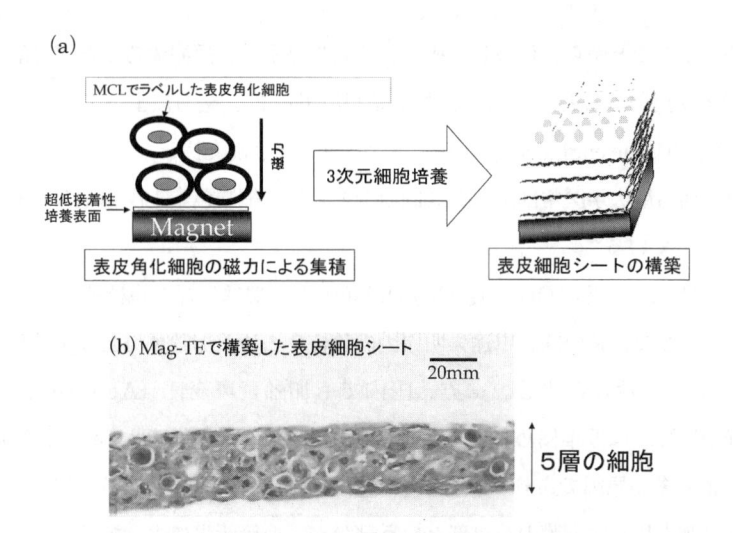

図4　Mag-TEによる表皮細胞シートの構築
(a) 概念図，(b) Mag-TEで作製した培養表皮シートの断面図（5層の表皮角化細胞からなる）

とんど吸着しない材質でできた超低接着性の培養皿に，コンフルエント時の細胞数の5倍の細胞数で播種し，円柱磁石を培養皿底面に設置して1日培養したところ，均一な5層からなる細胞シートが形成された（図4b）。また，このシートの細胞間結合を電子顕微鏡で観察したところ，接着斑であるデスモソームが観察された。このことから，Mag-TEで作製した細胞シートは，磁力で凝集しているだけではなくて，細胞どうしが接着タンパク質を介して能動的に結合しているといえる。作製したシートは，超低接着性表面上で磁力によって物理的に集積させて培養しているため，磁力を解除することで，酵素処理なしで培養表皮シートが回収できるか調べた。ここで，Mag-TE法で作製した培養表皮シートは，シート形成後もマグネタイトを含んでいたことから，作製したシートが棒磁石を用いることで回収できるかを検討した。結果として，培養皿の底面に設置した磁石を外すことで表皮細胞シートを培養表面から剥離させることができ，培養液の表面に棒磁石を近づけたところ，棒磁石にシートを引き寄せて回収することができた。培養組織は脆弱な場合が多いことから，このように磁力で培養組織を回収できる点はMag-TE法の大きな利点であり，また，培養組織の回収を自動化した培養装置およびシステムの開発に結びつく可能性がある。

以上の結果から，MCLと超低接着性plateを用いることで，マウス線維芽細胞を用いずに培養表皮シートを作製し，酵素を使わずに磁力で回収することができた。

4.5　Mag-TEによる網膜色素上皮組織の構築と移植

上述したように，磁性微粒子でラベルされた細胞からなる重層化組織は，磁力に引き寄せられ

る性質を持つ．このことから，作製した組織は磁石に吸引し，運搬することが可能である．つまり，磁性微粒子を用いることで磁化された組織(移植片)は，磁力によってデリバリー可能なことから，本方法はTissue engineering分野における有力な手術支援システムになると考えられる．そこで我々は，名古屋大学医学部眼科と共同研究として，網膜色素上皮細胞の移植手術支援システムの構築を行っている[9]．

高齢化社会に突入し，そのQOL（Quality Of Life）の一端は良好な視機能にある．加齢性眼疾患には，欧米ではすでに長い間，中途失明原因の首位を占める加齢黄斑変性をはじめ，病因病態が不明な眼疾患が多数存在する．一方，国内でも加齢黄斑変性（Age-related Macular Degeneration：AMD）は近年極めて増加して，高齢者のQOLを脅かしており，先進国における不治の失明の最も多い原因であり，眼科領域での非常に重要な課題になっている．AMDは，視機能に重要な役割を果たす網膜の黄斑部という部分が，血管新生によって乱されてしまうことで起こる疾患である．従来行われているレーザー治療や新生血管の抜去術では，新生血管と共に除去される網膜色素上皮の欠損のために，術後の多くの場合にQOLを満たす視力が得られない．現在，新しい加齢黄斑変性の治療法として，Tissue Engineeringの手法を用いる方法が大きく注目されている．筆者らが提案するシステム（図5に概略図を示す）とは，①眼内黄斑部における新生血管を抜去した際，②それに付随した網膜色素上皮細胞を初代培養し，③培養して増幅した細胞に機能性磁性微粒子を添加し磁気ラベルして，Mag-TE法でシート状の三次元組織を構築する．④磁石を外すことでシートは培養表面から剥離し，このシートを電磁石によってそのまま患者の眼内に輸送し，移植する．このように，Mag-TEを利用することで，高齢化社会における重

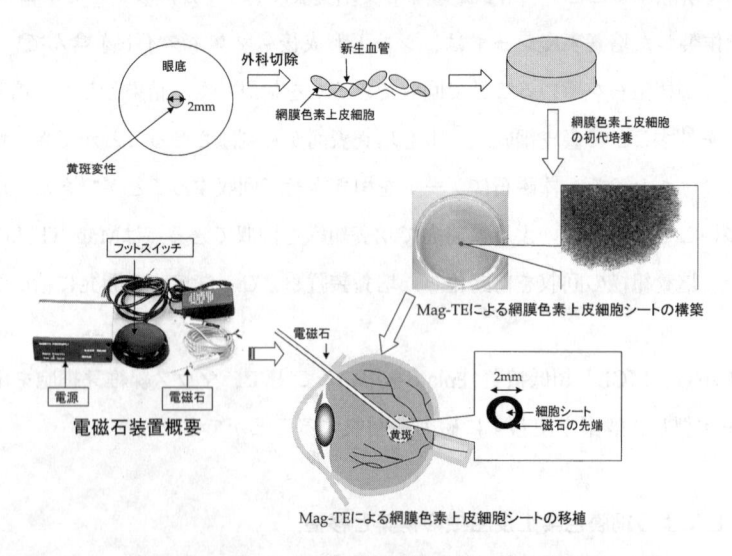

図5 Mag-TEによる加齢黄斑変性治療法の概念図

第1章　バイオサイエンスへの応用技術

要なQOLの要因の一つである視機能の改善を目指して，新しい治療技術の開発を行っている。

4.6　MCLを用いた肝臓様組織の構築

　生体組織は複数種類の細胞が情報伝達しながら機能していることから，複数種類の細胞を三次元的に配置する技術の開発が望まれている。例えば肝臓は，肝実質細胞と内皮細胞等の複数種類の細胞から成り立っており，それらを共培養することによって肝機能が促進されるといった報告がある[18]。そこで筆者らは，Mag-TE法によって，肝臓のような複数種類の細胞が三次元的に綿密に相互作用することによって機能が発揮される器官が，重層組織として構築できるかについて調べた[7]。

　まず，細胞を磁気ラベルするために，MCLをヒト大動脈血管内皮細胞（Human Aortic Endothelial Cell：HAEC）の培養液に添加した。磁気ラベルしたHAECを，単層培養した肝実質細胞上に添加し，円柱磁石を培養皿底面に設置して培養したところ，培養皿全体にわたって均一にHAECが沈降し，肝実質細胞に接着した（図6a）。一方，磁石を用いない場合には，HAECは肝実質細胞上に接着しなかった。次に，肝実質細胞とHAECによる二種細胞の三次元共培養において，肝実質細胞の機能が亢進するか検討した。肝機能の評価としてアルブミン生産を測定したところ，この状態で共培養を行うことでアルブミン生産能は有意に増加することが分かった（図6b）。以上の結果から，Mag-TE法を用いることで，通常三次元的には接着しない細胞どうし（肝実質細胞とHAECs）を磁力によって接着させることができた。さらに，この三次元共培養によって，肝実質細胞の機能を亢進させることができた。これらの結果から，我々が開発したMag-TEは，Tissue engineeringにおいて多種類の細胞からなる三次元共培養法を行うための有用な

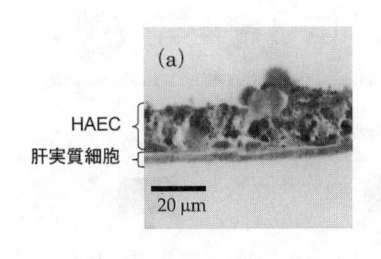

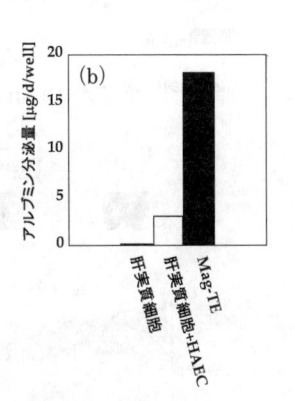

図6　Mag-TEによる肝臓様組織の構築
(a) 組織断面図，上に肝実質細胞（HAECs）重層，下に肝実質細胞（Hepatocyte）の単層が観察できる。
(b) アルブミン分泌量；肝実質細胞上に，MCLで磁気ラベルしたHAECを磁石で集積させたMag-TE群で，アルブミン分泌能が高く促進された。

方法になると考えられる。

4.7 MCLを用いた管状組織の構築

Mag-TEを用いることで，様々な三次元組織が構築可能である。上述したような，皮膚のような単一細胞を重層化させることで機能が促進される組織や，肝臓といった複数の種類の細胞が綿密に相互作用することによって機能が発揮される組織が，三次元重層組織として構築できる。さらに，本手法の最大の利点として，磁力を用いることで，重力方向以外の標的部位にも目的細胞を特異的に配置・配列できることがある。このことにより，細胞を自然沈降させても構築が不可能な形状の組織を構築することができる。

従来のTissue engineering技術で，血管や尿管のような管組織を形成させるには，管状のポリマーに細胞を自然沈降させて接着させる方法しかなかった。この場合，細胞を均一にポリマーに接着させることが困難であり，また，ほとんどの細胞はポリマーに接着しないで流れていってしまうといった問題点があった。そこで，筆者らは，管の軸を磁石にすることによって，機能性磁性微粒子でラベルした細胞をロスすることなく，確実に標的した位置に細胞を配列でき，軸の磁石を引き抜くことで管構造が完成するのではないかと考え，Mag-TEを管状組織の構築に応用した[10]。図7aにMag-TEによる管状組織構築法の概念図を示す。MCLで磁気ラベルした移行上皮細胞（Urothelial Cell：UC）の上から，棒磁石を挿入したシリコンチューブを転がしたところ，シリコンチューブ表面に細胞が吸着した。このチューブをコラーゲンで覆い，芯になっているシ

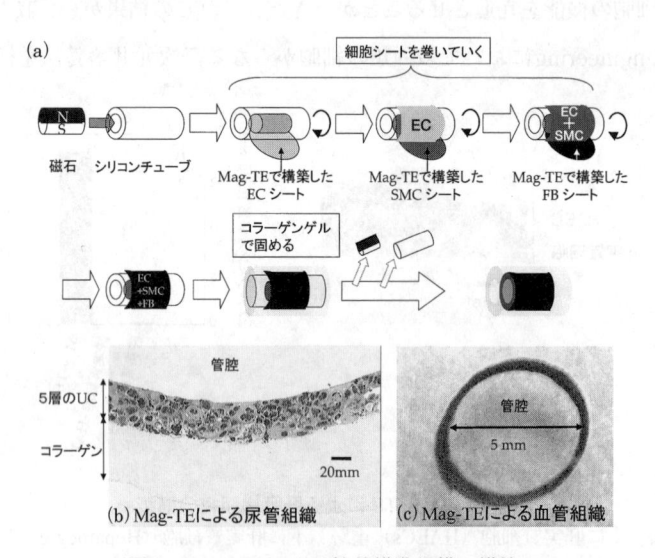

図7 Mag-TEによる管状構造組織の構築
(a) 概念図，(b) Mag-TEで構築した尿管組織断面の顕微鏡写真，
(c) Mag-TEで作製した血管組織の写真

リコンチューブを抜くことによって，管状構造を構築することができた。Mag–TE法で作製した管状構造は，UCからなる5層の多細胞層構造をとっており，生体組織と類似した尿管構造を構築することができた（図7b）。血管は，血管内皮細胞（Endothelial Cells：EC）からなる内膜，血管平滑筋細胞（Smooth Muscle Cells：SMC）からなる中膜，線維芽細胞（Fibroblast：FB）からなる外膜，といった三種類の細胞層が多層構造で構成されている。筆者らは，MCLをEC, SMC, FBのそれぞれの細胞に取り込ませて，それらを順番に棒磁石を挿入したシリコンチューブに巻き付けていくことによって，三種類の細胞層構造からなる血管組織を構築することに成功した（図7C）。

このように，我々は現在，従来のTissue engineering技術では構築不可能な複雑な構造と機能をもつ器官構造を再構築することを目標に，Mag–TE法をいろいろな臓器再生に展開しつつある。

4.8 おわりに

本稿では磁力によって細胞を配置・配列する技術であるMag–TEの研究を紹介した。磁性微粒子を用いた医療技術を臨床応用するためには，微粒子の安全性が最大の問題点になるであろう。今までのマウスを用いた検討[19]で，磁性微粒子は全身投与されると，肝臓のクッパー細胞に貪食されることで主に肝臓に蓄積し，その1〜2週間後には，肝臓内の磁性微粒子は完全に消失することが観察された。この際に急性毒性は全くみられなかったことから，筆者らが予想した通り，マグネタイトは生体適合性がかなり高いと考えられる。今後，磁性微粒子の詳細な体内動態を含めたさらなる安全性試験を行っていく必要がある。

文　献

1) R. Langer and J. P. Vacanti, *Science*, **260**, 920 (1993)
2) J.A. Thomson *et al.*, *Science*, **282**, 1145 (1998)
3) M.F. Pittenger *et al.*, *Science*, **284**, 143 (1999)
4) A. Ito *et al.*, *Biochem. Eng. J.*, **20**, 119 (2004)
5) A. Ito *et al.*, *J. Biomed. Mater Res.*, in press (2005)
6) A. Ito *et al.*, *Tissue Eng.*, **10**, 873 (2004)
7) A. Ito *et al.*, *Tissue Eng.*, **10**, 833 (2004)
8) A. Ito *et al.*, *Biomaterials*, **26**, 6185 (2005)
9) A. Ito *et al.*, *Tissue Eng.*, **11**, 489 (2005)

10) A. Ito *et al.*, *Tissue Eng.*, in press (2005)
11) K. Shimizu *et al.*, *J. Biomed. Mater Res.*, in press (2005)
12) M. Shinkai *et al.*, *Jpn. J. Cancer Res.*, **87**, 1179 (1996)
13) M. Yanase *et al.*, *Jpn. J. Cancer Res.*, **89**, 463 (1998)
14) L. Biao *et al.*, *J. Chem. Eng. Jpn.*, **34**, 66 (2001)
15) M. Shinkai *et al.*, *Jpn. J. Cancer Res.*, **92**, 1138 (2001)
16) A. Ito *et al.*, *Cancer Lett.*, **212**, 167 (2004)
17) J.G. Rheinwald and H. Green, *Cell*, **6**, 331 (1975)
18) C. Guguen-Guillouzo *et al.*, *Exp. Cell Res.*, **143**, 47 (1983)
19) A. Ito *et al.*, *Jpn. J. Hyperthermic Oncol.*, **19**, 151 (2003)

5 バクテリアの合成するナノ磁性ビーズの応用技術

松永　是[*1], 鈴木健之[*2], 新垣篤史[*3]

5.1 はじめに

　磁性ビーズは，磁気による誘導やセンシングが可能であり，比較的簡単な装置による自動化が行えることから，タンパク質や細胞の分離，核酸抽出，環境毒物や重金属の除去のためのマテリアルとしてバイオテクノロジー関連分野において広く利用されている。近年，バイオプロセスによって生成される無機材料"バイオミネラル"が注目を集めている。磁性細菌が生成するオルガネラ"マグネトソーム"は，一つ一つがリン脂質膜で覆われた均一なナノサイズ（50～100nm）の磁性ビーズ（以下，磁性細菌粒子）である。磁性細菌粒子は生体膜の介在によりフェリ磁性体でありながら，溶液中での分散性に優れるため，人工的に合成された磁性ビーズに比べ優れた特性を示す。また，バクテリアによって合成されるオルガネラであることから，自身が持つゲノム情報によってその設計図が描かれている。従って遺伝子情報を操作することによって，新規な機能を付加した磁性ビーズの創製が可能である。本稿では，磁性細菌が生成するオルガネラであるマグネトソームについて紹介し，その生成メカニズムと応用について述べる。

5.2 バクテリアの合成する磁性ビーズ

　磁性細菌は，菌体内にナノサイズの磁性細菌粒子を合成し，その存在によって，地磁気に応答する性質を獲得している（図1）。これまで磁性細菌は，海洋，湖沼，河川など，我々の大変身近な水圏の泥質に生息していることが確認されており，球形，桿状，湾曲状，螺旋状などの形態が観察され，種の多様性が明らかになっている。磁性細菌を電子顕微鏡で観察すると，細胞内に粒径50～100nmの磁気微粒子が10～20個チェーン状に連なった構造体を持っている。メスバウアー分光法，電子線回折を用いた解析から磁性細菌粒子が純粋なマグネタイト結晶であることが確認されて

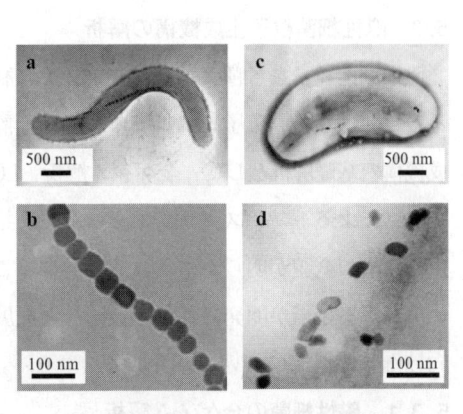

図1　磁性細菌（a, c），及び磁性細菌粒子（b, d）の電子顕微鏡写真
(a, b) *Magnetospirillum magneticum* AMB-1株
(c, d) *Desulfovibrio magneticus* RS-1株

[*1]　Tadashi Matsunaga　　東京農工大学大学院　教授
[*2]　Takeyuki Suzuki　　東京農工大学大学院
[*3]　Atsushi Arakaki　　東京農工大学大学院　助手

おり，単磁区構造を有していることが示されている。また，粒子の一つ一つが厚さ約2～4 nmの脂質二重膜で覆われており，様々な膜タンパク質の存在も明らかにされている。

さらに，磁性細菌の中には，菌体内に磁性硫化鉄（Fe_3S_4）やpyrite（FeS_2）粒子を合成する細菌も確認されており，磁性細菌粒子の性状の多様性が確認されている。形状は，cubo-octahedron構造の他，六角柱，まがたま状，弾丸状，八面体形などの結晶形があり，結晶形状は微生物株ごとに保存され，種間で異なる形態を有する結晶が保持されている。このような性状，形態における多様性は，磁性細菌において種特異的なマグネタイト結晶の合成システムの存在と生物学因子による結晶の形態制御機構の存在を示しており，粒子表面膜や膜タンパク質などの有機分子が形状や大きさの制御に深く関わっていることが考えられている。筆者らは，これまでに正八面体の磁性細菌粒子を生成する螺旋状の硝酸還元磁性細菌*Magnetospirillum magneticum* AMB-1株（図1 A, B）[1]と，弾丸状，或いはまがたま状の粒子を形成する桿状の硫酸還元磁性細菌*Desulfovibrio magneticus* RS-1株（図1 C, D）[2]の単菌分離に成功している。この2種の磁性細菌は，微生物学的な性質に加え，進化的な起源も全く異なる。このような細菌間の比較解析は，粒子形態の制御機構の解明に加えて磁性細菌粒子生成能の起源も探ることができると考えられ，生物進化の観点からも興味深い。

5.3 磁性細菌粒子生成機構の解析

磁性細菌粒子を各種アプリケーションに利用するためには，サイズ，形状や磁気特性を追求するだけではなく，分子レベルでの粒子表面設計が重要な要素となる。これまで，磁性細菌粒子生成機構の基礎解析として，全ゲノム解析，LC-MS/MSなどを取り入れたプロテオーム解析，DNAチップによるトランスクリプトーム解析を推進してきた。これらの解析結果から，磁性細菌粒子生成機構の全貌が明らかにされると共に，ここで得られた基礎的知見に基づいて粒子上への新しい分子構築技術が開発され応用技術へと発展してきた。以下では，磁性細菌粒子生成機構解明に向けた基礎研究について紹介する。

5.3.1 磁性細菌の全ゲノム解析

磁性細菌粒子の生成機構を明らかにするため，これまでに磁性細菌 *M. magneticum* AMB-1株と*D. magneticus* RS-1株の全ゲノムを明らかにしてきた。AMB-1株についてはアノテーションを含む解析が終了している。ゲノムは，約4.9 M塩基対から成ることが判明し，4559個のORFが抽出された（図2）[3]。AMB-1ゲノムのトータルGC含量は約65%であるが，ゲノムを詳細に見ていくと周囲とは明らかにGC含量の逆転する領域（スパイクと呼ばれる）が存在する。これらは，特にIS配列に挟まれて存在し，近傍にはトランスポザーゼやインテグラーゼの存在も認められることから，細菌種を越えた水平伝播によって移動する遺伝子領域（ゲノミックアイラン

ド）であることが考えられた[4]。このような領域の1つ，2つのIS66エレメントに囲まれた約100 kbpの領域には，これまで磁性細菌粒子膜タンパク質の解析から同定された複数の遺伝子群が集約的に存在していることが明らかにされている。

5.3.2 磁性細菌粒子膜タンパク質のプロテオーム解析

磁性細菌粒子膜に存在するタンパク質を中心とした網羅的な解析をゲノム情報に基づいて進めている。N末端アミノ酸シークエンス，LC/MSを用いた解析から，これまでに100種類以上の磁性細菌粒子タンパク質を同定し，それぞれの機能解析から粒子合成の概要が理解されている。結晶と小胞膜の境目からは，鉄イオンと結合し，マグネタイトの結晶核を形成すると考えられるタンパク質Mms6が分離されている[5]。Mms6は結晶成長制御にも関与し，粒子サイズを一定にそろえることが*in vitro*における磁気微粒子合成から示されている。また，タンパク質画分の比較解析から，細胞内膜と磁性細菌粒子膜のプロファイルに明らかな相同性が認められ，このことから内膜が陥入することにより小胞体を形成し，この中で粒子形成が行われていることが示唆されている[6]。

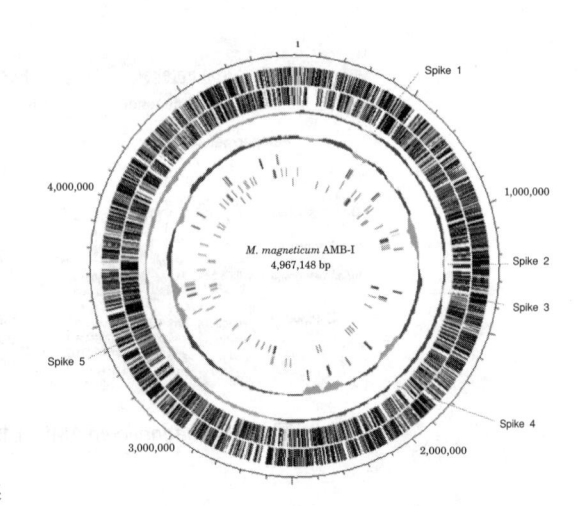

図2 *Magnetospirillum magneticum* AMB-1株のゲノム構造
第一円：遺伝子配置（主鎖），第二円：遺伝子配置（副鎖），第三円：GC skew，第四円：GC含量，第五円：IS配列，第六円：磁性細菌粒子膜タンパク質をコードする遺伝子，第七円：磁性細菌粒子生成能欠損株のトランスポゾン挿入位置

5.3.3 磁性細菌のトランスクリプトーム解析

磁性細菌粒子生成における第一ステップとして，細胞外環境から磁性細菌粒子生成に利用される大量の鉄イオンが取り込まれる。AMB-1株の全ゲノム解析の結果，鉄輸送システムに関する遺伝子群も発見され三価鉄イオンとキレートしたシデロフォアやクエン酸を受容可能な細胞外膜レセプター，また内膜を通過させ，それらを細胞質内へと輸送するためのエネルギーを伝達するTonB-ExbB-ExbD複合体遺伝子，及び二価鉄の能動輸送体などから構成される五つの鉄取り込み機構の存在が示唆されている（図3）。また，シデロフォアの合成が実験的に確認されており，その構造も決定されている[7, 8]。

遺伝子情報がいつ，どのような条件で発現し伝えられるかを捉える一つの手法として，DNAマイクロアレイが生物学にとどまらず医療などの様々な分野において利用されている。磁性細菌においても嫌気的環境においては磁性細菌粒子を生成するが，好気的環境では生成しないなど，

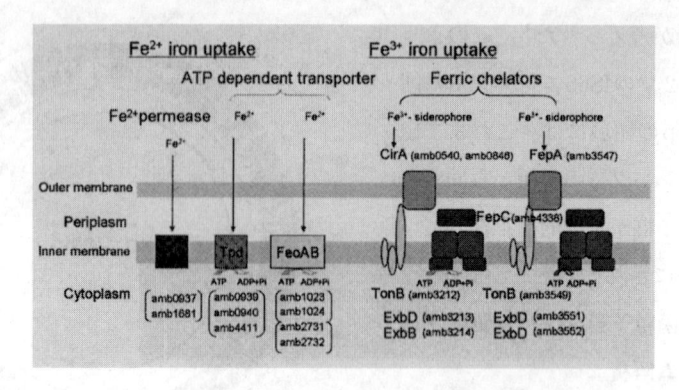

図3　*M. magneticum* AMB-1 株の鉄取り込み機構

生育条件によって明らかな差異が認められることから，様々な条件での遺伝子発現プロファイルを比較解析することは，生成機構の詳細なバイオプロセスを解明する上で大きな手がかりとなる。磁性細菌は，大腸菌や緑膿菌細胞内鉄濃度に比べ100倍以上の鉄取り込み能を有することがわかっている。そこで，このときの遺伝子発現プロファイルを解析するため，培地中鉄濃度0.1～300 μM で培養したAMB-1野性株から全RNAを抽出し，0.1 μM で培養したサンプルを比較対照とし，マイクロアレイ解析を行った[9]。その結果，AMB-1株が持つおよそ4,500個の遺伝子は，鉄濃度の変化に伴い5つの発現パターンに大別された。その中で，AMB-1 株が持つ 17 個の鉄取り込み遺伝子のうち，三価鉄取り込みに関与する遺伝子は全ての鉄濃度で一様な発現抑制が見られたのに対し，二価鉄取り込みに関与する遺伝子は100 μM 以上の鉄イオン濃度において発現抑制が見られた（表1）。したがって，AMB-1株では，比較的二価鉄が存在する嫌気環境下において大量に鉄を取り込むために，二価鉄取り込み機構の制御が厳密ではないことが示唆された。

5.3.4　磁性細菌粒子の生成機構

これらの解析結果に基づいて，磁性細菌粒子の生成は4つのステップから構成されると考えられた（図4）。すなわち，①細胞膜の陥入により膜小胞が形成され[6]，②細胞内に蓄積された鉄イオンの小胞体への輸送[10]，③鉄イオンを結晶へと誘導し[5]，④酸化還元を調節して結晶の構造を決定する[11]，という機構が提唱されている。より具体的には，小胞特異的GTPase Mms16の働きによって細胞膜の陥入をプライミングし，acetyl-CoA carboxylase（acyl-CoA transferas）と高い相同性を有するMpsAから転移されるアシル基が小胞形成に関与する[12]。次に，小胞膜に存在するプロトン／鉄イオンアンチポーターであるMagAによって鉄が内部に輸送されると同時に外部にプロトンが排出され，小胞内はアルカリ化する。同時に，小胞内部に配向した鉄イオン結合タンパク質Mms6が鉄イオンを集積することで結晶核を形成し，さらに結晶成長制御を行い，粒子サイズを一定に揃える。また，細胞内各所の酸化還元酵素により鉄イオンの酸化還元反応が

第1章 バイオサイエンスへの応用技術

表1 *M. magneticum* AMB-1株の二価鉄および三価鉄輸送遺伝子の発現プロファイル

Gene		Gene_ID	Iron concentration (μM)								COG score
			20	40	80	100	150	200	250	300	
Fe^{2+} transporter	ftrl	amb0937	4.08	4.73	2.69	1.16	1.19	1.10	1.23	1.22	3e-39
	ftrl	amb1681	2.30	1.84	1.95	1.78	1.80	1.94	1.94	1.96	6e-43
	tpd	amb0939	4.20	4.30	3.14	0.97	0.96	1.07	1.09	1.10	3e-40
	tpd	amb0940	4.11	3.76	2.61	1.03	1.05	0.98	0.95	0.97	2e-35
	tpd	amb4411	5.78	3.56	2.01	2.32	2.34	2.44	2.41	2.43	
	feoA	amb1022	3.74	3.75	3.10	2.25	2.26	2.23	2.23	2.24	
	feoB	amb1024	2.32	3.21	2.52	2.48	1.52	2.12	2.08	2.06	1e-131
	feoA	amb2730	1.48	2.27	1.72	1.77	1.81	1.59	1.61	1.59	
	feoB	amb2731	1.06	1.57	2.17	1.97	1.98	2.17	2.16	2.17	0
Fe^{3+} transporter	cirA	amb0540	1.33	1.72	2.09	2.07	2.11	2.47	1.21	1.49	2e-21
	cirA	amb0846	1.55	2.48	2.33	1.90	1.88	2.23	1.21	1.23	2e-21
	fepC	amb4338	1.48	1.48	1.77	1.72	1.76	2.10	2.12	2.10	2e-38
	tonB	amb3212	0.22	0.54	0.48	0.59	0.57	0.13	0.11	0.13	5e-18
	—	amb3546	0.52	0.51	0.52	0.55	0.53	0.64	0.62	0.64	
	fepA	amb3547	0.68	0.72	0.66	0.61	0.60	0.60	0.62	0.63	1e-103
	exbB	amb3548	0.57	0.70	0.65	0.63	0.65	0.62	0.69	0.61	2e-21
	tonB	amb3549	0.39	0.35	0.33	0.50	0.51	0.15	0.15	0.16	2e-21
	tolQ	amb3550	0.37	0.38	0.02	0.54	0.58	0.62	0.68	0.56	2e-21
	exbD	emb3551	0.14	0.11	0.41	0.40	0.43	0.63	0.60	0.59	3e-31
	exbD	amb3552	0.56	0.28	0.67	0.60	0.58	0.78	0.75	0.77	4e-25

太字の数値は発現誘導および抑制を表す（1.5以上：発現誘導，0.7以下：発現抑制）

制御されることにより，マグネタイト結晶が形成されると考えられている。

5.4 機能性磁性細菌粒子の開発と応用

バイオテクノロジー関連分野で利用される市販の磁性ナノ粒子は，溶液中での粒子分散状態を保つために高分子ポリマーなどを用いた修飾が施されており，これらの持つ官能基を利用した化学架橋法によって，抗体・酵素などのタンパク質やDNAの表面修飾が行われる。これに対し，磁性細菌が生合成する磁性粒子は，形状・大きさともに均一なナノサイズのマグネタイトである。脂質二重膜に覆われていることにより，水溶液中での分散性に優れている。また，磁気的に単磁区構造を持つため大きな磁力を保持していることから，磁気回収において高い回収率を得ることができる。さらに，我々は磁性細菌粒子表面の薄膜とそこに存在するタンパク質を利用することによって，導入する生体分子の性質や検出用途に合わせた機能性磁性細菌粒子の構築法を開発してきた。以

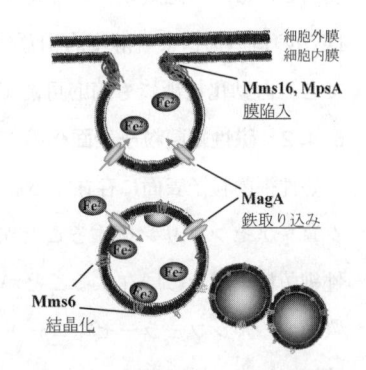

図4 磁性細菌粒子生成機構

下に，これらの作製技術とその工学的応用研究の一部について紹介する。

5.4.1 磁性細菌粒子表面への分子構築

磁性細菌粒子は一つ一つがリン脂質膜で覆われており，その膜の介在によりフェリ磁性体でありながら溶液中での分散性に優れ，常磁性に近い挙動を示す。磁性細菌粒子の分散性は，イオン強度，pH依存的であり，表面膜のリン脂質の負電荷によるものであると考えられている。磁性細菌粒子の分散性が免疫測定の感度にも大きく寄与していることが示唆されている。膜のリン脂質の主成分は，ホスファチジルエタノールアミン（PE）である。このPEのアミノ基を反応基として用い，架橋剤を用いた抗体・酵素・DNAなどの固定化が可能である[13,14]。また，アミノ基デンドリマーを合成することで，正電荷を付与した磁性細菌粒子のDNA抽出担体として利用可能である。まずシランカップリング剤，3-[2-(2-aminoethyl)-ethylamino]-propyltrimehtoxysilane（AEEA）を用いてアミノ基を導入する。AEEAをコーティングした磁性細菌粒子を中心核分子としてデンドリマー構築を行うことで，第1世代から第6世代の反応においてアミノ基導入量が直線的に倍増することが確認された[15]。このデンドリマー型磁性細菌粒子は高い分散性を有しており，表面に付加されたアミノ基の正電荷による粒子間の反発力のためと考えられた。このデンドリマー型磁性細菌粒子を用いることで，高効率なDNA抽出が可能となっている。1 μl血液に対し，デンドリマー型磁性細菌粒子2 μgを加え，DNA抽出を行った結果，純度の高いDNA 30 ngが得られた[15]。このDNA抽出法は，カオトロピック現象などを利用した市販の磁気ビーズと異なり，ナノサイズの粒子表面に高集積化したアミノ基の正電荷とDNAの負電荷による静電的相互作用に基づく分離法である。使用する粒子量は2 μgまで少量化でき，自動化技術にも適応可能である。

5.4.2 磁性細菌粒子表面へのタンパク質のアセンブリング技術

磁性細菌粒子表面に存在する膜タンパク質をアンカー分子として利用することで，有用タンパク質をアセンブリングすることが可能である。AMB-1株において鉄輸送タンパク質MagAが磁性細菌粒子膜上に局在することが明らかとなっている。この*magA*遺伝子とレポータータンパク質であるルシフェラーゼをコードする*luc*遺伝子を融合し，AMB-1株に導入することにより，水溶性タンパク質であるルシフェラーゼを，活性を保持したまま磁性細菌粒子上にアセンブリングすることが可能である（図5）[16]。これは，MagAタンパク質が磁性細菌粒子膜上でアンカー分子として機能していることを示す。このアセンブリング技術を基に，様々なタンパク質を磁性細菌粒子膜上に分子構築することが可能である(図6A)。*magA*遺伝子と抗体結合タンパク質であるプロテインAをコードする遺伝子を融合し，プロテインAを磁性細菌粒子上にアセンブリングした。このプロテインA-磁性細菌粒子複合体に抗インスリン抗体を結合させた磁性細菌粒子を用いて，サンドイッチ法に基づくインスリン測定法が確立されている[17]。これまでに血清中から

第1章　バイオサイエンスへの応用技術

インスリンを検出することが可能となっており，極微量の磁性細菌粒子を効率よく操作できるシステムも構築された。さらに，AMB-1株から得られる磁性細菌粒子の膜タンパク質の解析を進めた結果，MagA以外に，MpsAやMms16，Mms13などの膜タンパク質について新たなアンカー分子としての利用性が検討されている（図6 B）[18]。

　医薬品開発の中で大きなシェアを占めるGタンパク質共役型受容体(GPCR)は，疾病との因果関係も強く，GPCRをターゲットとした医薬品開発が盛んに行われている。GPCRのリガンドをスクリーニングし，顕著な作用を示す物質が発見されれば新薬開発につながる可能性がある。GPCRは7回膜貫通型のタンパク質で，通常の精製プロトコールでは界面活性剤による可溶化，リフォールディングとリポソーム上への再構築など，煩雑な操作が必要である。これを磁性細菌粒子膜上に正しいフォールディングで発現させることができれば，可溶化することなく磁性細菌粒子のまま測定に用いることができ，自動化技術の導入によるハイスループット化を図ることが可能である。これまでに，GPCRの一つドーパミンレセプター（D1R）を正しいフォールディングで発現させる事に成功している。構築された磁性細菌粒子は，膜タンパク質をターゲットとしたプロテオミクス解析に革新的な技術をもたらすと考えられる[18]。

　また，この技術を用いて，ヒト末梢血単核球からのT細胞，B細胞，単球，幹細胞の選択的分

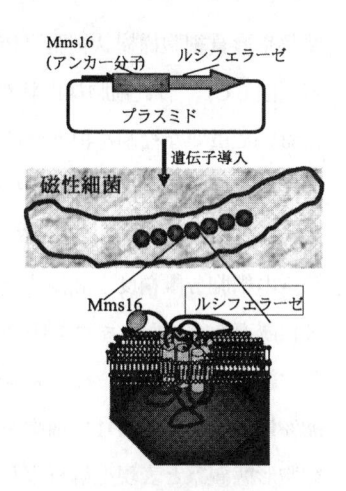

図5　機能性磁性細菌粒子（プロテインA-ルシフェラーゼ）構築スキーム

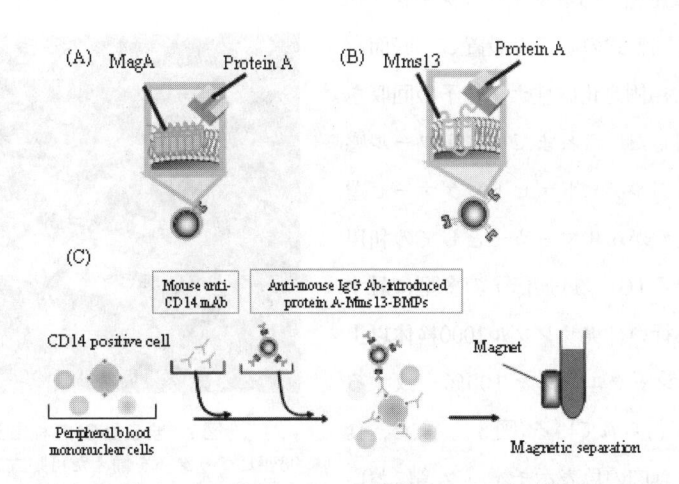

図6　マグネトソーム膜上へのタンパク質アッセンブル技術とprotein A発現マグネトソームを用いた細胞分離システム

離[19]や形質細胞様樹状細胞（PDCs：Plasmacytoid Dendritic Cells）の効率的な分離も試みている（図6C）。形質細胞様樹状細胞は基礎研究から細胞医療に至る広い分野で生体内の免疫反応において重要な役割を担うため，効率的な分離が望まれている。しかし，末梢血中のPDCsは希少な割合でしか存在しないことから既存の細胞分離システムを用いて分離することは困難とされている。Mms13をアンカータンパクとしたProtein A-磁性細菌粒子を用いた磁気細胞分離システムの細胞分離精度を評価するため，末梢血からCD14$^+$細胞の分離，分離細胞の樹状細胞への分化誘導を行った。マウス由来抗CD14モノクローナル抗体と抗マウスIgG抗体固定化protein A-磁性細菌粒子を用い，ヒト末梢血単核球から細胞を磁気分離した。分離細胞のFACS解析の結果，98％以上の純度でCD14$^+$細胞が分離された。さらに，分離したCD14$^+$細胞を分化誘導した結果，細胞形態観察と表現型解析よりCD14$^+$細胞の樹状細胞への分化が確認された。次に，上記磁気細胞分離システムを基に，末梢血からのPDCsの分離を試みた。前処理としてヒト末梢血単核球から目的外細胞を除くことで，PDCsの濃縮を行った。目的外細胞の除去操作を行ったサンプルに対し，PDCsに特異的な抗BDCA-4，BDCA-2モノクローナル抗体を用いて目的細胞を分離したところ，protein A-磁性細菌粒子を用いた磁気細胞分離システムにより，高効率にPDCsが分離出来ることが示された。

5.4.3 自動化技術の開発

一方で，これらの検出をハイスループットに行うため，磁性細菌粒子を用いた各種アッセイに対応した全自動計測ロボットを開発し，実用化している。DNAの固定化担体として用いた全自動一塩基多型（SNPs）検出システムでは，SNPsのハイスループット検出を実現するために，96本の吸引・吐出ノズルを搭載しており，一度に96サンプルの同時解析を可能としている（図7）[20]。また，反応槽であるマイクロタイタープレートの下部に回転式の磁石を設置し，底面磁気回収によりDNA固定化磁性ナノ粒子の回収を行う方式を採用した。これまでにアルコール感受性に関与するアルデヒドデヒドロゲナーゼ遺伝子，骨粗鬆症やがん化マーカーとしての利用が考えられているTGF-β1遺伝子の多型に対する網羅的解析を行い，実サンプル1000検体以上においてDNAシークエンスと100％一致するSNPs検出結果が得られている(図8)。また，食品分野でも米や食肉の偽表示チェック等において遺伝子検査への要求が高まっている。そこで，

図7　全自動SNP検出システム
96連ピペッターを備えた可動式アーム，温度制御の行えるリアクションユニット，試薬ストレージを搭載

第1章　バイオサイエンスへの応用技術

マグロ種判別を可能とするプローブを設計し，本装置を用いてマグロの種判別が高感度に行えることを示した。さらに本装置に改良を重ねた結果，サンプルをセットするのみで，DNAの抽出，増幅，ハイブリダイゼーションの処理を経て測定結果を出力する全自動システムを構築した。

また，先に紹介した抗体を固定化した磁性細菌粒子を用い，糖尿病マーカー分子であるインスリン，ヘモグロビンA1C（HbA1C），糖化アルブミンの自動免疫測定装置による糖尿病診断システムの構築も行った[17]。このシステムでは，既に述べた磁性細菌粒子の

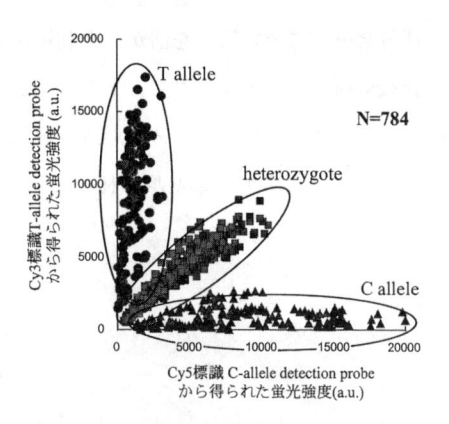

図8　全自動SNP検出装置を用いたTGF-b1の検出

優位性を自動免疫システムへ適応でき，血清サンプルからの測定が可能であり，市販品との相関性も認められた。様々な糖尿診断キットが販売され用いられているが，糖尿病などの生活習慣病のように長期的なモニタリングが必要な場合，統一化した測定法が求められるため，本システムによるハイスループットかつ簡便な測定法の有効性は明らかである。

5.4.4　磁気プローブ

磁性細菌粒子は一つ一つが単磁区構造を有し磁気モーメントをもつ。また，溶液中での分散に優れており，ナノサイズの磁気プローブとして応用できることが考えられる。磁気検出装置として磁気力顕微鏡（MFM）を用い，磁性細菌粒子のアビジン—ビオチン反応の検出を実施した[21]。まず，磁性細菌粒子をMFMイメージングした結果，1粒子での十分な磁気シグナルが得られた。そこで，ビオチン固定化基板に結合したストレプトアビジン量をビオチン固定化磁性細菌粒子の磁気イメージングにより検出した。20×20 μmの範囲を走査し磁性細菌粒子の結合数をカウントした結果，導入したストレプトアビジン濃度依存的に結合数が増加し，1 pg/mℓのストレプトアビジンの検出が可能であった。これは，同条件で蛍光測定を行った結果の100倍の感度に相当する。また，MFMを用いて基板上の磁性細菌粒子の磁極の向き（S極，N極）を1粒子レベルで認識することが可能であったことから，磁極方向を考慮した磁性細菌粒子を分子設計することで，より高度な分析技術が構築できるものと期待される。

5.5　おわりに

これまで，人工的に合成された磁性ビーズと磁性細菌の合成する磁性細菌粒子を比較しつつ応用例を紹介してきた。磁性細菌に関する基礎的研究により，表面に目的の機能性タンパク質を発現させる技術など遺伝子工学的に磁性細菌粒子を改変する技術が確立され，人工的に合成された

磁性ビーズに無い特性を活かした利用が期待される。今後，ゲノム情報を基に他の磁性細菌との比較解析やプロテオミクス，トランスクリプトーム解析から得られた基礎研究を発展させることで，デザインされたサイズ，形態，磁気特性，表面構造などにおいて全く新たな磁性材料が創作できる大きなポテンシャルを秘めている。

文　　献

1) Matsunaga, T. *et al.*, *Appl Microbiol Biotechnol*, **35**, p.651–655 (1991)
2) Sakaguchi, T. *et al.*, *Nature*, **365**, p.47–49 (1993)
3) Matsunaga, T. *et al.*, *DNA Res*, **12**, p.157–66 (2005)
4) Fukuda, Y. *et al.*, *FEBS Lett*, **580**, p.801–12 (2006)
5) Arakaki, A. *et al.*, *J Biol Chem*, **278**, p.8745–50 (2003)
6) Okamura, Y. *et al.*, *J Biol Chem*, **276**, p.48183–8 (2001)
7) Calugay, R.J. *et al.*, *FEMS Microbiol Lett*, **218**, p.371–5 (2003)
8) Calugay, R.J. *et al.*, *J Biosci Bioeng*, in press (2006)
9) Suzuki, T. *et al.*, *J Bacteriol*, in press (2006)
10) Nakamura, C. *et al.*, *J Biol Chem*, **270**, p.28392–6 (1995)
11) Wahyudi, A.T. *et al.*, *Biochem Biophys Res Commun*, **303**, p.223–9 (2003)
12) Matsunaga, T. *et al.*, *Biochem Biophys Res Commun*, **268**, p.932–7 (2000)
13) Nakamura, N. *et al.*, *Anal Chem*, **63**, p.268–72 (1991)
14) Matsunaga, T. *et al.*, *Anal Chem*, **68**, p.3551–3554 (1996)
15) Yoza, B. *et al.*, *J Biotechnol*, **101**, p.219–28 (2003)
16) Nakamura, C. *et al.*, *J Biochem*, **118**, p.23–27 (1995)
17) Tanaka, T. *et al.*, *Anal Chem*, **72**, p. 3518–22 (2000)
18) Yoshino, T. *et al.*, *Appl Environ Microbiol*, **70**, p.2880–5 (2004)
19) Kuhara, M. *et al.*, *Anal Chem*, **76**, p.6207–13 (2004)
20) Tanaka, T. *et al.*, *Biosens Bioelectron*, **19**, p.325–30 (2003)
21) Amemiya, Y. *et al.*, *J Biotechnol*, **120**, p.308–14 (2005)

第2章　医療への応用技術

1　磁気ハイパーサーミア

小林　猛*

1.1　はじめに

　人の体温は37℃で，ほぼ一定です。細胞の温度が37℃より上がれば細胞の活性が低下します。さらに温度が上がれば，細胞は死滅します。ある一定の温度に細胞を保持したときの生存率の関係[1]は図1に示されており，例えば44℃に30分間保持すれば，ほとんどの細胞は死滅します。ガン細胞，あるいは悪性腫瘍組織をこのような死滅させるだけの温度に上昇させることがハイパーサーミア（温熱療法）の原理です。

　ガン細胞は細胞分裂を盛んに繰り返しており，通常の組織より悪性腫瘍組織の方が酸素をより多く必要としています。しかし，悪性腫瘍組織では新しく血管がまだ張り巡らされていないので，溶存酸素濃度は低くなり，pHも低くなります。このため，正常組織よりは悪性腫瘍組織の方が温度上昇に対して細胞が死滅しやすくなります。

　従来のハイパーサーミアは誘電型加温法であり，悪性腫瘍が存在する身体の部位を電極で挟み，ラジオ波と同じ程度の周波数の交流電流を流す方法です。図2に示すように，ジュール熱損失と

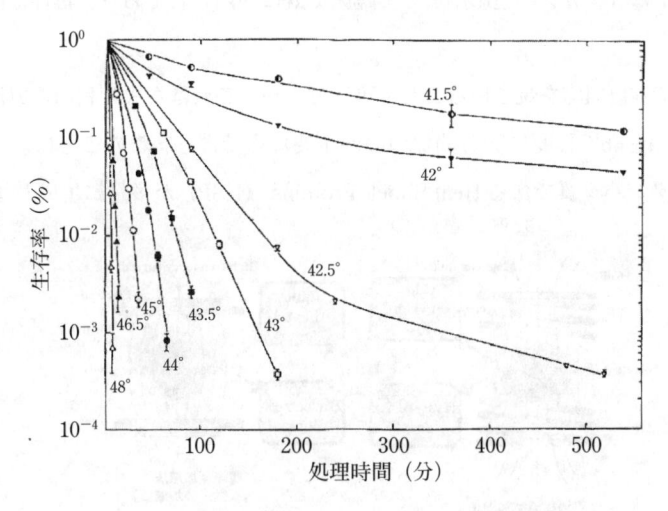

図1　温熱処理による細胞の死滅効果

＊　Takeshi Kobayashi　中部大学　応用生物学部　教授

誘電損失で加温されるので，悪性腫瘍のみならず，電極で挟んだ正常組織も同時に温度が上がります。正常組織よりは悪性腫瘍組織の方が温度上昇に対して細胞が死滅しやすくなりますが，患者の負担を考慮して，42℃までの加温が限界であり，悪性腫瘍組織をハイパーサーミアだけで退縮させることはほとんどできません。そのため，放射線療法や薬物療法とハイパーサーミアを併用する試みがなされてきましたが，実質的には大きな効果は認められませんでした。

　我々は，正常組織の温度は上げず，悪性腫瘍組織の温度だけを上げる方法を考案しました。それが磁気ハイパーサーミアです。磁性材料は交番磁界の照射によって発熱します。この発熱は図2に示すようにヒステリシス損失によります。したがって，磁性材料である金属片を悪性腫瘍組織だけに差し込んでやればよいわけです。交番磁界の照射によって金属片の温度が上がり，そのために磁性が無くなる温度をキューリー温度と呼びますが，キューリー温度が60℃程度の合金素材を悪性腫瘍組織に差し込んでやれば，それ以上の温度には上昇しませんから，安全性は高まります。しかし，この方法にも欠点はあります。金属片の周囲の温度は確かに上がりますが，悪性腫瘍組織の温度を全体的に上げることは出来ません。さらに，どこかの時点で挿入した金属片を取り除くための手術が必要となります。

　これらの欠点を解消するために，ナノサイズの磁性微粒子，特に毒性が無いと考えられるマグネタイト微粒子を悪性腫瘍組織にだけ集積させる技術を開発しました[2〜12]。100 kHz程度の交番磁界を照射しますと，水分子はほとんど発熱せず，ヒステリシス損失によりマグネタイト微粒子だけが発熱するので，正常組織は加温されずに，悪性腫瘍組織だけを何度にも加温できます。なお，マグネタイトは肝臓ガンの造影剤として臨床で既に使用されており，毒性はほとんど無い素材です。

　開発した方法で腫瘍組織を焼き切ることも可能ですが，これはあまり利口な方法ではありません。悪性腫瘍組織を46℃程度に30分間保つのが重要な点であり，このことによって，火傷をしたときにできるタンパク質であるHeat Shock Proteins（HSP）が多量に生成します。このHSP

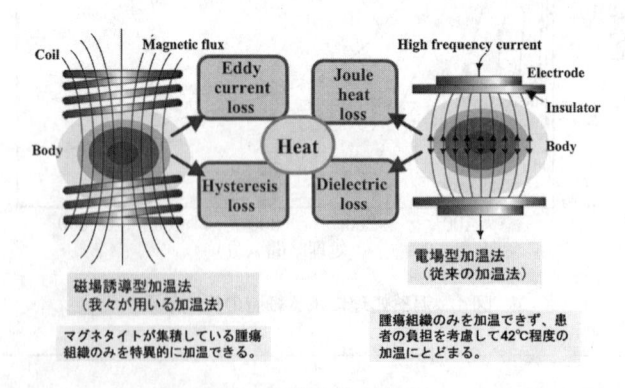

図2　加温方法の比較

第2章　医療への応用技術

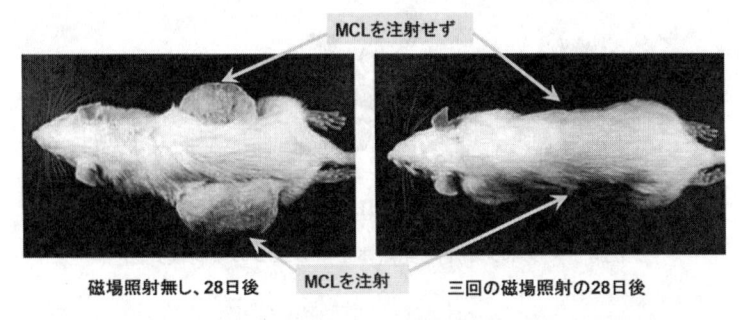

図3　ラットグリオーマ細胞T-9の皮下腫瘍モデルでの実験結果

が腫瘍抗原ペプチドと結合し，免疫に関連したkiller T細胞，helper T細胞およびNK細胞が腫瘍特異的に活性化することを見いだしました。この活性化は非常に強力であり，動物モデルでは，図3に示したように，温度が全く上がっていない腫瘍も完全に退縮させることができました[13]。

もし悪性腫瘍が転移しないなら，原発腫瘍部位を手術などで除去すれば，それで患者は助かるわけです。原発腫瘍がある程度大きくなって診断できるようになったときには，既に転移していることが多いことが，悪性腫瘍の治療を難しくしている一番の問題点です。転移している悪性腫瘍を退縮できる治療法の開発が待たれており，我々が開発した方法が国際的にも非常に注目される所以でもあります。

1.2　マグネタイト微粒子を用いた加温素材の開発

交番磁界中でヒステリシス損失により発熱する素材としてはどのような組成の磁性体でもよいわけですが，人体に使用することを考えれば，毒性がないと考えられるマグネシウムフェライト（$MgFe_2O_4$）とマグネタイト（Fe_3O_4）が候補として挙げられます。静脈注射によって腫瘍組織に集積できる素材とするのが最も使用しやすいと考えられます。血管は血管内皮細胞によって覆われており，粒子状物質が血管内皮細胞を通過することは通常は出来ません。しかし，悪性腫瘍組織周辺のみからは粒子径が100～150 nmであれば血管内皮細胞の隙間を通過できます。マグネシウムフェライトの場合には，粒子径がナノサイズの微粒子を作成することが比較的困難であり，我々は10nmサイズの磁性ナノ微粒子であるマグネタイトを発熱体として使用することとしました。

マグネタイト微粒子を悪性腫瘍部位に選択的に集めて，悪性腫瘍組織の選択的加温をするために，我々はマグネタイトを発熱体とする三つの素材系を開発[2~12]しました（図4）。一つ目の素材としては，ガン細胞に対する特異性が高いモノクローナル抗体が開発されている場合に利用するものです。電荷を持たない組成のリポソームでマグネタイト微粒子を包埋し，リポソームの表面にモノクローナル抗体を共有結合で固定化します[3~6]。この素材（Antibody-conjugating Mag-

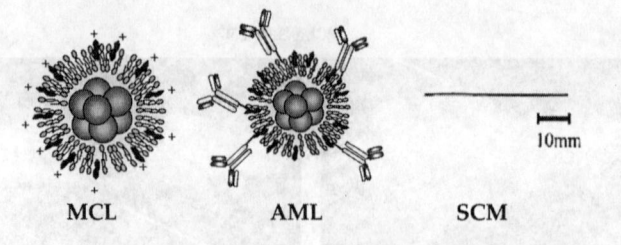

図4 マグネタイトを発熱体とする三つの素材模式図

netite Liposome：AML）は静脈注射による投与が可能であり，マウスを用いた in vivo の実験で投与量の約6割が腫瘍組織に集積しました[5]。なお，この性質とマグネタイトの磁気特性を利用して，MRIの強力な陰影造影剤となることを明らかにしました[14, 15]。

二つ目の素材として，カチオニックリポソームでマグネタイト微粒子を包埋することで，正電荷脂質包埋型マグネタイトリポソーム（Magnetite Cationic Liposome：MCL）を開発しました[7~9]。このMCLの場合には腫瘍組織に注射する必要があります。細胞は負に帯電していますから，悪性腫瘍組織に注射することによって静電的な相互作用によって約6割が腫瘍組織に留まります。

三つ目の素材として，マグネタイト微粒子をカルボキシセルロースのような接着剤で固めて針状に成形した針状成形マグネタイト（Stick type CMC-Magnetite：SCM）を開発しました[10~12]。このSCMはカテーテルを使用して腫瘍組織に直接注射することが可能です。マグネタイト微粒子の濃度が高いために，脳のように血流が速い部位でも望みの温度に加温することが出来ます。ハイパーサーミアを行うと，マグネタイト微粒子は注入部位でバラバラになり[11]，次第に肝臓に移行してから排出されていくので，金属成形体のようにハイパーサーミアの後で体外に取り出す手術を行う必要はありません。

1.3 マグネタイト微粒子を用いたガンの温熱免疫療法

これまで我々はAMLやSCMを用いたハイパーサーミアの研究も行いましたが，主としてMCLを用いた研究をこれまで行ってきました。現在までに様々な動物種（マウス，ラット，ハムスター[16]，ウサギ[17, 18]）やガン種（脳腫瘍[7, 8]，皮膚ガン[19]，舌ガン[17]，乳ガン[20]，腎細胞ガン[5]，骨肉腫[16]）で腫瘍の退縮に成功しています。

悪性腫瘍に対する薬剤を使用し続けますと，やがてその薬剤に抵抗性の悪性腫瘍細胞が出現してきて，その薬剤は使用できなくなるという問題点があります。しかし，熱という物理的な因子に対しては抵抗性の悪性腫瘍細胞は出現しないので，原理的には全ての固形腫瘍に応用できる方法です。

第2章 医療への応用技術

　ハイパーサーミアの長所は，繰り返し実施しても悪影響はなく，繰り返し実施することによって悪性腫瘍を完全に退縮できることです。悪性腫瘍に対する薬剤療法に関する研究論文では，対照となる無治療群の腫瘍サイズと比較して治療群の腫瘍サイズが大きくなりにくい，という結果が報告され，ガンに効く薬と称されることがあります。患者の延命効果が認められる，という点では意味があるといえますが，完全治癒というわけではありません。これに対して，ハイパーサーミアを繰り返すことによって悪性腫瘍の完全退縮が可能となります。例えば，マウスに乳ガン細胞を接種し，腫瘍サイズが15mmの大きさになった段階でハイパーサーミアを繰り返した実験結果を図5に示しました[20]。ハイパーサーミアを実施した回数は異なりますが，実験した5匹のマウス全部の腫瘍が完全に退縮しました。また，マウス遺伝性メラノーマが自然発症する場合も同様の結果が得られました[21]。

　興味深いことに，我々はMCLを用いてハイパーサーミアを施すことによって，抗腫瘍免疫が賦活されることを見出しました[13]。このハイパーサーミアにおけるガン免疫の賦活について，腫瘍をラットの両体側に移植する動物実験で実証しました。図3に示すように，両体側のT-9ラットグリオーマ皮下腫瘍のうち，左側の腫瘍にだけMCLを注入して交番磁界を照射したところ，MCLに含まれるマグネタイト微粒子は交番磁場によって発熱し，MCLを注入した左側の腫瘍は44℃まで温度が上昇しました。一方，MCLが注入されていない右側の腫瘍や直腸は温度がほとんど上昇しませんでした。しかし，このモデルで，マグネタイト微粒子を用いたハイパーサーミアを施行した28日後，温度上昇があった左側の腫瘍だけでなく，直接的な温度上昇が観察され

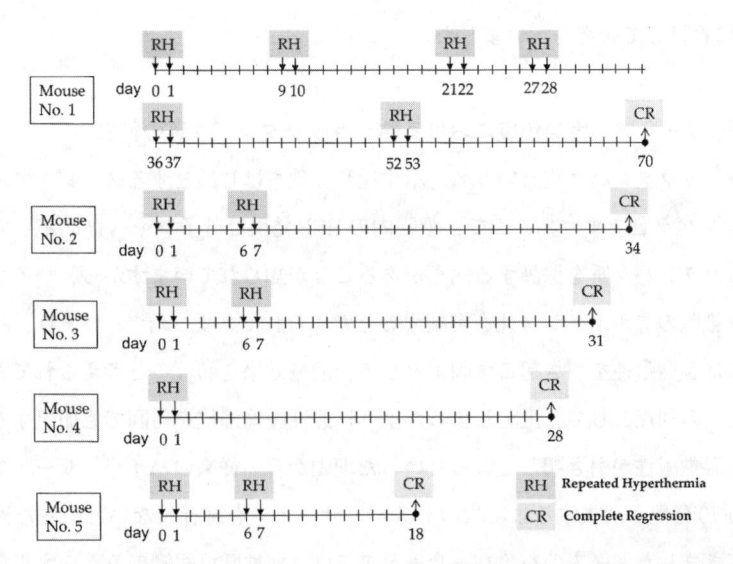

図5　腫瘍サイズが15 mmのマウス乳ガン皮下モデルに対する交番磁界照射時期
RH：一回30分の交番磁界照射を二日間実施，CR：完全退縮

なかった右側の腫瘍まで，完全に退縮しました。また，ハイパーサーミア後の腫瘍組織内にCD8陽性T細胞，CD4陽性T細胞，およびナチュラルキラー（NK）細胞が集積している様子が観察されました。さらに，脾細胞を用いた免疫細胞による細胞障害活性測定を行ったところ，T-9細胞に特異的な全身性の抗腫瘍免疫が活性化していることがわかりました。このようなことから，ハイパーサーミアによって悪性腫瘍に特有の免疫活性が向上することを強調できるように，温熱免疫療法と呼ぶこととしました。本治療法は，腫瘍局所における選択的なハイパーサーミアであるにもかかわらず，直接加温されない全身のガン（転移ガンを含む）に対しても免疫賦活によって治療効果を示すといった，ガン治療の理想を実現可能にする治療法であると考えられます。

なお，マグネタイトはMRIの造影剤ともなりますから，通常のMRIでは小さいために診断しにくい悪性腫瘍に対しても，マグネタイトが集積していれば診断が極めて容易になります。この点で，AMLは転移腫瘍にも集積しますから，AMLは転移腫瘍の診断も容易となりますから，診断と治療が同時に行える素材として注目されます。しかし，ガンに対するモノクローナル抗体が開発されていることが必須条件です。ごく最近の技術的な進歩により，優れたモノクローナル抗体作成技術が開発されてきましたので，その技術を利用すれば多くの腫瘍に対して利用できるAMLが開発できるでしょう。

この免疫賦活メカニズムを解明することは，我々のハイパーサーミアのシステムにおける従来のガン治療法に対する優位性を示すことができるだけでなく，そのメカニズムを応用した新しい観点のガン治療法の開発につながります。我々はマグネタイト微粒子を用いたハイパーサーミアにおける免疫賦活のメカニズム[22]について，いかにしてガンが抗原として免疫細胞に認識されるかをHSPに着目して研究を行いました。

1.4 ハイパーサーミアとガン免疫における熱ショックタンパク質の役割

HSPは熱ショックタンパク質という名が示す通り，熱をはじめとするストレスで細胞内発現が誘導されるタンパク質です[23]。ここで，細胞内のHSP発現は分子シャペロンとしてストレスによって変性したタンパク質を保護する働きがあることが知られていますから，ハイパーサーミアによってガン細胞のアポトーシス死を抑制すると考えられてきました[24]。つまり，ハイパーサーミアにおいては温熱耐性を引き起こす因子として，治療効果を妨げると考えられてきました。ハイパーサーミアの利点として，上記しましたように悪性腫瘍部位を何回でも加温する物理的な治療法ですが，温熱耐性が引き起こされるといった理由から，従来のハイパーサーミアではHSP発現，特にHSP70発現が消失するまで次のハイパーサーミアを施行しないといった治療プロトコルで行われてきました。従来のハイパーサーミアでは，悪性腫瘍組織のみならず正常組織も加温されますから，患者の負担を考慮して42℃までしか加温されませんでした。しかし，この程度

第2章　医療への応用技術

の加温では細胞は余り死滅しませんから，死滅を抑制するHSPの生成はかえって邪魔者でした。これに対して，我々が開発したハイパーサーミアでは，悪性腫瘍組織だけを46℃程度に加温できますから，ガン細胞を確実に死滅させることができ，生成するHSPは良い役割を果たしてくれて，下記するように悪性腫瘍特有の免疫活性が顕著に高められることを我々が明らかにしました。

既に，HSP70，HSP90およびgp（glucose-regulated protein）96といったHSPが，ガン免疫において重要な役割を果たしていることが明らかになっています[25, 26]。ガン細胞内におけるHSPの腫瘍免疫における役割については，腫瘍抗原ペプチドのプロセシングおよび抗原提示における抗原ペプチドの輸送があり，Srivastavaらによって"relay line model"として提唱されています[27]。このモデルの概略図を図6に示します。まず，①免疫プロテアソーム複合体によって切り出されたペプチドは，細胞質内でHSP70あるいはHSP90にシャペロンされます。これらのHSPは抗原ペプチドをTAP（Transporters associated with Antigen Processing）を介して小胞体内に運搬します。②小胞体内で抗原ペプチドはgp96にシャペロンされます。そして，③gp96は抗原ペプチドをMHC class I/β_2ミクログロブリン複合体へ輸送します。

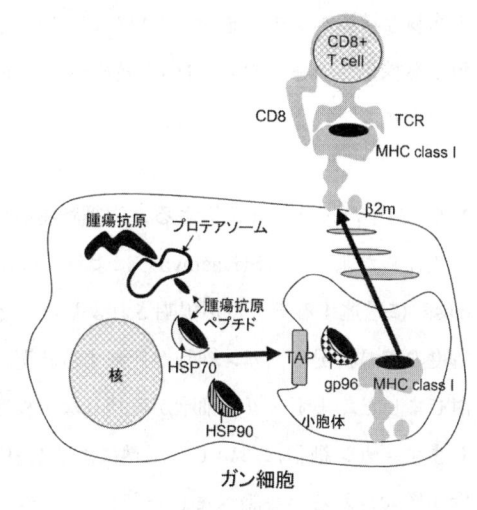

図6　Relay line modelの模式図

この"relay line model"からは腫瘍免疫におけるHSPの二つの重要な意義を見出すことができます。一つ目は，HSPが腫瘍細胞表面におけるMHC class I分子の抗原提示を促進させる役割を果たすという点です。HSP70を高発現させることで，ガン細胞自身がMHC class Iを介した抗原提示を活発に行い，ガン細胞が免疫担当細胞（特にガン細胞特異的なCD8陽性T細胞）に攻撃されやすくなったと考えることができます。そして，HSPの"relay line model"におけるもう一つの重要な知見は，HSPがガン細胞内で腫瘍抗原ペプチドをシャペロンしているという点です。Srivastavaのグループは，患者の腫瘍からHSP70–抗原ペプチド複合体[28]やgp96–抗原ペプチド複合体[29]を精製して，それをガンワクチンとして利用する試みを行っています。ここで重要なのは，実際にガン特異的抗原として機能するのはHSP自身ではなく，これにシャペロンされたペプチドであるという点です。近年，非常に多種・多様なガン抗原ペプチドが同定されてきましたが，一種類のペプチド抗原によるワクチン投与は，治療効果がほとんど認められないことが問題になっています。一方，患者の腫瘍から精製されたHSP–抗原ペプチド複合体は，HSP

が多様な抗原ペプチドをシャペロンしていると考えられ，さらに，それらの抗原は患者自身の腫瘍から摘出されますから，HSP–抗原ペプチド複合体ワクチンは患者に対するテーラーメイドガンワクチンといえます。

1.5 ハイパーサーミアによるガン細胞特有の免疫活性の向上メカニズム

上述したように，Srivastavaらによる"relay line model"で，HSPがガン抗原ペプチドをMHC class Iに送達するモデルが提唱されました。そこで，我々は加温によってガン細胞が死滅しない程度の加温状況と，ガン細胞が死滅する状況に分けて，それぞれに対する研究仮説を立てて，検討しました。まず，ガン細胞が死滅しない程度の加温状況に対する研究仮説の概略図を図7に示します。ガン細胞において，温熱によるHSP70発現誘導によって，MHC class Iの細胞表面密度が増強されるかを調べました[30]。

T-9細胞に対して43℃で1時間加温したところ，温熱24時間後にHSP70発現のピークが認められました[30]。このHSP70の温熱による発現誘導は，加温48時間後には消失しました。さらに，加温後の経時的な細胞表面のMHC class I発現をフローサイトメーターで調べました。温熱処理しなかった細胞と比較して，温熱処理した細胞のMHC class Iは，温熱24時間後から発現増強が起こり，48時間後には最大2倍程度までその増強が認められ，この発現増強は72時間後には消失しました。このMHC class I増強は，細胞内でHSP70と結合してペプチド輸送を阻害する薬剤であるDSG（deoxyspergualin）を投与することによって減少しましたので，HSP70の運搬能が関与していることは明らかです。これらの現象から，ガン細胞において，HSP70発現に続いてMHC class I増強が引き起こされるという，図7に示した仮説が支持されることがわかりました。

次に，ガン細胞が熱で死滅する場合の状況を免疫と関連づけて考察しました。このような状況に対する研究仮説の概略図を図8に示します。我々は，ハイパーサーミアにおいてHSP発現が

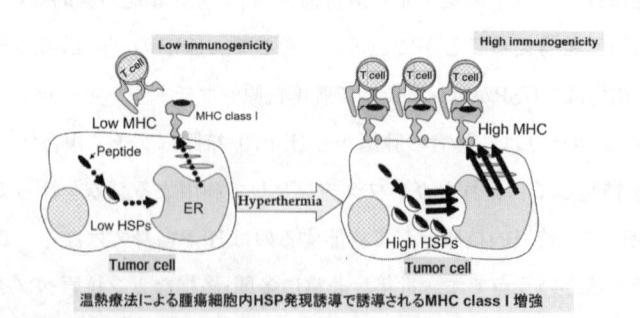

図7　ガン細胞が死滅しない温度上昇におけるMHC class I増強

第2章　医療への応用技術

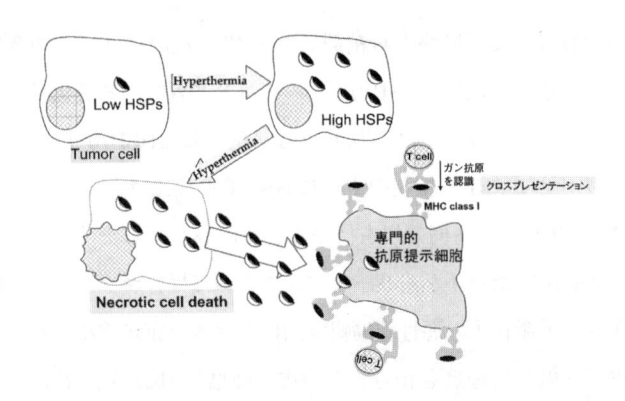

図8　ガン細胞が壊死する温度上昇における専門的抗原提示細胞でのMHC class I 増強

増強し，さらにガン細胞が熱で壊死（ネクローシス）を起こすことによって，細胞内からHSP–抗原ペプチド複合体が放出され，ガンワクチン化が起こっているのではないかと考えました。

　HSP70等のHSPは上述したように，ガン細胞内で抗原ペプチドをシャペロンしています。ガン細胞が熱で壊死すると，HSP–抗原ペプチド複合体がガン細胞から放出され，樹状細胞（Dendritic Cell：DC）等の専門的抗原提示細胞（Antigen Presenting Cell：APC）のCD91レセプター等の特異的レセプターと結合します[31]。レセプターと結合したHSP–抗原ペプチド複合体はエンドサイトーシスによって取り込まれ，APC内のMHC class I 提示経路のプロセッシングを受けて，抗原ペプチドはMHC class I によって細胞表面に提示されます。この現象は，本来ガン細胞自身のMHC class I によって提示されるべき抗原ペプチドが，APCによって代わりに提示されることから，クロスプライミング（cross–priming）と呼ばれます。ここで，専門的抗原提示細胞であるDCは，ガン細胞とは比較にならないほどの強力な抗原提示能を有します[32]。一方，HSP70自身がAPCを刺激するサイトカインであるといった報告もあります[33]。この場合，抗原ペプチドの有無に関わらず，HSP70はCD14と結合してDCの成熟や単球からのサイトカイン放出を誘導します。この生体反応は自然免疫（Innate immunity）の活性化を意味し，HSPは生体が本来備えている自然のアジュバントであることを示唆しています。図8に示したように，ハイパーサーミアにおいてHSP発現が増強し，さらにガン細胞が熱で壊死することによって，細胞内からHSP–抗原ペプチド複合体が放出され，ガンワクチン化が起こっているのではないかと考えられるわけです。

　ハイパーサーミア処理後のHSP70–ペプチド複合体に抗腫瘍効果があることは，以下の実験で確かめられています。ハイパーサーミアを施したラットの腫瘍を摘出して，HSP70–抗原ペプチド複合体を精製しました。このワクチン効果を調べたところ，有意な抗腫瘍効果を示しまし

た[34]。ここで，対照実験として，肝臓から精製したHSP70–抗原ペプチド複合体を接種したラットでは抗腫瘍効果は示しませんので，HSP70にシャペロンされている腫瘍抗原ペプチドが強い抗腫瘍効果を生み出すと考えられます。さらに我々は，精製したHSP70–抗原ペプチド複合体ではなく，温熱によって壊死させたT-9細胞の上清にHSP70が放出されているのを確認して，この細胞死で放出されたHSP70が抗腫瘍効果を持つことを確認しました[34]。

マグネタイト微粒子を用いたハイパーサーミアシステムでは，マグネタイト微粒子が発熱します。そこで，マグネタイト微粒子の悪性腫瘍組織内における分布が重要になってきます。ラットにT-9ガン細胞を皮下注射して腫瘍を作り，この皮下腫瘍にMCLを注射してから，マグネタイト微粒子を磁場照射によって発熱させると，46℃程度に温度が上昇します。そのため，マグネタイト微粒子が存在する腫瘍組織のみならず，その周りの腫瘍組織も熱によって壊死します。そして，この壊死領域にマグネタイト微粒子が広がることが観察されました。このことによって，複数回の磁場照射を行うと，腫瘍組織の壊死とともにマグネタイト微粒子の分布領域が広がっていき，1日1回の磁場照射によるハイパーサーミアを24時間毎に3日間連続で行うことによって，腫瘍組織全体を均一に壊死させることができました[34]。ここで，24時間毎といった温熱のタイミングは，上述したように，T-9細胞が最もHSP70を発現するタイミングであり，腫瘍組織内では大量のHSP70が発現し，それが放出されているわけです。このことによって，強力なガンワクチン化が起こっていることがわかりました。

我々が開発したハイパーサーミアに伴う免疫賦活のメカニズムについてまとめると[35]，①ガン細胞は一般的に免疫原性が低い。細胞内ではHSP発現が低く，抗原のプロセシング機能が低下しており，細胞表面のMHC class I分子も減少している。②マグネタイト微粒子によるハイパーサーミアによって，壊死に至らないガン細胞においては，細胞内のHSP発現誘導が起こり，細胞表面のMHC class I密度が増強する。これらのガン細胞は腫瘍特異的なT細胞によって攻撃される。③T細胞，あるいはハイパーサーミアによって殺されたガン細胞の細胞内からHSP–抗原ペプチド複合体が放出される。④放出されたHSPは単球細胞の炎症性サイトカイン産生を刺激し，APCを腫瘍内へ集積させる。⑤HSP–抗原ペプチド複合体がDC等のAPCに取り込まれ，MHC class Iを介して腫瘍特異的なT細胞に提示される（クロスプライミング），ということとなります。これらの考察から，我々のハイパーサーミアは抗腫瘍免疫を強く誘導するので，温熱免疫療法（Heat Immunotherapy）と名付けました。

このように，我々の温熱免疫療法は，HSP70–抗原ペプチドの放出を伴うガン細胞の壊死を誘導し，免疫担当細胞を腫瘍局所に集積させ，抗腫瘍免疫を強く誘導します。したがって，温熱免疫療法は，腫瘍局所における*in situ*ワクチン療法というべき治療法であるといえましょう。

HSPを介した免疫賦活メカニズムを基にして，さらに温熱免疫療法の免疫賦活能を高めるため

第2章 医療への応用技術

の新しい治療方法の開発も研究しました。具体的には，マグネタイト微粒子を用いたハイパーサーミアとの組み合わせとして，IL-2やGM-CSFといったサイトカインとの併用療法[36]，温熱誘導型プロモーターを用いたTNF-α遺伝子治療との併用[37]，HSP70のリコンビナントタンパク質の腫瘍局所投与との併用療法[38]，HSP70遺伝子治療との併用療法[39]，樹上細胞との併用療法[40, 41]，などの開発を行いました。マグネタイト微粒子を用いたハイパーサーミアだけでも充分悪性腫瘍を退縮させることが可能ですが，これらの組み合わせ方法も実際の治療法として役立つものと考えられます。

1.6 おわりに

MCLを構成する素材であるマグネタイトは，肝臓ガンのMRI造影剤としてすでに医療の現場で使用されています。また，正電荷脂質包埋型リポソームは，名大医学部脳神経外科吉田純教授らが遺伝子治療用に利用している素材です。両者の素材を合わせたMCLとしての安全性としては，予備的な検討ですが，45倍のマグネタイト投与量に対する急性毒性は認められませんでした。マウス腹腔内に注射された3 mgのマグネタイトは10日間で完全に排泄されました[42]。AMLとしての安全性も現在予備的に検討していますが，大きな問題点は認められません。小林が研究代表者となり，信州大学医学部皮膚科斎田俊明教授および名古屋大学医学部附属病院乳腺・内分泌外科今井常夫講師が研究分担者となって文部科学省がんトランスレーショナル・リサーチ事業に応募したところ，平成16年度に採択されました。現在，進行期のメラノーマと再発乳ガンを対象とした臨床研究をしています。磁性ハイパーサーミアは悪性腫瘍組織を熱で殺す，という簡単な原理に基づいているので，原理的には全ての固形腫瘍に適用できる方法であり，少しでも早期に実用化することを検討しています。

謝　辞

これらの研究は，名古屋大学工学研究科において新海政重助手（現 東大工学系研究科講師），井藤彰助手，本多裕之助教授（現 名大教授）および多くの大学院学生諸君によって行われたものであり，感謝します。

文　献

1) 大塚健三ら, 日本ハイパーサーミア学会誌, **8**, 241 (1992)

2) 新海政重ら, 日本ハイパーサーミア学会誌, **10**, 168 (1994)
3) Shinkai, M. *et al.*, *Biotechnol. Applied Biochem.*, **21**, 125 (1994)
4) Le, B. *et al.*, *J. Chem. Eng. Jpn.*, **34**, 66 (2001)
5) Shinkai, M. *et al.*, *Jpn. J. Cancer Res.*, **92**, 1138 (2001)
6) Ito, A. *et al.*, *Cancer Lett.*, **212**, 167 (2004)
7) Shinkai, M. *et al.*, *Jpn. J. Cancer Res.*, **87**, 1179 (1996)
8) Yanase, M. *et al.*, *Jpn. J. Cancer Res.*, **89**, 463 (1998)
9) Shinkai, M. *et al.*, *J. Magnet. Magnetic Materials*, **194**, 176 (1999)
10) 若林俊彦ら, 神経免疫研究, **12**, 207 (1999)
11) Shinkai, M. *et al.*, *Jpn. J. Hyperthermia Oncol.*, **18**, 191 (2002)
12) Ohno, T. *et al.*, *J. Neuro-Oncol.*, **56**, 233 (2002)
13) Yanase, M. *et al.*, *Jpn. J. Cancer Res.*, **89**, 775 (1998)
14) Suzuki, M. *et al.*, *Bull. Chem. Soc. Jpn.*, **69**, 1143 (1996)
15) Suzuki, M. *et al.*, *Brain Tumor Pathology*, **13**, 127 (1996)
16) Matsuoka, F. *et al.*, *BioMagnetic Res. Technol.*, **2**, 3 (2004)
17) Matsuno, H. *et al.*, *Jpn. J. Hyperthermic Oncol.*, **17**, 141 (2001)
18) Hamaguchi, S. *et al.*, *Cancer Sci.*, **94**, 834 (2003)
19) Suzuki, M. *et al.*, *Melanoma Res.*, **13**, 129 (2003)
20) Ito, A. *et al.*, *J. Biosci. Bioeng.*, **96**, 364 (2003)
21) Ito. A. *et al.*, *Jpn. J. Hyperthermia Oncol.*, **21**, 139 (2005)
22) Ito, A. *et al.*, *Jpn. J. Hyperthermia Oncol.*, **21**, 1 (2005)
23) Subjeck, J. R. *et al.*, *Br. J. Cancer*, **45**, 127 (1982)
24) Mosser, D. D. *et al.*, *Mol. Cell Biol.*, **20**, 7146 (2000)
25) Srivastava, P. K. *et al.*, *Immunity*, **8**, 657 (1998)
26) Menoret, A., and Chandawarkar, R., *Semin. Oncol.*, **25**, 654 (1998)
27) Srivastava, P. K. *et al.*, *Immunogenetics*, **9**, 93 (1994)
28) Udono, H., and Srivastava, P. K., *J. Exp. Med.*, **178**, 1391 (1993)
29) Udono, H. *et al.*, *Proc. Natl. Acad. Sci. U S A*. **91**, 3077 (1994)
30) Ito, A. *et al.*, *Cancer Immunol. Immunother.*, **50**, 515 (2001)
31) Basu, S. *et al.*, *Immunity*, **14**, 303 (2001)
32) Noessner, E. *et al.*, *J. Immunol.*, **169**, 5424 (2002)
33) Asea, A. *et al*, *Nat. Med.*, **6**, 435 (2000)
34) Ito, A. *et al.*, *Cancer Immunol. Immunother.*, **52**, 80 (2003)
35) Ito, A. *et al.*, *Cancer Immunol. Immunother.*, **55**, 320 (2006)
36) Ito, A. *et al.*, *Cancer Science*, **94**, 308 (2003)
37) Ito, A. *et al.*, *Cancer Gene Ther.*, **8**, 649 (2001)
38) Ito, A. *et al.*, *Cancer Immunol. Immunother.*, **53**, 26 (2004)
39) Ito, A. *et al.*, *Cancer Gene Ther.*, **10**, 918 (2003)
40) Tanaka, K. *et al.*, *Int. J. Cancer*, **116**, 624 (2005)
41) Tanaka, *et al.*, *J. Biosci. Bioeng.*, **100**, 112 (2005)
42) Ito, A. *et al.*, *Jpn. J. Hyperthermia Oncol.*, **19**, 151 (2003)

2 磁性微粒子を用いた MRI 技術

谷本伸弘[*]

2.1 はじめに

磁性微粒子は，磁気共鳴画像（Magnetic Resonance Imaging）での肝特異性造影剤として臨床使用されている。微粒子は肝網内系に貪食されて肝の信号強度を低下させることで肝腫瘍との信号コントラストを増強し，診断に寄与する。この他，リンパ節造影剤としての応用や，分子映像法や再生医療のモニタリングにも応用が期待されている。

現在，MRI造影剤として臨床で用いられている薬剤にはガドリニウム製剤と肝臓網内系をターゲットとした磁性微粒子（超常磁性酸化鉄）製剤がある。超常磁性酸化鉄製剤は現在認可されている唯一の組織特異性MRI造影剤であり，他の画像診断にはない特徴を多く備えている。ここでは超常磁性酸化鉄製剤による肝臓特異的な画像診断を中心に，今後期待される同薬剤の臨床応用について言及する。

2.2 超常磁性酸化鉄製剤 SPIO（superparamagnetic iron oxide）の現状

2.2.1 肝特異性造影剤としての応用

SPIOとは一般的な呼称で，粒子径や粒子を被覆する高分子により種々の製剤が開発されている。現在臨床応用が可能なSPIOには点滴投与のFeridexと，急速静注可能なResovist（リゾビスト）がある。SPIO粒子は血中のopsoninと結合して，投与量の約80％が肝網内系Kupffer細胞に貪食される。Kupffer細胞内ではSPIOはlysosome顆粒に集積してclusterを形成し，大きいclusterは局所磁場を攪乱してT2*を短縮して肝の信号強度を低下させる。また小さいclusterは水分子のmagnetic centerへの接近を容易とし，T1およびT2を短縮する。T2*，T2短縮効果は非常に強力で，通常はT2*，T2強調像で使用して肝の信号低下を得ることで腫瘍の検出能を向上させる。SPIOはT1短縮効果もGd系造影剤より強く，短いTEのパルス系列を用いれば肝の信号増強が得られる[1]。肝の信号強度低下あるいは上昇が起こる結果，腫瘍-肝コントラストを向上し肝腫瘍の診断に寄与する。SPIO造影MRIにおけるパルス系列の最適化に関しては機種と磁場強度により多少の相違はあるが，基本的にはT2強調Fast spin echo，T1強調gradient echo，T2*強調gradient echoの3つの組み合わせが推奨される。なかでもlong TEのT2*強調gradient echoはコントラスト分解能と病変検出能に優れるパルス系列として知られている[2]。

転移性肝癌ではSPIO併用MRIはもっとも効果的な非侵襲的診断法と言える（図1）。またT1強調GRE法でTEを2 msec以下にするとSPIOのT1短縮効果が得られ，血管腫などの良性疾患

---

[*] Akihiro Tanimoto　慶應義塾大学　医学部　放射線診断科　専任講師

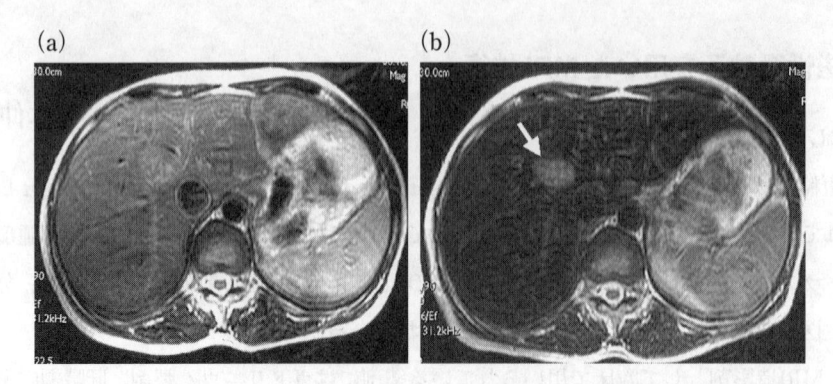

図1 46 y/o male, liver metastasis from colonic cancer.
(a) unenhanced T2-weighted Fast SE (2500/90). No apparent lesion is seen.
(b) post SPIO administration. The liver signal intensity is markedly decreased and a hyperintense metastatic lesion is noted (arrow).

と転移との鑑別診断が可能である[3]。またT1強調GRE法で見られる腫瘍周囲の陽性造影効果（ring enhancement）も悪性を示唆するサインとして知られており，鑑別に有用である[4]（図2）。ROC解析によりSPIO造影MRIはdual phaseのdynamic CTより肝転移の検出能は優れると報告されている[5]。通常の細胞外液性造影剤を用いたMRIやCTでは検出できない微小肝転移の診断に期待される。SPIOの検出能はほぼCTAP（CT during arterial portography）に匹敵すると報告されている[6]（図3）。手術を前提とした場合にはCTAPを省略できないが，SPIOはCTAPの特異度の低さをカバーして偽陽性を少なくする検査法であるとの報告もある[7]（図4）。このほか，胆道系腫瘍も転移性肝癌と同様に網内系が欠如しているので，その広がり診断にもSPIOが期待される。

多血性肝細胞癌の検出感度において，gadolinium（Gd）造影剤によるdynamic MRIはdynamic

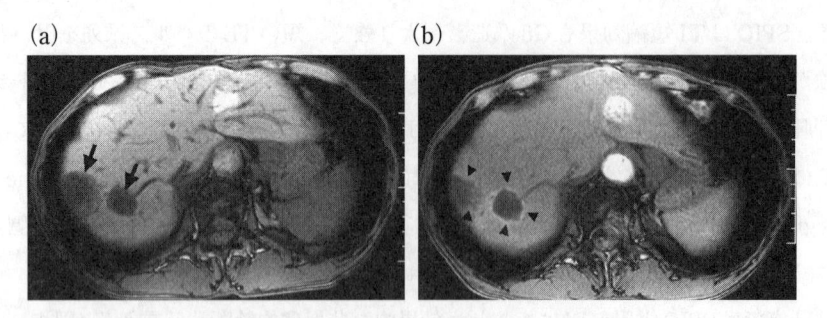

図2 60 y/o female, liver metastases from colonic cancer.
(a) unenhanced T1-weighted Fast SPGR (130/2.1/90°). Low intensity lesions are noted in the right lobe (arrows).
(b) post SPIO administration. The hypointense metastatic lesion is surrounded by the high intensity rim (arrowheads).

第2章 医療への応用技術

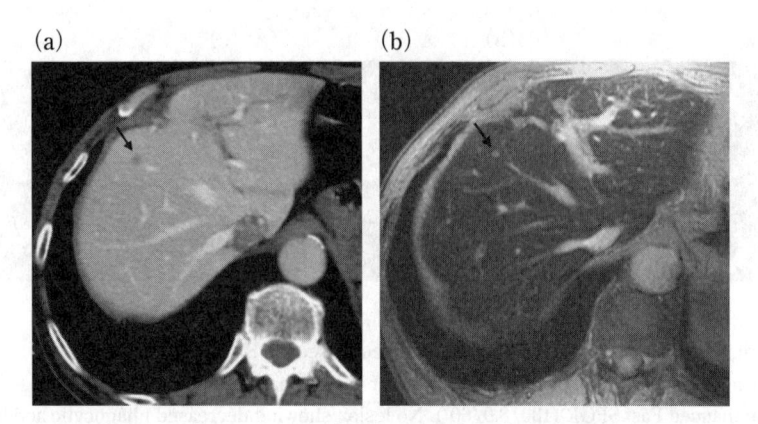

図3 75 y/o male, liver metastases from colonic cancer.
(a) A small perfusion defect is noted on CTAP (arrow).
(b) post SPIO administraion. A mass lacking phagocytic activity, 3mm in size, is clearly demonstrated (arrow).

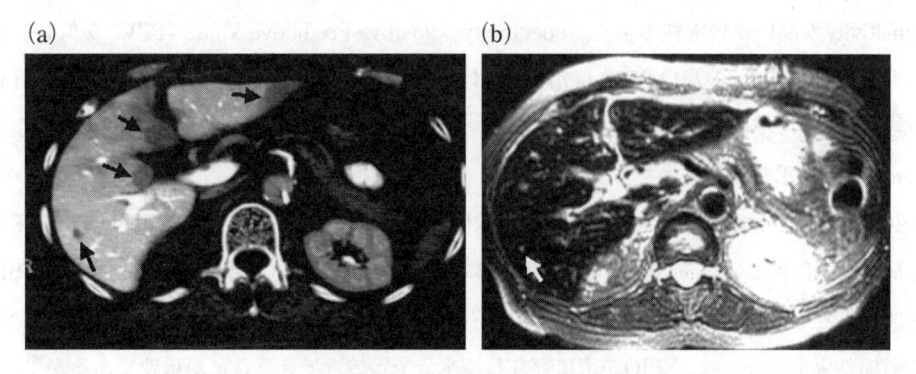

図4 79 y/o female, liver metastasis and pseudolesions
(a) CT during arterial portography. Several perfusion defects are seen (arrows).
(b) SPIO-enhanced T2-weightred Fast SE (2700/80). Only one tiny lesion (size: 3 mm) is noted (arrow). Other perfusion defects are proved to be pseudolesions.

CTを凌駕するとされている[8]。治療を急ぐべき多血性肝細胞癌を診断すると言う意味では，dynamic MRIに先んじてSPIOを選択するケースは少ない。とくに小さい肝細胞癌の検出能はGd-dynamic MRIの方がSPIOより優れるという報告が多い[9,10]。肝硬変では網内系機能の低下によりSPIOの造影効果も低下する[11]。これに対し網内系機能に左右されない細胞外液性造影剤は肝硬変の有無に関わらずほぼ一定した造影効果が得られ，また腫瘍血流情報が得られる点で有利である。しかし肝硬変ではdynamic studyにてAP-shuntによる偽病変が頻発するので，SPIOはその否定に有効である[12]（図5）。またSPIOはTAEやラジオ波治療後の肝細胞癌の局所再発の有無を含め，存在診断の確信度の向上に有用である場合も多い。筆者は日常MRI検査業務の中での肝細胞癌患者の検査にあたって，3ヶ月以内にCTないしMRIでのdynamic studyがされてい

磁性ビーズのバイオ・環境技術への応用展開

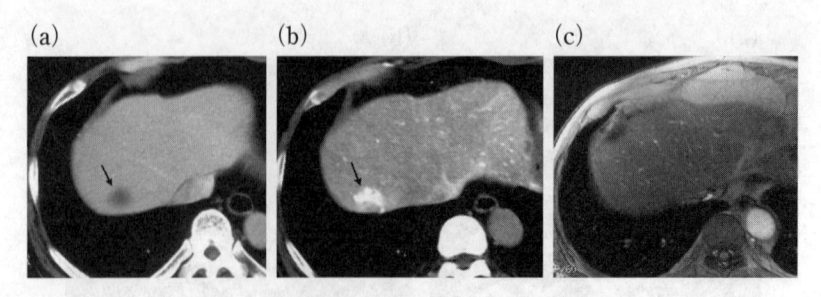

図5 61 y/o male, liver cirrhosis
(a) CT during arterial portography. A perfusion defect is seen in S7 (arrow).
(b) CT during hepatic arteriography. A semicircular early enhancement is noted (arrow).
(c) SPIO-enhanced Fast SPGR (130/8.9/60°). No lesion showing decreased phagocytic activity is seen.

ればSPIO，されていなければGd併用dynamic studyを原則として施行している。また肝細胞癌診断のgold standardとされるAngio-CT（CTAPおよびCTHA：CT during Hepatic Arteriography）はsensitivityが高いが偽陽性も多く，specificity，Positive Predictive Value（PPV）が低い。偽陽性が少なくspecificityの高いSPIO併用MRIは病変の有無の確認に有用である（図5）。肝細胞癌の診断におけるSPIO併用MRIとAngio-CTの比較では，SPIOは同等のsensitivityと，より高いspecificityを示している[13, 14]。

　SPIOは多血性でない肝細胞癌の検出や，腺腫様過形成（AH）・限局性結節性過形成（FNH）など網内系を保持している肝腫瘍の質的診断に有用である（図6）。筆者らはlong TEのFSPGR法をはじめとしたgradient echo法は，SPIOの存在様式を鋭敏に反映することを示した[15]。SPIOのT2短縮効果を得るには，SPIOが密に存在して水分子が接近できることが重要であるが[16]，T2*

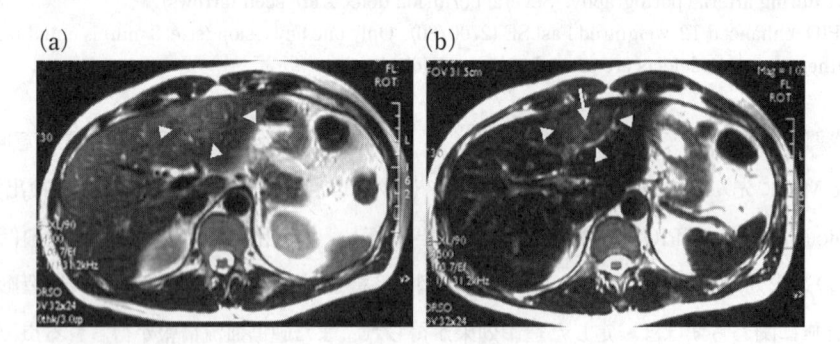

図6 44 y/o male, focal nodular hyperplasia
(a) precontrast T2-weighted Fast SE (4500/103). A slightly hyperintense mass is noted in the lateral segment (arrowheads).
(b) post SPIO administration. The mass becomes slightly low intensity as compared with the precontrast image, suggesting sustained phagocytic activity. A central scar is also demonstrated more clearly (arrow).

第2章　医療への応用技術

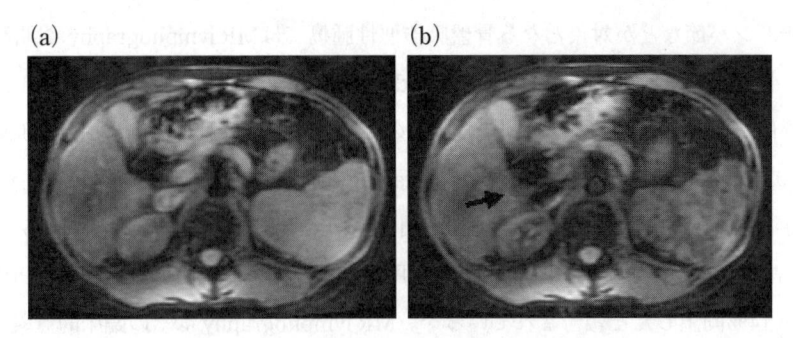

図7　58 y/o male, hepatocellular carcinoma
(a) Echo planar imaging (∞/12/45°) before contrast enhancement. No mass is detected.
(b) SPIO-enhanced EPI; perfusion phase. A low intensity mass is noted in S8(arrow).

短縮効果を得るにはSPIOのcluster化が重要である[15]。肝硬変ではT2強調Fast SEでの肝の黒化が十分でも，long TE FSPGRなどT2*強調像で不十分となることがある。この場合Kupffer細胞の数は正常と変化ないが，SPIOのKupffer細胞内でのcluster化が正常より弱いと推定される。ちなみにT2*強調像はKupffer細胞機能の低下を鋭敏に反映するので，肝硬変でも信号低下の程度はT2強調像よりT2*強調像で顕著である[17]。同様に，T2・T2*強調像の造影パターンを見ることで腺腫様過形成と高分化肝細胞癌の鑑別に役立つ可能性がある[18]。

Resovistは急速静注が可能で，T1強調GREのdynamic撮像にて肝臓・脈管の信号増強が得られる[1, 19]。しかし肝細胞癌などの多血性腫瘍がResovistの急速静注により「腫瘍濃染」として描出されるかについては否定的である。Gd製剤のdynamic撮像で観察される腫瘍濃染は，腫瘍血管床内の血液信号上昇のみならず造影剤分子が透過性の亢進した腫瘍血管から間質に漏出して常磁性を発揮することで認められる一方，SPIOは血管外に漏出しないためと推定される。しかしEcho Planar Imaging (EPI)など磁化率効果に鋭敏なパルス系列を用いたSPIO-perfusion imagingにより，多血性腫瘍を低信号として描出して腫瘍の血流情報を得る可能性が示されている[20]（図7）。

2.2.2　リンパ節造影剤としての応用

とくに粒子径が小さいSPIOをUSPIO (Ultrasmall SPIO)と呼称する。経静脈性に投与されたSPIOは粒子径を小さくすると肝網内系による貪食が減少して血中滞留時間が延長する結果，リンパ節にもよく取り込まれるようになるためMR lymphographyへの応用が可能となる。腫瘍性リンパ節には取り込まれず，炎症性リンパ節腫大には取り込まれることから，腫大リンパ節のcharacterizationに期待される[21]。すでに海外では頭頸部悪性腫瘍の頸部リンパ節転移の診断，骨盤部悪性腫瘍のリンパ節転移の診断にAMI-227の臨床試験が施行されている[22, 23]。頭頸部など高次機能の集中している領域では，不要なリンパ節廓清が回避できる可能性がある[22]。また傍大

動脈や腸骨リンパ節などが対象となる骨盤臓器悪性腫瘍ではMR lymphographyは廓清の指針を与える[23]。骨盤領域ではphased array coilやendorectal coilの使用で，ある程度高精細画像でのリンパ節評価が期待できる。また米国では肺癌の縦隔リンパ節転移の診断にCombidexを応用しsensitivity 92%，specificity 80%を得ており，stagingに付加的情報をもたらす可能性が示されている[24]。偽陽性は炎症によるもの，偽陰性は微小転移が検出されなかったことによる。米国での152例の癌患者のリンパ節転移診断にUSPIOを用いた第3相多施設臨床試験でも，PPVが20%，accuracyが14%向上したと報告されている[25]。MR lymphographyはその臨床的意義を踏まえ，適応と限界を対象部位別に把握すべきと思われる[26]。

最近，SPIO（Feridex）を乳癌のセンチネルリンパ節の診断に応用する試みがされている[27]。センチネルリンパ節理論とは癌が最初に転移するリンパ節で，ここに転移がなければ他のリンパ節にも転移はないとみなし廓清を省略できるとする考え方である。現在スズコロイドなどを用いたRI法が乳癌や消化器癌に対して行なわれているが[28,29]，乳癌内にSPIOを局注すると，SPIOはリンパ流に乗って腋窩のセンチネルリンパ節に到達する。SPIOが流入したリンパ節を磁力センサーないしMRIで同定することでnavigation surgeryが可能である。

2.2.3 血液プール造影剤としての応用

USPIO（Code-7227）は血液プール造影剤として腎動脈，冠状動脈のMRAへの応用も期待される[30]。最近は別のUSPIO（CLARISCAN：NC100150）の第2相臨床治験で，下肢深部静脈血栓症による肺塞栓症に対し下肢静脈から肺動脈MRAの連続的に撮像にUSPIOを応用したという報告がされている[31]。最近の報告ではClariscan使用MR venographyはX線を用いたvenographyを置き換えうるとしている[32]。またClariscanにより毛細管透過性を評価することで，乳腺腫瘍の組織異型度の推定に役立つと報告されている[33]。

2.2.4 動脈壁Plaque imagingへの応用

動脈硬化性plaqueは，器質化して潰瘍や剥離を作りにくい安定plaque（stable plaque）と，柔らかく血栓形成や剥離を来たしcardiovascular eventsを引き起こしやすい不安定plaque（vulnerable plaque）に大きく分類できる。plaque量（負荷burden），組成（lipidicかfibrousか），炎症の程度を定量化できれば，vulnerable plaqueを同定し，plaqueへの治療効果のモニタリングに応用可能である。vulnerable plaqueはマクロファージを含むので，USPIOを静注するとplaqueの信号低下が起こることを利用して，plaqueの性質を鑑別する試みがされている[34,35]。

2.2.5 molecular imaging

molecular imaging（分子映像法）とは細胞・分子レベルでの生物学的過程を *in vivo* で画像化する方法である。さらに画像化から一歩進んで，疾患の基礎概念を分子レベルの変化として捉えたり，遺伝子治療のvectorや，遺伝子の画像化への応用が期待されている。画像化の方法とし

第2章 医療への応用技術

ては核医学, MRI, optical imaging（蛍光画像法など）が試みられている。核医学は古くから試みられており, 細胞核内酵素や細胞表面receptorを標的とする方法が知られている。しかし核医学は鋭敏であるが空間分解能に劣る点が問題であった。MRIの利点は, 高い空間分解能と画像のパラメータの多様性にある。一方, 標的への特異度が画像コントラストをもたらすには不十分であるため, 強力な造影剤による増幅が必要である。造影剤による標識法には常磁性体と超常磁性体を用いた方法があるが, 分子あたりの造影効果を考慮すると*in vivo*では超常磁性体の方が若干有利と思われる。例えば, 腫瘍に発現するtransferrin受容体をtransferrinと結合させたMonocrystalline Iron Oxide Nanoparticle（MION）を担体として, MR画像化することが実験的に示されている[36]。また, HIV-1のペプチドであるtatを用いてCross-linked Iron Oxide（CLIO）を結合させたTリンパ球を静注して, 脾臓への集積を画像化する方法も報告されている[37]。

2.2.6 再生医療への応用

種々の組織に分化するpotentialを持つ幹細胞を, 既存のFeridex・Resovistないし新たに開発したSPIOでラベルして, 生体内での幹細胞の動態を追跡する方法が数多く研究されている。再生医療のモニタリングに用いるcell trackingとして期待されている。

SPIOでラベルした細胞を局所注入後の信号低下を経時的に観察する方法が神経系[38], 心筋[39]で報告されている。ちなみに細胞1個をどの程度の鉄量でラベルすれば信号の低下としてMRI上で検出可能か, を検討した研究がされている。撮像条件により決定するSNRとの関係で要求される鉄量は変化するが, SPIOの磁化率効果に鋭敏な撮像法を使用した場合, 1細胞あたりfmol（femtomole: 10-15 mole）のオーダーの鉄が必要である[40]。

2.3 今後の展望

SPIOのKupffer imagingとしての肝臓画像診断における臨床的有用性はほぼ確立した。さらにリンパ節転移の診断, 動脈壁plaque imaging, molecular imagingなど多岐にわたる分野での応用が期待され, 今後の動向が注目される。

文　献

1) Reimer P *et al.*, *Radiology*, **209**, 831-836 (1998)
2) Kim SH *et al.*, *Korean J Radiol*, **3**, 87-97 (2002)
3) Poeckler-Schoeniger C *et al.*, *Magn Reson Imaging*, **17**, 383-392 (1999)

4) Kim JH et al., *JMRI*, **15**, 573-583 (2002)
5) Ward J et al., *Radiology*, **210**, 459-466 (1999)
6) Seneterre E et al., *Radiology*, **200**, 785-792 (1996)
7) Strotzer M et al., *Acta Radiol*, **38**, 986-992 (1997)
8) Oi H et al., *AJR*, **166**, 369-374 (1996)
9) Tang Y et al., *AJR*, **172**, 1547-1554 (1999)
10) Pauleit D et al., *Radiology*, **222**, 73-80 (2002)
11) Elizondo G et al., *Radiology*, **174**, 797-801 (1990)
12) Beets-Tan RG, Van Engelshoven JM, Greve JW, *Clin Imaging*, **22**, 211-215 (1998)
13) Choi D et al., *AJR*, **176**, 475-482 (2001)
14) Tanimoto A et al., *J Gastroenterol*, **40**, 371-380 (2005)
15) Tanimoto A et al., *J Magn Reson Imaging*, **14**, 72-77 (2001)
16) Tanimoto A et al., *J Magn Reson Imaging*, **4**, 653-657 (1994)
17) Tanimoto A et al., *Radiology* **222**, 661-666 (2002)
18) Tanimoto A et al., *Eur J Radiol*, in press (2006)
19) Reimer P et al., *JMRI*, **10**, 65-71 (1999)
20) Ichikawa T et al., *AJR* **173**, 207-213 (1999)
21) Vassallo P et al., *Radiology*, **193**, 501-506 (1994)
22) Anzai Y, Blackwell KE, HirshowitzSL et al., *Radiology*, **192**, 709-715 (1994)
23) Bellin MF, Roy C, Kinkel K et al., *Radiology*, **207**, 799-808 (1998)
24) Nguyen BC, Stanford W, Thompson BH et al., *JMRI*, **10**, 468-473 (1999)
25) Anzai Y, Piccoli CW, Outwater EK et al., *Radiology*, **228**, 777-788 (2003)
26) Bellin MF, Lebleu L, Meric JB, *Abdom Imaging*, **28**, 155-163 (2003)
27) 石山公一ら, 日医放会誌, **62**, 744-746 (2002)
28) Kitagawa Y et al., *Surg Oncol Clin N Am*, **11**, 293-304 (2002)
29) Jinno H et al., *Biomed Pharmacother*, **56** (1), 213s-216s (2002)
30) Stillman AE et al., *J Comput Assist Tomogr*, **20**, 51-55 (1996)
31) Sandstede JJW et al., *JMRI*, **12**, 497-500 (2000)
32) Larsson EM, et al., *AJR*, **180**, 227-232 (2003)
33) Rydland J et al., *Acta Radiol*, **44**, 275-283 (2003)
34) Azadpour M et al., *ISMRM*, **1581** (2002)
35) Kooi ME et al., *Circulation*. **107**, 2453-2458 (2003)
36) Moore A et al., *Radiology*, **221**, 244-250 (2001)
37) Dodd CH et al., *J Immunol Methods*, **256**, 89-105 (2001)
38) Dunning MD, Lakatos A, Loizou L et al., *J Neurosci*, **24**, 9799-9810 (2004)
39) Kraitchman DL et al., *Circulation*, **107**, 2290-2293 (2003)
40) Heyn C, Bowen CV, Rutt BK, Foster PJ. *Magn Reson Med*, **53**, 312-320 (2005)

3 薬剤の磁気輸送(DDS)技術

西嶋茂宏*

3.1 はじめに

最近,磁気的に体内での薬物の動きを制御し,目的部位のみに必要な量の薬物を送り込むドラッグデリバリシステムが考えられるようになってきた[1~3]。これは薬剤に強磁性(ナノ)粒子を付着させ,その強磁性粒子に磁界を印加することにより磁気力を発生させ,その磁気力により薬剤の誘導を行うものである。薬剤は静脈注射で体内に導入し,体外に磁石を配置し誘導する。ここでは,この提案システムの実現を目指した検討を行っており,その可能性について報告する。

3.2 DDSシステム

磁気輸送DDS(以下,MTDDS)は強磁性粒子に薬剤付着させ[4,5],磁気力により制御するシステムであるが,次のような形態がありえる。
① 薬剤の拡散を磁気力により防ぐシステム
② 血管のある部位で薬剤を捕捉・集積するシステム
③ 任意方向に誘導し,目的患部まで薬剤を送達するシステムである。

ここでは,③のシステムを実現するための検討結果について述べる。

3.2.1 薬物誘導システムの概念

図1にシステムの概念図を示した。当面,実現可能な装置として,次のようなシステムを考えている。つまり血管内に上述薬剤を血流に乗せ流し,血管分岐近傍に磁石を配置し望む方向に薬剤を分岐させる。この分岐を多数回(4〜5回)繰り返すことにより,患部近傍まで薬剤を

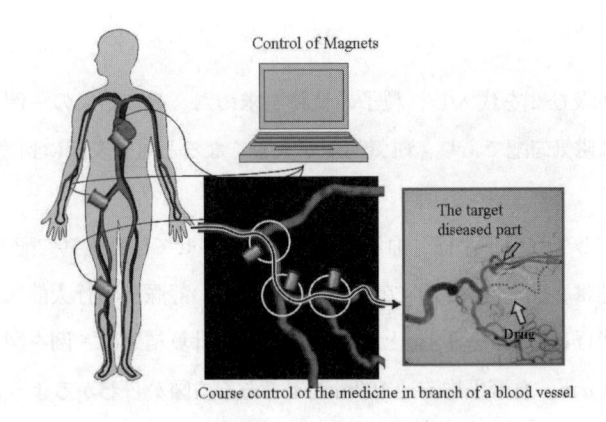

図1 磁気輸送DDSのシステム概念図

---

* Shigehiro Nishijima 大阪大学 工学部 環境エネルギー工学専攻 教授

誘導するシステムである。また，目的患部においては，磁気力で薬剤を留め集積を行うものである。

3.2.2 磁動システムの設計

さて，上記のシステムの実現には，どの程度の磁石を用意したらよいのであろうか？ この実現性はあるのであろうか？ これに答えるべく磁場輸送のための概略計算を実施した。

図2の挿入図に計算体系を示した。内径$2Rf$（$R_f = 1$ mm）の血管の長手方向と垂直に均一勾配の磁場が印加されていると仮定する。血液の流れに乗って強磁性粒子が流れている。磁気力によって粒子軌跡は変化するが，血管中央に配置された強磁性粒子が血管表面に到達するまでに動く軌跡を求めた[6,7]。

ここでは，強磁性粒子が付着した薬剤（以下，粒子）を一つの粒子と仮定している。粒子半径b，粒子と流体の磁化率χ_p，χ_f，磁場強度H，磁場勾配∇H，真空の透磁率μ_0とすると，粒子が受ける磁気力は磁場勾配と磁化で決まり，次のように表される。

$$F_M = -\Delta U = \frac{4}{3}\pi b^3 \mu_0 (\chi_p - \chi_f) H \nabla H \cong \frac{4}{3}\pi b^3 M_S \nabla H \tag{1}$$

ただし，ここでは強磁性粒子を使用しているので，磁化の大きさは流体のそれよりかなり大きく，飽和しているものとして，M_sとしている。また，血液から粒子が受けるドラッグ力（流体からの力）は次のように表される。

$$F_D = 6\pi \eta b (\nu_f - \nu_p) \tag{2}$$

これから，粒子の運動方程式は次式となる。

$$F = ma = F_M + F_D \tag{3}$$

この運動方程式に(1)及び(2)を代入し，粒子の軌跡を求めた。その結果の一例は図2に示してある。パラメーターは磁気勾配であり，磁気勾配が大きくなると血管表面に到達するまでの距離L_αは小さくなっていく。

また，このようにして，粒子半径，血液の流速を変化させてL_αと磁気勾配の関係を計算した。計算した血液の流速は，50～300mm/sである。これは太い静脈，下行大静脈の流速に相当している。また，粒子半径は15nm～1μmとして計算した。計算結果の一例を図3に示した。この場合は，粒子半径1μm，血液平均流速100mm/sである。図からわかるように，L_αは磁気勾配とともに小さくなっていく。磁気勾配がある程度以上大きくなると，L_αがあまり変化しなくなるが，これはすぐ血管壁に粒子が到達するようになることを意味している。磁気勾配が小さくなると，L_αは大きくなっていく。L_αが発散しているのは，粒子が血管壁に到達しないことを意味して

第 2 章　医療への応用技術

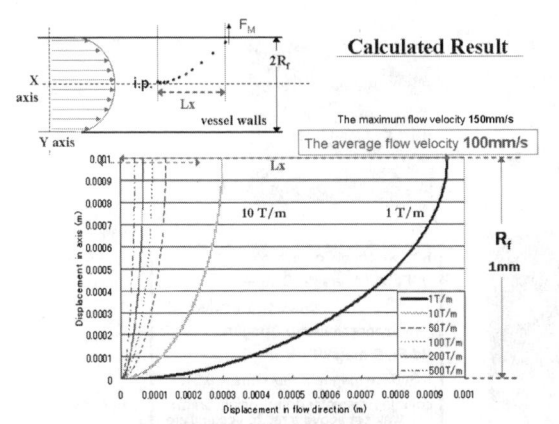

図 2　均一磁場勾配条件下における直径 2 mm（半径 R_f），最大流速 150 mm の血管内での強磁性粒子の軌道
縦軸は，血管の中心に強磁性粒子を配置し，$x=0$ とし，管壁を $x=1$ mm とした。横軸は管壁に強磁性粒子が止まるまでに血流に流された距離 L_x とした。

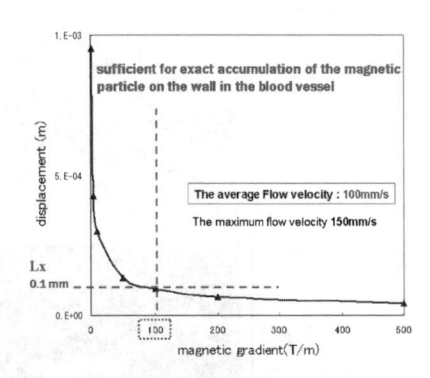

図 3　直径 2 mm，最大流速 150 mm の血管内で強磁性粒子を制御するのに必要な磁場勾配
縦軸，磁場勾配。横軸は管壁に強磁性粒子が止まるまでに血流に流された距離。

いる。この計算結果より，L_x を 1 mm 以下にするためには数十 T/m の磁気勾配が必要であることが理解できる。また，流速，粒子半径を変化させた計算結果からも，同様の結論が導かれた。このため，基本的にはDDSのためには数十T/mの磁気勾配と，強磁性粒子を飽和させるだけの磁場が必要であることが理解できる。特に直径30nmの粒子でも（拡散を考慮していない計算ではあるが）制御可能であることが明らかになった[8]。

3.2.3　磁性微粒子誘導試験

(1) in vitro 試験

さて，この計算結果を確かめるために血管を模擬したY字に分岐した流路を用いて，表面磁束密度0.35Tのネオジウム磁石を用いて実験を行った。角部の磁気勾配は約70T/mと見積もられた。粒子としては，直径2μmおよび30nmのマグヘマイトを使用した。図4に実験体系の模式図を示す。血液を模擬した蒸留水にマグヘマイトを懸濁させ，流速100mm/sで輸送した。実験の実際の流れを顕微鏡観察すると，磁石のある方向にマグヘマイト粒子が誘導され，磁石の角部直近のガラス管内壁に堆積した。磁石を離すと流れに乗り下流に流れ，分岐を磁石で制御できることが明らかになった。また，30nmのマグヘマイトの場合も同様に制御できることが明らかになった。この場合は拡散力が働くため，雲状の粒子群の制御となった。この実験で，本システム

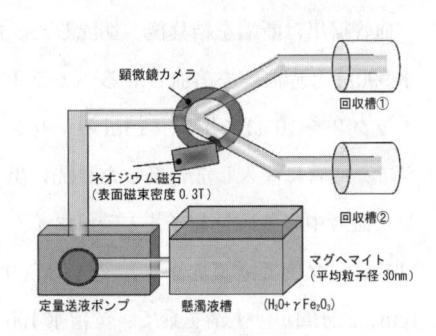

図 4　分岐した血管を模擬した体系での，磁気牽引力による強磁性粒子の進行方向制御実験

磁性ビーズのバイオ・環境技術への応用展開

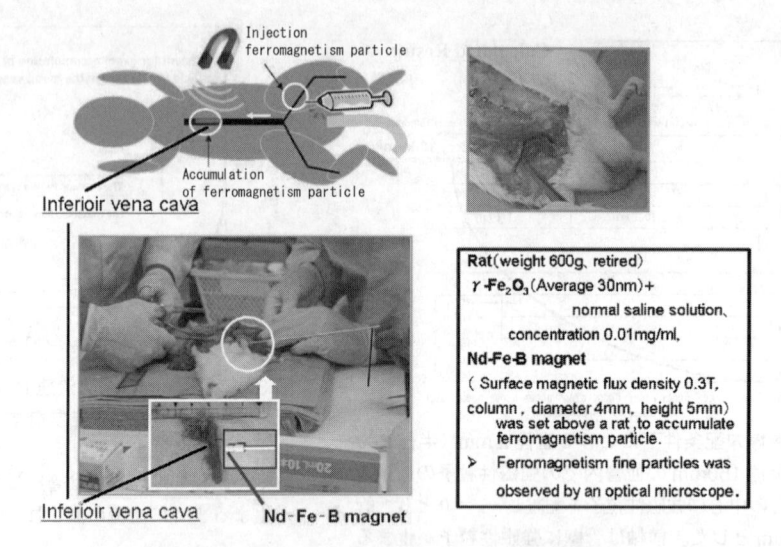

図5 生体血管内での強磁性粒子の集積確認実験

の基本的な考え方について，十分成立するシステムであることが明らかになった[8]。

(2) in vivo 試験

次にこのシステムが生体の中で実際に成立するかどうかを確認する実験を実施した。ネオジウム磁石を用いラット体内の血管に対し磁石を直近に設置し，強磁性粒子が集積できるか実験的に確認を行った。図5にラット実験の概略と実験風景の写真を示した。ラットを開腹し，0.01mg/mlの濃度の強磁性粒子懸濁液を静脈から注入し，注入後，心臓付近の下大静脈部に磁石を30秒間設置した。強磁性粒子には平均粒子径30nmのγ-Fe_2O_3を用い，磁石の表面磁束密度は0.3T（外寸直径4mm，高さ5mmの円柱型）であった。その後，血流を止め，血管の磁石直近部を中心に30mm血管を切り取った。その切り取った血管内の血液に含まれる強磁性粒子の量について，磁石を設置した場合と磁石を設置しなかった場合について比較検討した。

血管摘出は断端を結紮後，切除した。血液中の強磁性粒子を洗い出すため，洗浄液として蒸留水990μlと赤血球を溶血させるヘモライナック2を10μlを用い，1mlのシリンジで，血管に注入し洗い出した。洗い出した血液中の強磁性粒子を1.5mlマイクロチューブ内で灌流洗浄し，遠心3,500rpm，2分間かけ上清を棄て，蒸留水100ml添加し調整後，ボルテックスし再浮遊させた。それを血球計算盤にて顕微鏡写

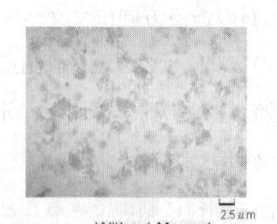

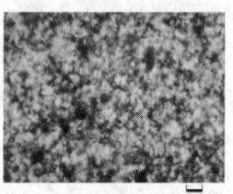

図6 血管内での強磁性の集積を確認した顕微鏡写真

第2章 医療への応用技術

真撮影により観察した。その様子を図6に示す。図中の褐色に見えるものが強磁性微粒子である。磁石を用いなかった写真中の薄い透明の影に見える物質は白血球である。その結果，伏上静脈から注入した強磁性粒子が目的とした血管部で磁場により集積できることが確認できた（図5）。

3.2.4 超伝導磁石の導入

生体内においてもDDSの基本的概念は成立することが明確になった。次に，体内深層部に位置するような臓器に存在する患部を想定したとき，患部まで強磁性粒子を付着した薬剤を誘導するためには，磁石の表面から20～50mm離れた位置で，数十T/mの磁場勾配が必要になってくる。このような磁場を発生できる磁石があるだろうか？

この要求を満足する磁石として，ここでは超伝導磁石を考えた[10]。例えば，外径200mm，高さ40mmで，表面磁束密度2Tを発生する磁石を考える。磁石表面から鉛直方向25mm，水平方向に50mmの位置で40T/mの磁場勾配を出力できる（図7）。この結果より実際にシステムとして成立させるためには超伝導磁石が必要であることが明らかになった。

実際に超伝導磁石を用いて，体内深層部に位置するような臓器に存在する分岐した血管を想定したモデル実験を行った。表面磁束密度4.9T，外寸は直径45mm，高さ15mmである。強磁粒子は直径2μmのMn-Zn系のフェライトを用いた。磁石の表面からモデル血管まで50mmはなした位置で磁性粒子の集積と誘導を試みた。図8に実験システムの概念図を示す。図9に実験の様子を示す。磁石表面より50mmはなれた位

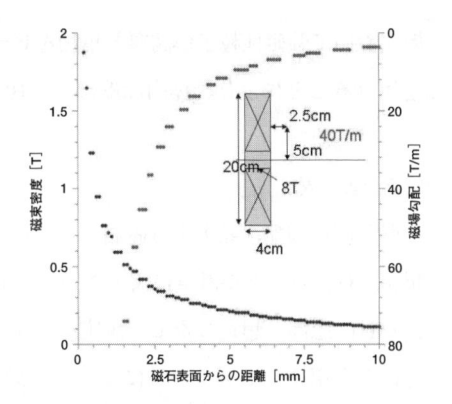

図7 薬剤を制御するために必要な磁石の概念

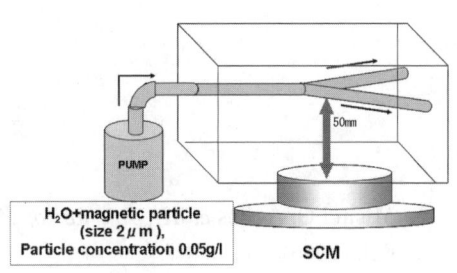

図8 超伝導磁石を使用した実験システムの概念図

超伝導磁石表面から50mmの位置に流入時の流速が20cm/sの血管を模擬した分岐ガラス管を磁石と水平に設置し，分岐部で任意の方向に強磁性粒子を誘導し，任意部で集積を行った。

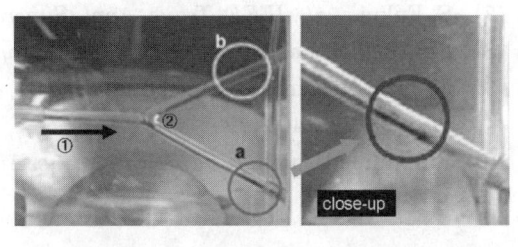

図9 磁気制御による模擬血管内での強磁性粒子の集積写真

強磁性粒子が①方向から流入し，②の分岐部で磁気力によりa方向に誘導された。右図は誘導された強磁性粒子が集積された拡大写真。

置において強磁性粒子の誘導と集積をビデオカメラ撮影にて確認した。この結果は，超伝導磁石を用いることにより，体内深層部にて磁性粒子の制御ができることを示している。

3.3 まとめ

強い磁場勾配を発生する磁石を用いることで，直径2μm以下の強磁性粒子を血管内を誘導し，集積を行えることが計算によって予測された。その予測に基づき，ネオジウム磁石を用いた体表面を目的患部と想定したモデル実験，また体内深層部50mmに位置する目的患部を想定した超伝導磁石を用いたモデル実験によって，計算の妥当性が確認された。

今回の一連の実験で，磁気誘導DDSの実現性が確認されたと言える。今後は実際のシステムを想定し，磁石システムの最適化を図っていく必要がある。

文　　献

1) Misael O. Avilés *et al.*, *Journal of Magnetism and Magnetic Materials*, **293**, (1), 605–615 (2005)
2) F. Scherer *et al.*, *Gene Ther.*, **9**, 102–109 (2002)
3) S. Huth *et al.*, *J. Gene Med.*, **6**, 923–936 (2004)
4) S. Takeda *et al.*, Proceeding of the 4th Meeting of Symposium on New Magneto-Science, p.388 (2000)
5) S. Takeda *et al.*, *Journal of the Chemical Society of Japan, Chemistry and Industrial Chemistry*, **9**, 661–663 (2000)
6) S. Fukui *et al.*, *IEEE Trans. Appl. Supercond.*, **14**, (2), 1568–1571 (2004)
7) S. Fukui *et al.*, *IEEE Trans. Appl. Supercond.*, **14**, (2), 1572–1575 (2004)
8) Shin-ichi Takeda *et al.*, *IEEE Trans. Appl. Supercond.*, (2006) 掲載予定
9) Michael D. Kaminski, Axel J. Rosengart, *Journal of Magnetism and Magnetic Materials*, **293**, 398–403 (2005)
10) Fumihito Mishima *et al.*, *IEEE Trans. Appl. Supercond.*, (2006) 掲載予定

4 熱応答性磁性ナノ粒子の応用技術

大西徳幸[*1], 近藤昭彦[*2]

4.1 微粒子

4.1.1 微粒子のバイオ領域での応用

　微粒子のバイオ領域への応用を目指した研究開発が新展開をみせている。なかでも粒子径がナノサイズのナノ粒子は，バイオ分離や各種アッセイ，診断やドラッグデリバリー(DDS)等の幅広い領域での利用が期待されている。特に近年，ナノテクノロジーの医療やバイオテクノロジーへの応用によるバイオ・ナノテクノロジーの展開への期待が高まるなか，研究開発が活発化している。微粒子をナノサイズにすると，相互作用に利用できる表面積を大きくできるため，分離のための吸着量を大きくでき，分析の感度が著しく向上する。一方，ナノ粒子材料に薬剤を包み込みDDSに応用した場合，通常の薬剤では簡単に到達できない患部に薬剤を送り込むことも可能になると期待される。

　ポリスチレン系を代表とする高分子ラテックスの様なミクロンからサブミクロンの微粒子は，従来から各種の医療診断で利用されてきている[1]。代表的な例は，サブミクロンサイズのラテックス粒子に抗原(あるいは抗体)を固定化して調製されるイムノラテックスを用いての凝集テスト，あるいは濁度変化測定による抗体(あるいは抗原)の検出や定量である。また，粒子径が数ミクロンの磁性微粒子は，遺伝子工学分野や細胞の分離やタイピングに利用されてきている。この様な，各種微粒子材料の表面に機能性タンパク質を固定化することで，微粒子材料は，主に分析や診断の領域で実用化され，幅広く利用されてきている。

4.1.2 ナノ粒子の新しい展開

　近年ナノ粒子をうまく活用した例が報告されているので，いくつか紹介する。金のナノ粒子表面(10～15nm程度)に短いDNA鎖(オリゴヌクレオチド)を結合したものを用いると，相補的に結合するDNA鎖が存在した場合，金粒子の凝集により溶液の色調が変化する[2]。したがって，目視で目的DNA鎖の存在を分析することができる。また，100nm程度の粒子径を持つナノ粒子を，特定の化学物質の結合により膨潤・収縮するゲルネットワークに包含させて，散乱のブラッグピークの変化により検出を行うセンサーに利用することも報告されている[3]。さらに粒子径を10nm以下とした半導体ナノ粒子(量子ドットと呼ばれる)はサイズによって発する蛍光の色が変化するため，蛍光標識剤としてバイオ領域で幅広い応用が期待されている[4]。様々な蛍光色を発する量子ドットをラテックス粒子につめることで，カラーバーコードのついた粒子として

---

* 1　Noriyuki Ohnishi　マグナビート㈱　代表取締役社長
* 2　Akihiko Kondo　神戸大学　工学部　教授

利用されている。この場合，多項目の同時診断を行うシステムの開発が可能となる。バイオ分離においては，薬剤を固定化した粒子径100nm程度のナノ粒子が，レセプター等の生体分子のアフィニティー分離に極めて有効であることが報告されている[5]。この様にナノ粒子は，ナノサイズだからできる（あるいは有効な）バイオテクノロジー領域に活用されはじめている。

　一方，DDS分野では，早くからナノ粒子への期待が強い[6]。薬剤や遺伝子の運搬体（キャリアー）としてナノ粒子が極めて有望である。生体内に微粒子を注入した場合，通常は主に肝臓のマクロファージによる取り込みという生体防御機構によって排除されてしまう。このマクロファージによる取り込みを回避して，ターゲット臓器に微粒子医薬を送り込むには，粒子をナノサイズにして，その表面をポリエチレングリコール等の各種親水性高分子で被覆あるいはグラフトすることが有効であると言われている。また，100nm以下の微粒子は脾臓への蓄積もなく，血管壁を透過して目的の組織の細胞に到達しやすく，細胞への取り込みも行われやすい。さらに，微粒子の表面に標的臓器の細胞に特異的に結合するリガンドを固定化できれば，特異性の高い薬剤や遺伝子の導入が可能となる。この様に，サイズをナノレベルにし，表面特性をコントロールして標的組織特異的なリガンドを固定化した微粒子に薬剤を包み込むことで，生体防御機構をくぐりぬけて，通常の薬剤では到達できない患部に特異的に薬剤や遺伝子を送り込むことができると期待されている。

4.1.3　磁性ナノ粒子への期待

　ナノ粒子の中でも，特に磁性ナノ粒子のバイオ領域での応用面は極めて広範囲にわたり，大きな期待が寄せられている。磁気分離はバイオ領域において比較的長い歴史を持つが，従来用いられてきた磁性微粒子は，磁石への応答性をよくするため比較的粒子径の大きなもの（数μm程度）であった[7]。粒子径が大きいため水に対する分散性が悪く，分離目的には利用しにくく，分析感度も十分なものとは言えなかった。したがって水に対して分散性が良く，分析感度が高い磁性ナノ粒子の開発が切望されていた。

4.2　熱応答性磁性ナノ粒子の開発

4.2.1　刺激応答性材料－磁性材料－バイオ分子の融合

　ナノ粒子材料を合成する上で，微粒子に外部刺激（温度，光，電場，pH等）応答性を付与できれば，粒子径を小さくして，かつ磁気応答性をよくする事ができるため，極めて有用な材料となる。例えば，図1には磁性ナノ粒子材料を熱応答性高分子で被覆した熱応答性磁性ナノ粒子を示すが，温度変化によって，高分子が脱水和する，あるいはポリマー間の相互作用が変化することにより，凝集・分散状態が刺激によって変化する。したがって，磁性ナノ粒子を温度変化で凝集させることにより，磁石によって迅速に集めることが可能となる。すなわちナノサイズの磁性

第 2 章　医療への応用技術

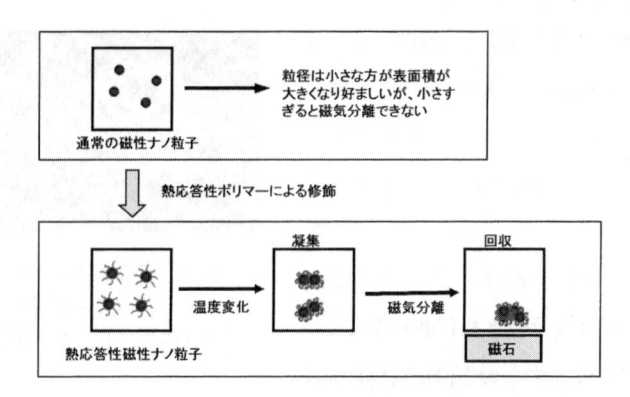

図1　熱応答性磁性ナノ粒子

粒子でありながら，極めて迅速な磁気分離が可能な革新的な材料となる[8, 9]。

4.2.2　刺激応答性高分子とは

近年，外部刺激に応答して機能や物理的性質が変化する刺激応答性高分子は，感知，判断，運動，認識といった高度機能を兼ね備えたインテリジェント材料として数多く研究されている。また材料自身がソフトで，かつ柔軟な動きを示すため，生体機能模倣材料としても期待されている。その中でも僅かな温度変化で物理的性質が変化する熱応答性高分子は温度変化という汎用的な刺激で応答するため，アクチュエーター，分離剤，DDS製剤等，多くの研究がなされ，その一部は実用化されている。熱応答性高分子とは水溶液中で温度変化によりその高分子の溶解性が不連続かつ可逆的に変化する高分子を言う。その高分子を架橋剤等によりゲルにした場合は，その体積もまた不連続かつ可逆的に変化することになる。ここでは，熱応答性高分子に焦点を絞って以下に紹介する。

4.2.3　下限臨界溶液温度（LCST）を持つ熱応答性高分子

熱応答性高分子として代表的な高分子であるポリ-N-イソプロピルアクリルアミド[10]は，N-イソプロピルアクリルアミド（NIPAM）のラジカル重合により容易に得られ，水溶液中で32℃に下限臨界溶液温度（LCST）を持つ（分子量に依存しない）。すなわち水溶液の温度が32℃以上で高分子は水に対して不溶化し，32℃以下では溶解する（図2）。

また，NIPAMは他の機能性モノマーと共重合することも容易である。これ

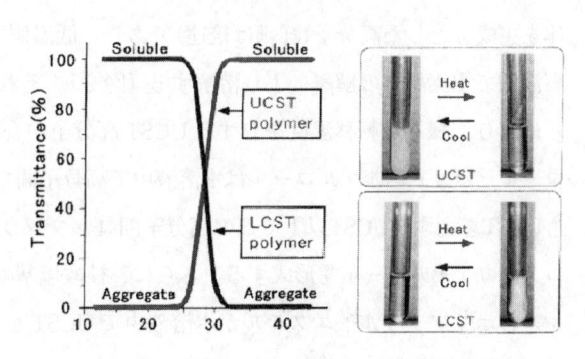

図2　LCSTおよびUCST高分子の熱応答性

らのポリマーは，温度変化による応答の他，光，電場，pH，有機溶媒等を認識する部位を共重合等により固定化する事により，それぞれの刺激に対しても応答する。例えば，NIPAMをアクリル酸やビニルピリジン誘導体といったイオニックなモノマーと共重合反応させた高分子は，熱応答に加えてpH変化によりその高分子の水和状態が変化し，LCSTが大きく変化する。すなわちpH応答性も示す。一方，色素（銅クロロフィリン三ナトリウム塩）とNIPAMとの共重合ゲルは，可視光により相転移を起こして可逆的に膨潤-収縮を繰り返す[11]。

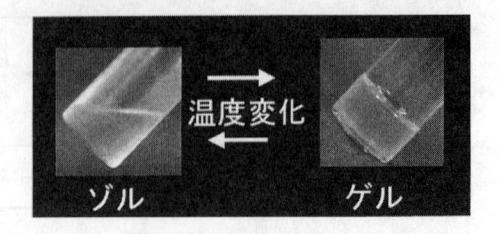

図3　熱応答性高分子のゾルゲル転移
ポリビニルエーテルと親水性あるいは疎水性セグメントとのブロック共重合高分子

さらに興味深い熱応答性高分子として青島らは，ポリアルキルビニルエーテル（水溶液中でLCSTを示す）と親水性あるいは疎水性セグメントを有するブロック共重合体を用いて，水溶液中で様々なゾルゲル転移を示す熱応答性高分子を開発している（図3）[12]。

4.2.4　上限臨界溶液温度（UCST）を持つ熱応答性高分子

報告例が少ないが，ポリアクリルアミドとポリアクリル酸の高分子間コンプレックス[13]や両性イオン高分子[14]は水溶液中で上限臨界溶液温度（UCST）を示すことが知られている。上述したLCSTを示す高分子とはまったく逆に，水溶液の温度がUCST以上で高分子は水に対して溶解し，以下では不溶化する。しかし，これらの高分子材料ではUCSTを発現させる因子に高分子電解質を用いているため，バッファー中など生体条件下ではUCSTを示さない。

バッファー中でUCSTを示す高分子は特定蛋白質を認識する抗体等のリガンドを固定化することにより，タンパク質等，熱に対して不安定な化合物を分離する際，低温下で不溶化して分離精製を行う事が可能なため待望視されていた材料であった。最近，バッファー中でもUCSTを有する熱応答性高分子が開発された[15]。これはノニオニックなアクリルアミド（あるいはN-アクリロイルグリシンアミド）とN-アセチルアクリルアミド（あるいはビオチン誘導体）との共重合体を主成分とした高分子(詳細は後述)であり，低温側で高分子鎖間の水素結合により不溶化し，高温側で水素結合の解離により溶解する（図2）。それぞれのモノマーの共重合比率を変えることにより，様々な転移温度を有するUCST高分子が合成可能である。また，ポリエチレングリコールとポリビニルアルコールは水溶液中で高分子間コンプレックスを形成し，バッファー中でもUCSTを示す。UCST以下でこの高分子間コンプレックスは安定に存在し，直径約1～2ミクロンのコアセルベートを形成する。さらに，核酸塩基の水素結合を利用することで，メチルウラシルのポリアクリル酸エステルが水溶液中でUCSTを示すことが報告されている[16]。

第2章　医療への応用技術

4.2.5　熱応答性磁性ナノ粒子

　前述した様に，多彩なLCSTやUCSTを示す高分子材料が開発されたため，これを用いて磁性ナノ粒子材料をコートすることで，図1に示した様に，熱により凝集・分散の制御が可能な磁性ナノ粒子の合成が可能になりつつある。我々は以前，スチレン，NIPAMとメタクリル酸(MAA)共重合体でマグネタイト超微粒子を被服することでLCSTを有する熱応答性磁性微粒子を合成することに成功した[8]。この微粒子は，表面にMAAに由来するカルボン酸を有することから，カルボジイミドの様な架橋剤で抗原タンパク質を固定化して，抗体分離に応用できることを報告した。

　ここでは，最近開発されたN-アクリロイルグリシンアミド(NAGAm)とビオチン誘導体によるUCSTを有する熱応答性磁性ナノ粒子の合成法について具体的に述べる。NAGAmとビオチン誘導体(N-メタクロイル-N'-ビオチニルプロピレンジアミン：MBPDA)は，図4に示す合成法により一段で収率よく合成できる。

　ビオチンはアビジンと特異的かつ非常に強い親和性で結合するリガンドであると同時に，高い水素結合性を有する化合物である。このNAGAmとMBPDAを仕込みで10：1程度の比率で共重合して得られるポリマー(NAGAm/MBPDA共重合体)は，水溶液中では，温度を下げると強まる水素結合によって凝集をおこし，UCSTを示す。さらにNAGAm/MBPDA共重合体は，ビオチンを含むことから，アビジンを介して種々のビオチン化タンパク質やDNA等の生体分子を特異的に結合できる(図5)。

　このNAGAm/MBPDA共重合体を，オレイン酸と界面活性剤の二層で被服・分散させたマグネタイトのナノ粒子(平均粒子径が10〜20 nm程度)に固定化する事により，水溶液中でUCSTを持つ熱応答性を示すと共に，アビジンを介して各種の生体分子を特異的に結合できる磁性ナノ粒子が合成できる(平均粒子径100nm程度)。この熱応答性磁性ナノ粒子は室温下の分散状態では磁性体に由来する茶色がかった透明な溶液のようであり，かなり強力な磁石でも全く磁気分離できない。これを氷浴に入れると瞬時に凝集を起こして容易に磁石分離ができる(図6)。

　また，凝集した粒子は温度を上げることで，元通り完全に分散させることが可能である。以下

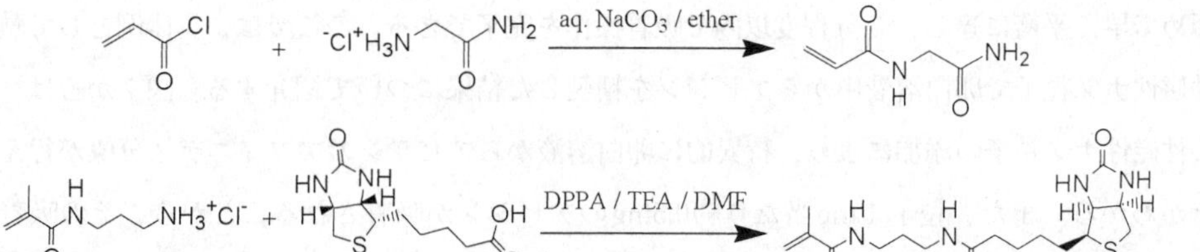

図4　N-アクリロイルグリシンアミドおよびビオチン誘導体の合成スキーム

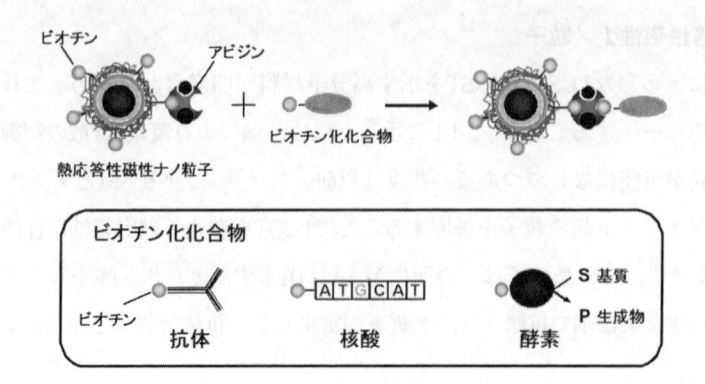

図5 熱応答性磁性ナノ粒子へのビオチン–アビジン相互作用を利用した生体分子の固定化

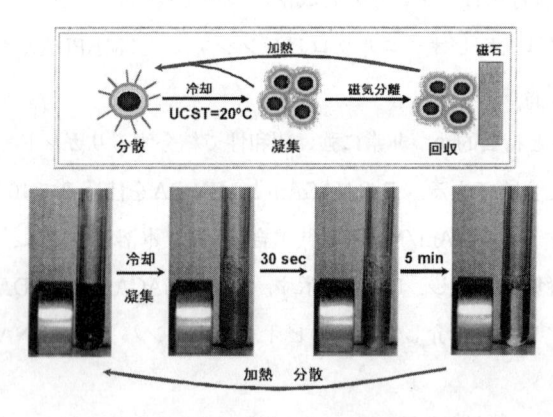

図6 熱応答性磁性ナノ粒子の磁気分離

に，このUCSTを持つ磁性ナノ粒子のバイオ領域への応用の具体例を紹介する。

4.3 熱応答性磁性ナノ粒子のバイオ領域への展開例

4.3.1 バイオ分離への応用

タンパク質の様な生体分子の分離においては，ナノサイズを持つ微粒子が必須である。磁性ナノ粒子は，表面積を大きく取れることから有効である。また，微粒子表面で吸着が起こるために，極めて早く平衡に達し，5分程度以内で吸着操作を完了できる。ここでは，具体例として熱応答性磁性ナノ粒子で卵白溶液中からアビジンを精製した結果について紹介する。図7からは，熱応答性磁性ナノ粒子の添加により，特異的に卵白溶液からアビジンのアフィニティ分離が行えることがわかる。また，粒子1mg当たり約0.5mgのアビジンが吸着されることから，その吸着容量は非常に大きいと言える。

第2章　医療への応用技術

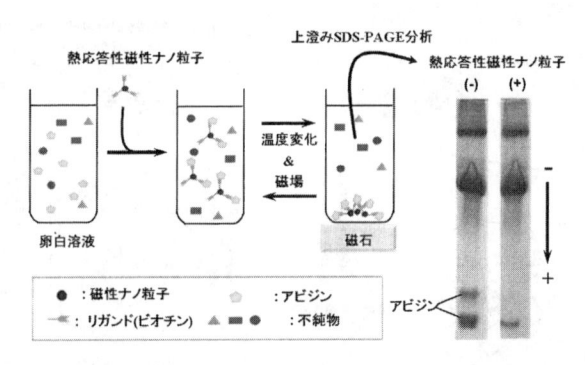

図7　熱応答性磁性ナノ粒子による卵白溶液からのアビジンの分離

4.3.2　酵素固定化への応用

　酵素の固定化は反応後の酵素の回収・再利用を可能とする。熱応答性磁性ナノ粒子は酵素固定化担体として極めて有効である。すなわち，熱応答性磁性ナノ粒子に固定化された酵素は均一系とみなせる状態で酵素反応が行え，酵素反応終了後は温度変化により凝集させることで，磁気分離により容易に回収できる。ビオチン化ペルオキシダーゼを，アビジンを介して固定化した熱応答性磁性ナノ粒子を一例に挙げて説明する。室温下，ペルオキシダーゼ固定化熱応答性磁性ナノ粒子は過酸化物の添加により速やかに反応し発色した。この酵素反応液を冷却してペルオキシダーゼ固定化熱応答性磁性ナノ粒子を凝集させ，速やかに磁石により回収した（図8a）。再度室温でバッファーにより分散させ酵素活性の測定を行ったところ，酵素活性は低下することなく繰り返し使用することができることが明らかとなった（図8b）。

4.3.3　細胞分離・アッセイへの応用

　細胞のような大きなターゲットを分離する上でも，熱応答性磁性ナノ粒子は極めて有効である。ここでは一例として，大腸菌に対する抗体（ビオチン化したもの）を用いて，大腸菌の分離を

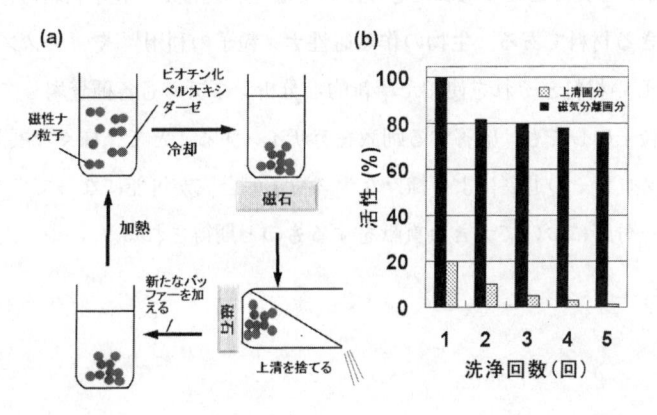

図8　熱応答性磁性ナノ粒子に固定化した酵素（ペルオキシダーゼ）の繰り返し利用

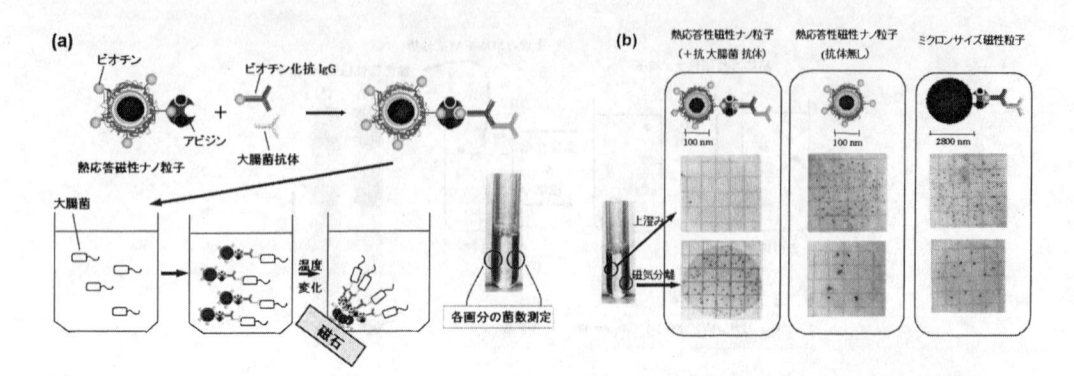

図9 熱応答性磁性ナノ粒子による大腸菌の分離及びミクロンサイズの磁性微粒子との比較

行った際の方法（図9a）および粒径数ミクロンサイズの市販の磁性微粒子と熱応答性磁性ナノ粒子を用いた結果を比較して示す(図9b)。磁気分離を行った後の上澄み中の大腸菌と磁性微粒子に結合した大腸菌数をプレート法で測定した。ミクロンサイズの磁性微粒子の場合，分離後の上澄みに多数の大腸菌が残って回収率は低かったが，熱応答性磁性ナノ粒子を用いた場合には，大腸菌をほぼ完全に磁気分離できた。この様に，細胞分離やアッセイにおいても，ナノサイズの磁性微粒子が極めて有効であると言える。各種の環境分析への応用も期待されている。

4.3.4 医療分野への応用

磁性ナノ粒子は，医療分野においても，MRI診断等における造影剤[17]やガンの温熱療法（ハイパーサーミア)[18]等においても，その有効性が示されてきており，今後の展開が期待されている。また，ドラッグデリバリーシステム等への展開も期待される。

4.4 将来展望

ここでは，ナノ粒子のバイオ分野への展開について，熱応答性磁性ナノ粒子材料の開発を一つの具体例として紹介した。ここで触れたものだけでなく，磁性ナノ粒子材料の種類は広く，多様な展開に対応できる材料である。生物の作る磁性ナノ粒子の利用[19]や，ナノスケールの人工磁石結晶[20]など新しい材料とそれを使った革新的な分析システムも各種登場してきている。刺激応答性磁性ナノ粒子にしても，応答する刺激をデザインすることで，様々な展開が考えられる。また，ナノテクノロジーの進展により様々なナノ粒子の合成が可能になってきており，バイオ・ナノテクノロジー分野において大きな貢献をするものと期待される。

第2章 医療への応用技術

文　　献

1) 近藤昭彦, 静電気学会誌, **23**, 16 (1999)
2) R. Elghanian *et al.*, *Science*, **277**, 1078 (1997)
3) J.H. Holtz and S.A.Asher, *Nature*, **389**, 829 (1997)
4) W.C.W. Chen *et al.*, *Curr. Opin. Biotech.*, **13**, 40 (2002)
5) N. Shimizu *et al.*, *Nature Biotech.*, **18**, 877 (2000)
6) S.S. Davis, *Trends Biotechnol.*, **15**, 217 (1997)
7) 近藤昭彦, ケミカルエンジニアリング, 80 (1994)
8) A. Kondo *et al.*, *Appl. Microbiol. Biotechnol.*, **41**, 99 (1994)
9) 大西徳幸, バイオサイエンスとインダストリー, **60**, 175 (2002)
10) E. Guillet *et al.*, *J. Macromol. Sci. Chem.*, **A2**, 1441 (1986)
11) S. Suzuki *et al.*, *Nature*, **346**, 345 (1990)
12) S. Aoshima *et al.*, *J. Poym. Sci.*, **A39**, 746–750 (2001)
13) Y. Osada *et al.*, *J. Poym. Sci. Polym. Chem Ed.*, **17**, 3485 (1979)
14) P. Koberle *et al.*, *Macromol. Chem. Rapid Commun.*, **12**, 427–433 (1991)
15) N. Ohnishi *et al.*, *Polym. Prepr. Jpn.*, **47**, 2359 (1998)
16) S. Aoki *et al.*, *Polym. J.*, **31**, 1185 (1999)
17) 広橋伸治ほか, 日本医学放射線学会雑誌, **54**, 776 (1994)
18) M. Mitsumori *et al.*, *J. Hyperthermia*, **10**, 785 (1994)
19) T. Tanaka and T. Matsunaga, *Anal. Chem.*, **72**, 3518 (2000)
20) Y.R. Chemla *et al.*, *Proc. Natl. Acad. Sci. USA*, **97**, 14268 (2000)

第3章　バイオセンシングへの応用技術

1　スピンバルブ・GMRセンシング技術

野田紘憙*

1.1　はじめに

　磁気は医療，生体，環境の面で大きな関心を集めている。高磁場とナノテクノロジーを応用して病気の診断や治療を目指す研究開発が進んでいる。すでに医療の分野では，磁気は重要なツールとなってきており，微小な磁性ビーズによるDNA，RNA分離，抗原抗体反応を利用した細胞分離・同定法は，医学研究に必要不可欠の技術となっている。磁気の医学応用としては，核磁気共鳴装置（MRI：magnetic resonance imaging）は診断と治療効果の判定に不可欠の技術および装置であり，磁性微粒子はその造影剤として最も成功している分野の一つである。また，ガンの鋭敏な診断法として，超常磁性酸化鉄製剤が利用されている。このように高磁場の中での磁性ビーズ，磁性微粒子の利用は臨床に普及しているが，磁性微粒子と生体が結合したときにどこにあるか，その特定部位を同定するときのセンシングについては，その磁界が微弱なゆえに必ずしも最良の技術が確立されていない。

　本稿では，バイオセンシング技術全般について概説し，そのなかで磁気記録分野において，すでに広く使用されている巨大磁気抵抗効果（GMR：giant magnetoresistance）に基づく磁気ヘッドや，現在普及しているDRAM（dynamic random access memory）に取って代わる次世代のメモリといわれる磁性ランダムアクセスメモリMRAM（magnetic random access memory）に利用されているGMRセンサとそのバイオ・医療への応用について，網羅的に述べる。

1.2　スピンバルブ・GMRセンサ

1.2.1　磁気抵抗効果

　磁気抵抗効果（magnetoresistance effect）とは，外部から磁界を印加した際に物質の電気抵抗が変化する現象の総称である。磁気抵抗効果に関する研究は古く，1857年，FeおよびNiの磁気抵抗をW. Thompsonが発表[1]した。その後，1960年までに3d遷移金属・合金の異方性磁気抵抗効果（AMR：anisotropic magnetoresistance effect）や，磁性半導体の巨大磁気抵抗効果[2]に関する研究が行われ，1975年，Fe/Ge/Coのトンネル磁気抵抗効果（TMR：tunnel magnetoresistance

---

＊　Kohki Noda　和歌山大学　システム工学部

effect）に関する最初の報告[3]がM. Julliereによりなされた。1988年，Fe/Cr人工格子の巨大磁気抵抗効果（GMR：giant magnetoresistance effect）の報告[4]がなされた。最近のGMR効果，TMR効果の研究開発は，人工的に作製された薄膜，接合が対象である。

磁気抵抗効果は，いくつかに分類される。表1に磁気抵抗効果[5]をまとめる。非磁性体に磁界を印加しても抵抗率は変化する。これは正常磁気抵抗効果といわれる。これに対して，強磁性体のように自発磁化を有する物質に磁界を印加し，磁化状態に応じて抵抗率が変化する現象を異常磁気抵抗効果という。このうち，パーマロイなどの強磁性薄膜については，自発磁化の向きに依存して抵抗が変化する現象があり，これは異方性磁気抵抗効果といわれている。強磁性体／非磁性体／強磁性体の金属格子，またはこの積層多層膜では，強磁性層間に負の交換結合作用が働いて磁化は反平行状態にあるが，磁界を印加して磁化を平行にすることにより，抵抗が減少する。この効果はAMRに比べて，抵抗率が大きいことから巨大磁気抵抗効果（GMR）といわれる[5]。また，絶縁体を強磁性体ではさんだ接合において，両強磁性層の磁化の相対角度に依存してトンネル電流が変化するトンネル磁気抵抗効果（TMR：tunnel magnetoresistance effect）がある。GMRの範疇に，いわゆるスピンバルブ（SV：spin valve）タイプのトンネル接合がある[6]。その後，反強磁性層と強磁性層の界面における一方向性異方性を利用して片方の磁性層をピンニングする，いわゆるスピンバルブタイプのトンネル接合へ

表1　磁気抵抗効果の分類

文献[5]を基に作成，＊：colossal magnetoresistance

磁気抵抗効果
├─ 正常磁気抵抗効果
└─ 異常磁気抵抗効果
　　├─ 異方的磁気抵抗効果 AMR
　　├─ 巨大磁気抵抗効果 GMR　スピンバルブ SV
　　├─ トンネル磁気抵抗効果 TMR
　　└─ 超巨大磁気抵抗効果 CMR＊

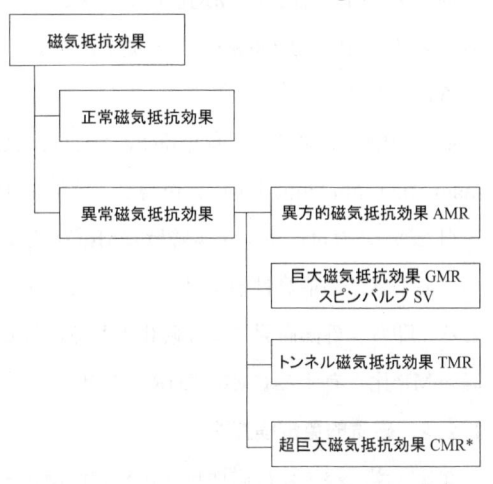

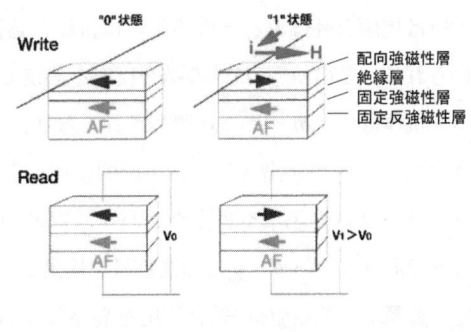

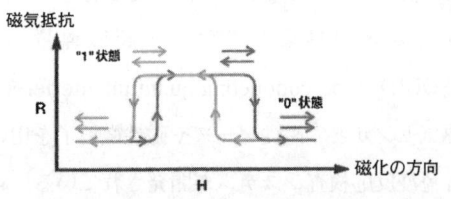

図1　スピンバルブGMR素子の動作原理と層構成
　上層の強磁性層はフリー層といわれ，印加磁界の方向と同じ磁化方向に変わる。下層の強磁性層は固定層あるいはピン層といわれ，その下の固定反強磁性層と交換結合をしている。この交換結合により，ピン層の磁化の方向を反強磁性層との交換結合によって固定する。強磁性層／絶縁層／強磁性層はトンネル接合である。両強磁性層の磁化の方向が平行のときは磁気抵抗が低く，反平行のときは磁気抵抗が高い。

研究が進展した。図1にスピンバルブGMR素子の動作原理と層構成を示す。この接合の特徴は，単純な3層結合に比べてMR比が大きいことである。実際，IBMの研究では，MR比は22%，MTJサイズは $0.125 \times 0.250 \mu m^2$ と，従来より1/5微細化した素子を作製し，±20 Oeの磁界を検出することができた[7]。

最近の研究成果では，単結晶 Fe(001)/MgO(001)/Fe(001) 磁気トンネル接合素子（MTJ：magnetic tunnel junction）を作製し，室温で180%という巨大なMR比と500 mVの高出力電圧を得た[8]。これは，トンネル障壁にMgOを用いており，アモルファスAl-Oをトンネル障壁に用いた従来素子の最高性能をはるかに凌ぐものであり，MRAMやバイオセンサへの応用が期待できる。即ち，外部磁界により磁化される磁性ビーズや磁性微粒子の残留磁化は極く微小であり，高いMR比を有するGMR, TMRセンサによってこそ，その検出が可能となる。

1.2.2 磁気的免疫検査法

なぜ医療，バイオに磁性ビーズや磁性微粒子を用いるのかについて概説する。免疫検査とは，病原菌やガン細胞などのバイオ物質を検出するときに用いられる基本的な測定法である。バイオ物質は抗原と呼ばれ，その検出には抗原に選択的に結合する検査試薬（これを抗体という）が用いられる。この抗原-抗体の結合反応を測定し，抗原の種類と量を測定するものが免疫検査である。抗体はマーカーにより標識されており，マーカーからの信号を計測することにより抗原-抗体の結合状態が検出される。一般的に用いられているマーカーは蛍光色素や蛍光タンパク質などの光学マーカーであり，マーカーからの光信号を検出している。近年，微量な抗原-抗体の結合反応を高感度で高速に検出する要求が高まっており，超伝導量子干渉素子（SQUID：superconducting quantum interference device）磁気センサと，磁性ビーズや磁性微粒子を用いる磁気的な免疫反応検査システムが開発されている。超伝導現象を利用したSQUIDは超高感度磁気センサとして知られており，脳磁界や心臓磁界などの医療計測にすでに実用化されている[9]。図2aにその磁気的免疫検査法の模式図[10]を示す。ピコテスラ（pT）以下の微弱な磁界を検出できるため，極めて微量な反応検出が期待できる。図2bに磁気マーカーである磁性ビーズの一例を示す。磁性微粒子を高分子で包み，その表面をカルボキシル基（-COOH）などを介して抗体を結合させている。磁性微

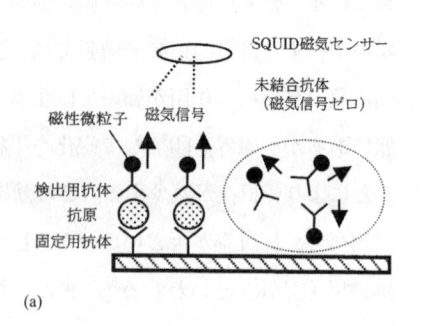

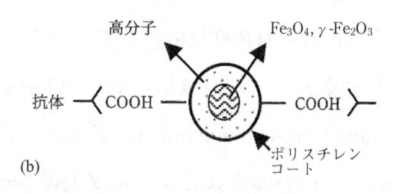

図2 磁性ビーズとSQUID磁気センサを用いた磁気的免疫検査法
(a) 磁性ビーズで磁気標識された抗体により，抗原を検出する。文献[10]を基に作成。(b) カルボキシル基-COOHを介して磁性ビーズと抗体が結合する。

第3章　バイオセンシングへの応用技術

粒子の磁気特性は，その粒子径に大きく依存する。これは，粒子サイズが小さくなると，粒子の磁気エネルギーが小さくなり，熱雑音が無視できなくなるためである。即ち，粒子径が小さい場合，熱雑音による磁化の緩和現象が発生する。これに対して，粒子径をある程度以上に大きくした場合，磁化はかなりの時間にわたって緩和しない。即ち，残留磁化が発生し，大きな磁気信号を得ることができる。実際，直径25nmのFe_3O_4磁性微粒子を，直径80nmの高分子で包み，その表面をカルボキシル基(–COOH)と結合させた。抗体は–COOHと結合し，磁気マーカーが形成された。このシステムは，従来の光学マーカーに比べて10倍以上高感度に免疫反応が検出可能であることを示した[10]。

1.3　バイオセンシングへの応用

1.3.1　磁性微粒子・磁性ビーズ

　磁性微粒子を機能性ポリマーで被覆し，その表面に抗体，DNA，薬剤などの生理活性物質を固定した医用磁性ビーズは，すでにガン診断で，ある肝臓腫瘍の鋭敏な診断法としての超常磁性酸化鉄製剤の注射剤[11]，再生医療[12]，献血血液の検査[13]などのキャリア（担体），MRI画像診断の造影剤[11]として実用化されている。また薬剤の生体内への磁気輸送，ガンの磁気温熱療法（ハイパーサーミア）などが開発されている。

　磁性ビーズを用いるメリットは，粒径をナノサイズにすることにより，単位体積当たりの表面積が増加する，即ち大きな比表面積を持つので反応効率が高い，反応速度が速い，外部磁石で磁性ビーズを分離できる，外部磁場により輸送できる，発熱できる，などが挙げられる。さらに，蛍光色素などの光学マーカーと比べて，試薬やバイオ物質に影響を受けず長期の安定性に優れた特徴を有する。磁性微粒子の特性として，高感度センシングを行うためには高感度の磁気特性を有する磁性材料を開発すること，また，高品質のセンシングを行うためには粒径の均一化が肝要である。医用磁性ビーズの例として，10nm径の鉄系ナノ粒子をポリスチレンでコートし，150nmのビーズ径を得ている[14]。

　これらの特徴を診断薬などに応用する場合，高感度でより短時間に診断が可能となる。抗体などを磁性微粒子表面に固定化した微粒子を用いた場合，抗原を認識させたあとの抗原分離が容易であるため，ラテックスビーズに比べて迅速に分離できる。粒径がサブミクロンの磁性微粒子に抗体を固定化した微粒子を用いることにより，抗原および標識抗体を磁石により分離することができる。抗体などが固定化される磁性微粒子は，磁性体として，マグネタイトあるいはフェライトの微粒子が使用され，その磁性体表面に官能基（カルボキシル基，アミノ基など）を有する高分子を固定化し，その官能基を介して抗体が固定化される。市販品としては，ポリスチレンビーズの中にフェライト粒子をビーズ内に分散したDynabeads®がある。

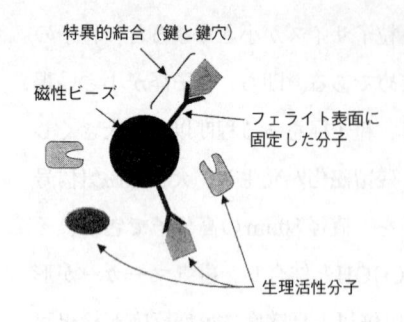

図3 バイオスクリーニング用磁性ビーズ表面上における特異的結合（文献15)を基に作成）

バイオスクリーニングに用いられる磁性ビーズは，図2bおよび図3[15]に示すように，磁性ビーズの表面に固定した分子と，標的とする生理活性物質との間でのみ特異的に起こる結合によってビーズに固定した後，これを磁気分離により回収する。即ち，水中によく分散し，磁石を用いて容易に捕集でき，磁石を取り除いたときに再び分散する，適度な強さの磁性を持つことが必要である。また，溶液中に存在している標的分子以外の生理活性物質がビーズ表面に吸着する（これを非特異的吸着という）割合が極く低いことが重要である。非特異的吸着分子が不純物として混入すると，スクリーニングの精度を低下させてしまう[15]からである。

つぎに，従来の磁性微粒子，磁性ビーズの課題を解決した例を紹介する。

従来の医用磁性ビーズの作製は，まずフェライト粒子を作製し，それをポリスチレンやデキストランなどのポリマーで被覆していた。つまり，まずポリマーコートフェライトビーズを作製し，その表面に生理活性物質を固定していた。しかしこの方法では，フェライトと有機物質との結合が弱いため，粒子が被膜からはずれやすいという欠点があった。そこで，タンパク質をも含む機能性有機分子を含有する低温，中性領域の水溶液中で，粒径7～10nmのフェライトナノ微粒子を合成することにより，表面に機能性有機分子を固定した磁性ビーズが開発された。そして，2つのカルボキシル基（–COOH）を介してアミノ酸などがフェライトに強く化学結合することを明らかにした[15]。

標的物質の認識能力向上のために，磁性微粒子の粒径を小さくすればよいが，100nm以下の微粒子では，水のブラウン運動の影響を強く受けるため，磁石による分離が行いにくい。この問題を解決するため，熱応答性高分子を固定化した熱応答性磁性微粒子[16]が開発された。これは，水溶液中では分散していながら，わずかな温度変化で凝集させることができるため，迅速に磁気分離できる微粒子である。

1.3.2 GMRバイオセンサ

バイオセンサとしては，磁気検出素子であるホール素子（Hall sensor）がよく使われており，高感度化，微細化のための研究が進められている[17, 18]。一方，磁気は使用しないが，レーザ光によるラマン分光法は，タンパク質などの同定[19]によく用いられている。

GMRデバイスをバイオセンサとして応用[20, 21]する場合の留意点を，以下に挙げる。動作原理は，2つの検出用センサ，2つの基準センサを有する4つの抵抗（GMRセンサ）でホイートストンブリッジを構成する。これは，微弱な信号をできるだけ正確に検出するためである。図4b

第3章　バイオセンシングへの応用技術

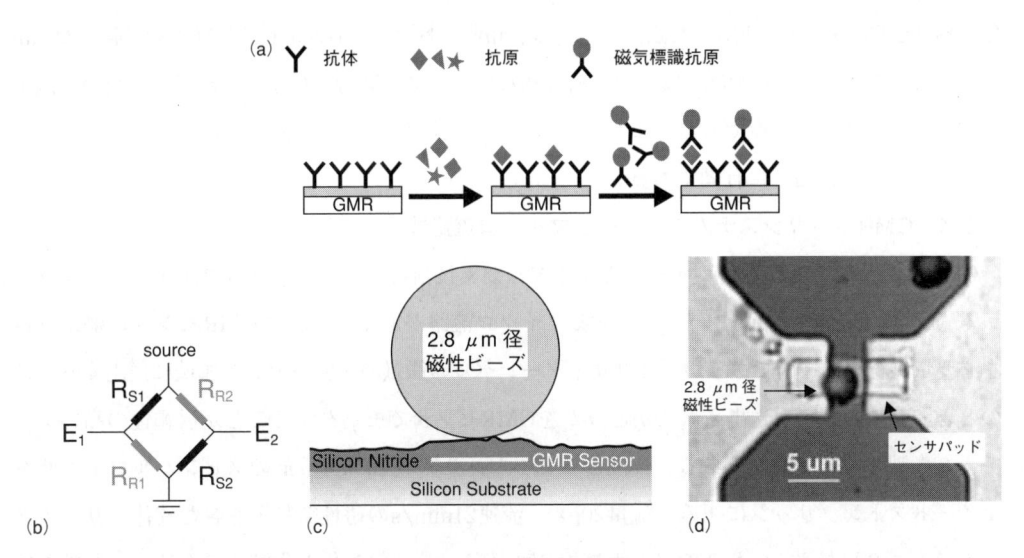

図4　GMRバイオセンサの動作原理
(a) GMRセンサパッドにコートされた抗体（左図）に抗原（中図）が固定化される。磁性微粒子で標識された抗体に抗原が結合し（右図），抗原の有無を磁気的信号により検出する，文献[20]を基に作成。(b) 4つのGMRセンサがホイートストンブリッジ回路を構成（R_{S1}，R_{S2}：センシング抵抗，R_{R1}，R_{R2}：基準抵抗）[29]，(c) 磁性ビーズがGMRセンサに近接した様子，文献[25]を基に作成。(d) スピンバルブセンサ（パッドサイズ $3×12\mu m^2$）が $2.8\mu m$ 径磁性ビーズ1個を検出した様子，文献[24]を基に作成。

にその構成を示す。GMRセンサをバイオセンサとして応用する場合，信号対雑音比（SNR：Signal-to-noise ratio），即ちノイズについて評価する必要がある。外部磁界を印加して磁性ビーズを磁化させた場合，数Oe以下であるため，GMRセンサからの信号強度を増大あるいはノイズを低減する工夫が必要である。その研究について2例紹介する。1例目は，GMRセンササイズを変化させた場合で，センサパッドの長さ $2\mu m$ を一定にして，ライン幅を100，150，250，400nmと変えて，感度およびノイズの変化を測定した。最大MR比は15%であった。磁性微粒子径は100nmであった[22]。2例目は，コンピュータシミュレーションで，外部磁界を変化させた場合の磁性ビーズとGMRセンサの感度に関する検討であった[23]。これら2例ともGMRセンサを実用化する上で避けて通れない課題である。

スピンバルブセンサをバイオセンサとして応用する場合，磁性ビーズ1個を検出するニーズが生じる。この微小な磁界を検出するためには，MR比が高いだけでなく，ホイートストンブリッジ回路とその増幅器に工夫し，高感度化を実現する必要がある。図4dにセンサのMR比は10.3でありながら，実際に磁性ビーズ1個を検出した例を示す[24]。

1.3.3　64アレイ化GMRチップ

これは，64個のGMRをアレイ状にチップ化した最初の例である[25]。MR比は約15%，飽和磁

化は約30mTであった。使用した磁性ビーズは，市販磁性ビーズDynabeads® M-280，直径2.8 μm であった。アレイ化の長所は，同一の試料で複数のデータを同時に得ることができるため，測定の信頼性を高められる点である。また，複数の試料を同時に測定できるので，DNAのハイブリダイゼーション検出[26]に有効である。

1.3.4 GMRセンサシステムに組み込むマイクロ流路技術

GMRセンサシステムを構築するときに必要な要素技術として，マイクロフルイディックシステム（micro fluidic system）[27]，いわゆるマイクロ流路がある。これはGMRセンサに測定試料を必要量供給する技術であるが，ピコリッターレベルの微量の試料をセンサ領域に送出する。このとき，微量の試料が送出されたかどうかをGMRセンサでモニタすることが信頼性の高いシステムを作製する上で必要である。一例として，センサ領域20×4 μmのスピンバルブセンサをホイートストンブリッジに組み，流量20pℓ，流速21mm/sの磁性微粒子を含む流体をリアルタイムでモニタした[28]。いわゆるラボオンチップ（lab-on-a-chip）を作製するために，有効な技術である。

1.3.5 生体分子検出への応用

GMRセンサを用いて，実際に免疫グロブリン（IgG）を定量検出した例[29]を紹介する。まず4つのGMRをホイートストンブリッジ（2つのセンスGMRと2つのレファレンスGMR）に構成する。センスパッドの大きさは215×315 μm，GMRの構成は，以下のとおりであった。Ta(40)/NiFeCo(40)/[Cu(25.5)]/NiFeCo(18) ×9/Ta(200)，各層の単位はnm。固定化に使用した磁性微粒子径は60nmであった。また，検出の最終確認は，GMRセンスパッドに固定化された磁性微粒子のイメージをAFM（atomic force microscopy）により，および抗体の結合エネルギーをXPS(X-ray photoelectron spectroscopy)を用いて確認した。これはGMRセンサやAFM，XPSを用いてIgGを検出したが，ほかのバイオ分子をも検出可能であることを示した例として興味深い。

1.3.6 ドラッグデリバリーシステムへの応用

近年，分子生物学の目覚しい進歩により，生体由来の新規薬物が数多く登場している。この薬物はガン治療，再生医療等幅広い疾患への応用が期待されている。この治療効果をより高めるために，新しい薬物投与形態の研究が盛んである。生体由来の薬物は，体内での代謝により失活しやすく，十分な治療効果を得ることは難しい。そこで，薬剤を直接疾患部位にピンポイントで投与すべく，ドラッグデリバリーシステム（DDS：drag delivery system）が開発され，一部実用化されている。薬剤の治療効果を最大限に発揮しようとする技術であり，今後，必要不可欠な技術として注目されている[30]。DDSに使用する薬剤は，標的部位を決定し体内での薬剤の動きを把握する必要があるので，薬剤に何らかの修飾を施す。そのために薬剤を標的部位に運ぶための

第3章 バイオセンシングへの応用技術

キャリア（担体）として，薬剤を内包する高分子微粒子や磁性微粒子がある．特に，磁性微粒子をキャリアに用いた場合，外部磁場により，能動的に制御できるので，治療効果をより高められる可能性がある．

1.3.7 MTJバイオセンサ

MTJは，GMRと比べて高いMR比を有し，したがって，1 Oe以下の低磁界を高感度で検出できることが特徴である．MTJをバイオセンサとして用いた最近の研究では，以下に示すMTJと市販磁性ビーズ Dynabeads®M-280（直径2.8 μm，内部にγ-Fe_2O_3を均等に充填したポリマーコートの磁性ビーズ）を用いて，磁界0.4Oeを平均信号出力88 μV，SN比24dBで，同ビーズ1個を検出することができた[31]．このような高い信号強度とSN比で検出できるMTJを用いれば，生体分子の振舞いをリアルタイムでモニタすることが可能である．MTJの構造は，以下のとおりである．Pt (300)/Py (30)/FeMn (130)/Py (60)/Al_2O_3 (7)/Py (120)/Pt (200)，（Py：permalloy，各層厚の単位はÅ）．トンネル障壁にはMgOでなく従来型のAl_2O_3を用いた．MR比は15.3％，MTJの感度領域は1.8 μmであった．

1.3.8 今後のバイオセンサ

バイオセンサチップを作製する場合，生体中に導入するために，いかに微小化かつ安価に作製するかが今後のキーであろう．その解決策の一つとして，ナノインプリント技術を応用して，GMRセンサ自体や，周辺回路等を集積化することが考えられる．ナノインプリント技術[32]は，半導体技術で用いるフォトマスクの代わりに，精密金型上のパターンを，熱可塑性あるいは紫外光硬化性樹脂に転写して微細パターンを形成する技術であり，安価に微細パターンを作製できることが特徴である．近年，これを用いてMEMS (micro electro mechanical systems) やハードディスクドライブ (HDD：hard disk drive) 磁気ディスクのサーボパターンを作製した報告がなされている．この技術をバイオセンサ作製に応用すれば安価に微細化が実現できる．

一方，GMRセンサや磁性微粒子を用いずに，ナノスケールの電子材料を用いた生体分子の検出素子"ナノバイオセンサ"が研究されている．図5に基本的な構成を示す[33]．ボロンドープのp型Siで作製した直径10 nm（または20 nm），長さ2～4 μmのナノワイヤの両端に電極を付け溶液中に置く．Siナノワイヤ表面には，あらかじめ標的分子を認識するための分子（認識分子）を固定する．Siナノワイヤ表面に固定した認識分子に標的分子が吸着すると，標的分子は正か負に帯電しているので，Siナノワ

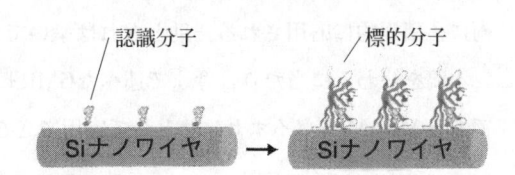

図5 Siナノワイヤによるナノバイオセンサ
直径10nm，長さ2～4 μmのSiナノワイヤによるバイオセンサ：認識分子で修飾されたSiナノワイヤと検出したい標的分子，左図は認識分子ビオチンで修飾されたSiナノワイヤ，右図は標的分子ストレプトアビジンが吸着，検出された．文献[33]を基に作成．

イヤにかかる外部電界を変化させ，電流変化を生じさせる。これは，電界効果トランジスタ（FET：field effect transistor）と同じ原理で，分子の吸着がFETのゲート電圧変化に対応する動作を行う。Siナノワイヤは，検出したい標的物質に応じて，種々の認識物質を表面に固定することができる点で優れている。実際，水酸基（-OH），アミノ基（-NH$_2$）修飾でpHセンサとしての動作を，ビオチン修飾でストレプトアビジン検出を確認している。また，Siナノワイヤの代わりに，カーボンナノチューブ（CNT：carbon nanotube）を用いたセンサも報告[34]されている。これは単層CNTの表面をグルコースオキシダーゼで修飾したもので，高感度pHセンサ等への応用が期待される。

ナノバイオセンサは，ナノスケール，リアルタイムで検出可能，かつ動作原理や素子構成が簡単であり，今後，さまざまなナノスケール素材がバイオセンサとして，生体診断等への応用に期待される。

マイクロ・ナノテクノロジーをバイオチップに応用した次世代ナノバイオデバイスの開発が進んでいる[35〜37]。ゲノムシーケンシング時代は，DNAが主なターゲットであったが，ポストゲノム時代は，DNAだけでなく，タンパク質，糖鎖などの体内代謝物，タンパク質の構造・機能解析を基にした製薬と，そのターゲットは広がっている。このようなターゲットは微小，微量であり，それらを調製，分離，混合，解析するためには，微小チップ内で行うほうが高速で効率が高い[38]。これが μTAS（micro total analysis system）といわれる技術であり，最近，進展が著しい。この技術に磁性微粒子の特性を活かした応用をすれば，さらに新たな展開が可能であろう。

1.4 おわりに

バイオ・医学等の研究や応用に利用する際のGMRセンシング技術について紹介した。日本ではGMR，TMRの応用として磁気ヘッドやMRAMの研究開発が盛んに行われているが，引用文献からわかるように，バイオセンシングへの応用に関する研究開発は海外が盛んである。本稿がバイオセンサとして大きな可能性を秘めているGMR，TMRなどがバイオ，医療あるいは環境技術に，積極的に応用される一助となれば幸いである。

本稿を終わるに当たり，今まで述べたGMRセンサアレイを発展させて，大容量センサアレイであるMRAMをバイオセンサとして応用できないか思案している。

謝　辞

本稿をまとめるに当たり，引用文献の著者の方々，情報を提供して下さった日本応用磁気学会ナノバイオ磁気工学専門研究会や応用物理学会，IBM T. J. Watson Research Centerおよび関連学会の皆様方に厚く御礼を申し上げる。

第3章　バイオセンシングへの応用技術

文　　献

1) W. Thompson, *Proc. Roy. Soc. London*, **8**, 546 (1857)
2) S. von Molnar *et al.*, *J. Appl. Phys.*, **38**, 959 (1967)
3) M. Julliere, *Phys. Lett.*, **54A**, 225 (1975)
4) M. N. Baibich *et al.*, *Phys. Rev. Lett.*, **61**, 2472 (1988)
5) 宮崎照宣,「スピントロニクス」, p.99, 日刊工業新聞社 (2004)
6) J. C. Mallinson, 林和彦訳, "Magneto-Resistive and Spin Valve Heads Fundamental and Applications (2nd Ed.)" p.82, Elsevier Science (USA), 丸善 (2002)
7) W. J. Gallagher *et al.*, *J. Appl. Phys.*, **81**, 3741 (1997)
8) S. Yuasa *et al.*, *Nat. Mater.*, **3**, 868 (2004)
9) 能登宏七 監修,「入門磁気活用技術」, p.29, 工業調査会 (2005)
10) 円福敬二, 応用物理, **73** (1), 28 (2004)
11) 能登宏七 監修,「入門磁気活用技術」, p.179, 工業調査会 (2005)
12) 本多裕之ほか, 日本応用磁気学会研究会, **141**, 9 (2005)
13) 玉造滋ほか, 日本応用磁気学会研究会, **141**, 15 (2005)
14) C. S. Kuroda *et al.*, *IEEE Trans. Magn.*, **41** (10), 4117 (2005)
15) 阿部正紀ほか, 応用物理, **74** (12), 1580 (2005)
16) 大西徳幸ほか, 応用物理, **72** (7), 909 (2003)
17) P. A. Besse *et al.*, *Appl. Phys. Lett.*, **80**, 4199 (2002)
18) A. Sandhu *et al.*, *Jpn. J. Appl. Phys.*, **43**, L868 (2004)
19) 濱口宏夫ほか編,「ラマン分光法」, p.154, 学会出版センター (2002)
20) C. H. Smith *et al.*, *Sensors Magazine Online*, Dec. (1999)
21) H. A. Ferreira *et al.*, *IEEE Trans. Magn.*, **41** (10), 4140 (2005)
22) D. K. Wood *et al.*, *Sensors and Actuators*, **A 120**, 1 (2005)
23) W. Schepper *et al.*, *Physica*, **B 372**, 337 (2006)
24) G. Li *et al.*, *J. Appl. Phys.*, **93**, 7557 (2003)
25) J. C. Rife *et al.*, *Sensors and Actuators*, **A (107)**, 209 (2003)
26) M. M. Miller *et al.*, *J. Magn. Magn. Mater.*, **225**, 138 (2001)
27) H. Suzuki *et al.*, *J. MEMS*, **13** (5), 779 (2004)
28) N. Pekas *et al.*, *Appl. Phys. Lett.*, **85**, 4783 (2004)
29) R. L. Millen *et al.*, *Anal. Chem.*, **77**, 6581 (2005)
30) 宮田完二郎ほか, 応用物理, **74** (9), 1233 (2005)
31) W. Shen *et al.*, *Appl. Phys. Lett.*, **86**, 253901 (2005)
32) 松井真二, 応用物理, **74** (4), 501 (2005)
33) Y. Cui *et al.*, *Science*, **293**, 1289 (2001)
34) K. Besteman *et al.*, *Nano Lett.*, **3** (6), 727 (2003)
35) 馬場嘉信, 応用物理, **71** (12), 1481 (2002)
36) 田畑仁ほか, 応用物理, **71** (8), 1007 (2002)
37) 堀池靖浩ほか, 応用物理, **73** (4), 470 (2004)
38) 北森武彦ほか編,「マイクロ化学チップの技術と応用」, p.101, 丸善 (2004)

2 ホール素子を用いた生理活性物質検出

サンドゥー アダルシュ*

2.1 はじめに

ホール効果は1879年にE.H. Hallによって発見されて以来，ホール効果を利用した測定は半導体の物性評価において基本的な測定方法として確立し，この効果を利用した磁気センサーであるホール素子は磁界を直流／交流に関わらず正確な測定が可能であり，家電製品や工業用機器における汎用の磁気センサーとして様々な装置に利用され，今日のエレクトロニクスに産業の発展に大きく寄与してきた。

また，高品質の半導体薄膜成長技術とICチップにおける微細加工技術の発展に伴いその感度，分解能，コストにおいて他の磁気センサーに比べ，高い性能を示している。そこで，ブラシレスモーターなどの回転機器の制御としてのローエンド的な利用だけではなく，STMやAFMなどの技術を利用することによって磁性体の評価研究における磁気顕微鏡として走査型ホールプローブ顕微鏡（SHPM：Scanning Hall Probe Microscopy）などのハイエンド的な利用においても注目されている[1〜3]。

さらに，本章では，近年の磁性材料のさらなる応用範囲として注目されているバイオテクノロジー／バイオメディカル分野におけるバイオセンサーとしてホール素子の利用法について述べる。

2.2 ホールセンサーと磁性微粒子検出

今日の蛍光や電気化学的シグナルによる生理活性物質の検出法に比べ，磁性微粒子による磁気シグナルを用いた検出法は，安定である事とその磁力の大きさにより，高い検出感度が得られると言われている[4]。そこで，生理活性物質による標識化とその磁性微粒子検出は，生理活性物質検出において高い潜在力を持っており，世界中の多くの研究機関において数十nm〜数μmの磁性微粒子検出すべく，超伝導量子干渉（SQUID），巨大磁気抵抗効果（GMR）やトンネル磁気抵抗効果（TMR）などの様々な方法が研究されている[5, 6]。ただし，どの方法においても感度，分解能，安定性，コストなどの面において少なからず問題を抱えている。

そこで，我々は高感度かつ高分解能を同時に満たし，また長年にわたって積み重ねられてきた高い集積技術をもつ半導体ホールセンサーに着目した。

2.2.1 Free Standing ホールセンサー

既存のセンサーに比べ高い感度を有するブリッジ構造を持つFree Standingホール素子（FSホール素子）の開発を行った。ホール素子の感度は，出力と雑音より下式(1)のように最小検出可

---

*　Adarsh Sandhu　東京工業大学　量子ナノエレクトロニクス研究センター　助教授

第3章 バイオセンシングへの応用技術

能磁界を記述することが出来る。

$$B_{\min} = \frac{\sqrt{4kTR}}{V_H/B} = \frac{\sqrt{4kTMd}}{\nu\sqrt{\mu en}\,G(w/l)\sqrt{wl}} \tag{1}$$

V_H：ホール電圧　I：駆動電流　G：形状係数　M：磁気形状係数　B：印加磁界　e：素電荷
n：キャリア密度　k：ボルツマン係数　μ：キャリア移動度　ν：飽和キャリア速度

　式(1)より，ホール素子の高感度化には電子材料面では薄膜の移動度とキャリア密度が重要なパラメーターとなる。そこで，薄膜の移動度を向上させるため，FS構造を用いた。InSb薄膜は一般的に格子定数の近いGaAs薄膜上にエピタキシャル成長をすることによって作製するのだが，GaAs（格子定数5.65Å）／InSb（格子定数6.48Å）界面にはその格子定数差によって多数のミスフィット転移が発生する。それによって膜表面まで達する貫通転移（欠陥）が存在し，薄膜の移動度を劣化させてしまう。FS構造とは，この問題点を解決するために結晶成長後にInSb薄膜下のGaAs基盤を選択的にエッチングすることによって移動度の劣化をなくす構造である。

　FS構造についてはGaAs上に成長させたInAsの単結晶薄膜をヘテロ接合からFS構造にすることによって，接合界面（InAs/GaAs）の格子不整合がなくなり移動度が約2倍になるという報告がある[7]。

　我々はGaAs基板上にエピタキシャル成長をしたInSb薄膜を用いるのだが，格子の不整合がセンサー感度を劣化させてしまう。そこで，図1に示すようにエッチャントとして$NH_4OH:H_2O_2:H_2O = 1:3:18$を用いて，InSb薄膜下のGaAsを選択的エッチングすることによってInSb薄膜ブリッジ構造の作製を行なった。このことによって高い感度をもつInSb-FSホール素子の作製

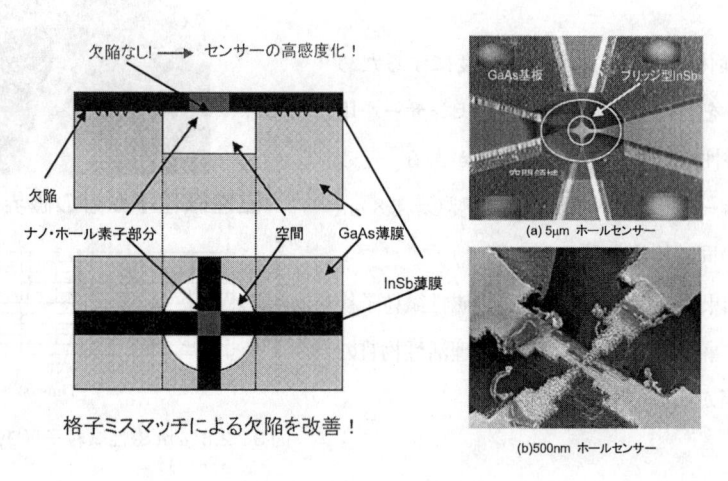

図1　InSb-FSホール素子

が可能となった。

2.2.2 磁性微粒子検出[8～10]

バイオテクノロジー／バイオメディカル分野において用いられる磁性微粒子は水中での分散性などの問題より，一般的に超常磁性微粒子である。この微粒子は，残留磁化を持たないため，磁性微粒子の磁界を検出するには外部磁界を必要とする。そこで，我々は図2のような検出システムの構築を行なった。このシステムによって磁性微粒子の磁化率の変化をホール素子によって検出することが可能となった。

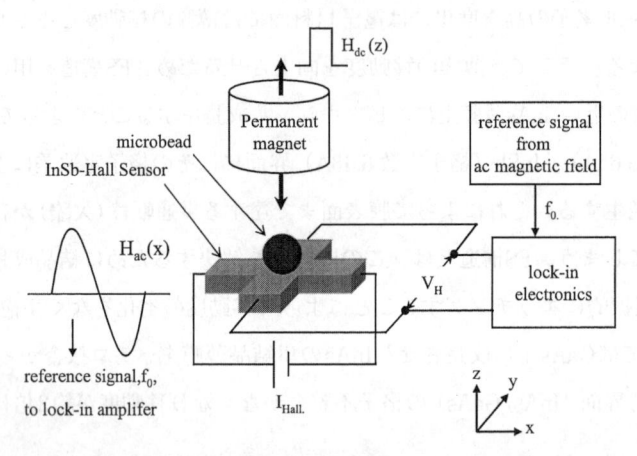

図2 磁性微粒子検出システム

図3は，ホール素子上に乗った粒径2.8 μmの磁性微粒子（Dynabeads M-270，Dynal Co.）の光学顕微鏡像と磁性微粒子検出システムを用いた検出結果を示す。

また，多検体解析を高速かつ高密度にするために，センサーをアレイ状にして複数のセンサーを用いて同時に磁性微粒子を検出する必要がある。そこで，1次元ホールセンサーアレイを作製し，2.8 μm磁性微粒子の同時検出を試みた（図4）。

これらの結果よりホール素子が高い磁性微粒子検出感度を示す事が証明され，さらに生理活性物質の検出への応用が期待できる。

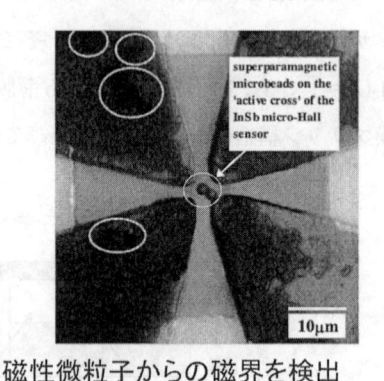

図3 2.8 μm磁性微粒子（Dynabeads M-270）検出

第3章　バイオセンシングへの応用技術

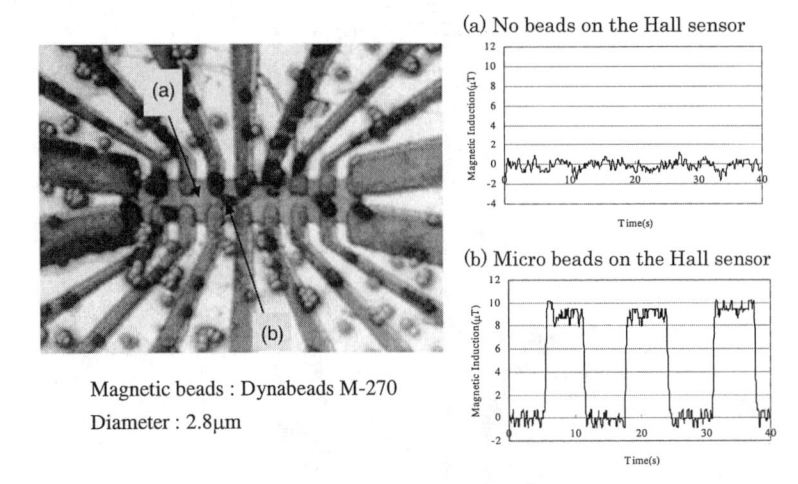

図4　ホールセンサーアレイを用いた磁性微粒子同時検出

2.3　生理活性物質検出[11, 12]

上述の磁性微粒子検出システムと生理活性物質の磁性微粒子及びセンサー上への固定化技術を用いることによって，図5のように生理活性物質（抗原やDNAなど）の検出を行なう。ここでは，これらのシステムを用いたDNAの検出例を示す。

図6に示すように，一方は基板の生体機能化つまりセンサー上にアルカンチオールを用いてAu–S結合による自己組織単分子膜（SAM：Self-Assembled Monolayer）を形成し，ビオチン–アビジン反応によって一本鎖DNA（ssDNA：single stranded DNA）を固定する。他方，磁性微粒子にターゲットとなるssDNAを固定化し，相補的なDNA（cDNA：complementary DNA）のハイブリダイゼーションによって二本鎖DNA（dsDNA：double stranded DNA）を形成し，磁性

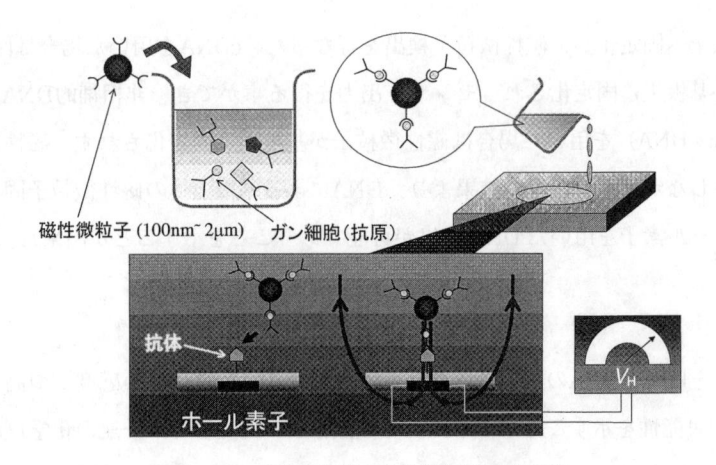

図5　ホール素子を用いた生理活性物質検出

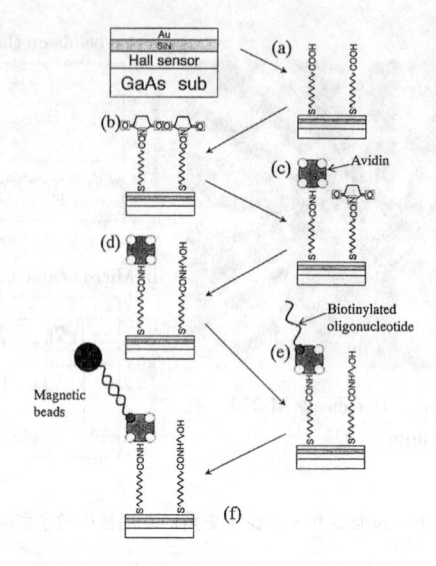

図6　DNAを用いた磁性微粒子固定化法

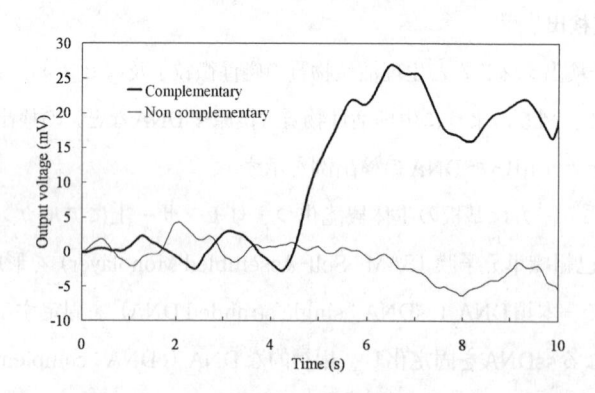

図7　DNAを用いた磁性微粒子の固定化によるホール素子検出

微粒子の基板上へ固定化し，磁性微粒子検出を行なった。cDNAを用いた場合は図7のように，磁性微粒子が基板上に固定化され，センサー出力を得る事ができ，非相補的DNA (ncDNA: non complementary DNA) を用いた場合は磁性微粒子が基板上に固定化されず，磁性微粒子による磁気信号は生じなかった。以上の結果より，DNAによる基板上への磁性微粒子固定は効率的に行なわれ，ホール素子を用いたDNA検出が可能であることを示すことが出来た。

2.4　展望

磁性微粒子を用いたDNAの検出に成功したことにより，非常に高い感度かつ高い信頼性を持つDNA検出の可能性を示すことができた。磁性微粒子の固定までの一連の化学反応は，流路とポンプを使用することによって，より信頼性の高いものにすることができると言え，今後の課題

第3章 バイオセンシングへの応用技術

としては，同時多検体検出を行なうためにセンサーアレイなどの集積化技術やマイクロ流路などが必要となってくる。また，磁性微粒子の特色を生かした磁気による微粒子の誘導を行なうことによってより高い検出感度を期待できる。

謝　辞

The author is grateful to Professors Hiroshi Handa and Masanori Abe of the Tokyo Institute of Technology for their continued support during this research.

文　献

1) A. Sandhu et al., *Microelectronic Engineering*, **73**, p.524-528 (2004)
2) A. Sandhu et al., *Nanotechnology*, **15**, p.S410-S413 (2004)
3) A. Sandhu et al., *Japanese Journal of Applied Physics* **43**, p.777-778 (2004)
4) 松永是 他，バイオチップの最新技術と応用，シーエムシー出版 (2004)
5) R.L. Edelstein, *Biosens. Bioelectron.*, **13**, 805-807 (2000)
6) D.L. Graham, H.A. Ferreira, P.P. Freitas, *Trends in Biotech.*, **22**, 455-458 (2004)
7) H. Yamaguchi et al., *Appl. Phys. Lett.*, p.78, 2372-2375 (2001)
8) A. Sandhu et al., *Japanese Journal of Applied Physics*, **43**, No.7A, p.L868-L870 (2004)
9) K. Togawa et al., *IEEE Transactions on Magnetics*, **41**, p.3661-3663 (2005)
10) A. Lapicki et al., *IEEE Transactions on Magnetics*, **41**, p.4134-4136 (2005)
11) A. Sandhu, H. Handa, *IEEE Transactions on Magnetics*, **41**, p.2563-2568 (2005)
12) K. Togawa et al., *Journal of Applied Physics*, Accepted for publication (2005)

3 CMOSセンシング技術

福本博文*

3.1 はじめに

本節では，CMOSセンサと磁気ビーズを用いたバイオセンシングについて述べる。このバイオセンシング技術を免疫診断に適用した場合，数分で検査を実施することが可能で，迅速診断システムとしての利用が期待できる。CMOSセンサは磁気検出素子であるホール素子をアレイ状に集積化したもので，磁気ビーズを高感度に検出する。以下に，CMOSセンサによる磁気ビーズの測定原理とこれを用いた免疫測定の一例を紹介する。

3.2 磁気ビーズによるバイオセンシング

最初に，なぜ磁気ビーズをバイオセンシングに使うかを簡単に説明する。バイオセンシングの一つの用途である免疫診断では抗原・抗体反応を利用して試料中の抗原，抗体の有無，あるいは濃度の測定を行う。抗原・抗体反応を直接的に検出することは非常に困難であるため，従来から標識として，酵素，放射性同位元素等を用いることで間接的に抗原・抗体反応を検出することが行われている。

その一例を図1により説明する。あらかじめ捕捉抗体を固定しておいたところに抗原を含む試料を滴下し，ここで捕捉抗体と抗原を反応させる。次に，標識に固定した検出抗体を導入し，抗原・抗体の結合を介して標識を固定する。最後にこの標識を検出することにより，間接的に試料中の抗原の有無，あるいは濃度の測定を行う。

ここで，問題となるのが未反応すなわち，抗原・抗体反応により固定されないで浮遊している標識の扱いである。反応系中の未反応の標識を完全に除去しないと，標識の検出時にこれらがノイズとなって検出結果に誤差を生じさせる。従って，未反応の標識を除去するために，反応後，B/F分離と呼ばれる洗浄を十分に行う必要がある。また，免疫反応は抗原・抗体の特異的な結合であるが，実際の反応系では非特異的な結合も存在する。

磁気ビーズを用いたイムノアッセイを図2に示す。試料の滴下および標識（磁気ビーズ）の導入（a）および免疫反応（b）までは他のイムノアッセイと同じである。液中に分散した磁気ビーズは磁場勾配を与えることにより移動させることが可能であり，磁気ビーズに加わる力は磁場勾配の大きさに依存する。そこで上方に磁石を配置すること

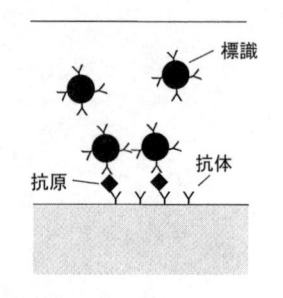

図1 イムノアッセイ

* Hirofumi Fukumoto 旭化成㈱ 研究開発センター 主幹研究員

第3章　バイオセンシングへの応用技術

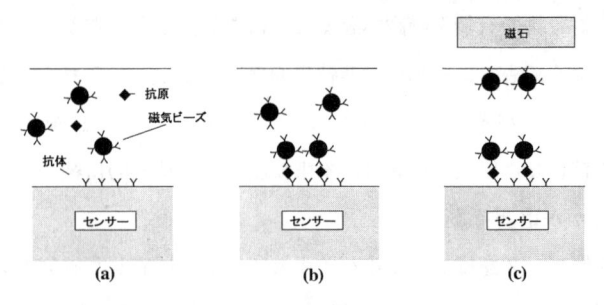

図2　磁気ビーズを用いたイムノアッセイ

で磁気ビーズを瞬時に移動させることができる。この時，抗原・抗体反応により固相に結合した磁気ビーズは移動しない（c）。反応容器内で磁場を印加するだけでB/F分離が可能である。また，磁力により非特異的に結合した磁気ビーズを除去する事も期待できる。

　磁気ビーズが超常磁性であれば磁場を印加した時に磁気ビーズが磁化し，磁気ビーズ周辺の磁束密度はこの影響を受けるため，磁気センサにより磁気ビーズを検出する事ができる。さらに磁気ビーズからの距離が遠くなるほど磁気ビーズの磁化の影響は無くなる。従って，免疫反応により磁気センサ表面に磁気ビーズを結合させ，反応直後に磁場を印加し，未結合の磁気ビーズを移動させ，同時に結合した磁気ビーズを検出すれば，抗原，抗体等の測定対象物の量を測定することができる。免疫反応後，磁場の印加により未結合の磁気ビーズの移動と結合した磁気ビーズの検出を同時に行う，いわゆるホモジニアスアッセイが磁気ビーズと磁気センサにより可能となる。

　磁気センシングの最大のメリットは非接触測定が可能なことであり，バイオセンシングを行う試料中には通常磁性材料は存在しない。従って，試料溶液中に夾雑物が存在しても，磁気センサが磁気ビーズを検出する上での障害物にはならないため，精度の高い計測ができる。

3.3　CMOSセンサによる磁気ビーズのセンシング

　標識である磁気ビーズの表面には，イムノアッセイであれば抗体あるいは抗原を固定するわけであるが，一般に免疫の反応性は標識の大きさに依存する。粒子の単位体積当りの表面積は大きさに反比例するため，小さい標識ほど表面積が大きく，より多くの抗体あるいは抗原を固定できるため反応性が高くなる。従ってバイオセンシングで用いる磁気ビーズも，より粒子径の小さいものが望ましい。

　磁気ビーズを検出するには磁気ビーズの磁化による磁束を検出する必要がある。この磁束密度は磁気ビーズからの距離に反比例して減少するため，高感度に検出するには磁気ビーズに対してより近い距離で，なおかつ感磁部の大きさも磁気ビーズに近い磁気センサが望ましい。抗原-抗体反応などの特異的な反応で結合させた磁気ビーズを検出するので，原理的には磁気ビーズ1個

が検出できれば測定対象物の有無を確認できることになる。しかしながら現実の反応系では測定対象物が存在していなくても，ある割合で非特異的な反応が生じ，これを完全に無くすことは非常に困難である。従って，バイオセンシングにおいては磁気ビーズ1個の検出は重要ではなく，反応系で非特異的に結合した磁気ビーズと，本来検出したい特異的に結合した磁気ビーズをいかに区別して計測するかが重要である。

以上のことから磁気ビーズを標識とするバイオセンシングに適した磁気センサとしては，より微小な感磁部が複数あり，センサ表面に磁気ビーズを結合させることができることが1つの選択基準となる。またセンサ表面に磁気ビーズを結合させるため，センサの使用は一度限りの使い捨てとなり，安価に製造できることが必要条件となる。

磁気ビーズを標識とするバイオセンシングとしてはSQUID[1]，GMR[2]，ホール素子[3,4]等が提案されている。SQUIDは磁気センサとしては非常に高感度であるが，冷却装置等高価な設備が必要である。GMRは比較的高感度で，複数の素子をアレイ状に配置することも可能であり，ハードディスクドライブの磁気ヘッドとして使われているが，多数の素子を集積化するためには複雑な製造プロセスが必要となる。

2次元の磁場分布を計測する目的でMOS型のホール素子をアレイ状に配置した磁気センサ[5]が提案されている。近年のLSI技術の進歩によりシリコンをベースにした素子であれば容易に微小化することが可能であり，信号処理回路を同一基板上に作製することも可能である。また多数のセンサチップを同時にシリコン基板上に作製できるため，安価に製造する事が出来る。

図3を用いてMOS型ホール素子を簡単に説明する。LSIの基本素子であるMOSトランジスタはゲート電極，ソース電極，ドレイン電極とで構成されゲート電極に印加する電圧によりソース-ドレイン電極間に流れる電流を制御する。MOS型ホール素子はこれに2つの出力電極を付加したもので，一般的なホール素子に対してはゲート電極を付加した構造となる。ホール素子は

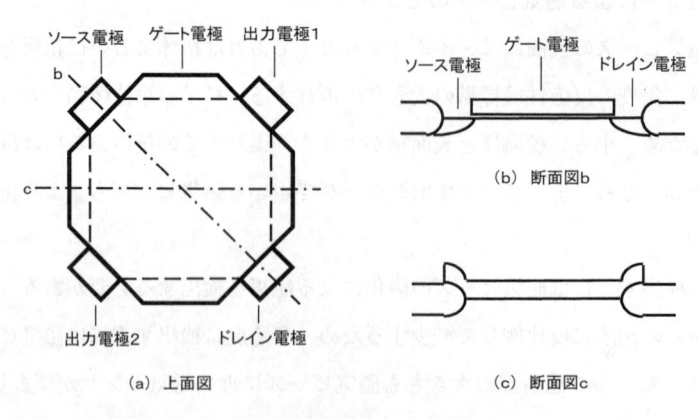

図3 MOS型ホール素子

第3章 バイオセンシングへの応用技術

一対の電流端子とこれと直交する位置に1対の出力端子で構成され，これに磁場を印加するとその磁束密度に比例した差動電圧が1対の出力端子に現れる。MOS型ホール素子はホール素子の磁気センサとしての機能に加えてMOSトランジスタのスイッチング素子としての機能を有する。従ってホール素子をアレイ状に配置したときその選択回路が簡素化でき，多数のホール素子とCMOS回路を集積化する場合に適している。

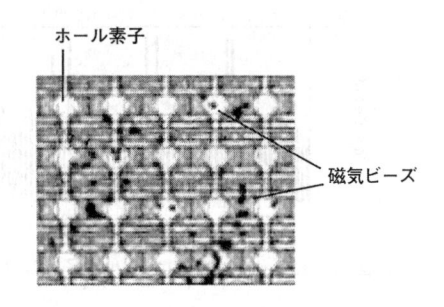

写真1 MOS型ホール素子アレイの一部

作製したMOS型ホール素子アレイの一部分が写真1である。$5\mu m \times 5\mu m$のホール素子が15μmピッチで配置されており，表面には$1\mu m$の磁気ビーズを置いている。ホール素子の周辺には複数の配線が配置されており，非常にシンプルな構造である。

3.4 測定原理

磁気ビーズが超常磁性の場合，外部磁場を印加したときのみ磁化し，外部磁場を無くすと磁化も消失する。図4は磁気ビーズに外部磁場を垂直方向に印加したときの垂直方向の磁束密度の変化を模式的に表したものである。磁気ビーズが磁化することにより，磁気ビーズの真下では磁束密度が増加する。この変化をホール素子により検出する。

作製できるMOS型ホール素子の最小サイズはCMOS製造プロセスの微細加工技術に依存する。一般的にシリコン基板の面方向はダウンサイジング可能であるが厚さ方向は困難である。標準的なCMOS製造プロセスで作製したMOS型ホール素子の感磁面と表面との間には絶縁層あるいは配線層が少なくとも数μmの厚さで存在する。感磁面の大きさはこの表面までの厚さが薄くならない限りは数μmより小さくしても意味が無い。

素子のサイズが$5\mu m$のホール素子をアレイ状に配置したCMOSセンサによる磁気ビーズのセンシングを例に説明する。先ず，ホール素子のサイズと直径が同程度の$4.5\mu m$の磁気ビーズをセンサ表面に固定した場合の結果を図5に示す。このとき印加している磁場は$8 kA/m$の交流磁場である。磁気ビーズがホール素子の真上にあると出力は，約5％増加する。図6は直径が$1\mu m$の磁気ビーズをセンサ表面に固定した場合のホール素子の出力である。この場合，複数個の磁気ビーズを1つのホール素子上に固定することができるが，磁気ビーズが1個ホール素子上にある時出力は約0.1％増加する。ここで磁気ビーズは

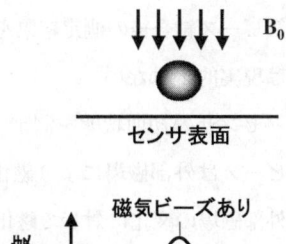

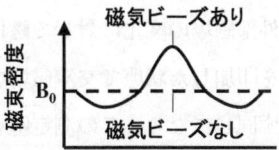

図4 センサ表面の磁束密度分布

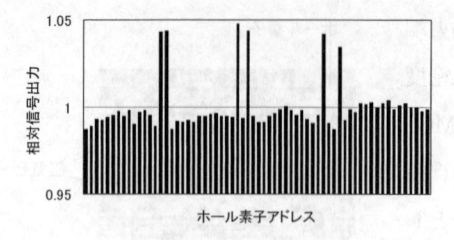

図5 4.5μmビーズのホール素子アレイ出力 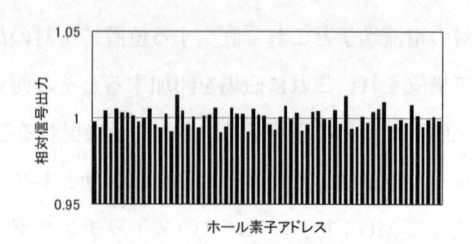　　図6 1μmビーズのホール素子アレイ出力

Dynal Biotech社製のDyanbeadsを用いているが，磁性体が球状の場合反磁界係数が大きいため，磁気ビーズの材料を替えたとしても，出力の変化量の大きな改善は望めない。4.5μmの磁気ビーズがホール素子の真上に存在する場合は，ホール素子の出力レベルから明らかに磁気ビーズの存在が判定できるが，1μmの磁気ビーズでは1個当たりの出力レベルの変化量が小さく，磁気ビーズの存在及びその個数の判別が困難である。また，4.5μmの磁気ビーズの場合もホール素子の真上に選択的に結合できるようにすれば良いが，ランダムに結合した場合，その結合位置により出力レベルが変動する。

図4で示したように磁気ビーズによるセンサ面上の磁束密度の分布では，磁気ビーズの真下は増加し，少しずれた位置では逆に減少する。このことは，均一な外部磁場を与えた時，磁気ビーズはその均一性を乱すことを意味する。この乱れの度合いは磁気ビーズの数に依存すると考えられる。このことから，アレイ状に配置した複数のホール素子出力の偏差がセンサ面上に存在する磁気ビーズの数に依存すると考えられる。

印加する磁場が均一であれば，アレイ状に配置したホール素子の出力も均一であるはずだが，現実に作製されるホール素子では磁気感度のばらつきが存在し，磁場が均一であったとしても，出力は均一にはならない。従って磁気ビーズが存在しない状態でもアレイ状に配置した複数のホール素子出力はある偏差の値をもつ。高精度に測定するためには，このセンサの初期状態と磁気ビーズ結合後の測定結果を比較する必要があるが，検査の前にセンサの初期状態を測定するのは現実的ではない。

センサの初期状態を測定するのに，磁気ビーズの磁気特性を利用する。常磁性体である磁気ビーズは外部磁場により磁化するが，磁場を増していくと飽和する。磁化が飽和した状態では，外部磁場の変化に対して磁化は変化しない。従って磁気ビーズの磁化が飽和するような直流磁場を印加した状態で交流磁場を印加した時，ホール素子出力の交流成分は磁気ビーズの有無に拘らず同じになり，この測定値をセンサの基準値として使うことができる。交流磁場を印加した時と交流＋直流磁場を印加した時のホール素子アレイ出力の交流成分を磁気ビーズが無い時と有る時でプロットしたものが図7である。この図から明らかなように，磁気ビーズが無い状態では交

第3章　バイオセンシングへの応用技術

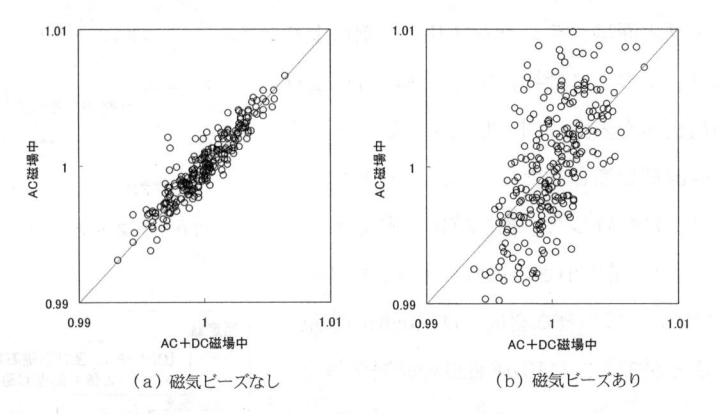

(a) 磁気ビーズなし　　(b) 磁気ビーズあり

図7　AC磁場中とAC＋DC磁場中でのホール素子アレイ出力のAC成分

流磁場と交流＋直流磁場の分散度合いは同じであるが，磁気ビーズがある状態では交流磁場の方が分散度合いは大きくなる。

以上のことから，(交流磁場でのアレイ出力の偏差) － (交流＋直流磁場でのアレイ出力の偏差) が磁気ビーズの量に依存すると考えられる。図8にセンサ表面に磁気ビーズを固定した時の偏差の差分を示す。ここで偏差は平均偏差を用いている。センサチップ上のホール素子の数は256個であり，ホール素子アレイ全体のサイズは250μm×250μmである。

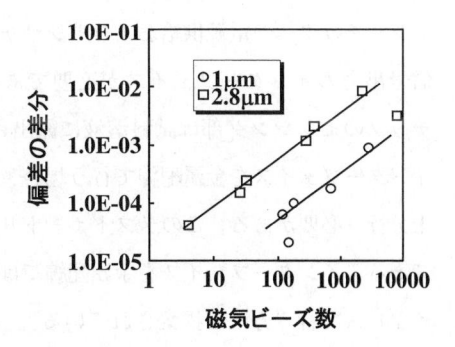

図8　磁気ビーズをセンサ表面に固定したときの測定結果

印加した交流磁場は8 kA/m，周波数は625Hz，直流磁場は40kA/mである。磁気ビーズはDynal Biotech社製のDynabeadsを用いた。ビーズ径1μmおよび2.8μmともにビーズ量に依存して偏差の差分が増加している。ビーズ量はアレイ領域上にある磁気ビーズの総量であり，ホール素子の感磁面上に存在する磁気ビーズの量はこれらの約10分の1である。最小検出感度は測定時間に依存し，1分程度の測定時間ではノイズレベルは偏差の差分の数値で1E-4となり，1μmのビーズでは数100個程度となる。測定時間を長くするか，ホール素子の数を減らせば1μmのビーズ1個を検出することも可能であるが，前述したように現実のアッセイ系では必要ない。

ここで紹介した検出方法の特徴は，複数の検出素子の信号出力を統計的処理により磁気ビーズの定量測定ができることにある。

3.5　測定システム

CMOS製造プロセスにより作製したセンサチップは図9の様なテストカートリッジに内蔵し

た。センサチップ表面はシランカップリング剤により疎水化してあり，その上に捕捉抗体を疎水結合により固定した。検出抗体を表面に固定した磁気ビーズを不織布に含浸させ凍結乾燥させたコンジュゲートパッドをセンサチップ上に配置した。捕捉抗体を固定する領域は数100μm□の非常に小さい領域であり，抗体の使用量が少量でよい。この様な構成では反応槽の容量も小さくすることができ，数10μℓ程度の試料溶液で測定ができる。

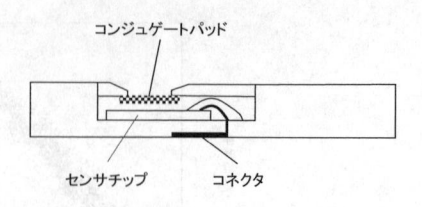

図9 テストカートリッジの断面図

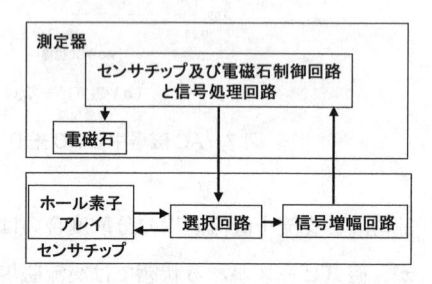

図10 センシングシステムのブロック図

テストカートリッジにセンサチップを内蔵する際にセンサチップへの電源供給およびセンサチップからの信号出力のインターフェイスが必要である。センサチップのセンシング部は試料溶液に露出させるため，インターフェイスを金属配線で行う場合，その封止を十分行う必要がある。このテストカートリッジの構成をいかにするかが安価に製造する上で重要である。インターフェイスを金属配線ではなく高周波の送受信回路をセンサチップに内蔵し，ワイヤレスで行う方法が提案されている[6]。この方法によればテストカートリッジの構成を簡略化することができる。

センシングシステムのブロックダイアグラムを図10に示す。テストカートリッジに内蔵されたセンサチップにはホール素子アレイの他に，個々のホール素子を選択するための回路とホール素子出力の増幅回路が集積化されている。テストカートリッジを挿入する測定器は電磁石とその制御回路，センサチップの制御回路，センサチップからの信号の処理回路，および測定結果の表示盤で構成される。測定手順は以下のとおりである。②〜⑤は全て自動で実施される。

① テストカートリッジのコンジュゲートパッド上に試料溶液を滴下。
② テストカートリッジを測定器に挿入。
③ パッドから磁気ビーズがリリースされ，免疫反応により磁気ビーズがセンサチップ表面に結合。
④ 磁場を印加し，未結合の磁気ビーズを引き上げるとともに測定。
⑤ 結果表示

3.6 CMOSセンサによるイムノアッセイ

ヘモフィルスインフルエンザ（*Haemophilus influenzae*）由来のリボゾーム蛋白質L7/L12に

第3章 バイオセンシングへの応用技術

対する2種類のモノクローナル抗体のうち一方を捕捉抗体，他方を検出抗体とした。ヘモフィルスインフルエンザの精製抗原を希釈したものを測定試料としてイムノアッセイを実施した結果が図11である[4]。ここで，試料溶液を20μℓ滴下して測定を開始するまでの免疫反応時間が2分，測定時間は1分である。測定する直前に40kA/mの磁場を5秒間印加し，未結合の磁気ビーズをセンサ表面から引き離し，そのまま測定を行って

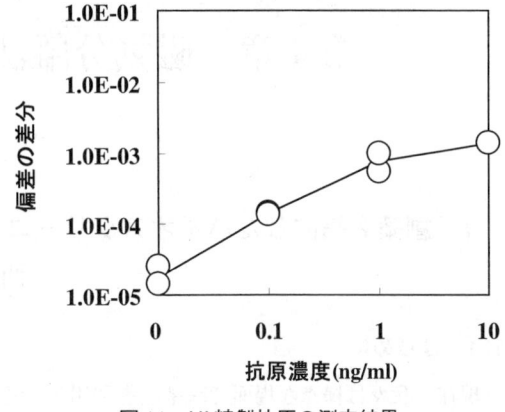

図11 HI精製抗原の測定結果

いる。試料溶液の滴下から3分という非常に短い時間でも0.1ng/mlの抗原濃度が検出できている。また，抗原濃度に依存した結果が得られている。

3.7 おわりに

MOS型ホール素子をアレイ状に配置したCMOSセンサチップを用いることにより，磁気ビーズを高感度に検出することができる。そしてこれを用いたバイオセンシングシステムをイムノアッセイに適用し，迅速かつ高感度に検査が行える可能性について述べた。迅速性に関しては従来のアッセイ手法よりも短時間である。ここでは単項目の測定結果について紹介したが，ホール素子アレイを複数の領域に分け，それぞれの領域に異なる捕捉抗体を固定することにより，同時に多項目の測定も可能である。ホール素子アレイの数を増やすことはCMOS技術によれば容易なことで，今後は多項目測定が必須となるプロテインチップやDNAチップへの展開も考えられる。

文　献

1) R. Kotitz *et al.*, *IEEE Trans. Appl. Supercond.*, **7**, 3678 (1997)
2) D. Baselt *et al.*, *Biosensors and Bioelectronics*, **13**, 791 (1998)
3) T. Aytur *et al.*, Digest Solid-State Sensors and Actuators Workshop, p.126, Hilton Head, SC, June 2001.
4) H. Fukumoto *et al.*, Digest of Technical Papers, Transducers'05, p.1780 (2005)
5) D. Li *et al.*, *T. IEE Japan*, **118**, 532 (1998)
6) T. Aytur *et al.*, Digest of Technical Papers, Symposium on VLSI Circuits, p.314 (2004)

第4章 磁気分離法のバイオ応用技術

1 創薬を指向したバイオスクリーニング技術の開発

西尾広介[*1], 坂本 聡[*2], 宇賀 均[*3]
倉森見典[*4], 半田 宏[*5]

1.1 はじめに

　現在，我々は様々な場面で医薬品を利用し，その恩恵に与っている。世界で流通している医薬品の大部分は生理活性天然物のスクリーニングやメディシナルケミストリーの手法によって見出された低分子化合物である。これらの化合物の多くは製薬企業が十数年単位の歳月をかけて数万単位の化合物を合成し，それらを薬理評価して最終的に得られたものであり，膨大な時間と莫大な費用が投資されている。しかし，現在では全世界的に創薬開発競争が激化していることや法規制の厳しさのため，従来の方法を用いて短期間で画期的な新薬を開発することは非常に困難になってきており，有効かつ迅速な新薬開発の方法が要求されている[1]。

　このような状況を打破するために，分子生物学的な知見や遺伝子工学的な実験手法を取り入れた新薬の開発がなされてきている。これは，薬剤作用メカニズムの分子レベルでの理解が，より短期間・低コストでの新薬開発に直結するとの考えがベースにある。分子生物学的な手法による創薬を考える際，最も基本となるのはリガンドとレセプターの概念である（図1）。この概念は19世紀初頭に提唱され，現代では普遍的に受け入れられている。薬剤の効果は，基本的に薬剤（リガンド）と機能性生体高分子（レセプター）との相互作用の結果で生じる。この機能性高分子は，一般的に受容性物質（あるいは単に受容体）と呼ばれる細胞内タンパク質であり，細胞膜上に存在する膜タンパク質や酵素，核内に存在する転写因子などその種類や局在は様々である。通常，これら受容体は特定のリガンド（例：ホルモン，神経伝達物質など）に依存した一連の生化学反応を担っている。リガンドがレセプターと結合すると，レセプターはある特定の機能を獲得，もしくは消失する。これによりレセプターの種類に依存した一連の生化学的な応答が引き起

[*1] Kosuke Nishio　東京工業大学　大学院生命理工学研究科　生命情報専攻
[*2] Satoshi Sakamoto　東京工業大学　大学院生命理工学研究科　生命情報専攻　助手
[*3] Hitoshi Uga　㈱アフェニックス　研究開発部　研究員
[*4] Chikanori Kuramori　東京工業大学　大学院生命理工学研究科　生命情報専攻
[*5] Hiroshi Handa　東京工業大学　大学院生命理工学研究科　生命情報専攻　教授

第4章　磁気分離法のバイオ応用技術

こされる。ここでの応答は細胞内の機能性タンパク質のネットワークにより調節され，特定の応答として外部に出力される。これら細胞レベルでの応答が集まって機能的組織，あるいは臓器における生理的応答となる。理論上，薬剤はこれらレセプターに結合し，その活性を制御するので，この過程のどの段階でも阻害，もしくは亢進することが可能である。この点に着目すると，薬剤は効果を生み出すのではなく，単に従来の細胞の機能を調節するとも言える。

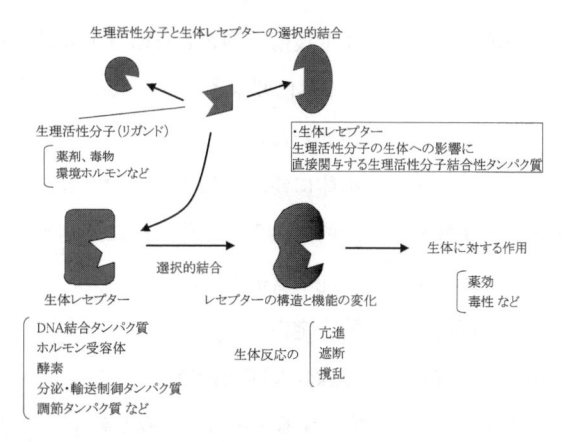

図1　生理活性分子の作用メカニズム

受容体への薬剤の結合には，よく知られた様々な種類の相互作用が存在する。すなわち，イオン結合，水素結合，疎水性結合，Van der waals相互作用，そして共有結合などである。薬剤が強固に結合する共有結合による相互作用は本質的に不可逆であるため，薬剤の薬理作用時間は長くなる。

もしここで，生理活性のある化学物質のレセプターを単離・同定することができれば，レセプターが関与する生体反応の制御メカニズムや制御ネットワークの全貌を明らかにすることができる。また，これにより得られた情報をフィードバックすることで，新規薬剤開発にも大きく貢献することができる。この分子間相互作用(アフィニティー)を利用したレセプターの分離手法として従来から行われているのがアフィニティークロマトグラフィー[2])である。現在，我々は阿部正紀教授（東工大院理工），川口春馬教授（慶大理工）らのグループと共同で，ナノサイズの磁性粒子をアフィニティークロマトグラフィー担体へ応用する研究を行っている。また，同時に多摩川精機㈱と共同で，磁気ビーズを用いた，多検体を一挙に処理できるスクリーニング自動化装置の開発にも着手している。本稿では，共同研究により開発されたナノ磁性粒子について紹介し，それを用いたレセプターの単離・同定法の確立によって可能となる今後の創薬研究について言及したい。

1.2　アフィニティークロマトグラフィー法

アフィニティークロマトグラフィーとは，生体分子間の特異的相互作用を利用して目的とする生体分子を分離，精製する手法のことである。具体的には担体と呼ばれるビーズ上に化合物を固定化し，その化合物に対して高い親和性（アフィニティー）を示す生体分子を分離・精製するものである。アフィニティークロマトグラフィーの概念はおよそ100年前から存在していたが，実

磁性ビーズのバイオ・環境技術への応用展開

用可能なレベルにまで技術が到達したのは1968年のCuatrecasasらの報告[3]以降である。本項ではアフィニティー担体に要求される基本的な性質について概説するとともに我々のこれまでの研究背景を簡単に紹介したい。

アフィニティー担体に要求される基本的な性質は次の通りである。
① 親水性かつ生理的条件下にて化学的に不活性
② リガンド固定可能な官能基を持つ
③ 物理的・化学的安定性
④ サイズが均一で強固な球状構造

担体は精製を目的とする生体分子のみと効率良く結合し、それ以外の生体分子の吸着は可能な限り抑えるように設計する必要がある。従って、生体物質と化学反応を起こしたり、イオン交換反応を起こす官能基が存在してはならない。また、疎水性を帯びる分子構造が存在すると、種々の生体物質の非特異的な吸着や界面活性剤様効果による目的物質の失活の恐れがあるので、基本的に担体は親水性のものが良い。しかし、一方で精製を目的とする生体分子に対して特異的な結合活性を持つリガンドを担体上に化学的に固定化する必要がある。従って、容易に活性化できる官能基の存在が必要不可欠である。またリガンド濃度が高い吸着体を調製するために、このような担体表面の官能基の濃度はかなり高い必要がある。さらに、担体の表面官能基を活性化してリガンドを結合させる反応条件下及びアフィニティー精製を行う際の吸着・洗浄・溶出条件下で機械的強度や立体構造などの物理的な特性が破壊されずに保持されなければならない。

現在、粒径約200 μmの多孔性アガロースビーズが上記の条件を満たす代表的な担体として用いられており、それにリガンドを固定化したビーズをカラムに充填して、そこに細胞抽出液を流すという方法で標的とするタンパク質の精製が一般的に行なわれている。この担体は親水性で大きなベッドボリュームを持つ膨潤性の軟質ビーズであり、内部は大きな網目構造を有する。生体分子が素通りできるようになっており、カラム精製の際、充分な流速が得られるように設計されている。その網目構造のため、担体に固定可能なリガンド量は高く、優れた担体であるといえる。このようなアガロースビーズを用いたカラム精製では、拡散能力の高い、粒子径の小さなビーズ担体を用いることで理論上、精製効率・純度を向上させることが可能である。しかし、粒子径が小さくなると、吸着・洗浄・溶出時の流速が遅くなり、精製にかかる時間が長くなってしまうため、実際には双方の妥協点を探さなければならない。これが、アフィニティークロマトグラフィー法の汎用性と更なる感度向上という点で、多孔性アガロースビーズの使用に大きな障壁となっている。従って、抗原−抗体反応やアビジン−ビオチン結合などの既知の生体分子間相互作用を利用したアフィニティー精製には汎用的に用いることが出来るが、作用メカニズムの判明していない薬剤や分子メカニズムの解析の進んでいないタンパク質などに対する未知の相互作用因子

第4章 磁気分離法のバイオ応用技術

をこの手法で単離・同定しようとする場合，アガロースビーズの多孔性に由来する夾雑物の混入やカラム充填による分画操作に由来するレセプター回収の低効率等の問題があり，標的とするタンパク質を精製するために膨大な時間と労力が要求されるのが現状である。

我々はこれまで，このアガロースビーズの問題点を解決するために川口春馬教授（慶大理工）のグループとの共同研究により，より高感度で汎用性の高いアフィニティービーズを開発してきた。その結果，スチレン（Styrene：St）とグリシジルメタクリレート（Glycidyl Methacrylate：GMA）の共重合体をコアに持ち，ビーズ表面をGMAでシード重合したコアシェル構造を有する粒径約200 nmの無孔性ラテックスビーズ（SGビーズ）の合成に成功した。ビーズの粒径を200 nmと，小さくすることによって多孔性アガロースビーズ以上の大きな比表面積を獲得することが出来た。このビーズは，有機溶媒を含む各種溶媒中で優れた可動性，分散性を示し，その適度な比重と強度から繰り返しの遠心分離操作・再分散が可能である。このSGビーズはpoly-GMAが粒子表面に存在することにより，タンパク質の非特異的吸着を抑えることができ，高感度でのレセプター精製を可能にした。poly-GMAに存在するエポキシ基は，そのユニークな反応性から容易なリガンドの固定化を実現した。これらの条件が揃うことにより，カラム法から，短時間でレセプター回収効率の高いバッチ法への移行が可能となった。実際には200 μl 程度の反応溶媒でアフィニティー精製が可能である。このSGビーズの開発により，薬剤等の低分子化合物から核酸，タンパク質などの生体高分子まで，ありとあらゆる生理活性物質をリガンドとして用い，少量の細胞粗抽出液から，高効率，かつ高精度にレセプターを単離・同定することが可能となった[4~7]。特に，薬剤標的タンパク質の探索に非常に優れた性能を示し，現在までに，抗炎症薬E3330（エーザイ㈱），免疫抑制剤FK506（藤沢薬品工業㈱，現アステラス製薬㈱）を固定化したSGビーズを用いたアフィニティー精製を行い，それらのレセプタータンパク質を簡便に単離することに成功している[8]。このSGビーズを利用した薬剤レセプターの探索により，薬剤作用メカニズムの解明，及び新規薬剤の開発につながる重要な情報を得ることができる。

1.3 ナノ磁性アフィニティー粒子の開発

創薬の観点から生理活性分子の標的タンパク質の探索の重要性は先に述べたとおりであるが，現在，ケミカルバイオロジー，あるいはケミカルゲノミクスとよばれる学問分野においてもその重要性が高まっている。薬剤をはじめとする生理活性分子は標的タンパク質に結合することで特定の機能を阻害，ないし亢進する。これらの分野では生理活性分子を特定のタンパク質機能の阻害剤，ないし亢進剤として利用することで，そのタンパク質の機能解析を行う。このことは細胞内タンパク質ネットワークの解明につながることから，ポストゲノム時代のタンパク質機能解析の新たな研究手法として注目を集めている[9]。また，この研究は将来的には薬剤作用機序の理解

にもつながる事から，創薬においても非常に重要な関心事であるのは言うまでもない。この分野の研究を推進する上で最も重要なのは，特定のタンパク質と結合し，その活性を制御する化合物の種類の選択である。しかし，既存の薬剤(生理活性分子)の標的タンパク質の判明しているものの絶対数がまだ少なく，いまだ作用メカニズムの判明していない薬剤，またはケミカルライブラリーを利用した多種多様な化合物とその標的タンパク質に関する情報を大量に獲得することが非常に重要な課題となっている。

アフィニティー精製による生理活性分子に対する標的タンパク質の探索は，このような研究を展開する上で非常に有効な手法の一つである。しかしながら，我々が開発したSGビーズを含め，従来のアフィニティー精製法はカラムによる分離，もしくは遠心による液相と固相の分離をベースとするため，人の手を用いた精製を余儀なくされ，多検体を同時に処理するのに向いていない。多検体を同時に処理するためには機械装置による精製操作の自動化が必要不可欠である。機械装置による精製の自動化を達成するためには担体を磁気分離可能な磁性粒子にし，永久磁石による担体の分離回収を行うのが最も有効なシステムの1つとして考えられる（図2）。理想的には，精製時間は短く，精製感度は高いことが望まれるので，永久磁石に対して素早く応答するナノ磁性粒子が担体として好ましいといえる。ナノ磁性粒子は，基本的に磁性鉄酸化物の表面を高分子によって被覆することで合成可能であり，これまでに数多くの磁性粒子が市販されている。しかし，我々の知る限りではそれらの粒子径は数 μm サイズのものがほとんどであり，SGビーズと比べてもサイズが大きい。これより粒子径の小さなビーズは，担体としては高分子によって被覆されることでもたらされる過度の分散安定性やビーズの磁気分離による凝集を制御しきれていないのが現状である。この点を考えると，我々が開発したSGビーズは多検体の同時処理に向いてはいないとはいえ，非常に小さいスケールでのアフィニティー精製を可能とする特筆すべき特徴を持っている。この大きな長所は，SGビーズが無孔性のラテックス粒子であり，サイズが非常に小さく，かつ外部圧力に対して構造変化などを起こさない物理的強度を有している。そして，粒子表面に対する生体分子の非特異的な吸着が極めて低いことに由来している。これらの性質を全て兼ね備えたナノ磁性粒子を得ることが出来れば，高感度アフィニティー精製の自動化が可能となる。そこで，我々はこれらSGビーズの優れた特徴を受け継いだ第二世代のアフィニティー担体，ナノ磁性粒子の開発に着手した。

ナノ磁性粒子の開発を行う上で材料の選定は非

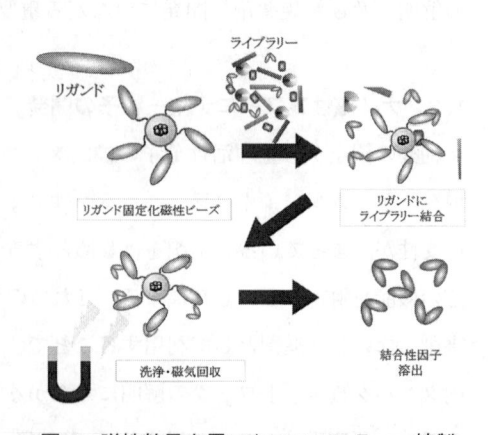

図2　磁性粒子を用いたアフィニティー精製

第4章　磁気分離法のバイオ応用技術

常に重要であった。通常，磁性粒子合成に利用される磁性体コアは粒子径10 nm以下のフェライト（マグネタイト，もしくはマグヘマイト）のナノ粒子で，超常磁性を示す。超常磁性ナノ粒子を利用するので，外部磁界が存在しないと，磁気双極子に由来する引力がナノ粒子間に生じないため，粒子の磁気凝集を考えなくてよい。その反面，粒子径が非常に小さいために体積に占める表面積の割合が高くなり，単位重量あたりの磁価が弱くなる。一般的には，この超常磁性ナノ粒子を磁性コアとして表面を高分子によって被覆することで，その表面に官能基を持たせたナノ磁性粒子が合成できる[10]。しかし，超常磁性ナノ粒子をコアとして粒子径200 nm 程度のナノ磁性粒子を構築しようとする際，永久磁石に対して素早く応答するナノ磁性粒子を合成するためにはナノ磁性粒子中に含まれる磁性体含有率を高める必要がある。まして，粒子径100 nm を切るようなナノ磁性粒子を合成しようとすると磁性体を内包させるための体積が非常に小さくなるため十分磁力を得ることができない可能性がある。そこで，我々は粒子径40 nm程度の比較的大きなフェライトのナノ粒子を磁性材料として選択した。粒子径40 nmのフェライト粒子は強磁性体としての性質を示すようになり，単位重量あたりの磁化は超常磁性粒子よりも強くなる。一方で，強磁性体として粒子間に磁気的凝集が引き起こされることが懸念されるが，フェライト粒子を適切な厚さの高分子で被覆することにより磁気的な相互作用を制御できると考えた。高分子によるフェライト粒子の複合化を行うに際し，粒子表面は親水性であるため，疎水性のモノマーであるスチレンやGMAなど親和性が低く，複合化においてフェライト粒子そのものを使用することは障害となる。そこで，その親和性を高めるためにフェライトとモノマーとの間を取り持つことのできる仲介分子（アダプター分子）を選定した。その結果，適度な疎水性を有し，末端にビニル基を持つ分子がスチレンやGMAとの親和性が高く，かつフェライトにも安定に結合することが判明した。磁性粒子の形状は真球で粒度分布の狭いものがアフィニティー担体として好ましいので，O/W型乳化重合法を利用してフェライト表面をスチレンとGMAの共重合体によって被覆した。得られたナノ磁性粒子（FGビーズ）の表面はGMAによるシード重合で完全にpoly-GMAによって被覆された状態へと改質を施した（図3，4）[11]。また，重合反応の際に利用するフェライト粒子の粒子径や乳化重合時の反応条件をコントロールすることで最終的に得られるFGビーズの粒子径や外部磁場に対する応答性を制御することが可能である。このFGビーズはSGビーズ同様に

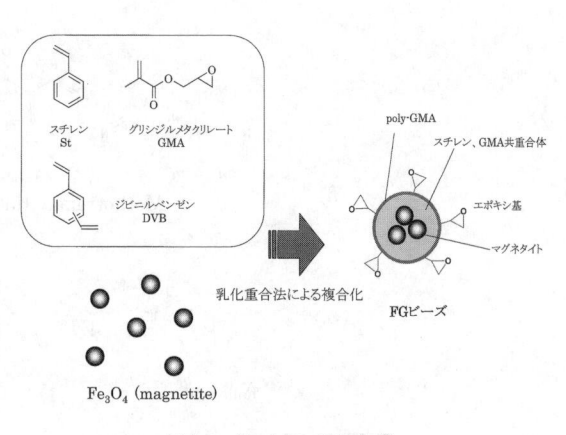

図3　FGビーズの合成

分散性に優れ，均一な粒径分布を有し，poly-GMAにより粒子表面が被覆されていることでタンパク質の非特異的吸着が少なく，リガンドの固定化に必要な官能基の導入・誘導化も可能であるなど，SGビーズと全く遜色の無い特性が保持されていることを実験的に確認した。更にFGビーズはSGビーズよりもその粒子径を小さくすることが可能であり，SGビーズ以上の高感度アフィニティー精製が期待できる。

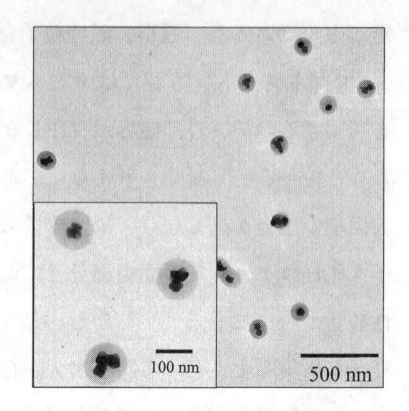

図4　FG粒子の透過型電子顕微鏡写真

1.4　FGビーズの性能評価

我々は得られたFG粒子のアフィニティー担体としての性能を評価する目的で，現在臨床の現場で広く利用されている薬剤メトトレキセート（Methotrexate：MTX）の標的タンパク質の精製を試みた。MTXは葉酸拮抗剤であり，葉酸が細胞内でDehydrofolate Reductase（DHFR）によって変換されるのを阻害する。このため，RNA，及びDNAの合成を抑制することから悪性腫瘍に対する治療薬として用いられてきた。一方，米国では1980年代より慢性間接リュウマチ（RA）に対して有効であることが指摘され，1988年に適応承認がなされるなど，抗ガン剤以外の薬理活性を示すことも知られている（図5）。

MTXは葉酸の誘導体で，両者の構造はきわめて似ており，葉酸を必要とするプリン・ピリミジンヌクレオチドの合成を阻害する。葉酸は細胞内でDHFRによって還元されてジヒドロ葉酸（Dihydrofolic acid：DHF）となり，さらにテトラヒドロ葉酸（Tetrahydrofolic acid：THF）になるが，MTXはDHFRに強固に結合することでDHFRの酵素活性を阻害してTHFの産生を抑制する。THFは核酸成分であるチミジンの合成に不可欠であり，プリン合成にも関与しているため，

Methotrexate (MTX)

Folic acid

臨床利用例：
肉腫（骨肉腫、軟部肉腫等）
急性白血病
悪性リンパ腫
慢性関節リュウマチ

図5　葉酸（Folic acid）とメトトレキセート（MTX）の化学構造

第 4 章　磁気分離法のバイオ応用技術

MTXは細胞増殖の激しい悪性腫瘍に対して抗ガン剤として利用されている。リュウマチ性疾患においてはMTXの免疫抑制作用だけでなく抗炎症作用を重要視しているが，その分子メカニズムは未解明であり，DHFRと異なる新たな標的タンパク質の存在などが示唆されている。

　MTXがDHFRにどのように結合するかは1997年のCodyらのMTX-DHFR共結晶のX線結晶構造解析によって明らかとなっている[12]。実際に，コンピューター上（Molecular Operating Environment）でMTXとDHFRのドッキング実験を行なってみると，報告どおりにDHFRの疎水性ポケットにMTXがはまり込む様子が確認できた。このポケットは本来ならば葉酸が入り込む領域であり，この実験結果からMTXの競合的な結合がDHFRの酵素活性を阻害することがわかる（図6）。

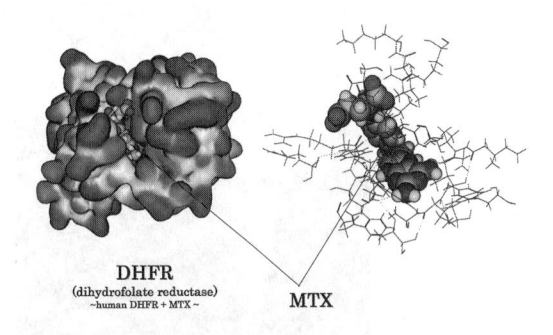

図6　コンピューター上でのMTX/DHFRドッキング解析の結果

　以上のような知見を基に，MTXをFGビーズ上に固定化し，磁気分離操作によるDHFRのアフィニティー精製を試みた。MTXをビーズ上に固定化する際には，MTXとのDHFRの相互作用に影響を及ばさないようにした。MTX固定化FGビーズをHeLa細胞質抽出液と混合し，市販の磁気分離スタンドを利用した磁気分離によってアフィニティー精製し，精製産物をSDS-PAGE後，銀染色した。図7にその結果を示す。MTXを固定化していないFGビーズにはほとんど目立ったタンパク質が結合していないことがわかる。一方，MTXを固定化したFGビーズには特異的なタンパク質が単一のバンドとして溶出されている。このバンドは抗DHFR抗体によるウェスタンブロッティングによってDHFRであることが確認された。このように，FGビーズを用いることで多種多様なタンパク質を含む細胞質抽出液中からDHFRを選択的に精製することができることが確認された。

　このような磁気分離を利用したFGビーズによるアフィニティー精製を自動化する際に問題となるのは，磁石によるFGビーズ回収時間のコントロールと，磁石によって集められたビーズの良好な再分散である。これらの点は目視で回収・再分散状態を判断できる人の手による精製過程と大きく異なる点である。また，多検体を全く同条件下で処理することから，システムの自動化には再現性の高い機械装置の駆動性能が要

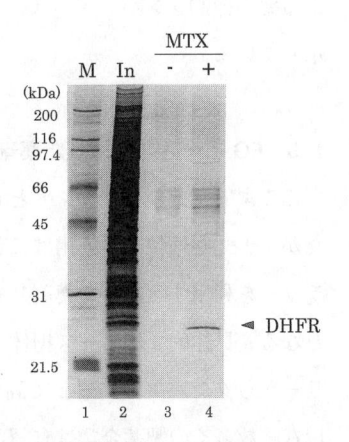

図7　FGビーズを用いたDHFRアフィニティー精製の結果

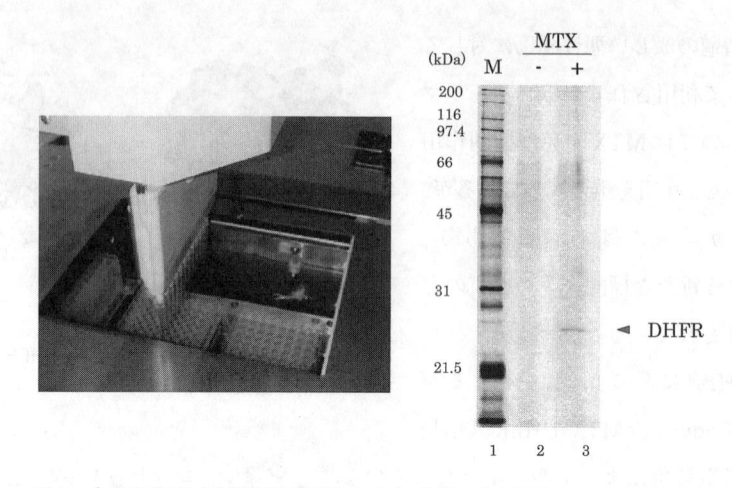

図8 自動化装置（多摩川精機㈱）とそれを用いたDHFRアフィニティー精製の結果

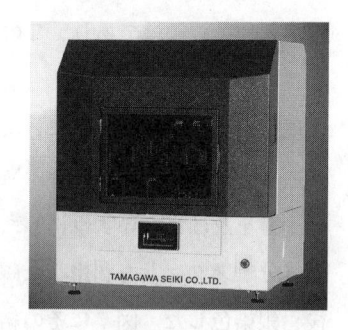

図9 多摩川精機㈱と共同開発を行なったアフィニティー精製自動化装置

求される。例えば，96 wellプレートを利用した場合は全てのwellが全く同じ結果を出す精度が要求される。これら自動化に伴う問題点を多摩川精機㈱との共同研究により，アフィニティー精製の結果と機械装置駆動系の改良を繰り返すことで解決した。実際に，MTX固定化FGビーズをアフィニティークロマトグラフィー担体として多摩川精機㈱によって作製された自動化装置によるアフィニティー精製を行うと，極めて高い再現性でDHFRが精製できることを確認した（図8，9）。この結果はFGビーズを用いたアフィニティー精製の自動化システムによる薬剤標的タンパク質のスクリーニングが有効であることを示している。

1.5 FGビーズを利用した薬剤設計と今後の展開

ここまで，薬剤をリガンドとした薬剤標的タンパク質のアフィニティー精製について述べてきたが，ナノ磁性粒子の応用はこれに留まらない。例えば，企業などが所有している化合物ライブラリーを利用することで薬剤リード化合物候補の創出と構造活性相関による構造の最適化が可能となる。具体的にはビーズ担体上に薬剤だけではなくタンパク質を固定化し，ケミカルライブラリーからタンパク質に対して高いアフィニティーを示すものを選択的に精製してくるのである。現在，数多くの製薬企業は有望なリード化合物を得るためにコンビナトリアル合成やハイスループット合成を駆使して，所有するケミカルライブラリーを飛躍的に増大させ，多種多様なライブ

第4章 磁気分離法のバイオ応用技術

ラリーを獲得している。高感度アフィニティー精製の自動化が実現することで，これらの化合物を分子レベルで評価することが可能となり，細胞・個体レベルでの薬理評価とは異なり，素早く定量的な情報を効率よく獲得することが期待できる。近年では，まだ多くの問題を抱えているとはいえ，コンピューター上で化合物と標的タンパク質のドッキング実験による薬剤分子設計が行われている。最終的な薬理評価は個体レベルで行うことが必須であるが，アフィニティー精製による化合物とその結合タンパク質に関する情報と，コンピューター上での評価を組み合わせることで，これまで新規薬剤開発に要していた，労力，時間，費用の大幅な削減が実現可能であろう。

以上，ナノ磁性粒子を用いた薬剤や内分泌撹乱物質などの化学物質に対するレセプター単離・同定とそれに関わる技術開発は，生体反応制御メカニズムと制御ネットワークの解明という生命科学の基礎から前述のような将来の薬剤設計としての応用展開が可能であり，社会的要請が極めて大きいといえる。また，ケミカルバイオロジーの躍進のためにも標的とするタンパク質の活性を制御する化合物の探索は極めて重要な課題である。本稿のナノ磁性粒子とスクリーニング自動化装置が，次世代バイオ産業の発展の一助になることを期待する。

文　　献

1) C.G.Wermuth, 長瀬博　監訳, 創薬化学, ㈱テクノミック (1999)
2) 笠井献一ほか, アフィニティークロマトグラフィー, 東京化学同人 (1991)
3) P. Cuatrecasas, M. Wilchek, C. B. Anfinsen, *Proc. Natl. Acad. Sci. U. S.*, **61**, 636 (1968)
4) H. Kawaguchi et al., *Nucl. Acids Res.*, **17**, 6229 (1989)
5) Y. Inomata et al., *Anal. Biochem.*, **206**, 109 (1992)
6) Y. Inomata et al., *Colloid and Surfaces B: Biointerfaces*, **4**, 231 (1995)
7) N. Shimizu et al., *Nature Biotechnology*, **18**, 877 (2000)
8) 半田宏, 川口春馬, ナノアフィニティービーズのすべて, 中山書店 (2003)
9) 半田宏　編, ケミカルバイオロジー・ケミカルゲノミクス, シュプリンガー・フェアラーク東京 (2005)
10) Scientific and Clinical Applications of Magnetic Carriers, Plenum Press (1997)
11) 川口春馬　監修, ナノ粒子・マイクロ粒子の最先端技術, シーエムシー出版 (2004)
12) V. Cody et al., *Biochemistry*, **36**, 13897 (1997)

2 磁性ビーズによる核酸抽出の自動化ならびにその献血スクリーニングへの応用

富樫謙一[*1]，坂倉康彦[*2]，八幡英夫[*3]，玉造　滋[*4]

2.1　はじめに

核酸増幅検査法（NAT：Nucleic acid Amplification Test）は，ウイルスゲノムを直接的に極めて高い感度と特異性にて検出することが可能であり，各種の感染症の検査に実用化されている。

ウインドウ期を短縮する目的で献血スクリーニングへのNATの応用が計画され，磁性ビーズ技術の応用による核酸抽出工程の自動化が達成されたことにより，HIV-1[注1]，HBV[注2]，およびHCV[注3]を同時に検出するシステムが本邦に導入され，血液事業の安全に貢献している。

献血血液に由来する輸血用血液製剤ならびに血漿分画製剤は，その臨床的効果への期待と同時に安全性の確保に対しても高い関心が払われており，最先端の技術を駆使するなど最大限の努力が投じられている。本稿で紹介するPCR法[1]を用いた献血血液のNATスクリーニングシステムも，安全性の確保の一翼を担っている。本スクリーニングシステムの開発に際しては，実用化のために可能な限りの自動化が要求された。PCR法を用いた検査は，検体からの核酸抽出，増幅，ならびに検出の3工程から構成され，その中でも核酸抽出工程の自動化が重要であり，磁性ビーズ技術の応用が本システムの開発に大きく寄与した。

血液製剤の安全性の歴史においては，1960年代後半の売血の禁止とそれに伴う善意の献血への切り替えが最初の代表的な対策である。この結果，輸血後肝炎は血液製剤被投与者の16%程度にまで減少した。さらに，HBs抗原[注4]検査（1972年），HBc抗体[注5]検査（1989年），抗HCV抗体検査（1989年），第二世代HCV抗体検査（1992年）などの有効な検査が導入され，1990年代中頃には，輸血後肝炎の発生率は血液製剤被投与者の0.5%以下にまで減少した[2]。

注1）　HIV-1：ヒト後天性免疫不全症候群ウイルス1型，いわゆるエイズウイルス
注2）　HBV：ヒトB型肝炎ウイルス
注3）　HCV：ヒトC型肝炎ウイルス
注4）　抗原：抗体や細胞による免疫反応をおこさせる物質の総称。細菌，ウイルス，あるいは異種のたんぱくが抗原となり得る。
注5）　抗体：抗原が体に進入したとき，免疫反応が働き，その抗原に特異的に吸着する分子を作る。これが抗体。抗体は抗原を特異的に識別できる。

---

*1　Kenichi Togashi　ロシュ・ダイアグノスティックス㈱　MD事業部　血液事業推進部
　　　製品学術・企画課
*2　Yasuhiko Sakakura　同　遺伝子診断開発部　研究開発課
*3　Hideo Yawata　同　血液事業推進部　製品学術・企画課　課長
*4　Shigeru Tamatsukuri　同　遺伝子診断開発部　部長

第4章 磁気分離法のバイオ応用技術

NATが導入される以前の献血血液のスクリーニング検査は、抗原抗体反応を利用した血清学的検査のみで実施されていた。しかしながら、これらの血清学的検査は、生体がウイルスの感染・増殖を認識した後に応答して生産される抗体を検出する技術であるため、ウインドウ期と呼ばれる感染初期の検出不能期間の存在が問題であった。抗体濃度が検出可能なレベルに上昇するまでのウインドウ期の長さは、ヒトC型肝炎ウイルス（HCV）で平均82日、ヒト後天性免疫不全ウイルス1型（エイズウイルス、HIV-1）で21日程度[3]とされている（図1）。HBVについては、抗体ではなくs抗原を検出する検査が一般的であるが、この検査のウインドウ期は59日程度とされている。輸血後ウイルス感染の多くは、このウインドウ期に採血された血液から製造された血液製剤が投与されたため、と考えられている。ウインドウ期を短縮するために、感染初期の微量のウイルスを直接的に、高感度で検出する検査法の開発が求められた。

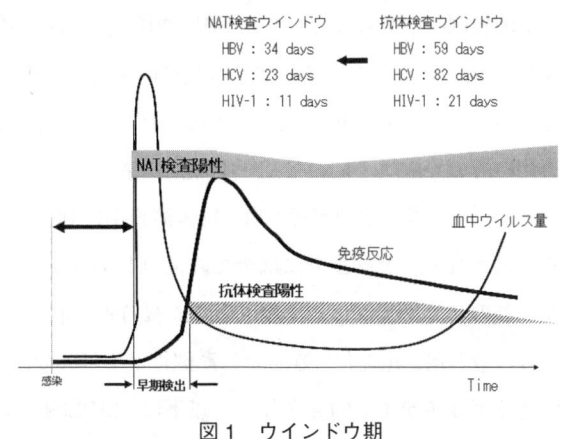

図1　ウインドウ期

一方、1990年代後半からPCRをはじめとするNATによる検査法が臨床検査へ浸透した。NATによる検査法は、抗原・抗体検査法と比べ、極めて高い感度と特異性を持つため、ウインドウ期は、HBVで34日、HCVで23日、HIV-1で11日程度、にそれぞれ短縮されている。また、NATはウイルスのゲノムを直接的に検出するため、ウインドウ期後半に見られる高濃度のウイルスが存在するにも関わらず抗体検査法では検出できないという不都合も生じない。

著者らは、PCR法による臨床検査試薬と装置の開発と実用の経験をもとに、HBV、HCV、ならびにHIV-1の3種類のウイルスを同時に短時間で抽出・増幅検出を行うNAT検査用のAMPLINAT/GT-Xシステム[4]を開発した。本システムは、1999年10月より日本赤十字社に導入され、年間約580万件の献血血液のスクリーニング検査に供されている。実際、NAT検査が導入された直後の2000年に、輸血後肝炎の発症率は、0.00034％へと急減している[2]。

2.2 献血血液の実際

日本における献血数は年間約580万件であり、この全ての献血に係わる採血、検査、ならびに輸血用血液製剤の製造を日本赤十字社が行っている。採血、一般検査ならびに製造については全国の血液センターで行われているが、NAT検査に関しては3ヶ所（北海道千歳市、東京都大田区、京都府福知山市）の専門施設に集約されて行われている。

血液製剤の中でもっとも有効期限が短いものは血小板製剤であり，本邦では採血後の有効期間を72時間としている。この血小板製剤の出荷の可否判定を可能な限り迅速に実施する必要があるため，NAT検査は夜を徹して実施されている。献血時に採取された検査用検体のうちNAT検査用のものが順次上記のNAT専門施設に搬送される。施設到着後，直ちにプール[注6]（現在は20プールにて実施）作製が行われ（抗体検査陽性判定血液はプール作製前に排除される），NAT検査に供される。翌朝までには全てのNAT検査が終了し，各血液センターへ結果がリポートされる。このサイクルが毎日休むことなく繰り返されているため，NAT検査システムには，可能な限りの省力化，迅速化，ならびに頑健性が不可欠である。本システムは，このような高い要求に応えるようデザイン開発された。以下にAMPLINAT/GT-Xシステムの詳細について述べる。

2.3 磁性ビーズによる核酸抽出・精製

PCR検査の工程は，検体からの核酸抽出・精製，増幅，検出から成り立つが，自動化に際しては核酸抽出・精製工程が，最も困難である。核酸抽出・精製の方法としては，古典的なクロロホルム・フェノールを用いる方法や，各研究用試薬メーカーから発売されているカラムを用いる方法などが挙げられる。しかしながら，前者は複数回の遠心操作が必要である。また後者は，カラムに架するための前処理などの別工程が必要であり，迅速さが要求される自動化には不適である。

AMPLINAT/GT-Xシステムではこの核酸抽出工程に磁性ビーズを用いることで，多検体同時処理と自動化を実現した[4]。原理については図2に示した。

① まず血漿検体に蛋白質溶解液（Lysis）を加えて加熱し，ウイルス粒子を壊し，ゲノム核酸（HBVはDNA，HCV/HIV-1はRNA）を遊離させる。なお，Lysis液には工程管理

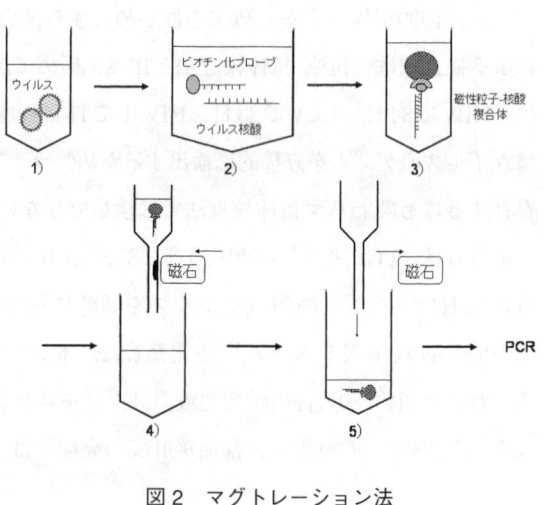

図2　マグトレーション法

注6）　プール：陽性率が極めて低い被検査群の場合，個別に検査せず，複数の検体をひとつに混ぜて検査することがある。これをプール検査という。核酸を増幅して検査できるNATの世界ではよく取られる方法。陽性の場合のみ，そのプールに含まれる個々の検体を検査し，どの検体が陽性であるかを調べる。プール数と検出感度は当然反比例するため，プールに供する検体数は少ないほど良い。現在の献血血液検査は，20プールで行われている。

第 4 章　磁気分離法のバイオ応用技術

のため，あらかじめ内部標準 RNA（Internal Control：IC）を加えておく。ICの詳細については後述する。

② 次に標的核酸（ウイルスのゲノム核酸）に相補的な配列を持つプローブを加え，標的核酸にハイブリダイズさせる。プローブは長さ25塩基程度の合成DNAであり，5'末端はビオチンで修飾されている。

写真1　自動核酸抽出装置 GT-X

③ 表面をストレプトアビジンで修飾した磁性ビーズ（ダイナル社製，特注品）を加える。プローブ末端のビオチン分子とストレプトアビジンは強力に結合するので"磁性ビーズ–ストレプトアビジン–ビオチン–プローブ–標的核酸"複合体が形成される。この複合体を磁石で回収すれば，結果として標的核酸を精製・抽出することが出来る。

④ 磁性ビーズを回収するために，本システムではチップの細くなった部分に磁石を近づけて磁性ビーズを集めるマグトレーション法（プレシジョン・システム・サイエンス社：PSS）を採用した。この方法では，図のような反応容器を用意すれば不要の液をウエルに捨てる形で次工程に移れるため，廃液除去などの機能が不要になる。また，次工程への不要な液体の持込みが最小限に抑えられる。

⑤ 最後に洗浄を終えた磁性ビーズを希釈液（Specimen Diluent）に懸濁し，PCR反応液（MMx）と混和してリアルタイム TaqMan PCR に供する。

これらの工程は，48連のノズルを有する抽出ワークステーション GT-X（写真1）で，完全自動で行われる。96検体からのDNA/RNAの抽出精製・再懸濁に要する時間は，検体のバーコード読み込み，試薬自動分注や反応カートリッジの自動装填・廃棄などを含めて75分である。

2.4　リアルタイム TaqMan PCR

PCR[1]の原理については，諸処の文献に詳しいので詳細は省略するが，「増幅対象となるDNA領域（標的配列）の両端に相補的な2本のDNAプライマーと耐熱性のDNAポリメラーゼを用いて短時間に効率的に増幅する方法」である。通常，PCR産物の確認は，ゲル電気泳動を行い，バンドとして確認する。

TaqMan法（図3）を代表とするリアルタイムPCR法はその発展型であり，PCR産物を反応後に検出するのではなく，PCRによって増幅産物が増えていく様をモニターすることが可能であ

る。TaqMan法では，通常のPCR構成因子に加え2種類の蛍光色素で標識されたTaqManプローブを使用する。TaqManプローブは2つの側面を持つ。一つ目は標的配列へ特異的にハイブリダイズする性質である。PCRサイクル中の，DNAプライマーが鋳型DNAにハイブリダイズするタイミングと同じくしてTaqManプローブも鋳型DNAにハイブリダイズする。次に，DNAポリメラーゼによりDNAプライマーを始発点とした伸長反応が進むが，この際に，伸長方向先にあるTaqManプローブは，DNAポリメラーゼが併せ持つ伸長方向先にあるDNAを分解する活性（エクソヌクレアーゼ活性）によって分解される。この反応が，サイクルごとに理論上2のn乗倍に増幅される標的DNAごとに行われるため，TaqManプローブの分解もサイクルごとに指数関数的に進むことになる。二つ目は蛍光プローブとしての性質である。図中に示したように，TaqManプローブはリポーター（R）とクエンチャー（Q）と呼ばれる2種類の役割の異なる蛍光物質で標識されている。使用する蛍光物質を選択する際には，リポーターの蛍光波長とクエンチャーの励起波長をそろえておく必要がある。TaqMan PCRを行う際にはサイクルごとに，リポーターに対する励起光を照射し，リポーターの蛍光強度を測定する。TaqManプローブ上では，リポーターは励起光を受け蛍光を放とうとするが，その蛍光エネルギーは物理的に側近に存在するクエンチャーの励起エネルギーとして消費されてしまうため，結果としてリポーターの蛍光として観察することはできない。一方，前述の通りTaqManプローブはDNAポリメラーゼのエクソヌクレアーゼ活性により分解される。TaqManプローブが分解を受けることによりリポーターはクエンチャーから物理的に切り離されるため，もはやクエンチャーの干渉を受けずリポーターの蛍光として検出可能となる。すなわち，標的配列が指数関数的に増幅されるに伴ってリポーターからの蛍光シグナルも指数関数的に増大することになる。以上がTaqMan PCR法の基本原理である。

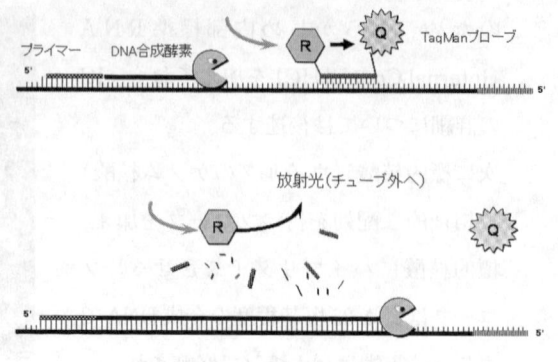

図3　TaqMan法の基本原理

　リアルタイムPCRでは，増幅と検出を行うことから，特にPCRを検査目的で使用する場合には多くの利点を持つ。すなわち，PCR反応後の操作が不要であるために操作が簡便かつ検査時間が短くてすむこと，反応後の反応容器を開栓する必要が無いことによる作業環境汚染防止効果（PCR産物は次PCRの最適な鋳型となるため，偽陽性発生に直結する）など，あらゆる面で有効である。

　また，TaqMan PCR法では複数の蛍光色素をうまく使い分けることにより，1本の反応容器内

第4章　磁気分離法のバイオ応用技術

で複数の標的配列をおのおの検出することが可能である。本システムでは次に述べる内部標準に，この手法を利用している。

2.5　内部標準・IC

献血血液のNATスクリーニングでは，陰性判定の担保が重要である。しかしながら，真の陰性判定を下すことは困難であり，実用的には「検出感度未満」を「陰性」と判定することになる。この「検出感度未満」であることを担保するためには，抽出工程の不具合や検体由来のPCR阻害物質などに起因する増幅不良などによる検出感度の低下が発生した場合に発見報告する仕組みが必要である。AMPLINAT/GT-Xシステムでは，この課題の解決策として，工程管理のための内部標準（IC）を採用している。ICは，図4に示したように①標的と同じプライマー結合領域を持ち，②標的核酸と同じ長さの増幅産物が生成され，③プライマー結合領域に挟まれた部分は別のプローブで検出するために，標的とは全く異なる塩基配列を有し，④増幅効率を同じにするために，標的配列と同じGC含有率を持つようデザインされた合成RNAである。本システムでは，HIV-1用のICを導入しているが，これを前述したようにLysis液に添加しておく。抽出操作の最初の工程であるLysisと検体を混ぜ合わせウイルスを溶解する時点から，ICは遊離したウイルスゲノムと挙動を共にするため，ICが正しく検出された場合には，抽出・精製，増幅・検出，の全ての工程が正しく行われたと判断できる。また，標的ウイルス用のTaqManプローブとIC用のそれとは異なるリポーター蛍光色素を使用しており，波長の異なる2種類の蛍光を測定することで標的ウイルスとICを同時に区別して検出することが可能である。図5に示すように，ICを用いたおかげで「真の陰性（ICのみ検出）」と「偽陰性（標的もICも検出されない）」を，明確に判定可能である。当然のことながらICが検出されなかった場合には，何らかの工程に不具合があったものとし

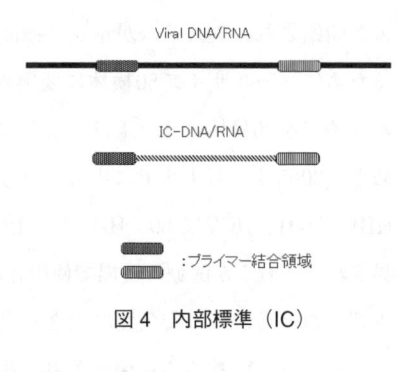

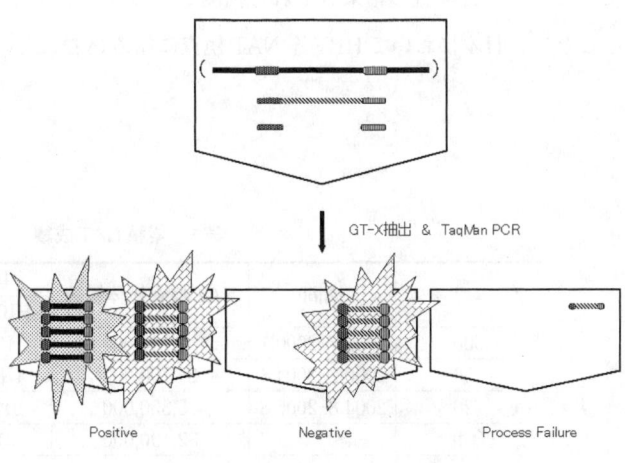

図4　内部標準（IC）

図5　内部標準（IC）による工程管理

て，該当検体は再検査に供される．

2.6 Multiplex 検出

本システムでは，省力化の目的で3種ウイルスの検出を1本の反応容器内で行うよう設計されている．すなわちHBV，HCV，HIV-1ならびにICの4種のPCR反応が1本の反応容器内で行われていることになる．複雑な反応系であるため，プライマー，プローブ配列の設定に際しては，細心の注意を払う必要があった．また，血液スクリーニングの目的は，ウイルス陽性の献血血液を見つけ出し排除することにあるため，本システムは，HBV，HCV，HIV-1のいずれかが存在する場合に，それを検出するというコンセプトで設計されている．

2.7 実際のNAT検査の成績

NATスクリーニングでは，検体数が非常に多いことから，検査の効率化のため何本かの検体をまとめて検査するプール検査を行うのが一般的である．これを可能にするのもNAT検査が極めて高感度だからである．本邦においては，1999年7月に，プールサイズ500検体での試験的導入が開始され，システムが正しく機能することを確認した後，翌2000年2月には，感度を上げるためにプールサイズ50検体に変更された．2004年8月には，さらなる感度向上のためにプールサイズを20検体にまで下げ，現在に至っている．表1に，これまでのNAT検査の成績をまとめた．2005年8月末までに累計3219万検体あまりの献血血液がNAT検査に供され，その結果，HBVで601，HCVで89，HIV-1で12例もの（抗原・抗体検査陰性かつ）NAT陽性の血液が発見され，これらが医療の現場で使用されることなく未然に防止された．すなわち，本システムは本邦における血液の安全性に大きく貢献したと言える．HBVは日本を含むアジアに多いとされているが，NAT検査の結果もそれと相関しており，全NAT陽性検体の8割をゆうに超える．このことは，日本においてHBVをNAT検査に組み込むことの意義を明白に示している．

表1 累積NAT成績

プールサイズ	期間	NAT検査検体概数	抗体陰性/NAT陽性検体数			
			HBV	HCV	HIV-1	合計
500	1999.7–2000.1	2,140,000	19	8	0	27
50	2000.2–2004.8	24,700,000	478	72	8	558
20	2004.8–2005.8	5,350,000	104	9	4	117
合計		32,190,000	601	89	12	702

日本血液事業学会 第29回総会発表より抜粋

第4章　磁気分離法のバイオ応用技術

2.8　海外におけるNAT検査

　日本は，世界に先駆けて全国規模でのNAT検査を導入し，世界中にNAT検査の重要性を示してきた。さらに，本スクリーニングシステムに採用されている全自動核酸抽出技術ならびにHCV，HIV-1およびHBVの3項目同時検出技術の実用化も世界に先駆けたものである。今や血液スクリーニングにNAT検査を行うことは当然のごとく考えられるようになり，主要先進国のほとんどにおいて，何らかの形でNAT検査が実施されている[5]。HCV NATは，NATスクリーニング検査を採用している全ての国で実施されており，またその大部分において義務化されている。HIV-1をNAT検査対象に含める国も，追随する形で増加の傾向にある。この背景には，先行して導入されたHCV NATにより，NATの有効性が確認されたこと，認可を受けたシステムなど技術的に確立されたこと，などがある。一方，HBVについては，前述2項目と比べるとはるかに低い採用率である。この理由には，認可を受けたシステムの発売が前述の2項目に比べ遅かったことの他に，HBV蔓延率に高い地域性があり，先進国では蔓延率が低いことが挙げられる。HBVの蔓延率が極めて低いとされる北ヨーロッパに位置するベルギー，ノルウェイ，スウェーデンなどでは，初回供血時にHBs抗原，抗HBc抗体検査をするのみでありHBV NATは検討されていない。また，蔓延率のそれほど高くない米国やフランスでは，HBs抗体，抗HBc抗体検査からNATへの移行はプール検査では安全性向上にそれほど大きく寄与しないと試算されており，その導入には慎重である。一方，世界的に蔓延率の高いアジア諸国や，欧州において蔓延率の高い地中海沿岸諸国においては，HBV NATの有効性は明らかであり，積極的に実施あるいは導入を検討している。その他，米国・カナダでは，西ナイルウイルス（West Nile Virus：WNV[注7]）の急速な感染地域拡大に対応すべく，WNVのNATスクリーニングを全国規模で行っている。

2.9　磁性ビーズを選択するに当たって

　AMPLINAT/GT-Xシステムの構築における重要な技術課題の一つが磁性ビーズの選択であった。システムに用いるにあたりビーズに要求された条件は，①安価で，物質として均質・安定で，実用的に大きなスケールでの生産に再現性があること，②ビーズの表面加工が比較的容易であること，③必要時に迅速に集めうる高い磁性を持つこと，④容易に均一な懸濁液を得ることのでき

注7）　WNV：西ナイルウイルス。通常，鳥類を宿主とするが，イエ蚊を媒介してヒトやウマへも感染する。ヒトに感染した場合，多くは不顕性感染，あるいは熱性疾患を発症するのみであるが，ときに重篤な脳炎を引き起こし死亡する例もある。米国では，1999年にNY州で最初の感染が確認されて以降，わずか数年で大陸を横断して全米中（アラスカ・ハワイを除く）に感染地域が拡大した。

る高い再分散性を有すること，⑤扱いやすい物理特性（膨潤しない，凝集しない，蛍光を発しない，など）を有すること，の5点である。①，②および③の条件を満たす磁性ビーズの選択は容易であるが，④の条件を満足する磁性ビーズの選択とその確認が最大の技術的課題であった。臨床検体（本システムの場合，血漿）は蛋白質や塩，脂質などさまざまなものを含み，また個人によってその値（濃度）は異なる。検体によっては集めたビーズが硬く凝集し，その後に均一な再懸濁を得ることが非常に困難であった事例を何度か経験した。少なくとも，製造ロット数で3ロット，検体数で数千例の経験を経てシステムの頑健性を確認することが重要である。

なお，ビーズの形状については，無孔性（Non-porous）で球状のものを用いたとき，抽出成績が安定する経験を持っている。かまぼこ板状の微粒子も検討したが，洗浄が均一にできない，凝集後の再懸濁が困難になる頻度が高いといった経験をした。また，粒子径については小さいほど良い。粒径がサブミクロンサイズ（μm以下）になると磁力による凝集捕捉が困難になる傾向にあるようであったが，同じ重量でも粒径が小さくなるほど総表面積が大きくなり，ビーズ自体が沈降しにくくなるため，液相との反応が速くなるように思われる。視認できないレベルまで均一に懸濁浮遊させることのできる小さなビーズを，任意の条件で集合体として磁石で集めうる技術の実用化が待たれる。

2.10 血液スクリーニングの今後

以上，簡単ではあるが現在の日本の献血血液の安全性を支えているNAT検査システムと，その中における磁性ビーズの果たした役割について紹介してきた。最後に今後のNAT検査の方向性について述べる。

一つには更なる検出感度の向上が挙げられる。NAT検査導入により血液の安全性は飛躍的に向上したものの，依然として検査のすり抜けによる輸血後感染はゼロには至っていない。検出感度向上の術としては，プールサイズの縮小，さらには個別検体検査が考えられる。特に日本を含むアジアに多く見られるHBVに関しては，ヒトでの増殖速度が遅いため，血中ウイルス濃度が極めて低いケースも少なくなく，プールサイズの縮小や個別検査の導入は効果的であると考えられる。その一方で，プールサイズを小さくするということは，とりもなおさずテスト数の増大を意味し，さらなる処理速度の向上が必要である。そのためには革新的な技術開発が不可欠である。

もう一つは，対象とするウイルス・病原体の種類を増やす必要性が考えられる。既存のウイルス・病原体の他にも，エマージング・ウイルスの発生や，航空網などの交通機関の発達による感染地域拡大など，いつ何時，どのような感染症が蔓延するかを想像できないのが我々の住む社会である。米国におけるWNVなどはその1例で，最初の感染者が確認されてから瞬く間に全米中に感染地域が広がり，WNVに対するNAT検査実施を余儀なくされている。また，WNVは，日

第 4 章　磁気分離法のバイオ応用技術

本への侵入も懸念されており，予断を許さない状況にある。必要時に柔軟に対処可能な体制準備が重要である。

　一方で，献血血液を検査する以外に，安全な輸血用血液を供給する方法としては，人工的に血液を製造する方法や，化学的処理により血中の感染性因子を不活化する方法などが盛んに研究されている。しかしながら前者は，人工血液成分の中でもっとも研究が進んでいる人工赤血球（人工酸素運搬体）であっても血中半減期が極めて短いため，赤血球製剤の代用品として使用できるレベルには至っていない。また後者は，病原体ゲノムであるDNAやRNAに作用する薬剤を使用することから，輸血製剤中に残存した薬剤が短期的・長期的に人体に悪影響を及ぼさないことの実証が難しいことや，全種類の輸血製剤に共通して使用可能な薬剤が無いこと，などから世界的にも全国レベルで導入された例は未だ無い。これらの事情から，献血血液のNATスクリーニングを省くことはできない。我々は，最新の技術を導入し，さらに高感度かつ高速処理の次世代NAT検査システムの開発を着実に進めている。検査精度を極限にまで高めることにより，より安全な血液供給に寄与していきたいと考えている。

文　　献

1) Saiki RK, Scharf S, Faloona F, Mullis KB, Horn GT, Erlich HA, Arnheim N.; Enzymatic amplification of beta-globin genomic sequences and restriction site analysis for diagnosis of sickle cell anemia. *Science*, **230**, 1350 (1985)
2) 西岡久壽彌，献血血液におけるHBV，HCVスクリーニング検査の陽性数の動向と解析，IASR, **23**, 165 (2002) (http://idsc.nih.go.jp/iasr/23/269/dj2691.html)
3) 吉原なみ子，日本赤十字血液センターにおけるNAT（Nucleic Acids Amplification test：核酸増幅検査）の現状，IASR, **22**, 110 (2001) (http://idsc.nih.go.jp/iasr/22/255/dj2553.html)
4) Meng Q, Wong C, Rangachari A, Tmatasukuri S, Sasaki M, Fiss E, Cheng L, Ramankutty T, Clarke D, Yawata H, Sakakura Y, Hirose T, and Impraim C.; Automated Multiplex Assay System for Simultaneous Detection of Hepatitis B Virus DNA, Hepatitis C Virus RNA, and Human Immunodeficiency Virus Type 1 RNA. *J. Clin. Microbiol.*, **39**, 2937 (2001)
5) Coste J, Reesink HW, Engelfriet CP and Laperche S.; International Forum, Implementation of donor screening for infectious agents transmitted by blood by nucleic acid technology: update to 2003. *Vox Sang.*, **88**, 289 (2005)

3 DNA/RNA抽出とタンパク質精製技術

本間直幸*

3.1 はじめに

現在,磁性粒子は核酸精製はもとより,細胞分離や免疫測定など,医療・バイオ分野のさまざまな研究に応用されている。磁性粒子を用いた精製は,遠心や吸引といった操作が不要であることに加え,一連の操作を水溶液中で行うため,目的物質との結合が,カラムやメンブレンなど固相担体を利用した方法と比較し,迅速で効率的であるといわれている。また,洗浄工程においても磁性粒子を洗浄液に懸濁した後,磁石により粒子のみを分離するため,効果的にコンタミネーションを除去することができる。固相担体を用いる方法では,サンプルが一定量以下の場合,担体から溶出されず回収が困難になることや,担体の結合容量(capacity)依存的に最大収量が決まってしまうといった制限があった。しかし,磁性粒子を用いた精製では,サンプル量にあわせて精製スケールを自在に設定することができるため,微量サンプルからラージスケールの精製に至るまで対応が可能といった柔軟性を備えている。

プロメガでは1990年代の後半より,この磁性粒子を「動く固相」と捉え,分子生物学の基礎技術にあたる核酸やタンパク質の精製に応用してきた。本稿では,当社が提供する磁性粒子の特徴を整理し,Promega Magnetic Technologyの応用例を紹介する。

3.2 DNA/RNA抽出への応用

3.2.1 磁性粒子を用いた核酸精製

(1) **MagneSil® Paramagnetic Particles(PMPs)の特徴**

プロメガが提供している核酸精製用の磁性粒子はMagneSil®と呼ばれている。MagneSil®(写真1)は,silicon dioxide(SiO_2)と磁性体が1:1の比で構成されており,MagneSil®を用いた精製では,グアニジンの存在下などカオトロピックな環境下におけるsilicaと核酸の結合を利用した核酸精製法[1,2]を応用している。この MagneSil® はparamagneticな性質を有しており,磁石を近づけると磁性を有するが,いったん磁界から放してしまうと,もはや,その磁気的な性質は消失してしまう。粒子径の比較的大きな($>2\mu$m)磁性粒子による精製では,粒子自身の水溶液中

写真1 MagneSil® Paramagnetic Particles の構造
MagneSil® 粒子は平均径が5.0〜8.5 μmで,孔のサイズは>500オングストローム。多孔構造を形成させることにより粒子の表面積を拡張し,核酸の結合量を増加させている。

* Naoyuki Honma プロメガ㈱ テクニカルサービス部 部長

第4章　磁気分離法のバイオ応用技術

での分散能の低さが問題点として指摘されているが，このようなMagneSil®の性質は，精製操作中に粒子が塊状になるのを防ぎ，しかも，粒子を水溶液中で攪拌し易くさせている。

写真1に示すようにMagneSil®は不規則な孔構造を形成しているが，これにより核酸の結合量を増加させている。多孔性粒子と無孔性粒子でLambda DNA/*Hind* III断片（125～23,130bp）とPhiX174/*Hae* III断片（72～1,353bp）の回収量を比較してみると，どちらの粒子も少量（＜10 μg）のDNAの回収ではほとんど差は見られないが，多孔性粒子の方は加えたDNA量に比例して高い回収量を示している（図1a，b）。これは多孔構造を形成することにより表面積が拡大し，結合できるDNA量が増加するためである。

このとき，多孔性，無孔性に関わらず，DNAの添加量に対する回収量は，サンプル中のDNAサイズ幅（レンジ）が狭い方（PhiX174/*Hae* III断片）が多くなっている（図1a）。これは，短鎖DNAの場合は磁性粒子からの解離が比較的容易なため，添加量を反映した高い効率での溶出が行えるためである。一方，サイズの広いDNAサンプルを回収するときは，多孔性粒子を用いても，回収量は少なくなる（図1b）。これは，長鎖DNAを粒子に結合させると，粒子あたりに結合できる全DNA量が制限されることに加え，粒子からの解離効率が，短鎖DNAに比べて低くなるためである。

一方，サンプル（DNA）量を一定にして，添加した磁性粒子量あたりのDNA回収量を比較してみると，無孔性粒子に比べて，多孔性粒子のほうが添加量依存的に高い回収量を示している（図2）。例えば，10 mLの大腸菌培養液から回収されるDNA量を比較すると，20 mgの多孔性粒子で80 μgのプラスミドDNAが回収できるのに対し，無孔性粒子では，同じ量のプラスミド

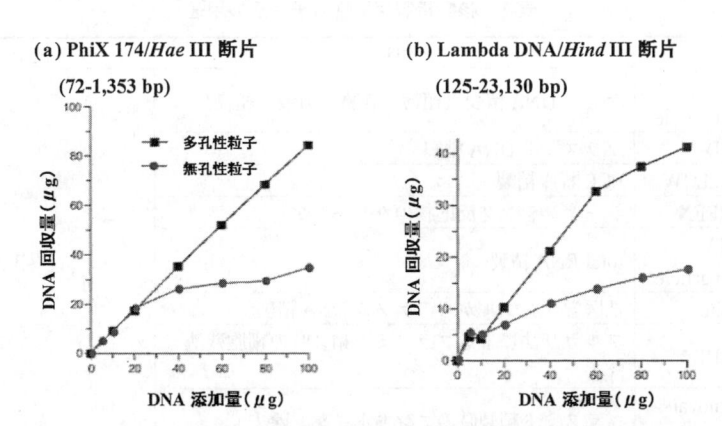

図1　さまざまな濃度のDNA回収におけるMagneSil®の孔構造の影響
(a) PhiX 174/*Hae* III 断片，(b) Lambda DNA/*Hin*d III 断片。4 M guanidine HCl中でDNA断片と磁性粒子の結合反応を行った。Wizard® plus SV Wash solution で粒子を3回洗浄し，風乾させた後，滅菌水で溶出した。溶出DNAはOD$_{260}$の測定により定量した。

を回収するためには2倍の40mgの粒子が必要になるのである（図2）。

以上のようにMagneSil®による精製では，孔構造と粒子濃度の最適化により，さまざまなDNAサンプルの精製に対応できるようにしている。

(2) **MagneSil® PMPs の種類と使い分け**

MagneSil® PMPsは，プラスミドDNA[3]，ゲノムDNA(植物[4]，食物[5]，血液[6,7]など)，PCR断片[8]，total RNA[9]精製に利用されている。MagneSil®を用いた核酸精製では，粒子が多孔構造をとるほど，より高収量の核酸精製が可能になり，濃度依存的にその回収量が増加することは前項で紹介したとおりであるが，プロメガでは，バッファー中の粒子濃度，粒子構造（孔構造）に加え，バッファー成分等の工夫により，対象サンプル（核酸）にあわせたシステムを提供している。表1にさまざまなMagneSil®とその用途をまとめた。

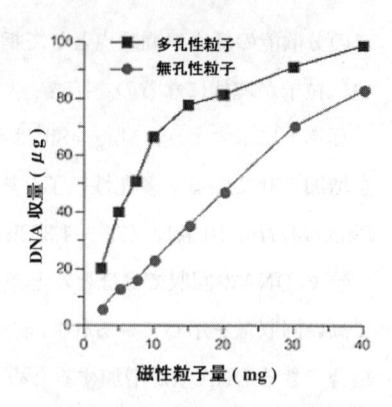

図2 多孔性／無孔性MagneSil®の濃度とDNA回収量の相関性
10mLの大腸菌培養液から，さまざまな濃度の多孔性，もしくは無孔性MagneSil®を用いて，プラスミドDNA精製を行った。DNAの回収量はOD$_{260}$の測定値から見積もった。

MagneSil®による核酸精製は，先述のとおりカオトロピックな条件下でのsilicaと核酸の結合を利用したものだが，独自のバッファー系の工夫により，核酸とは結合せず，細胞残渣などのタンパク質（MagneSil® BLUE）やエンドトキシン（Endotoxin Removal Resin）などの核酸以外の成分と結合する粒子も提供している（表1）。これにより，核酸精製ステップを，遠心操作を伴

表1 核酸精製用磁性粒子とその用途

磁性粒子	用途	粒子表面
MagneSil® paramagnetic particle	ゲノムDNA精製（植物，食物，血液，組織）	silica
MagneSil® RED	プラスミドDNA精製	
MagneSil® YELLOW	PCR断片精製	
MagneSil® GREEN	シーケンシング反応物のクリーンアップ	
MagneSil® RNA paramagnetic particle	total RNA精製	
DNA IQ™ resin	法医学サンプルからのゲノムDNA精製	
MagneSil® BLUE *	アルカリ法によるプラスミド精製時の細胞残渣除去	
Endotoxin Removal Resin *	プラスミド精製時のエンドトキシン除去	
Streptavidin MagneSphere® Paramagnetic Particles	①ビオチン化DNA/タンパク質の捕捉　②mRNAの精製（ビオチン化oligo(dT)との組み合わせによる）	4量体のストレプトアビジン

＊：核酸以外の成分と結合する磁性粒子

第4章 磁気分離法のバイオ応用技術

わず，磁石を用いた一連の操作で行うことができるようになっている。例えば，プラスミドDNA精製では，①大腸菌ペレットのアルカリ溶解，② MagneSil® BLUE による細胞残渣除去（ライセート浄化），③（浄化ライセートから）MagneSil® REDによる核酸成分の捕捉，④核酸が結合したMagneSil® REDの洗浄，⑤滅菌水，もしくはTEバッファーによる溶出，といった5つのステップを磁石操作だけで行うことができる。また，ゲノムDNA精製では，適当な前処理を行ったライセートを準備することができれば，図3に示すような簡単な工程で，ゲノムDNA精製を行うことができる。

ちなみに，表1に記載のDNA IQ™ resinは，法医学サンプル（髪の毛，血痕，土壌など）からのゲノムDNAの回収に用いられている[10]。このDNA IQ™ resinはMagneSil®技術を応用した比較的，孔構造をとらない粒子であり，DNAの最大収量は100ngである。この性質により，①個々の法医学サンプルから微量DNA（＜100 ng）を回収すること（casework study）に加え，②DNA量の異なる（＞100 ng）さまざまな法医学サンプルから一定量のDNAを精製する（database development）といった異なった2つの事例に対応させている。

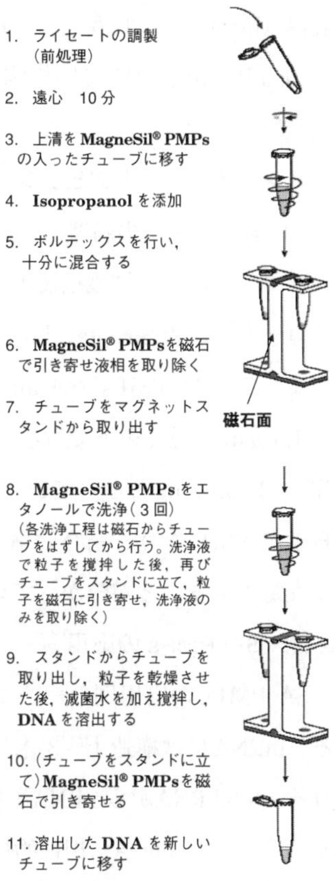

1. ライセートの調製（前処理）
2. 遠心 10分
3. 上清を MagneSil® PMPs の入ったチューブに移す
4. Isopropanol を添加
5. ボルテックスを行い，十分に混合する
6. MagneSil® PMPsを磁石で引き寄せ液相を取り除く
7. チューブをマグネットスタンドから取り出す
8. MagneSil® PMPs をエタノールで洗浄（3回）（各洗浄工程は磁石からチューブをはずしてから行う。洗浄液で粒子を攪拌した後，再びチューブをスタンドに立て，粒子を磁石に引き寄せ，洗浄液のみを取り除く）
9. スタンドからチューブを取り出し，粒子を乾燥させた後，滅菌水を加え攪拌し，DNAを溶出する
10. （チューブをスタンドに立て）MagneSil® PMPsを磁石で引き寄せる
11. 溶出した DNA を新しいチューブに移す

図3 磁性粒子／マグネットスタンドを用いた DNA 精製の流れ

(3) 自動化への利用

ロボットなど自動化システムによる多検体処理はスクリーニング操作や網羅的なアッセイなど近年の分子生物学の研究には必須の技術である。磁性粒子を用いた核酸精製技術では，前処理を行った後は遠心操作を必要としないこと，さらにサンプルの量に応じて反応スケールを自在に調整できることから，自動化による多検体アッセイには非常に有効なツールといえる（写真2）。

実際に先に紹介したMagneSil®は，すでに，①プラスミドDNA精製（シークエンスグレード[3]，トランスフェクショングレード[11]），②ゲノムDNA精製（植物[4]，

写真2 96ウェル用磁気デバイス MagnaBot® 96 を用いた自動化応用
MagnaBot® 96 Magnetic Separation Device（下）と Collection Plate（上：ロボットのグリップアームで持ち上げられている）

食品（GMO）[12]，血液[6]），③PCR産物の精製[13]，④シーケンシング反応物のクリーンアップ[13]，⑤total RNAの精製[8]で実施例が報告されており，サンプル間での収量のバラツキを抑えた高純度核酸精製のツールとして，さまざまな場面で応用されている。

3.2.2 ストレプトアビジンコート磁性粒子（SA-PMPs）

(1) SA-PMPsの特徴

プロメガには，核酸精製用の磁性粒子として，MagneSil® PMPsに加え，ストレプトアビジンでコートされたStreptavidin coated MagneSphere® Paramagnetic Particles（以下SA-PMPs）がある。このSA-PMPsはsilianized iron oxideの表面に4量体のストレプトアビジンをもつ直径0.5～1.5μmの磁性粒子である。また，SA-PMPsも不規則な孔構造をとっており，その表面積は100～150m²/mgとなっている。このSA-PMPsは4～65℃で安定であり，この範囲を超えると粒子が塊状になり，結合効率が落ちる。また，pHに対する感受性に関しては，5.0～9.0の範囲で安定であることが分かっている。

(2) SA-PMPsの応用

SA-PMPsの応用例の一つにmRNAの精製がある。mRNAには構造上，3'末端にpoly-Aが付加される。total RNAからmRNAを抽出する手法のほとんどは，このpoly-Aに相補的に結合するoligo(dT)にタグをつけて分離を行うものである。SA-PMPsを用いたmRNAの精製は，ビオチン化したoligo(dT)をtotal RNAサンプルと反応させ，そこにSA-PMPsを添加することで，ビオチンとストレプトアビジンの結合を利用したmRNAの分離を行うものである（図4）。ビオチンはストレプトアビジンと高いアフィニティ（$K_d = 10^{15}$M）で結合するため，効率よくmRNAの分離を行うことができる（尚，ここで紹介した精製法はPolyATtract® mRNA Isolation Systemとしてキット化されている）。

このSA-PMPsを用いた精製は，基本的にはストレプトアビジンに結合するビオチンが修飾されたサンプルであれば，その対象となるため，mRNAの精製に加えて，ビオチン化oligo DNAを用いた微量サンプルからの配列特異的なサブトラクション

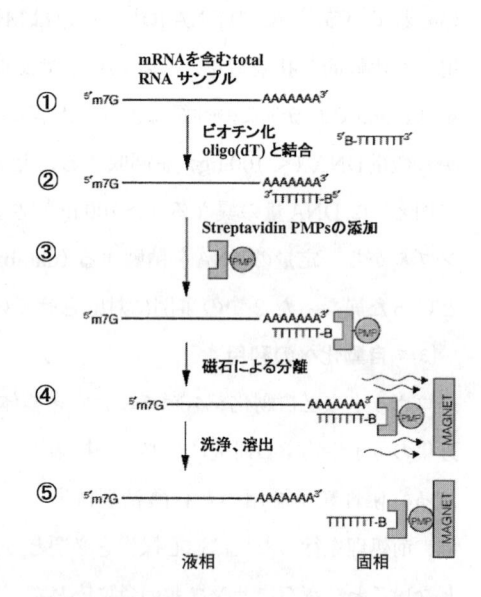

図4 Streptavidin-Paramagnetic Particles（SA-PMPs）を用いたmRNAの精製の流れ

①細胞／組織ホモジネート，もしくはtotal RNAサンプルにビオチン化oligo(dT)を添加する。②mRNAのpoly-Aとoligo(dT)が特異的に結合する。③SA-PMPsを添加し，ビオチンと反応させる。④磁石によりSA-PMPsを引き寄せることにより，mRNAを複合体として分離する。⑤滅菌水を添加し，SA-PMPs複合体からmRNAを回収する。

第4章 磁気分離法のバイオ応用技術

cDNAライブラリーの作成[14]や，DNA／タンパク質の相互作用解析[15, 16]，ビオチン標識抗体を用いた特定細胞のセレクション[17]などにも利用されている。また，このSA-PMPsは先に紹介したMagneSil®同様，自動化に対応しており，いくつかのプラットフォームでプロトコールが確立されている[18, 19]。

mRNA精製の自動化に際しては，精製サンプルへのSA-PMPsの混入の可能性，及びそれに起因する以降のアプリケーションへの影響についても検討しておく必要があろう。磁性粒子のPCR反応への影響を調べるために，白血病細胞株K562細胞から回収したmRNAに，さまざまな量のSA-PMPsを添加し，RT-PCRを行った。図5に示すように，磁性粒子はPCR反応に対して影響を与えていなかった。このことから，SA-PMPsが精製過程で混入した場合でも，以降の解析に及ぼす影響は見られない，もしくは最低限に抑えられるものと考えられる。

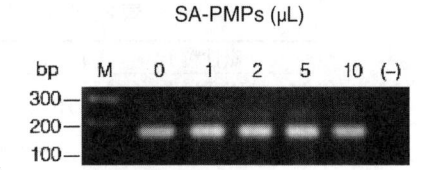

図5 SA-PMPsのPCR反応への影響
白血病細胞株K562細胞（Philadelphia (Chromosome)-positive）から単離したmRNA（10 ng）に0, 1, 2, 5, 10 μLのSA-PMPsを添加し，bcr-abl融合RNA産物に特異的なプライマーを用いてPCRを行った。増幅物は1.5%アガロースゲルを用いて電気泳動を行った。Lane M; 100 bp DNA ladder。Lane(−); no RNA。

3.3 タンパク質精製への応用
3.3.1 Hisタグ，GSTタグ融合タンパク質の精製

タンパク質の精製には，抗体を用いたアフィニティ精製や，分子量によるふるい分けを利用した方法が古くから用いられているが，最近では，目的タンパク質に小分子タグをつけて発現させ，そのタグとのアフィニティを利用した精製法が広く用いられている[20, 21]。最近になって，このタグがタンパク質の収量や可溶性，さらには融合タンパク質の形状に影響を与えることが明らかになり，その性状にも注目が集まっている。

本稿で紹介するタンパク質精製用の磁性粒子は，タグとしてHis（Histidine）とGST（Glutathione-S-Transferase）を対象としたものであり，その精製システムとしては，MagneHis™, MagneGST™がそれぞれ対応する。MagneHis™はHisとNi^{2+}との親和性を利用したものであり，その粒子表面にNi^{2+}をもつ。一方，MagneGST™は，GSTとglutathioneのアフィニティを利用した精製技術であり，glutathioneがこの粒子表面をカバーする（表2）。精製原理はこれまでのシステム同様，磁石を用いることにより融合タンパク質を分離するものである（図6）。

これらのシステムは，主に大腸菌に発現させた融合タンパク質の精製に用いられる。操作は非常にシンプルで，大腸菌を溶解したライセートに直接，磁性粒子を添加するだけで，発現したタ

表2 タンパク質精製用磁性粒子とその用途

磁性粒子	用途	粒子表面
MagneHis™ Ni-particles	Hisタグ融合タンパク質の精製	Ni^{2+}
MagZ™ binding particles	ウサギ網状赤血球ライセート発現系からのHisタグ融合タンパク質の精製	Zn^{2+}
MagneGST™ glutathione particles	GSTタグ融合タンパク質の精製	glutathione

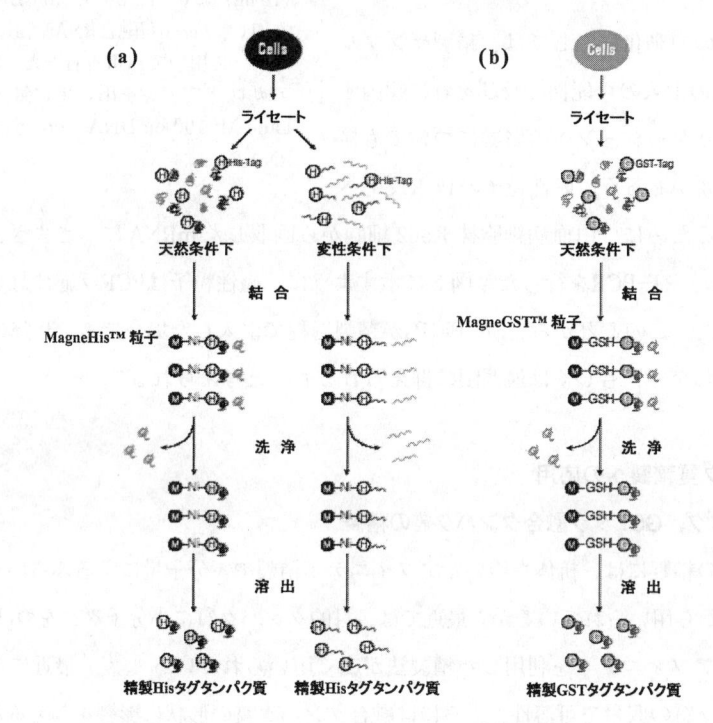

図6 磁性粒子を用いた（a）Hisタグ，（b）GSTタグ融合タンパク質の精製の流れ
タグを融合させたタンパク質の精製は，①大腸菌の溶解(ライセート)，②磁性粒子の混合と結合(a；MagneHis™-Ni粒子，b；MagneGST™-glutathione粒子)，③洗浄，④溶出の4つのステップからなる。

グ融合タンパク質と磁性粒子の結合反応が起こる。磁性粒子に結合したタンパク質は，磁石スタンド(図3参照)にチューブを立てることで，分離することができる。この磁性粒子はMagneSil®同様，paramagneticな性質を有しており，上清を除去した後，チューブを磁石(スタンド)から離すことで，その磁性は失われる。そのため，チューブに洗浄液を加えると，磁性粒子は容易に懸濁され，非特異的に結合した不純物を効率的に洗い落とすことができる。洗浄した粒子は再び磁石操作により液相と分離され，不純物を含む液相はピペット操作で除くことができる。目的タ

第4章 磁気分離法のバイオ応用技術

ンパク質は高濃度のimidazole（MagneHis™），もしくは，glutathioine（MagneGST™）により磁性粒子から溶出され，分離した溶液はそのままタンパク質溶液としてさまざまなアッセイに使用することができる。

これらのシステムはバッファー系の最適化により，各ステップに要する時間が従来の方法に比べ，短くなっている上，溶菌の際，長時間のリゾチーム処理が不要である。しかも，大腸菌ライセートは通常，遠心により，その細胞残渣を除去し，その上清を精製反応に用いるが，これらのシステムでは，この遠心操作を行わなくても，同等の結果を示すことができる(図7，標準操作時間：MagneHis™；20分，MagneGST™；60分)。

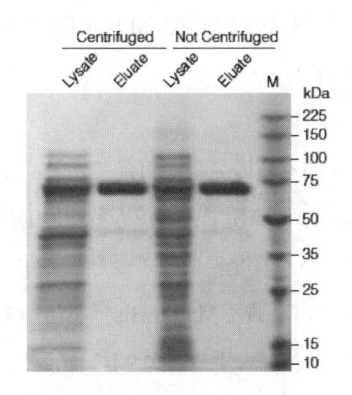

図7 MagneHis™を用いた精製におけるライセート浄化の影響

Hisタグ融合methionyl tRNA synthetaseを発現させた大腸菌(遠心によりペレットにしたもの)にMagneHis™ Cell Lysis Reagentを加え10分間，室温で撹拌しながらインキュベートした。ライセートを遠心（13,000×gで10分）した後の上清（Centrifuged），もしくは遠心前のライセート（Not Centrifuged）200 μLにMagneHis™粒子（30 μL）を加えた。粒子を加えたサンプルはピペッティングを行い，室温で2分間インキュベートした。サンプルを磁石スタンドにおき磁性粒子を分離し，液相を取り除いた。粒子を100mM HEPES, 10 mM imidazole（pH7.5）を含むMagneHis™ Binding/Wash Bufferで洗浄後，Elution Buffer（100 mM HEPES, 500 mM imidazole [pH 7.5]）で溶出した。SDS-PAGEの結果，ライセートの浄化は精製結果にはほとんど影響していないことがわかる。

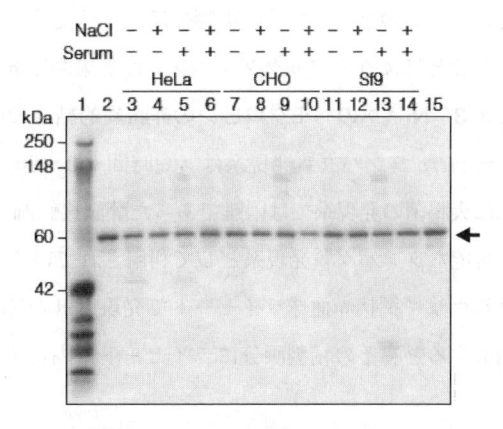

図8 MagneHis™によるHisタグ融合タンパク質の精製（培養細胞）

$2×10^6$個の各細胞を培地中で懸濁し，懸濁液900 μLに対して，細胞溶解剤(FastBreak™ Cell Lysis Reagent, 10×) 100 μLと5 μgのHisタグ融合luciferaseをDNase（20 μL）とともに混合し，室温で15～20分間インキュベートした。ライセートにMagneHis™-Ni particles（30 μL）と終濃度20 mM imidazoleを添加し，2～5分間室温でインキュベートした。MagneHis™ Binding/Wash Buffer（500 μL）による3回の洗浄後，Elution Buffer（100 μL）で溶出した。溶出したHisタグ融合ルシフェラーゼは4～20% Tris-Glycineポリアクリルアミドゲルで電気泳動後，SimplyBlue™ SafeStainで検出した。Lane 1；マーカー，2, 15；コントロール（ルシフェラーゼ），3～6；HeLa細胞（DMEM培地使用），7～10；CHO細胞（F-2培地使用），11～14；Sf9細胞（BacVector® Insect Cell Medium使用）。NaClは洗浄時の添加（終濃度0.5M）の有無を表す。

171

これらのシステムは，MagneSil®やSA-PMPsでの核酸精製と同様，自動化にも十分対応でき，いくつかのプラットフォームで実績がある[22, 23]。

3.3.2　大腸菌以外のサンプルからのHisタグ融合タンパク質の精製

タンパク質の発現系には，大腸菌以外にも培養細胞による発現系や，in vitro発現系などが知られている。中でも培養細胞による発現系では，翻訳後修飾を再現できるなど，より天然型に近いタンパク質を発現させることができるため，多くの研究者に利用されている。先に紹介したMagneHis™によるHisタグ融合タンパク質の精製は，大腸菌の発現系のみならず，培養細胞の発現系にも応用が可能である。HeLa細胞，CHO細胞，及び昆虫細胞（Sf9）からMagneHis™を用いてHisタグを融合させたルシフェラーゼを回収したところ，いずれも効率よく精製できた（図8）。このとき，血清の影響はほとんど受けておらず，また，洗浄工程で0.5 M NaClを添加することにより，バックグラウンドは効果的に低減された（図8）。

3.3.3　Ni^{2+}へのヘモグロビンの非特異的結合の回避

in vitro タンパク質発現系は，短時間（60〜90分）に目的タンパク質の発現が可能であり，中には大腸菌の発現系では困難であった翻訳後修飾も観察されるため，簡便で，しかも多検体応用も可能なタンパク質発現系として利用されている。in vitro タンパク質発現系の1つとして知られるウサギ網状赤血球ライセートで発現させたHisタグ融合タンパク質をMagneHis™を用いて精製すると，その精製画分にライセートに内在するヘモグロビンが混入する（図9b；lane 2）。

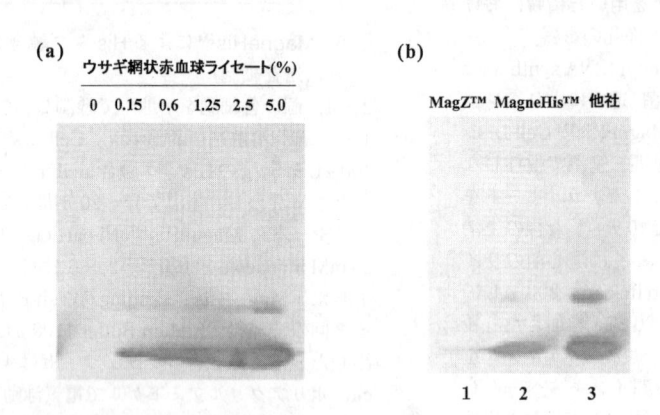

図9　ウサギ網状赤血球ライセートに含まれるヘモグロビンの混入とMag Z™による回避

(a)ウサギ網状赤血球ライセートの希釈系列（0, 0.15, 0.6, 1.25, 2.5, 5%）に含有するヘモグロビン。ヘモグロビンは抗ヘモグロビン抗体で検出した（alkaline phosphatase検出）。(b) ウサギ網状赤血球ライセートで発現させたHisタグ融合タンパク質をさまざまな精製法で回収した。Lane 1；MagZ™, lane 2；MagneHis™, lane 3；他社品（Ni^{2+}使用）

これは，Ni^{2+}とヘモグロビンの非特異的な結合によるものであり，MagneHis™をはじめとしたNi^{2+}を利用する精製法を用いる限りその回避は難しい。Ni^{2+}以外にもhistidineとアフィニティを示す2価イオンの存在が知られている[24, 25]。

プロメガでは，このヘモグロビンによる非特異的な結合を回避する目的で，Ni^{2+}の代わりにZn^{2+}をその表面にもつ磁性粒子，MagZ™ systemを開発した。このMagZ™を用いることにより，ウサギ網状赤血球ライセートから精製したサンプル中の，ヘモグロビンの混入を0.15%未満に抑えることができた（図9b）。

3.4 おわりに

磁性粒子を用いた精製はサンプルの種類に関わらず，スケールを自在に変えることができるといった柔軟性に加え，水溶液中での操作のため，（粒子への）結合，洗浄，溶出といったシンプルなステップを効率よく行うことができる。精製技術は，現在ではもはや基礎技術であり，いかに迅速に，しかも，高純度に回収できるかに注目が集まるところだが，本稿で紹介した磁性粒子が，より多くの研究者に高品質のサンプルを提供し，研究の迅速化，効率化の一助になることを期待する。

文　　献

1) C. W. Chen and C. A. Thomas Jr., *Anal. Biochem.*, **101**, 339–41 (1980)
2) M. A. Marko, R. Chipperfield and H. C. Birnboim, *Anal. Biochem.*, **121**, 382–7 (1982)
3) Gary Shiels, Doug White and Don Smith, *Promega Notes*, **79**, 22–24 (2001)
4) Susan Koller, Hemanth Shenoi, Judith Burnham and Rex Bitner, *Promega Notes*, **79**, 25–28 (2001)
5) Rex Bitner, Susan Koller and Hemanth Shenoi, *Promega Notes*, **76**, 14–18 (2000)
6) Susan Koller, Jacqui Sankbeil, Hemanth Shenoi and Rex Bitner, *Promega Notes*, **85**, 7–10 (2003)
7) Dan Kephart, Terri Grunst and Cristopher Cowan, *Promega Notes*, **90**, 22–25 (2005)
8) Paula Brisco, Bob McLaren, Don Creswell, Pete Stecha, and Randy Hoffman, *Promega Notes*, **79**, 18–21 (2001)
9) Terri Grunst, *Promega Notes*, **86**, 18–20 (2004)
10) Paraj V. Mandrekar, Laura Flanagan and Allan Tereba, *Profiles in DNA*, **5** (2), 11–13 (2002)
11) Doug White, Gary Shiels and Don Creswell, *Promega Notes*, **83**, 18–20 (2003)

12) Terri Grunst and Dan Kephart, *Promega Notes*, **76**, 19–22 (2000)
13) Brad Larson and Tom Strader, *Promega Notes*, **85**, 3–6 (2003)
14) Douglas M. Silverstein, Stefan Somlo, Beth Zavilowitz, and Adrian Spitzer, *BioTechniques,* **21** (6), 994–6 (1996)
15) Eckardt Treuter, Lotta Johansson, Jane S. Thomsen, Anette Wärnmark, Jörg Leers, Markku Pelto-Huikko, Maria Sjöberg, Anthony P. H. Wright, Giannis Spyrou and Jan-Åke Gustafsson, *J. Biol. Chem.*, **274**, 6667–6677 (1999)
16) Paula J. Bates, Jasbir B. Kahlon, Shelia D. Thomas, John O. Trent and Donald M. Miller, *J. Biol. Chem.*, **274**, 26369–26377 (1999)
17) Kathryn A. Pape, Rebecca Merica, Anna Mondino, Alexander Khoruts and Marc K. Jenkins, *J. Immunol.*, **160**, 4719–4729 (1998)
18) Rich Rhodes and Daniel Kephart, *Promega Notes*, **75**, 10–12 (2000)
19) Terri Grunst, *Promega Notes*, **77**, 16–18 (2001)
20) David S. Waugh, *Trends Biotechnol.*, **23** (6), 316–20 (2005)
21) K. Terpe, *Appl. Microbiol. Biotechnol.*, **60** (5), 523–33 (2003)
22) Michael Bjerke, Laurie Orr, Cristopher Cowan and Becky Goda, *Promega Notes*, **83**, 6–9 (2003)
23) Marjeta Urh, Don Creswell, Jacqui Sankbeil, Dan Simpson, Rod Flemming, Cris Cowan, and Gary Kobs, *Promega Notes*, **86**, 6–10 (2004)
24) Tai-Tung Yip, Yasuo Nakagawa and Jerker Porath, *Anal. Biochem.*, **183** (1), 159–71 (1989)
25) T. William Hutchens and Tai-Tung Yip, *J. Chromatogr.*, **500**, 531–42 (1990)

4 バイオ反応・測定のシステム化技術

澤上一美[*1], 田島秀二[*2]

4.1 はじめに

バイオテクノロジーと呼ばれている技術は，1980年代から急速に発展し，徐々にその技術範囲を広げてきている。生物の全塩基配列の解析や遺伝子の機能解析，その遺伝子が発現するタンパク質の構造，機能解析などに加えて，再生医療につながる発生工学技術やクローン個体創出なども重要なバイオテクノロジーであるとされている。また，バイオテクノロジーの基幹技術は，環境・エネルギー関連業界へ応用され始めており，生分解性プラスチックをはじめ，バイオマス利用やバイオレメディエーションといった分野が注目されている。このバイオ・環境の分野における全ての測定の成功の鍵は，目的物質の高精度な分離およびそれによって導かれる純度にあると言っても過言ではない。磁性ビーズは，1980年代後半に開発され，1990年代前半から研究分野での利用が始まった。初めは遠心分離のいらない固液分離方法として注目されるに留まっていたが，測定成功の鍵となる高精度な分離を自動システムで実現するための貴重なツールとなった。磁性ビーズを用いる反応工程を手で行う場合には，磁石スタンドに磁性ビーズの入ったチューブを立ててビーズを集め，上清をピペッターで取り除くという，煩雑な操作を繰り返す必要があり，多数サンプルの処理には不向きである。つまり，自動システムの構築によって初めて，反応工程に磁性ビーズを使用するメリットが生まれることになる。

ここでは，この磁性ビーズの自動化装置によるハンドリング技術とバイオ・環境分野で求められる自動システムについて紹介し，さらに我々が取り組んでいる新たな構想に基づくシステム"All process in Tip"について述べる。

4.2 磁性ビーズと Magtration® Technology

磁性ビーズは多くの場合，粒径10 nm程度の磁性体とポリマーの複合体であり，全体粒径0.1〜10 μm程度のものが広く利用されている。最近では，ナノオーダーサイズの磁性ビーズを利用した研究報告も多く見られるようになってきている[1, 2]。同時に従来カラムや遠心分離を用いて行われていたアプリケーションに代わって，磁性ビーズが利用される例も多くなってきている。磁性ビーズの利用が広がる最大の理由は，磁気による分離が可能であるという特長にある。磁石を近づけることで，磁性ビーズは液体から容易に分離でき，一度分離されたビーズを新たな液体

[*1] Kazumi Sawakami　プレシジョン・システム・サイエンス㈱　研究開発本部
開発第3グループ

[*2] Hideji Tajima　プレシジョン・システム・サイエンス㈱　代表取締役社長

中で撹拌すれば，再度懸濁状態を作り出すことができる。バイオ・環境分野で利用されるシステムでは，対象物質の抽出，最終検出物質の精製などの工程ごとに繰り返される洗浄工程への対応が必須である。磁性ビーズは，その特長を生かすことで，ビーズ表面に捕獲した目的物質の精製や洗浄が容易に実現でき，さらに複数の反応・洗浄工程を繰り返すことも簡単に実施できるツールである。異なる表面組成の磁性ビーズを使い分けることで，DNA，RNA，プラスミド，細菌，タンパク質など，様々な物質の捕獲・精製に対応することができる。一般にビーズを用いる反応系は，同体積の固体と比べて表面積が非常に大きな粒子担体を溶液中に懸濁状態を保ったまま存在させることが可能なため，ビーズ表面に固定化した物質と溶液中の目的物質の遭遇確率を飛躍的に高めることができる。その結果として目的物質の反応効率が上昇し，ビーズへ効率良く結合されることになる。サンプル必要量の微量化も可能であり，反応の短時間化，微量物質の確実な捕獲などの付加的な効果も生まれる。我々は，このようなビーズとしての特長に加えて，磁力によって反応溶液から容易に分離できる能力を有する「磁性ビーズ」に着目した。この磁性ビーズの利点をシステムとして生かすため，我々は「Magtration® Technology」という磁性ビーズハンドリング技術を開発した(図1)。Magtrationとは磁気でふるい分けるというMagnetic Filtrationを縮めた造語で，磁性ビーズを用いる反応を自動化するために開発した独自の技術である[3~8]。我々はこの磁性ビーズハンドリング技術を核酸の抽出・精製に適用し，自動核酸抽出装置という形で完成させ，世に送り出している。これまで磁性ビーズは，分離・濃縮・調製などバイオ・環境分野で必ず行われるサンプルの前処理工程で主に使用されてきた。現在はそれに留まらず，反応・検出工程でも固液分離の特長を生かしたプロトコールの開発に可能性を広げることができる，貴重なツールとして期待され始めている。

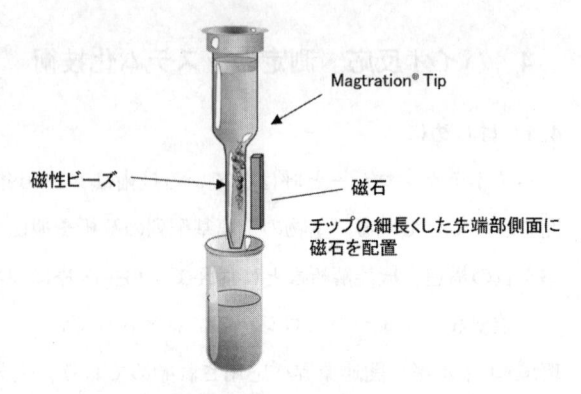

図1 磁性ビーズの自動処理技術 Magtration® Technology の特徴
- ほぼ完璧な磁性ビーズの捕獲，固液分離が可能である。
- 目的物質の磁性ビーズへの吸着，洗浄，遊離などの操作が全て溶液の吸引・吐出操作で実現できる。
- チップに磁気ビーズを保持した形で自由に移動できる。
⇒ 多段階操作の自動化が容易

4.3 バイオ・環境分野で求められる自動システム

この分野での自動システムには，煩雑またはルーチンな手作業からの脱却，作業のハイスルー

第4章 磁気分離法のバイオ応用技術

プット化，既存測定技術・装置との組み合わせなど，様々な面からの要求があり，なかでもコンタミネーションおよび人為的ミスの回避は，不可避の達成項目となる。自動システムを利用することで，人手の削減や時間の有効利用などの二次的な効果も生じる。この項では，本分野における自動システムについて述べた後，我々が独自で開発を進めている完全自動システムの構築について述べる。

4.3.1 手作業の自動化

過去の機械化発展の歴史からも明らかなことであるが，自動化への最初で，かつ最大の要望は，手作業で行われている実験・操作の機械への置き換えである。多くの場合，試薬の分注やミキシング，加熱・冷却槽への移し変えなど，実験者が行う作業をそのまま実行できる機械が製作され，自動システムとされる。しかし，このようなシステムで，手操作と同じレベルの結果を得るのは難しいことが多い。1つのアプリケーションを自動処理できるようにするためには，自動システムに合わせてプロトコールに変更を加えたり，自動システム用プロトコールを新たに作成したりする必要がある。

装置サイズ：500(W)×534(D)×574(H)mm

図2 磁性ビーズを用いた自動核酸抽出装置
Magtration System 12GC
プロトコールICカードおよびプレパック試薬を採用することで，操作の簡便性，省スペース化を実現している。

我々は，先に述べた磁性ビーズが持つ自動システムへの適合性に着目し，磁性ビーズによる核酸抽出プロトコールを開発し，各種の自動核酸抽出装置を完成させている（図2）。これらの装置は，自動システムで磁性ビーズをハンドリングするために考案されたMagtration® Technologyをコンパクトに具現化している。

4.3.2 ハイスループット化

短時間での大量サンプル処理は，自動システムが最も得意とするところである。臨床検査センターのように数多くのサンプルが断続的に送り込まれてくる場所では，随時サンプルをセットすることができ，それらを連続し処理できるシステムが求められる（例：日本赤十字社，NAT：Nucleic acid Amplification Test 検査システム[9]）。また，自動システムは容量の大きなサンプルを扱うという意味の大量処理にも対応することができる。環境分野での水質検査，飲料業界での品質検査，臨床検査・研究目的での多量血液（数mlレベル）からの核酸抽出など，人手では作業が難しい操作を実現することができる。我々が開発した大容量自動核酸抽出装置：8 Lx（図3）では，数十ミリリットルの溶液を扱うことができ，これは水処理，水質検査，飲料の細菌検査などの分野への応用が可能であると考えている。磁性ビーズ表面に細菌捕獲の能力を持たせる工夫をすることで，水中に存在する細菌を，液内に分散させた磁性ビーズで確実に捕獲できる仕組み

177

ができあがる．細菌を捕獲したビーズを磁石で集め，そのまま培養したり，解析したりすれば，集められた菌の種類や存在比率を把握することができる．

4.3.3 既存測定技術との組み合わせ

自動システム化のニーズとして，既存測定技術・装置との組み合わせがある．これまで我々が手がけたもの，要望をお聞きしたものだけでも，DNAシーケンス用サンプル調製装置（SX-96GC）[10]，DNAシーケンスゲル，アガロースゲル，アクリルアミドゲルなど電気泳動用ゲルへの試料アプライ

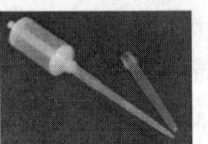

図3 大容量自動核酸抽出装置 Magtration System 8Lx

最大10mlの採血管を直接架設できる構造になっており，採血管からダイレクトに大容量核酸抽出が可能である．
この装置構造は，飲料の細菌検査や水質検査など，大容量の液体を扱うアプリケーションで利用することができる．

装置，DNAチップ用サンプル前処理装置などがある．これらは基礎になる測定技術や方法が既に確立しており，それらを活かすための自動システムを構築した例である．いずれも多数サンプルの処理，多段階かつ複雑な工程，そして確実な再現性が求められる作業など，手操作では対応しきれない状況であることが多い．このようなシステムでも，磁性ビーズを組み合わせて利用することで，自動化できる工程の範囲が広がる．最近開発したDNAチップ用サンプル前処理装置では，DNA抽出だけでなく合成されたcDNA精製の工程にも磁性ビーズを用いた．このことにより，従来法よりもコンタミネーションの危険が少なく，短時間で確実にサンプルを調製できるシステムが完成している．一方，プレートリーダや発光測定装置，ファイバー型のビーズ読み取り装置など，既存または新規開発した測定ユニットを組み込んだ自動システムも完成させている．なかでも，免疫反応工程と化学発光測定を組み合わせた免疫化学発光測定装置は，臨床検査の分野で求められてきたPoint of Care Testing（POCT）の要素である「高速・高精度・簡単操作・コンパクト」を具現化しており，我々が目指している完全自動化システムの先駆け的存在である．

4.3.4 独自技術：完全自動化専用システム

最近，我々は新たなコンセプトに基づく完全自動化システムの開発に取り組んでいる．磁性ビーズを用いる反応工程を含め，検出・解析までをひとつの流れとして，システムを作り上げる構想である．これは，バイオ・環境の研究分野だけでなく，医療診断や水質検査など産業の場で使われる装置に作り上げたいという強い思いから至った結論である．研究の分野では各作業工程の間で実験者が操作を行うことも可能であるが，医療診断や水質検査の現場では，装置を経て得られる結果にミスは許されず，途中で人手を介することの煩雑さやそれに起因するコンタミネーション，作業ミスなどを避けることが必須要素となる．このような考え方に基づき，我々は図4

第4章 磁気分離法のバイオ応用技術

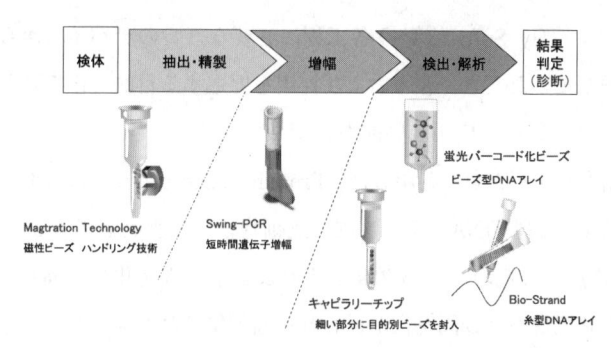

図4 All Process in Tip Technology
検査対象物質の抽出・精製から検出反応，検出・解析までの一連の操作を，一貫した完全自動システムとして構築するために必要なツールを開発している。

に示したようなシステム構築に着手している。これは，All Process in Tip テクノロジーと命名し，新たに提案するバイオソリューションである。遺伝子，タンパク質などの解析で最も身近なツールである「チップ」に様々な機能を付加することにより，検査対象物質の抽出，精製から検出反応，測定・解析まで，一連の操作の完全自動化をシンプルなシステムで実現する。磁性ビーズを用いる各種アプリケーションと自動核酸抽出装置で培った技術を組み合わせて構築する自動システムである。バイオストランド，蛍光バーコード化ビーズ，キャピラリーチップなどの検出システムが揃いつつあり，核酸の抽出・精製から検出まで in Tip テクノロジーのツールをまとめ，近く，全ての操作工程をディスポーザブル分注チップ内で行える一貫したシステム「All Process in Tip」を完成する計画である。

以下に，All Process in Tip テクノロジーに基づく遺伝子・タンパク質解析自動化用ツールについて述べる。

(1) Bio-Strand[13, 14]

Bio-Strand の特徴は，合成樹脂や天然樹脂の糸（直径50～100 μm，長さ2～3 m）に数百の検出用DNA断片を一定間隔に固定化し，長さ1.5～3 cmのコアピンに巻き取り，チップに封入したことにある。糸にプローブDNAを固定化することで，糸型DNAアレイを実現した。この形態は，チップ内への試薬の吸引・吐出を繰り返すだけでハイブリダイゼーションや洗浄などの操作を行うことができ，自動化が容易であるだけでなく，コンタミネーションの危険性回避の効果に加え，操作時間の短縮にもつながっている。現在，ユーザーが解析したいプローブDNAを糸にスポットし，手操作で反応から検出に至る一連の工程を実施するための小型簡易システム Handy Bio-Strand を提案している。これは，糸にDNAをスポットするための Stamper，糸を巻き取るための Spinner，DNAを糸に固定化するための Rotator，反応後の糸を検出する Scanner，

検出後の解析用ソフト（Hy-Soft）という各工程に必要な5つのデバイスから成る。Bio-Strand技術の有用性を体験していただき，導入および採用を促進する目的で作られた，手操作用システムであり，自動化システムへの応用・展開を目指している。

同時に，この技術をタンパク質に応用した，Protein Strandという技術の開発も進めている。これまでに，糸に固定した鋳型DNAをチップ内で無細胞転写翻訳反応に供し，鋳型DNA由来のタンパク質を発現させ，これらのタンパク質をそのまま糸に固定化できる技術を確立している。チップ内でタンパク質発現および固定化が行われ，固定化されたタンパク質をそのまま利用できるツールであるため，経時的なタンパク質劣化の問題が解消され，酵素活性検出のような高次なタンパク質機能解析への応用が期待できる。

(2) 蛍光バーコード化ビーズ[15〜18]

蛍光バーコード化ビーズとは，マルチプレックス・アッセイと呼ばれる，同一容器内での複数の反応および解析を実現する目的で開発されたものであり，複数種類の蛍光色素を組み合わせたカラー化コードを持ち，同時に目的物質捕獲用の分子を持つ磁性ビーズのことを指す。反応溶液中に存在する複数種類の目的物質を，ビーズそれぞれの持つ分子に合わせて捕獲することができる仕組みになっている。目的物質捕獲反応後に，蛍光励起フローサイトメータのような装置を用いてビーズの大きさと共に蛍光を検出することで，ビーズの持つ情報と捕獲された目的物質の情報を同時に得ることができる。この技術は，表面に固定しておく捕獲用分子を変えることによってイムノアッセイ，タンパク質同士の相互作用，DNAハイブリダイゼーションなど，理論上全ての結合性相互反応の解析に利用することができる。ビーズが反応溶液中に懸濁状態で保持されることから，目的物質がビーズ表面物質と効率良く反応し，微量物質も確実に捉えることができる。全工程を溶液中で行うため，乾燥状態では活性保持が難しいタンパク質を用いる反応系に有効である。

(3) Swing-PCR

チップ内でPCRを行う増幅用ツールとして開発しているもので，従来の分注チップの先端に薄層形状を形成し，その部分を容器として利用する。サンプルを薄層化することで，効率の良い熱交換による高速PCRの実現を目指している。薄層型容器へのサンプル導入には，Bio-Strand検出ユニットの開発で培った，分注ノズルを高速回転させる技術を応用する。この方式により，サンプルの前処理からリアルタイムPCRによるサンプル定量までを全自動化する新しい概念を提案している。

(4) キャピラリーチップ

それぞれ異なる目的物質捕獲用分子を固定化した直径数mm程度のビーズをキャピラリー内に封入した，新発想のツールである。Bio-Strandの反応の手軽さ，Handy Bio-strandの考え方，検

第4章 磁気分離法のバイオ応用技術

出システムを活かし,さらに蛍光バーコード化ビーズ開発で検討してきたマルチプレックス・アッセイ技術を応用し,開発を進めている。現在,封入するビーズ数としては,数十個程度と考えており,検査対象が絞られた将来の臨床検査に利用できるシステムとしての完成を目指している。キャピラリーに封入したビーズそれぞれが検査項目1つ1つに相当することになり,このキャピラリー1本で,検診者が受ける全ての検査項目を網羅したものになれば,大変有用なツールとなるものと予想される。

4.4 おわりに

最近,ニュースで頻繁にオーダーメイド医療という言葉を耳にするようになった。オーダーメイド医療の目的は,患者個々人に適した医療を科学的根拠に基づいて提供し,患者のQuality of Life向上に貢献することである。これが実現されるためには,診断マーカーの選択を主とする研究と,これら診断マーカーの解析技術を臨床現場で利用するための開発,これら2つのプロセスが必要である。この考え方は,バイオ・環境分野で求められるシステムでも同様であり,研究用と産業用とでは,全くフェーズが異なるものである。

これまで我々は磁性ビーズを用いた目的物質の高精度な分離について,主に核酸抽出・精製を対象に開発を行ってきており,いわば研究用自動システムを提供してきた。今後ステップアップした次の段階で求められるシステムは,高精度な分離・精製に,様々な測定技術を加えた,工程の全てを一貫して自動で行うものである。検査用サンプルをセットするだけで,工程中全く人手を介することなく自動的に検査結果を得ることのできるシステムが理想である。このような完全自動化システムを完成させるべく,我々は最終項に述べたような新たなコンセプト「All Process in Tip」を打ち出した。製造工程の管理などにも深く関わってきたこれまでの開発経験から,チップは自動システムの生命線とも言えるほど重要なものと認識している。新たなコンセプトでは,磁性ビーズだけでなく,チップ内での反応,チップを用いた検出など,より一層チップを使うことを重視し,分注機と特殊な分注チップ形状の制御技術・ノウハウを組み合わせることで,より特異性の高い,多種多様な対象に対応できる自動化技術を確立していく計画である。

文　献

1) Jwa-Min Nam *et al.*, *J. Am. Chem. Soc.*, **126**, 5932-5933 (2004)
2) 川口春馬,『磁性体含有高分子粒子の作製』,月刊バイオインダストリー2004年8月号,シー

エムシー出版
3) 小幡公道,『磁性粒子を用いた核酸自動抽出装置』, BME, **12** (2), 15-24 (1998)
4) Obata, K. *et al.*, *J. Biosci. Bioeng.*, **91** (5), 500-503 (2001)
5) 田島秀二,『磁性体微粒子による核酸分離・抽出の自動化』, 日本応用磁気学会誌, **22** (5), 1010-1015 (1998)
6) 澤上一美, 田島秀二,『磁気ビーズを用いるTechnology』, *Bio Clinica*, **16** (10), 58-62 (2001)
7) 澤上一美,『磁気ビーズを用いて行うDNA抽出』, *Medical Technology*, **30** (6), 623-624 (2002)
8) 東條百合子,『磁性粒子を用いた小型自動核酸抽出装置』, *Medical Science Digest*, **28**, 214-217 (2002)
9) 玉造滋,『磁性微粒子を用いた診断技術開発 —PCR法による献血血液スクリーニング検査—』, 月刊バイオインダストリー2004年8月号, 39-47, シーエムシー出版
10) Sawakami-Kobayashi, K. *et al.*, *Biotechniques*, **34** (3), 634-637 (2003)
11) F. Kakihara *et al.*, *Analytical Biochemistly*, **341**, 77-82 (2005)
12) K. Tamano *et al.*, *Biosci. Biotechnol. Biochem*, **69** (8), 1616-1619 (2005)
13) Y. Tojo *et al.*, *Journal of Bioscience and Bioengineering*, **99** (2), 120-124 (2005)
14) D. I. Stimpson *et al.*, *BioTechnology and Bioengineering*, **87** (1), 99-103 (2004)
15) 町田雅之,『磁気ビーズを用いたSNP自動化解析技術』, バイオサイエンスとインダストリー, **60** (12), 31-34 (2002)
16) 町田雅之,『磁気ビーズを用いたSNPタイピング』, 医学のあゆみ, **206** (8), 492-496 (2003)
17) 町田雅之,『テーラーメイド医療を実現するための解析技術』, バイオベンチャー, **5-6**, 93-95 (2003)
18) 澤上一美, 田島秀二,『バーコード化磁気微粒子』, ナノ粒子・マイクロ粒子の最先端技術, 82-89, シーエムシー出版 (2004)

第5章　磁気分離法の環境応用技術

1　排水高度処理技術

玉浦　裕*

1.1　はじめに

　閉鎖系水域の富栄養化はリン酸イオンと窒素の流入と蓄積が大きな原因であり，閉鎖系に排出する下水処理場では通常の活性汚泥処理に高度処理法による窒素・リン除去が行われている。リンを除去する主な高度処理法としては，生物学的処理法，凝集沈殿法，晶析法，造粒脱リン（MAP）法，吸着法などがあるが，主には生物学的処理法，凝集沈殿法，造粒脱リン（MAP）法が用いられている。これらは敷地面積を要する，化学処理剤を多く使用する，スラッジが多く発生するなどの課題があり，さらなる高度水処理技術として超強磁場を利用した磁気分離法が期待されている。また上水の高度水処理として，農薬などの微量化学物質やトリハロメタンの処理，さらにはクリプトスポリジウムのように塩素消毒に耐性を持つ病原性微生物に対策なども課題となっている。これに対しても超強磁場を利用した磁気分離法が期待されている。
　本節では閉鎖系水域に排出する排水の高度処理技術のリン酸イオンの除去法として超強磁場を利用した磁気分離法についてmagnetic seeding（磁気種付け，担磁）と超強磁場の効果を紹介する。なお，これらの技術内容は排水や上水の微量化学物質であるトリハロメタンなどの高度処理法としても適用可能であり，この点からの展望も概略した。

1.2　湖沼の環境基準達成状況

　水質汚濁の指標で有機物の量を表すBOD値とCOD値でみると，日本の河川は改善されてきてはいるが，上水道，工業用水，農業用水，水産業などの水利用に関わる湖沼や海域においては改善の余地がある。湖沼では，流入した汚濁物質が蓄積しやすいうえ，近年，窒素やりん(リン)といった栄養塩類の流入が増加し，植物プランクトン等が増殖することによって水質が累進的に悪化するという富栄養化現象が全国的に進行しており，水質汚濁の改善が遅れている。
　平成16年8月総務省行政評価局の「湖沼の水環境の保全に関する政策評価書」によれば，平成14年12月から16年8月指定湖沼（10湖沼・13水域）のうち水質環境基準（COD，全窒素及び全りんの3項目）を平成14年度に達成しているのは，2湖沼（2水域）の全りんのみであり，

＊　Yutaka Tamaura　東京工業大学　炭素循環エネルギー研究センター　教授

各指定湖沼とも指定されてから約10年から20年が経過しているが，ほとんどの指定湖沼において水質環境基準が未達成となっている。指定湖沼の水質（COD等3項目）の変化を湖沼法の施行（昭和60年）の前後を通じてみると，全体として，非指定湖沼の水質よりも若干の改善傾向がみられるが，個々の指定湖沼に着目すると，例えばCODでは，7湖沼（8水域）で改善又は横ばい傾向，4湖沼（5水域）で悪化傾向となっている。また，近年においても，依然として利水障害の発生もみられる。

また，指定湖沼（地域）（平成13年度末現在）における下水道等汚水処理施設の整備率は78.8％，整備施設のうち集合処理方式の汚水処理施設（以下「集合処理施設」という）への接続率は84.0％，窒素，りん等の富栄養化の原因物質の除去率を高めた高度処理率は71.2％で，これらは年々上昇傾向にあり，調査対象非指定湖沼（流域）の整備率等を上回っている。総務省の評価は湖沼水質保全計画で位置付けられているにもかかわらず集合処理施設の高度処理率が低いものがあり，富栄養化の原因となる窒素，りん（リン）等の除去が必ずしも十分でないとしている。

1.3 超伝導磁石の超強磁場下でのリン酸イオンの磁気分離

リン酸イオンの生物学的処理法，凝集沈殿法，造粒脱リン（MAP）法では敷地面積を要する，化学処理剤を多く使用する，スラッジが多く発生するなどの課題がある。リン酸イオンは鉄イオンと常磁性のリン酸鉄を形成するので，リン酸鉄として磁気分離除去が可能である。これを大量の下水処理技術に適用するために，強磁性体であるマグネタイト粒子をmagnetic seeding（担磁）し，超強磁場を利用して高速磁気分離を達成する必要がある。凝集剤の添加はゼロにすることができ，また，リン酸鉄の形成に必要な鉄イオンは1.5～2.5倍モルのFe^{3+}として添加すればよく，スラッジの発生量を極めて小さくできる。また，高勾配磁気分離装置は超伝導マグネットと組み合わせることで，小型で移動・運搬が容易で省スペースの水浄化処理装置として期待でき，分離技術は高速運転が可能である。閉鎖性水域の環境保全を進める上で，大量かつ高速な処理が要求されているT–N（全窒素）やリン酸塩など生活排水に由来する栄養塩類の除去技術[1～6]として期待できる[7～9]。

図1にmagnetic seeding（担磁）を行ったとき（曲線A，B）と，行わないとき（曲線C，D）の，磁場強度の大きさとリン酸イオンの回収率との関係を示す。この実験では，リン酸イオンと鉄イオンとによるリン酸鉄の形

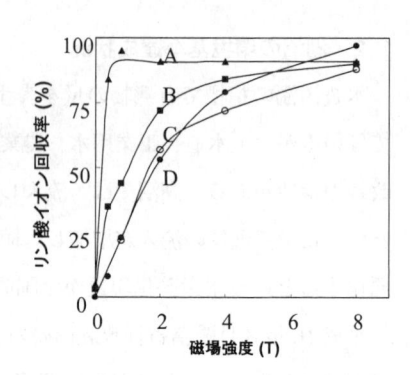

図1 magnetic seeding（担磁）を行ったとき（曲線A，B）と，行わないとき（曲線C，D）の磁場強度の大きさ（T）とリン酸イオンの回収率（％）

第5章 磁気分離法の環境応用技術

成反応を，Na_2HPO_4水溶液と$FeCl_3$水溶液を混合して合計200 mlに調整することにより行った。リン酸イオン濃度は5 ppm（$mg \cdot \ell^{-1}$）と一定として，$FeCl_3$濃度は15 ppmと20 ppm（$mg \cdot \ell^{-1}$）とした。

magnetic seeding（担磁）は，調製フェリ磁性体または市販のマグネタイト試薬を5 ppm（$mg \cdot \ell^{-1}$）添加し，0.1 N NaOH水溶液でpH調整，室温で脱気を行いながら5分間放置して行った。その後，高勾配磁場発生源としてスチールウールを磁場中心に置き，超伝導マグネットを利用した強磁場0～8 Tで2分間磁気分離を行った（図2）。リン酸イオンの回収率は，沈殿物の磁気分離後，溶液中に残存したリン酸イオン濃度をモリブデンブルー吸光光度法で測定することにより決定した。これらの実験には物質・材料研究機構（旧金属材料技術研究所）の無冷媒10 T超伝導マグネットを用いた。

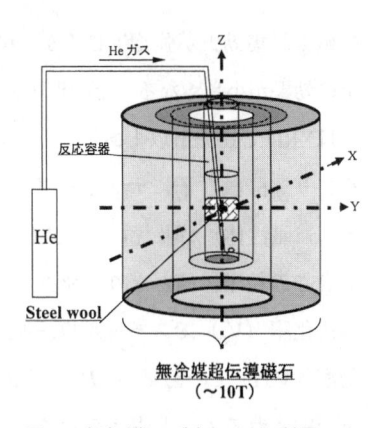

図2 超伝導マグネットを利用した強磁場0～8 Tの磁気分離実験装置

図1の曲線C，Dで示されるように，magnetic seeding（担磁）を行わないときにおいても，Fe^{3+}イオンの添加によって形成された鉄リン酸は，Fe^{3+}イオン濃度15 $mg \cdot \ell^{-1}$と20 $mg \cdot \ell^{-1}$のいずれにおいても，磁場強度6～7 T以上でリン回収率は80％以上となった。3 T以下になると回収率は低下したが，0.8 Tにおいても20％程度の回収率であった。Fe^{3+}イオンとPO_4^{3-}イオンによって形成されるリン酸鉄が常磁性体であるため，強磁場中ではスチールウールに磁気凝集・分離される。しかし低磁場では，常磁性体であるリン酸鉄は磁気凝集に必要な磁気力が十分に得られないためにリン酸イオンの回収率は低くなる。これに対し，曲線Aで示されるように調製フェリ磁性体を5 $mg \cdot \ell^{-1}$添加（Fe^{3+}イオン15 $mg \cdot \ell^{-1}$と調製フェリ磁性体5 $mg \cdot \ell^{-1}$を添加）してmagnetic seeding（担磁）を行った場合には，低磁場（0.8 T）でも95％以上の高いリン酸イオン回収率が維持された。また，曲線Bで見られるように，市販のマグネタイト試薬を添加した場合には，Fe^{3+}イオン添加のみの場合に比べると回収率の改善は見られたが，調製フェリ磁性体ほどの効果は認められなかった。Fe^{3+}イオンに加えて調製フェリ磁性体が共存すると，強磁場中ではリン酸鉄合成反応が進行すると同時に調製フェリ磁性体粒子（超微粒子）とリン酸鉄とが高勾配磁場の下に磁気凝集反応を起こすものと思われる。磁気分離の容易な磁性体フロックが形成されるため，リン回収率が向上すると推察される。

図3に調製フェリ磁性体と市販マグネタイト試薬のX線回折図を示す。これらの回折図から推定した粒径はそれぞれ8 nm（調製フェリ磁性体），63 nm（マグネタイト試薬）であった。図1の結果とあわせ，マグネタイト（強磁性体）の粒径がナノオーダーにある場合にはリン酸鉄粒子

の磁気凝集効果が強く生じるが，60nm近くになるとその効果が小さくなる。その理由として，リン酸鉄粒子はXRDで100nm以上あることが確認されることから，リン酸鉄粒子にナノオーダーのマグネタイト粒子（強磁性体）が吸着し，1式におけるV_pが一定の大きさの粒子体積となり，マグネタイト（強磁性体）の磁化率（V_p）でスチールウール周辺に生じた磁場勾配（∇H）での磁気力（F_m）を生じ，磁気凝集・磁気分離されるものと考えられる。

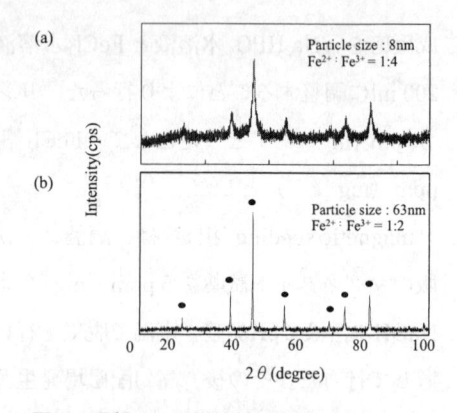

図3 調製フェリ磁性体と市販マグネタイト試薬のX線回折図

$$磁気力：F_m = V_p \cdot \mu_0 \cdot M^* \cdot \nabla H \tag{1}$$

F_m ：磁気力
V_p ：粒子体積
M^* ：相対磁化
∇H ：磁場勾配

マグネタイトの粒径が68nmになると，リン酸鉄粒子との間での吸着（コロイドの表面電化に基づく相互作用）が弱くなり，リン酸鉄粒子のみかけの強磁性体としての粒子体積が小さくなるために磁気凝集・磁気分離効果が低下すると説明される。また，マグネタイトの粒径が大きい場合には，水溶液中では分散しないで凝集塊を形成しているために，リン酸鉄粒子との相互作用がより起こりにくくなることも理由と考えられる。このように，リン酸鉄を磁気分離するためのmagnetic seeding（担磁）には水溶液合成法によるナノオーダーのマグネタイト微粒子が効果的であることが分かった。

図1の曲線A，Bを比較してみると，Aでは外部磁場がわずか0.8Tにおいても十分に磁気分離されているが，Bでは4～6T以上の磁場を印加する必要のあることが分かる。この実験では内径6cmのガラス管筒の反応槽に200mlの反応液（強磁場発生用のスチールウールを緩やかに充填）を入れたものを超伝導磁石のコイル中心に置き（図3），磁場を2分間印加してバッチ式磁気分離を行った。Bでは印加磁場0～4Tにかけてリン酸イオンの回収率が徐々に増加しているが，Aでは印加磁場0.8Tにおいて回収率がすでに最高に達している。Aでは0.8Tよりも10倍大きい8Tを印加させることが可能であり，8Tであれば流通式でも十分にリン酸イオンの回収ができるものと予測され，下水処理場での高速・大量の水処理技術として応用が期待できる。

第5章　磁気分離法の環境応用技術

1.4　無機系吸着剤への magnetic seeding 法

　上記の実験に示されるように，水溶液合成によるマグネタイトのナノ粒子が magnetic seeding には有効であるが，マグネタイト粒子は水溶液合成で調製し，乾燥粉体にはしないで，水溶液に分散させたままで使用することが重要である。いったん乾燥させてしまうと，水溶液中での分散性が極端に低下し magnetic seeding が困難となる。このように水溶液合成によるマグネタイトのナノ粒子を添加する方法をここでは「水懸濁マグネタイト粒子添加法」と呼ぶことにする。また，Fe^{3+}イオンを添加してリン酸鉄を形成させなくてはならないが，上記の実験では鉄塩としては塩化物を用いた。塩化物は溶解したときに酸性を示しFe^{3+}の加水分解反応による自己重合反応が起こりにくい。そのため，$FeCl_3$溶液を処理水へ添加後，拡散で濃度が薄まって酸性側から中性付近に変化していく過程でリン酸イオンとの結合が起こり，リン酸鉄が形成される。リン酸鉄の溶解度はかなり低く，またFe^{3+}は中性に向かうほど溶解度が極端に低下するので，溶解度積から計算するとリン酸イオンとの共沈反応はFe^{3+}濃度がかなり低くなっても数ppmのリン酸イオンにおいても十分に進行し得ると考えられる。

　次に，マグネタイト粒子を添加するタイミングであるが，リン酸鉄の形成反応が進行していないときにマグネタイト粒子を共存させるとFe^{3+}がマグネタイト粒子表面に吸着する反応が進行するために，リン酸イオンとFe^{3+}イオンとの反応が著しく低下し，リン酸イオンの回収率は極めて悪くなる。実処理ではマグネタイト懸濁液と$FeCl_3$溶液とは同時に添加するのではなく，$FeCl_3$溶液添加後，十分に撹拌された後にマグネタイト懸濁液を添加する。

　このような「水懸濁マグネタイト粒子添加法」は，除去しようとする目的イオンをトラップした無機吸着剤(無機系粒子)とマグネタイトナノ粒子との強い相互作用を持つように設計することにより，排水の高度処理技術としてさまざまな目的イオンの磁気分離除去への応用が考えられる。設計のポイントは両コロイド粒子間の表面電化の相互作用が強くなるような組み合わせを選択することである。マグネタイトナノ粒子そのものは単一粒子として分散した場合には熱撹乱により常磁性的となり，また式(1)のV_pも小さく，0.8T程度では磁気分離はできない。しかしナノ粒子であれば比較的大きめ(100nm付近)の無機吸着剤粒子と強い表面電化相互作用により凝集塊を形成できる。「水懸濁マグネタイト粒子添加法」による magnetic seeding では，水溶液合成の水懸濁液としてできるだけ安定なマグネタイトナノ粒子分散系を得るかが第一ステップであり，その次に，分散ナノ粒子をいかに無機吸着剤粒子と相互作用させて凝集塊とさせるかが第二ステップとなる。

1.5　常磁性粒子の超伝導磁石での磁気分離

　上記の「水懸濁マグネタイト粒子添加法」による magnetic seeding でリン酸鉄を磁気分離する

ことは高速・大量の水処理に対応する上で有効であるが，少量の処理水で高速処理を必要としない場合には，リン酸鉄のような常磁性粒子は，超伝導磁石での磁気分離が可能である。

表1にリン酸鉄のFe/P比＝1.0～2.5で形成される組成と結晶系との関係をまとめて示す。また図4にはリン酸イオン濃度を一定にして添加する鉄イオン（Fe^{3+}）濃度を変えて（Fe/P比＝1.0～2.5），生成したリン酸鉄中を超伝導磁場中で磁気分離（印加磁場0.8T［曲線B］と8T［A］の2ケース）し，回収されたリン酸鉄に含まれるリン酸イオン濃度（リン酸イオンの回収率）と添加した鉄イオン（Fe^{3+}）濃度との関係を示す。また図4の縦破線は実験に使用したFe^{3+}濃度を示しており，各濃度の鉄イオンのすべてが全リン酸イオン（$0.16\,\mu M$）と反応してリン酸鉄を形成したと仮定した場合に，そのFe/P比に対応する結晶の化学組成に相当することを示す。つまり，磁気分離されるかどうかに関わらず，鉄イオンとリン酸イオンとの共沈反応は進行するので表1のような組成の結晶が形成されていることを示すものである。また表1で分かるように，リン酸イオンはFe^{3+}とFe/P比＝1.0～2.5の間で様々な結晶を形成し，結晶系が斜方晶系となる1.5以上においては固溶相が形成されると考えられるので組成としては連続した結晶が形成される。曲線Bで示されるように印加磁場が0.8Tではいずれの鉄イオン濃度においてもリン酸イオンの回収率は35％程度に留まっているが，印加磁場を10倍の8Tまで高くすると，リン酸鉄の結晶組成のFe/P比に応じて回収率が高くなり，Fe/P比が2.25以上の結晶では回収率が100％近くにまで達する（曲線A）。これはリン酸鉄が常磁性であり，結晶中のFe^{3+}成分が大きくなることによる飽和磁化が増大するために，数Tにおよぶ超伝導磁場を印加することにより(1)式の磁気力が大きくなったことによる。このようにFe/P比を2.25以上になるようにFe^{3+}を添加すれば超伝導磁場での磁気回収は可能となる。しかし，図4の曲線Aの回収率の向上の様子から，磁気分離時間2分を考慮すると，下水処理での高速・大量の磁気分離操作としては応用不可能である。ただし，小スケールの処理水に対してはmagnetic seedingが不要で，鉄イオンの供給のみでリン酸イ

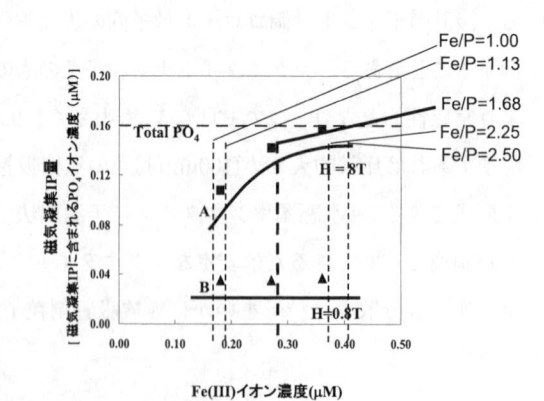

表1　Fe/Pモル比によるIP沈殿相リン酸鉄組成と結晶系

R [Fe/Pモル比]	組成	結晶系
1.00	$FePO_4 \cdot 2H_2O$	単斜晶系
1.13		
1.50	$Fe_3(PO_4)_2(OH)_3$	斜方晶系
1.68		
2.25	$Fe_9(PO_4)_4(OH)_{15}$	斜方晶系
2.50	$Fe_{2.5}(PO_4)(OH)_{4.5}$	

図4　回収リン酸鉄に含まれるリン酸イオン濃度（リン酸イオンの回収率）と添加した鉄イオン（Fe^{3+}）濃度との関係

第5章　磁気分離法の環境応用技術

オンを回収できる。

　これはオキシ水酸化鉄（FeOOH）や無定形鉄酸化物を吸着担体として超伝導磁場において小スケールでの磁気分離回収が可能なことを示唆する。オキシ水酸化鉄や無定形鉄酸化物は様々な吸着性能を有しているところから，排水の高度処理法への応用が期待される。

1.6　超強磁場の永久磁石による磁気分離

　超伝導磁石では冷却の電力が必要で省エネルギーの観点から考慮すべき点がある。これを解決する方法として超強磁場を発生できる永久磁石を利用することが考えられる。日立金属によって開発中の試作機で現在，実験に使用している装置の概略を図5に示す。中心の径は11mmであるが

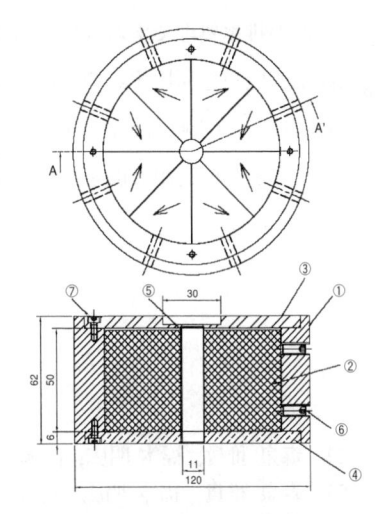

図5　日立製作の強力永久磁石の概略図

1T程度の磁場が発生している。図1で説明したように，鉄リン酸に水溶液合成によるマグネタイトのナノ粒子でmagnetic seedingした場合に，0.8Tにおいても十分な回収率が得られることから，上述した「水懸濁マグネタイト粒子添加法」によるmagnetic seedingを行うことにより，図5のような超強磁場の永久磁石による磁気分離技術の開発と実用化が期待できる。高速・大量の水処理に利用できるかどうかは，流通式での磁気分離実験を図5の装置の改良型や充填するワイヤーの条件などを今後検討する必要がある。

　図6aは水溶液合成により調製した針状酸化物（γ-FeOOH；レピドクロサイト）にエルビウムイオン（Er^{3+}）を吸着させた懸濁液にFe-Niワイヤーを入れ（ワイヤー周辺に超強磁場勾配を発生させるため），図5の超強磁場の永久磁石に2分間放置した時のワイヤー表面を光学顕微鏡で観察したものである。図6bはEr^{3+}を吸着させない時の写真である。(a)と(b)とを比較すると(a)の方ではワイヤー表面に黄燈色の鉄酸化物の凝集隗の付着が確認される。これはEr^{3+}の吸着によりスピン数の増大によりワイヤー周辺に発生した超強磁場勾配で磁気分離されたことを示す。常磁性を利用しているので，高速・大量の水処理は不可能であるが，小ス

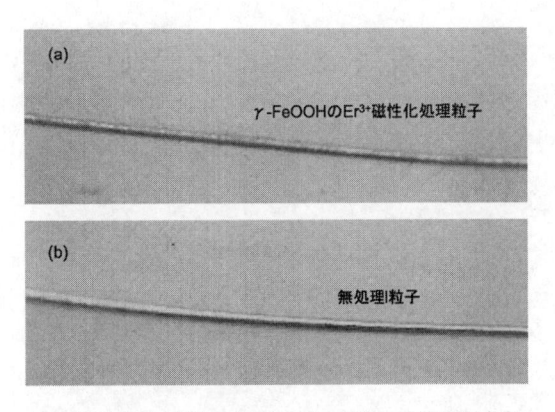

図6　強力永久磁石によるγ-FeOOHのEr^{3+}磁性化処理粒子の磁気凝集　（光学顕微鏡写真×40）

ケールの排水処理であれば磁気分離技術として応用できると思われる。

　超伝導磁石を利用するのではなく図5の超強磁場の永久磁石を用いることを前提として，γ-FeOOHのような吸着担体を使用できるようにすることが，省エネルギーの面および排水の高度処理や上水への応用展開を図る上で期待される。

文　　献

1) 森泉 雅貴, 福本 明広, 山本 康次, 奥村 早代子, 水環境学会誌, **22**, 459-464 (1999)
2) 森泉 雅貴, 福本 明広, 藤本 恵一, 山本 康次, 奥村 早代子, 水環境学会誌, **23**, 279-284 (2000)
3) D. Donnert, M. Salecker, *Water Science & Technology*, **40**, 195-202 (1999)
4) B. Nowack, A.T. Stone, *Environmental Science Technology*, **33**, 3627-3633 (1999)
5) T. Clark, T. Stephenson, *Water Research*, **33**, 1730-1734 (1999)
6) 森泉 雅貴, 福本 明広, 小田 謙治, 山本 康次, 奥村 早代子, 水環境学会誌, **24**, 607-612 (2001)
7) A.M.H. Shaikh, S.G. Dixit, *Water Research*, **26**, 845-852 (1992)
8) Y. Terashima, H. Ozaki, M. Sekine, *Water Research*, **20**, 537-545 (1986)
9) 武田 真一, TML Annual Report supplement I 2001 磁気分離研究開発に関するワークショップ成果報告集, 8-10 (2001)

2 環境汚染物質除去技術

岡田秀彦*

2.1 はじめに

　磁気分離技術を用いた環境汚染物質の除去技術は近年研究開発が進んでおり，実用化されたものから研究段階のものまで多くある。一般に磁気分離という場合，システムとして見ると，対象物質を磁気分離しやすくする前処理と，それを実際に分離する磁気分離部（装置）に分けることができる。古くから鉱山などで使われている鉱石の磁気分離では，強磁性体の成分を含む鉱石を他の磁化の小さな鉱石と分けるような場合が多く，初めから分離しやすい形態になっているため，前処理過程はそれほど重要視されなかった。しかし，近年では，磁化の小さな物質の分離に注目が集まっているため，磁化の小さな物質に磁化を与える最適な前処理方法の研究開発と，前処理された物質を効率よく分離する磁気分離の方法を合わせたシステムとしての磁気分離の研究開発が重要になっている。

　分離対象物質は無機物，有機物，粒子，イオンなどさまざまの形態を取っているため，最適な前処理方法はその対象物によって大きく異なってくる。しかし，いったん磁化されれば近年のマグネット技術の発達により非常に強力になった磁気分離装置によって容易に除去が可能となる。

　磁気分離の特徴は，どのような環境でも使えることと環境に優しい事である。以下で説明するように磁気分離には幾つかの方法があるが，共通して言えることは磁場を印加する磁石と簡単な分離機構から構成されている。そのため装置の構造が簡単で丈夫であり，酸やアルカリ等腐食性の環境でも使用することが可能である。また，磁気分離は広く使われている膜フィルター等とは異なり磁気力で対象物質を引き付け分離する。つまり，磁場が無ければフィルターとしての働きをしないことになる。通常のフィルターは長時間使っていると目詰まりを起こし，使用不能になる。近年では逆洗（水などをフィルター時とは逆に流し，掃除する）により再生可能なフィルターもあるが，それでも長期間使っていると穴が塞がれフィルターとしての能力を回復できなくなる。フィルターを廃棄するにも，放射性物質や有毒物質等の分離で使われた場合には，フィルター自体が有害廃棄物となってしまいその廃棄が困難になる。それに反して磁気分離では，以下で述べるように，廃棄するべきフィルター部が存在しない物や，あっても繰り返し使用可能な構造であるため，廃棄物の量が少ないという特徴がある。

---

*　Hidehiko Okada　㈵物質・材料研究機構　強磁場研究センター　特別研究員

2.2 磁気分離の方法

磁気分離の方法には大きく分けて開放勾配型磁気分離（Open Gradient Magnetic Separation：OGMS）と高勾配磁気分離（High Gradient Magnetic Separation：HGMS）とがある。

2.2.1 開放勾配型磁気分離

開放勾配型磁気分離（OGMS）は，磁石が作る磁場による磁気力を直接使って物質を引き付けて分離するもので，磁石で砂鉄を集める方法と全く同じである。原理が簡単で丈夫なため磁選機と呼ばれて鉱石の分別などに鉱山で広く使われている。近年では，廃棄物のリサイクルのための分別用にごみ処理施設などでも使われるようになってきている。これらの磁気分離装置では永久磁石や電磁石が使われるため，磁場は比較的低く，主に鉄などの強磁性体とそれ以外を分別するために使われる。

2.2.2 高勾配磁気分離[1]

高勾配磁気分離（HGMS）は磁場勾配を大きくすることで磁気力を大きくする方法である。磁気力は，対象の磁化とその周りの磁場が作る磁場勾配（磁場の空間的変化）の積で与えられる。したがって磁気力を大きくするには，分離対象物質の磁化を大きくするか，磁場勾配を大きくすれば良い。考案されたのは1970年代と比較的新しいが，OGMSと比べ格段の強さの磁気力を発生できるため，近年では弱い磁性の物質や微細な粒子を分離する場合に使われるようになってきている[2～6]。

HGMSの概略図を図1に示す。HGMSでは流れの中に磁性体の細い線を入れて，外部のマグネットから磁場をかけることでこれを磁化して磁石にする。磁化した細線によって作られる磁場勾配による磁気力で，磁性線に粒子を引き付け表面に堆積させ分離する。細線に堆積した物質は外部の磁場を切ったり，磁場から細線を出すことで磁気力を無くせば細線から離すことが可能となる。つまり磁場を切れば洗浄が可能となる。この細線は流れの中に置かれるので丈夫であることが要求され，ステンレスが用いられることが多い。

普通の膜フィルター等は穴が開いていてその穴よりも大きな物質は穴に引っ掛かることによって分離を行うが，HGMSは磁気力によって細線に引き付けて分離するため，充填率は非常に小さく細線の

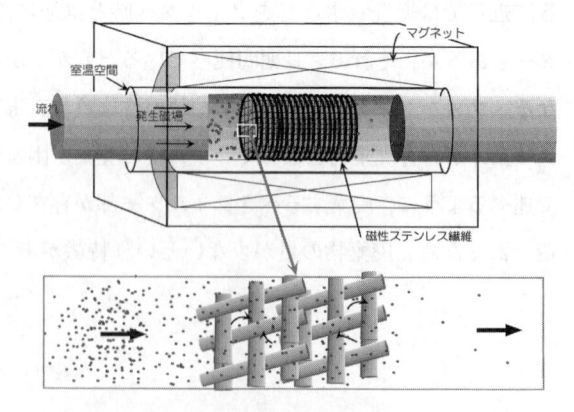

図1 HGMSの模式図
流路内に磁性体の細線を置き，外部のマグネットで磁化することによって，流れの中の微粒子を分離する。

第5章 磁気分離法の環境応用技術

占める割合は全空間の数％から10％程度とほとんどが空間である．そのため，通常のフィルターとは違い，流すために大きな圧力をかける必要がない．また，磁場を切れば細線に着いた物質は簡単に離れるため洗浄により再利用が可能で，何度でも使うことができる．このため放射性物質，毒性のある物質などの分離の場合，膜フィルターでは使用済みの膜が有害廃棄物となるのに反し，HGMSではこのような廃棄物が出ることはないという特徴を持っている．

HGMSの発生する磁気力はその細線の表面では次式の様に見積もられる．

$$磁場勾配 = 磁場の強さ / 磁石の大きさ$$

永久磁石では，磁場の強さを0.5T（5,000Gauss）磁石の大きさを10cm（0.1m）とすると，磁場勾配は5T/mとなる．強い磁場を発生可能な超電導マグネットを使って磁性体の細線を磁化する場合，細線をステンレスとした場合の磁化は1.5T，磁性線の直径は$100\mu m$（1×10^{-4}m）として，15,000T/mとなる．HGMSでは磁場勾配は約3,000倍と大きくなる．細線と永久磁石では磁化はそれほど大きな違いは無いが磁石に相当する部分の大きさで磁場勾配が大きく異なってくる．細線としてよく使われるステンレスの線の場合，直径$100\mu m$ぐらいの物までは市販されており，それ以下の物も作ることは可能である．細線を細くすることで磁気力は大きくなるが，その反面磁気力が影響を及ぼす範囲は狭くなるため，細線を大量に入れて総表面積を増やし磁気力の影響する範囲を増やすようにする．

さらに分離される物質が常磁性体である場合，外部の磁場が強ければ強いほど磁化が大きくなるため（常磁性体の磁化は磁場に比例する），超電導マグネットの強い磁場を使ったHGMSでは今までは分離対象になっていなかったような磁化の小さな物質の磁気分離ができるようになった．

当然の事ながらそれでも磁気分離できない物質も存在する（例えばイオン等）が，そのような場合は，多くは化学的，物理的方法で磁化の大きな物質と結合させる事によって，見かけの磁化を大きくして磁気分離を行うことができる．以下の磁気分離の応用例では，この対象物質を分離しやすい形にする化学的，物理的処理の前処理と実際に分離する磁気分離を合わせた磁気分離システムとして紹介する．

2.3 応用例

2.3.1 地熱水からのヒ素除去[7〜10]

日本国内の地熱発電所の多くは東北，九州に設置されており全国で19箇所ある．地熱発電は，井戸を掘り地下の熱水貯留層から高温の蒸気を取りだし，蒸気でタービンを回して発電を行っている．エネルギー資源の乏しい我が国にとっては数少ない自前のエネルギー源の一つである．蒸気を取り出す井戸からは蒸気と共に高温の熱水（地熱水）も出てくる．通常，地熱水は蒸気と分

離後に還元井を通じて地下に戻されるため利用されることは無いが，高温・高圧であるため有効な利用方法が以前から探られていた。その利用を妨げてきた原因の一つが地熱水に溶けている有害なヒ素である。そこで，㈶いわて産業振興センター，岩手大学，㈵物質・材料研究機構のグループが，岩手県地域結集型共同研究事業で開発した，磁気分離を用いる地熱発電所から出る熱水のヒ素除去方法を紹介する。

図2 十和田八幡平国立公園の中にある葛根田地熱発電所（岩手県雫石町）

葛根田地熱発電所（岩手県雫石町，図2）の場合，約3,000t/h（約140℃，2気圧）の地熱水が井戸から得られるが，この一部の500t/hを熱交換に使い30〜50t/hの河川水を温め，得られた無害な温水は地元の温水プール，温泉，学校の暖房などで利用されている。現在は河川水の利用制限から利用が限られているが，もし，ヒ素を除去できれば供給量の大幅な増加が可能となり民間での利用量，利用範囲はさらに広がると期待される。葛根田の熱水に含まれているヒ素は3.3mg/ℓであるが，日本におけるヒ素の排出基準は0.1mg/ℓ，環境基準は0.01mg/ℓである。安全に使うためにはヒ素を環境基準以下にし，熱水を使用後に河川などへ排出する場合には排出基準以下にする必要がある。

ヒ素は亜ヒ酸イオンの形で地熱水中に存在するため，このままでは磁気力で引き付けることはできず，前処理を行ってから磁気分離を行う必要がある。図3に前処理プロセスの概略を示した。地熱水は前処理の前に1気圧に減圧して約100℃にしている。減圧後，過酸化水素水で酸化して亜ヒ酸イオンを水酸化鉄と結合しやすいヒ酸イオンにする。その後硫酸第二鉄を添加し水酸化第二鉄の微粒子が集まったフロックを生成しヒ酸イオンを吸着させる。この際にシリカが吸着を妨害することが知られており，その影響を少なくするためにpHを調整している。できたフロックを沈殿槽で沈殿させた後，上澄み液を磁気分離装置に送り，残った微細な水酸化第二鉄フロックを分離する。磁気分離層装置が分離する水酸化第二鉄粒子は常磁性体で粒径は1μm以下である。この様な磁化が小さい微細粒子を除去す

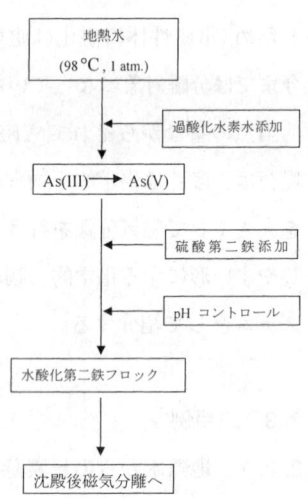

図3 前処理の模式図
140℃で送られてきた熱水を1気圧にしてから化学処理を行う。処理後は沈殿させその上澄みを磁気分離する。

第5章　磁気分離法の環境応用技術

るため，超電導マグネットを使って2Tの磁場でHGMSによりフロックを磁気分離している。

このシステムでは沈殿によって微細なフロックまで分離除去する必要が無いため，沈殿に要する時間は短く，大きな沈殿槽も必要ない。また，磁気分離装置は沈殿槽で分離できなかった微細なフロックのみを分離除去するため，細線の金網に溜まる堆積が少なく頻繁に金網の洗浄を行う必要が無い。1回の処理でヒ素は99％以上除去でき，排出基準以下で環境基準に近い15〜30μg/ℓまで減らすことができる。図4に葛根田の現地に設置した実験装置の写真を，図5にその概略図を示す。この磁気分離装置は上下に同じ構造の細線のフィルター部（金網）を持ち，交互に洗浄とフィルタリングを行うことで洗浄時間のロスを無くし，効率を上げている。そのため，このHGMSによる磁気分離装置は連続処理が可能で，0.6t/hの処理能力を持っている。また，化学処理による前処理装置は一回100ℓのバッチ処理である。

図4　葛根田に設置された熱水処理実験装置の全景
手前が超伝導マグネットを用いた磁気分離装置。後ろに見えるのは前処理用のタンクである。

これらの実験から得られた条件を基に30〜50t/hの処理能力を持つ磁気分離装置を持った実証プラントの概念設計を行い，その費用が試算されている。その試算によると，建設費が約3億6千万円，ランニングコストが約62円/tとなり，石油ボイラーで温水を製造する場合の費用約400円/tと比べかなり安価になることがわかった。また，設置に必要な敷地面積も25m四方に収まる大きさである。日本では殆どの地熱発電所が風光明媚な国立公園の中にあるため，建設に必要とする敷地面積が小さいことも，重要な特徴である。

2.3.2 製紙排水のリサイクル[11]

21世紀の人類の目標の一つである永続的な社会を構築のためには資源の循環システムを作る事が極めて重要なことである。日本の古紙回収システムはすでに循環型システムの一翼を担っており，リサイクルシステムとして完成し，その他の手本ともなっ

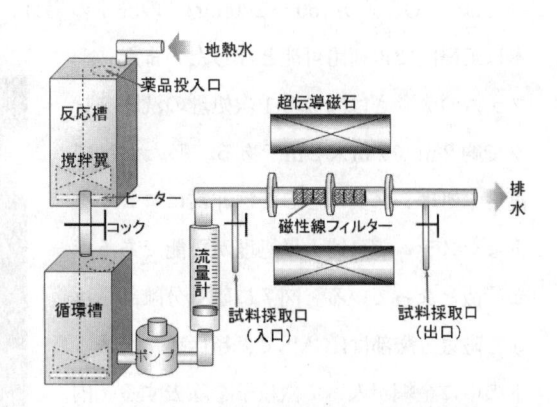

図5　実験装置の模式図
熱水は反応槽で前処理後，循環槽で沈殿処理を行った後磁気分離装置へ送られる。

ている非常に優れたシステムである。一方でその循環システムの要である古紙再生紙工場では，大量の水を使用しその汚れた水を排出しているという環境問題も抱えている。近年の環境保全認識の高まりにともなって，厳しくなった排出基準を達成するための設備投資が古紙再生紙工場の経営を圧迫し，この非常に優れた資源循環システムである古紙再生システムそのものの存続を危うくしている。この環境問題を解決し，システムを存続させるためには，経済的で高度な排水処理技術を開発することが必要である。ここで紹介する磁気分離システムは，この問題を解決するために，大阪大学の西嶋研究室を中心としたグループが開発したものである。

図6 沈殿槽の写真
処理された廃水はここで沈殿後磁気分離装置に送られる。

古紙には紙の他に印刷による染料や凝集剤などが含まれているため，廃液中には古紙のパルプの他にこれらの着色成分や汚濁物質が混ざり，CODを上昇させている。西嶋研究室ではこれらの排水中の不純物を磁気分離によって高効率に分離・除去し，再利用可能な水として回収する廃水処理システムを開発した。

着色成分や汚濁物質の磁化は小さく直接磁気分離はできないため，前処理としてコロイド法により強磁性微粒子にこれらのCOD汚濁物質を吸着させる。次いで，一旦沈殿分離により大きな粒子を分離した後，それで取りきれなかった汚濁物質を磁気分離する。この大型装置は実用規模である2,000t/dayの処理能力を有しており，既に製紙工場で試験運用が開始されている。実証実験では，COD値が150〜200mg/ℓの廃水の場合，最終的には20mg/ℓ以下にすることができ，水は工場内で再利用可能となった。また，システムの大きさは図6の1次処理の沈殿タンクで約2m×2m×2mである。したがって高度水処理システムとしては非常にコンパクトなシステムで高速大量処理が可能である点が特徴となっている。図7に磁気分離部を示す。磁気分離部はHGMSで，超伝導マグネットの中に金網が入って微粒子を除去する。内部の金網を移動させ順次取り出して洗浄した後，再びマグネットの中に戻す仕組みであ

図7 超伝導マグネットを用いた磁気分離装置の写真

第5章 磁気分離法の環境応用技術

る。この方法は連続運転が可能であるためシステムとしての効率はさらに高くなる。

2.3.3 環境ホルモン等の化学物質の除去・濃縮[12]

環境ホルモン又は外因性内分泌攪乱化学物質（Endocrine-Disrupting Chemicals：EDCs）とは，生体内で機能している正常なホルモン作用に影響を与える外因性の化学物質であり，微量でも生体に大きな影響を与えるとして，近年大きな問題となった。環境省は2004年に，現在の環境レベルでは哺乳類への明確な影響は見られないという中間報告をまとめたが，2005年から全ての化学物質を対象に調査を行っている。

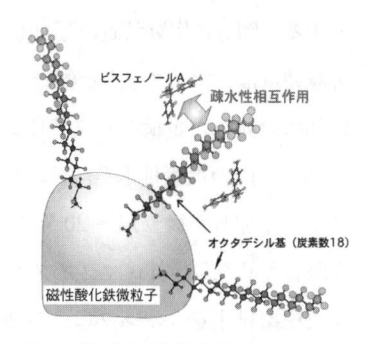

図8 疎水性磁性粒子にビスフェノールA等の化学物質が吸着する様子を示した概念図

現在では，工場で使用される化学物質ばかりでなく，農薬，塗料など多くの化学物質が我々の周囲にあふれているが，特に工場などで使われる多種・多量の化学物質が一度環境へ拡散してしまった場合はその回収がほぼ不可能であるため，発生源での大量，高速かつ確実な回収が重要になる。

ここでは，㈶いわて産業振興センターと㈳物質・材料研究機構が開発したEDCsを対象とした分離・濃縮・除去のための磁気分離システムを紹介する。この方法は，特定の物質のみを磁性粒子に付け，その磁性粒子を磁気分離することで特定の物質を除去する。概念的には磁気ビーズと類似の方法であるが，工業応用であるため，医療用と比べ大量処理，経済性がより重要である。

EDCsを分離する目的で，多数のオクタデシル基を表面に結合させて疎水性にしたマグネタイト微粒子と磁気分離法を利用したシステムを紹介する。図8にマグネタイト表面の模式図を示す。この様な疎水性の粒子はEDCsなどの疎水性物質を表面に吸着することができる上に，オクタデシル基を付けたマグネタイトの特徴は，吸着したEDCsを有機溶媒で洗浄することにより有表面についた物質を機溶媒中に濃縮回収できることである。したがって磁性粒子が再利用でき廃棄物になることは無い。また，微細な磁性粒子（直径100nm）は吸着面積が広いため吸着能力が高い。表面に他の種類の官能基を付けることで，他の物質を吸着することも可能になる。

ビスフェノールA（BPA）を精製水に数ppm～数十ppbになるように希釈した模擬排水を使った分離濃縮実験の結果を紹

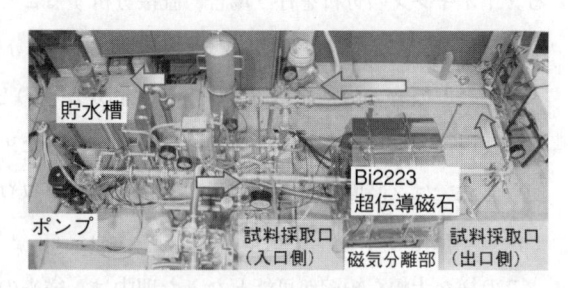

図9 ビスフェノールAとノニルフェノールを含んだ模擬排水の磁気分離実験を行った実験装置
貯水槽に溜めた模擬排水に疎水化マグネタイトを添加，撹拌後，ポンプで磁気分離装置に送り，マグネタイトを分離除去する。

介する。図9に実験装置の写真を示す。磁気分離装置は、マグネットと配管、およびその内部に設置した金網から成るHGMSである。

タンク内の模擬排水76 ℓ にマグネタイト粒子を添加した後、15〜20分間撹拌しBPAを吸着させた。撹拌後マグネタイト粒子を含んだ模擬排水を、ポンプにより20 ℓ/minで磁気分離装置に送り、磁性粒子を除去した。その水を元のタンクに戻し、残った排水と混ぜて、再び磁気分離装置に送った。この操作を連続的に10分間行った後、タンク内のBPAを測定した。この時間内で模擬排水は約3回磁気分離装置を通過したことになる。このような排水循環式にした理由は、装置内の磁性粒子をループ外へ出さないためと、実験後の廃棄水量を最少に留めるためである。図10にBPAの実験結果を示す。磁気分離を10分間行った後では除去率が90%近くになっていることが分かる。ノニルフェノール（NP）を使用した同様の実験では約80%が除去された。

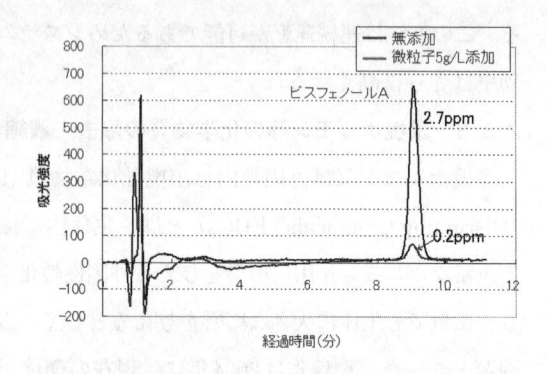

図10 ビスフェノールAの液体クロマトグラフ分析の結果
分離前2.7ppmが分離後0.2ppmに減っていることが分かる。

分離後の磁性粒子をエタノール中で洗浄してBPAを脱離させると、約10倍に濃縮できるとともに、磁性粒子の吸着能力が回復することも確認できた。また、NPについては130倍に濃縮可能なことが分かった。

この実験では工場廃水の処理を想定しているが、もっと量の少ない、例えば分析のための濃縮にもこの方法を使うことができる。ダイオキシンは非常に微量でも人体に影響を与える化学物質であるため、分析も非常に微量で1pg/ℓ を検出しなければならない。例えば川や湖水の含まれるダイオキシンの分析を行う場合、直接分析することは分析装置の能力から不可能で、濃縮してから分析装置にかける必要がある。例えば60 ℓ の分析用の試料を湖などから採取しこれを濃縮する場合、既存の方法では12人・hの手間がかかり20 ℓ の抽出用のシクロロメタンが必要になる。使用後シクロロメタンはダイオキシンを含むため有害廃棄物として処理される。磁性粒子を使う方法では2時間で濃縮を完了し、また、シクロロメタンをほとんど使用しないため、環境にも優しい技術である。

この様な大幅な短縮が可能となった理由は、従来の方法では非常に時間がかかったシクロロメタンの回収が、磁性粒子を使う場合には微細な磁性粒子を容器中の水に拡散させて吸着させ、磁場によって容易にかつ短時間に集めることができるためである。この方法は、磁性粒子の吸着する物質の種類を変えることで他の物質の分離回収にも使うことが可能である。

第5章 磁気分離法の環境応用技術

文　　献

1) Kolm, H. H., US patent 3,567,026 (1971) and 3,676,337 (1972)
2) H. Okada *et al.*, *IEEE Transactions on Applied Superconductivity*, **12**, 967 (2002)
3) 小原健司, 渡辺恒雄, 西嶋茂宏, 岡田秀彦, 佐保典英, 応用物理, **71**, 57 (2002)
4) 小原健司, 三橋和成, 和田仁, 熊倉浩明, 岡田秀彦, 材料の科学と工学, **39**, 238 (2002)
5) 小原健司, 岡田秀彦, ふぇらむ, **10**, 402 (2005)
6) 小原健司, 岡田秀彦, 電気評論, **90**, 47 (2005)
7) A. Chiba *et al.*, *IEEE Transactions on Applied Superconductivity*, **12**, 952 (2002)
8) 岡田秀彦, 多田朋弘, 千葉晶彦, 中澤廣, 三橋和成, 小原健司, 低温工学, **37**, 331 (2002)
9) H. Okada *et al.*, *IEEE Transactions on Applied Superconductivity*, **14**, 1576 (2004)
10) 岡田秀彦, 三橋和成, 多田朋弘, 工藤靖男, 中澤廣, 千葉晶彦, 小原健司, 低温工学, **40**, 51 (2005)
11) 西嶋研ホームページ　http://www.nucl.eng.osaka-u.ac.jp/04/lab/intro.html
12) 三橋和成, 吉崎亮造, 岡田秀彦, 小原健司, 和田仁, 分析化学, **52**, 121 (2003)

3 磁化活性汚泥法による水質浄化技術

酒井保藏*

3.1 活性汚泥法

　磁気分離を利用した活性汚泥法である磁化活性汚泥法を理解するために，まず標準的な活性汚泥法について概説する。活性汚泥法は19世紀初頭にイギリスで開発された生物学的水処理法である[1]。活性汚泥法は水処理の基幹技術であり，先進国の下水浄化処理はほとんど活性汚泥法が用いられている。低コストで良好な処理水が得られることから，下水以外の様々な有機排水の処理法としても，広く利用されている。

　有機物を主な汚濁物質として含む下水などの汚水に空気を吹き込み(曝気)続けると，汚水中の有機物を分解する微生物が増殖し，やがては汚水中の有機物をほとんど食べ尽くしてしまう。その後，この微生物を固液分離すれば，有機物がほとんどない浄化された水を得ることができる。有機物の供給量(負荷)や溶存酸素を適切に制御すれば，ゲル状の粘着物質を分泌し，凝集して沈殿するいわゆる凝集性細菌が優先的に増殖する。分散性の微生物はブラウン運動のため沈降分離できないが，凝集性細菌は沈殿池で時間をかけて分離可能である。最終段階で凝集性微生物と水を沈降分離し，浄化された水を得るプロセスが活性汚泥法である。凝集性細菌はフロックと呼ばれる数十〜数百μmの凝集体を形成する。多種多様微生物の集合体であり，一種のバイオゲルビーズと見ることもできる。ただし，人為的に作ったゲルビーズと異なり，曝気槽の中で常に離合集散，増殖と死滅を繰り返しているダイナミックな存在である。活性汚泥法の汚泥とはこのようなバイオゲルビーズそのものであり，汚泥と呼んでいるが，実際は排水中の有機物を分解する有用微生物の集合体である。磁化活性汚泥はこのバイオゲルビーズに磁性粉を吸着させてゲルビーズ全体を磁力で吸引できるようにした機能性バイオゲルビーズと考えることができる。

　活性汚泥法の基本的なプロセスフローを図1に示す。汚水を沈降分離などで簡単に固液分離する処理を一次処理と呼ぶのに対して，活性汚泥法や凝集沈殿法は二次処理と呼ばれる。一次処理で残留する溶存状態，あるいはコロイド状の有機物を除去するプロセスである。活性汚泥法は通常，二次処理に用いられる。

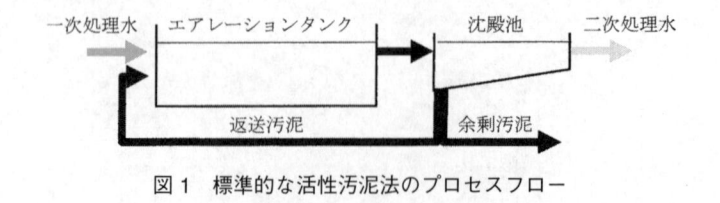

図1　標準的な活性汚泥法のプロセスフロー

＊　Yasuzo Sakai　宇都宮大学　工学部　応用化学科　助教授

第5章 磁気分離法の環境応用技術

　導入された一次処理水はエアレーションタンクとよばれる通気攪拌槽に導入される。一次処理水中には微生物はほとんど存在しないため，沈殿池で沈降濃縮された微生物がエアレーションタンク入り口に戻され，エアレーションタンクの微生物濃度と同じになるように，混合される。この汚泥を返送汚泥と呼ぶ。エアレーションタンクでは，適切な濃度の微生物が懸濁しており，この微生物が，溶存および懸濁有機物を摂取し，炭酸ガスと水に分解する。また，有機物の一部は微生物に取り込まれ，増殖に利用される。

　下水処理を対象とした標準活性汚泥法では，一次処理水中の有機物はBODで約100～200mg/ℓ存在する。エアレーションタンクで4～8時間曝気されると，これらの有機物はほとんどが菌体に取り込まれるか，分解され，菌体以外の水中の有機物はほとんどなくなる。しかしながら曝気槽中には約1.5～2g/ℓの微生物が懸濁状態で混在しており，このまま河川に放流することはできない。そこで，沈殿池で2～3時間かけて，微生物が沈降分離される。活性汚泥の沈降分離は味噌汁を静置して味噌を沈殿させるイメージに近く，沈降速度は1分間に数cm程度である。沈降後の上澄みが二次処理水となる。沈殿した汚泥は，通常10g/ℓ（曝気槽の5倍）程度まで濃縮されている（SVI[注] ＝100ml/gの場合）。この汚泥は返送汚泥として，一次処理水で5倍程度に希釈され，エアレーションタンクに戻される。

3.2 活性汚泥法の問題点
3.2.1 余剰汚泥の発生

　活性汚泥プロセスの中で，微生物は有機物を栄養分として摂取し，増殖する。標準法で一日に2割程度増殖すると言われる。この増殖分はプロセス内の微生物濃度を一定に保つため，引き抜かれる。この汚泥が余剰汚泥と呼ばれ，水処理にともなうエミッションとして新たな環境問題を発生させる。下水処理を例にとって水処理のマスバランスを図2に例示する。

　10万人の下水を活性汚泥法で処理すると，毎日2tの微生物を含む230m^3の余剰汚泥が発生することになる。日本の下水道利用人口は8,600万人と推計されることから，下水処理だけでも年間でおよそ7,000万m^3の余剰汚泥が発生していると推算できる。これらの余剰汚泥は多大な手間とエネルギーを消費して，濃縮，脱水，焼却を経て最終処分されているが，最終処分場の不足も深刻な問題となっている。

3.2.2 固液分離の難しさ，バルキング現象

　活性汚泥法にはもう一つの問題点がある。それは微生物の固液分離の問題である。典型的な例

注）SVIとは汚泥の沈降性の指標で，SVI＝200ml/gとは汚泥1gを30分沈降させた後，汚泥の嵩体積が200mlとなることを示す。正常の汚泥のSVIは50～150ml/gといわれる。

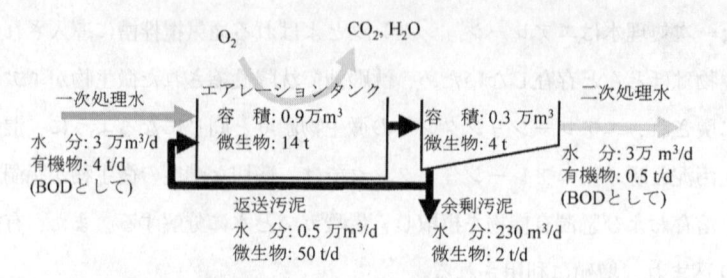

図2 標準的な活性汚泥法（最初沈殿池は除く）のマスバランスの一例
10万人規模の都市下水を想定したときの1日の水，有機物の出入り，微生物の増殖を推定。300 L/（日・人）の下水を排出し，下水の一次処理中のBOD＝133 mg/L，二次処理水のBOD＝15 mg/L，汚泥滞留時間＝9日，汚泥のSVI＝100 ml/gと仮定。O_2，CO_2，分解してできるH_2Oは省略してある。

が糸状性バルキングと呼ばれ，活性汚泥の沈降性が低下し，最終沈殿池で汚泥が沈降・濃縮できなくなる現象である。曝気槽の微生物が漏出すれば，微生物によって河川を汚染することになる。また，沈降性の悪化は，汚泥が分離しにくくなるだけでなく，運転条件全体に影響を与える。例えば，図2で汚泥のSVIが200ml/gになったとする。このとき，曝気槽で1,500mg/ℓの汚泥濃度を維持するには，返送汚泥量は約3倍の1.3万m³/d必要となり，曝気槽での反応時間は約20％低下する。このように，微生物の沈降性を常に監視し，返送汚泥量を制御しなければならない。微生物のバルキング現象は様々な要因によって誘発され，根本的な解決法は見いだされていない。これらの理由から活性汚泥法の運転管理は微生物の専門知識も必要で難しいものとされている。バルキング状態となった場合には，凝集剤の投入などで対処せざるを得ず，水処理コストの増加，余剰汚泥中の灰分増加の原因となる。

3.3 磁化活性汚泥法による活性汚泥法の問題解決

標準活性汚泥法では，微生物の分離は重力に依存している。しかし，微生物フロックの比重は水とほとんど変わらない。標準的な汚泥フロックで自然沈降させた場合，含水率は約99％となり，水との密度差はほとんどなく，1/1,000〜1/100程度である。わずかな密度差が沈降分離の推進力であり，活性汚泥法の原理的な欠点といえる。膜分離法というアプローチも考えられ，最近，実用化が始まったところであるが，微生物の分離には数μm以下の微細な孔径の膜が必要で，高濃度の懸濁物質を含む活性汚泥の分離に利用すれば，膜の目詰まりやろ過速度の問題が新たに発生する。そこで，筆者は活性汚泥法の固液分離法として磁気分離法の導入を検討した。

微生物は強磁性でないためそのまま磁気分離することは不可能である。汚泥フロックに強磁性を与えるため，様々な磁性粒子を混合してみたところ，活性汚泥は四三酸化鉄やフェライト粒子

第5章　磁気分離法の環境応用技術

を非常に強く吸着することがわかった。例えば，四三酸化鉄の粒子を活性汚泥に混合すると，ほとんど瞬間的に汚泥フロックに吸着し，汚泥フロックが磁石に引き寄せられるようになった（ACSのオンラインニュースから動画がダウンロードできる[2,3]）。磁力で汚泥フロックを磁石に付着させて，そのまま水から引き上げることもできた[4]。磁力は実際には磁性粉にのみ作用しているのだが，汚泥フロックへの磁性粉の吸着は強固で磁性粉と汚泥が分離することはなく，汚泥フロックごと持ち上げることができた。このときに汚泥に加わる磁力（吸引力）は密度約1g/cm^3の微生物フロックに加わる重力より大きいことになる。すなわち沈降分離のときに微生物フロックが受ける固液分離の推進力より100倍以上大きいことになる。実際に活性汚泥の磁気分離装置の分離速度は沈降分離より数百倍速い場合もある。

磁性粉添加による微生物への直接的な影響はほとんどないと考えられる。四三酸化鉄を添加した場合，通常の水処理の条件で鉄が溶解することはまったくなかった。鉄粉を加えた場合には，鉄イオンの溶出，水酸化鉄の生成，pHの変化などがあり，微生物への影響が予想されたが，四三酸化鉄やフェライトの添加では，pHの変動もなく，微生物への直接的な影響は認められなかった。これらの磁性粉は強酸性で溶解するが，アルカリ性では不溶である。活性汚泥法の条件下では磁性粉は化学的に安定であると考えられた。磁気分離装置が発生する0.1T程度の磁場や磁性粉による局所的な勾配磁場の微生物への直接影響もまた認められなかった。しかしながら，次項で述べるように，磁気分離法は磁性粉を吸着できる微生物を選択的に分離するために，磁気分離の選択分離性による生物相への強い影響があることがわかった。

3.4　活性汚泥の磁気分離特性

磁気分離によって汚泥フロックの固液分離は飛躍的に高速化できることが分かった。磁気分離にはさらに活性汚泥中の様々な種類の微生物から，フロックを形成する微生物を選択的に分離する特性があることが明らかとなった[5]。活性汚泥法には特殊な微生物の異常増殖による固液分離障害が起こりやすい欠点があるが，典型的なケースとして糸状性の微生物（糸状菌）が優先的に増殖することによる糸状性バルキングがある。糸状菌が互いに干渉して，微生物が容易に沈降せず，分離を妨げる。

磁気分離法では，磁気分離を行うために磁性粉を活性汚泥に添加するが，フロックを形成する凝集性微生物が磁性粉を強固に吸着するのに対して糸状菌には磁性粉がほとんど吸着しない。したがって，磁気分離法では糸状菌は固液分離されず，磁気分離装置を通過する。一見，欠点のように思えるが，磁気分離装置で分離された微生物を曝気槽に戻す操作を繰り返していると，曝気槽中に糸状菌は存在しなくなる。それ以後，糸状菌は曝気槽中で増殖できず，磁気分離されやすい凝集性微生物が優先種となって，安定した水処理が行える。図3にその様子を示した[4]。SVI

＞400ml/gの完全なバルキング汚泥が5日間の磁気分離活性汚泥プロセスでの水処理を行う間にSVI≒100ml/gの正常な汚泥になっている。顕微鏡写真を見ても5日後の汚泥には糸状菌はほとんど見当たらなかった。

このように凝集性微生物を選択分離する磁化活性汚泥法における磁気分離の利点により，従来法ではバルキングが発生しやすく活性汚泥法の適用が困難とされた対象に対しても対応できるようになった。

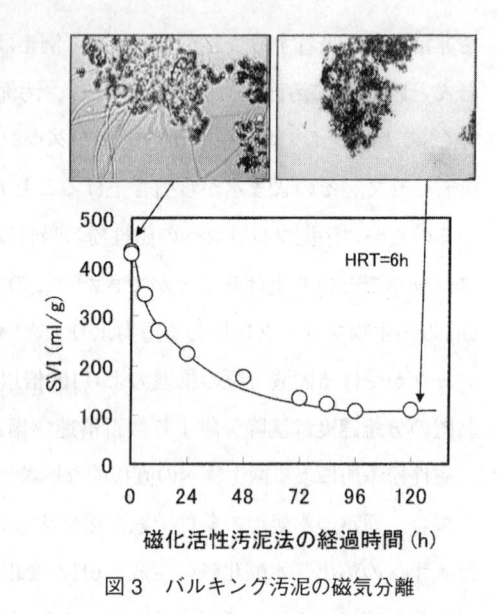

3.5 磁気分離装置

図3 バルキング汚泥の磁気分離

磁気分離装置として，永久磁石を用いたもの，電磁石を用いたもの，超電導磁石を用いたものが考えられる。特許を調べても様々な種類の磁気分離装置が出願されている。排水処理では浄化された水は放流されるだけで価値がない場合が多いため，処理プロセスではイニシャルコストもランニングコストもできるだけ安いことが要求される。従って，活性汚泥の磁気分離装置として実用化に最も近いものは永久磁石を用いたものと予想される。我々も，永久磁石を用いた磁気分離装置を提案してきた。ベンチスケールからパイロットプラントまでの研究の中で利用してきた磁気分離装置は，磁気円板を用いた回転円板方式[6,7]と磁気ドラムを用いた回転ドラム方式の磁気分離装置[3]である。磁石は多極着磁のフェライトプラスチック磁石が用いられた。加工が簡単で研究用には適していると言える。表面の最大磁場は0.06～0.1Tと小さいが，多極着磁のため磁気勾配は比較的大きい。磁化活性汚泥は磁気分離装置を通過する間に磁石表面に付着し分離される。円板またはドラムに付着した汚泥は回転によって水中から引き上げられ，スクレーパで機械的に剥離される。剥離された汚泥はふたたび曝気槽に戻され，循環利用される。1回転毎に磁石表面の更新（汚泥の剥離）が行われるため，高濃度の磁化活性汚泥の分離に適した分離装置であると言える。ランニングコストもドラムや円板を低速で回転させるだけなので，実験プラント全体の電力消費と比べて，無視できる程度の電力で駆動できた。磁気分離能力も小型の磁気分離装置では汚泥懸濁液の分離装置内滞留時間30秒で100％の磁化活性汚泥の固液分離を達成でき，かなり良い性能を示すことが明らかとなった。我々が実験に用いた磁気分離装置の例を図4，図5に示す。

電磁石を用いたものは電力のランニングコストが大きいため水処理には適さないと思われる。超電導磁石を用いたものは超高速分離できる利点を生かしてコンパクト化を図ることで活用でき

第5章　磁気分離法の環境応用技術

る可能性がある。しかしながら高勾配磁気分離法のように連続的な固液分離が難しいシステムは高濃度の懸濁液を分離しなければならない磁化活性汚泥法への適用は難しいと考える。例えば，SVIが100ml/g，MLSS（懸濁物質）が8g/ℓの汚泥は沈降分離法では800mlの体積を占める。即ち，1ℓのビーカーに取り，30分静置しても上澄み部分は200mlしか得られない。我々の実験では，このような汚泥を勾配磁場において，磁力で圧縮してもせいぜい200〜400mlまでしか圧縮できなかった。高勾配磁気分離装置の中で捕捉可能な汚泥体積をボア容積の30％と仮定すると，ボア容積程度の懸濁液を通過させた時点で汚泥の捕捉容量が飽和することが予想できる。わずかな量の清澄水を得ただけで高勾配磁気分離装置が破過するため，効率のよい運転は期待できない。逆洗水の方が清澄水より多くなる可能性もある。超電導磁石を用いた場合にはオープングラジエント型やバルク超電導磁石を用いた磁気分離装置が磁化活性汚泥の磁気分離装置として適していると予想できる。

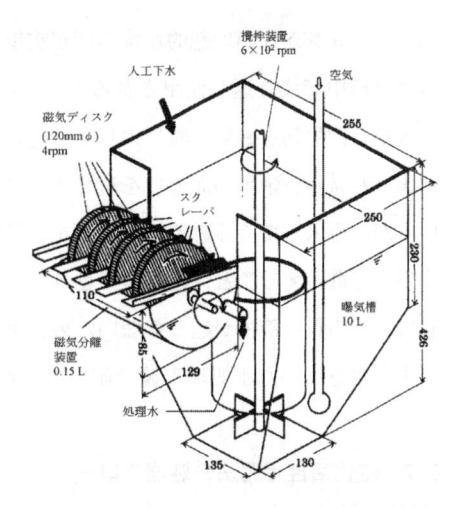

図4　磁気円板型磁気分離装置と処理槽[7]

3.6　磁化活性汚泥法による余剰汚泥ゼロエミッション水処理の実現

　磁気分離法は凝集性微生物を選択的に捕捉，分離する一方で，曝気槽に流入してくる無機性の懸濁物質や生分解されない有機懸濁物質を通過させる[8]。処理水中の懸濁物質はその分増加するが，凝集性微生物だけを曝気槽にとじこめて，いわゆるクローズドシステムの中で水処理を行えるようになった。汚

図5　パイロットプラントと磁気ドラム型磁気分装置[3]

濁物質の供給が一定の場合には，微生物濃度はある程度まで増加すると，微生物の増殖と死滅がバランスして，みかけ上，微生物濃度が一定のままで水処理を継続できるようになる[8]。このような運転条件では，曝気槽から余剰汚泥の引き抜きが不要となり，水処理にともなう余剰汚泥の

エミッションがない理想的な水処理が実現される。同時に，磁気分離のために添加された磁性粉も曝気槽中で繰り返し使用されるため，磁気分離に必要な磁性粉の追加投入も不要となった。

大量の微生物を磁気分離により曝気槽に閉じ込めて，単位微生物量当たりの有機物処理量を極限まで軽減し，余剰汚泥ゼロをめざすプロセスは膜分離法を導入した活性汚泥法でも検討されているが，流入してくる懸濁物質などが次第に曝気槽に蓄積して行くため，汚泥を引き抜かないで水処理を継続することは難しいとされている。磁化活性汚泥法では，無機懸濁物質や難分解性の有機懸濁物質の蓄積が起こらないため，余剰汚泥ゼロエミッションで長期の水処理が行えることが実下水を用いた水処理実験で確かめられている。

3.7 磁化活性汚泥法の処理フロー

磁化活性汚泥法の処理フローとして，磁気分離だけで100％汚泥を分離する磁気分離のみの磁化活性汚泥プロセス（図6a）と，磁気分離に沈降分離を追加して2段で固液分離を行う磁気分離／沈降分離ハイブリッド磁化活性汚泥プロセス（図6b）が研究されている。

前者では，沈殿池が不要となり，施設の敷地面積や汚泥返送系などイニシャルコストの大幅な低減が期待できる。沈殿池は曝気槽の半分程度の面積を必要とするからである。しかしながら，磁気分離装置として完全に汚泥を固液分離できる高性能のものが要求される。停電や磁気分離装置のメインテナンスに対する備えも必要となる。

一方で，磁気分離／沈降分離ハイブリッド磁化活性汚泥プロセスでは，沈殿池が必要となり，イニシャルコストの軽減はできないが，磁気分離装置は曝気槽中の濃厚な磁化活性汚泥を沈降分離可能な2,000mg/L以下まで低減するだけでよいため，小型化が可能となる。従来ある活性汚泥プラントに若干の変更を加えるだけで磁化活性汚泥法へと発展できる利点もある[8]。現在，研究中の磁化活性汚泥パイロットプラントは後者の方式が採用されている。

3.8 物理化学的水処理法との比較

従来の水処理法は，大きく物理化学的水処理法と生物学的水処理法の二つにわけることができる。磁気分離法は物理化学的水処理法への適用も可能である。生物学的水処理法に磁気分離を適用した場合と比較すると次のような特徴が考えられる。

① 凝集剤を添加する必要のない生物

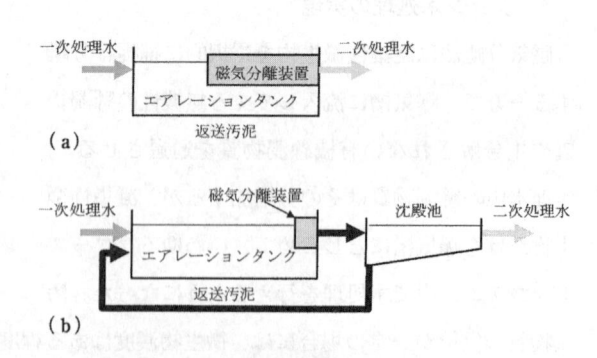

図6 磁化活性汚泥法の処理フロー
(a) 磁気分離のみの磁化活性処理フロー，(b) 磁気分離／沈降分離ハイブリッド磁化活性汚泥法の処理フロー

第5章 磁気分離法の環境応用技術

学的水処理法は物理化学的水処理法より汚泥発生が少ない水処理法である。磁化活性汚泥法では，微生物が自己消化して，汚泥生成をさらに抑制できる条件で操作することで，余剰汚泥の発生をゼロにすることが可能である。余剰汚泥を引き抜く必要がないため，磁性粉もプロセス内でクローズドシステム化されて利用できるようになった。したがって，磁性粉は初期投入のみで磁性粉追加のランニングコストが不要となった。物理化学的水処理法では磁性粉をリサイクルするためには分離された汚泥から磁性粉を何らかの方法で回収する必要がある。活性汚泥から磁性粉を回収する方法は微生物を可溶化処理して回収する方法や焼却して回収する方法があるが，コスト的に実用化は困難である[9, 10]。磁気分離の応用範囲を拡大するためにも磁性粉と汚泥フロックを簡単に分離する方法が期待されている。

② 活性汚泥法は凝集沈殿法に比べて維持管理が難しいとされてきたが，磁化活性汚泥法ではバルキング対策や汚泥濃度管理などが不要となり，維持管理が大幅に簡易化された。薬剤の添加量やpHなどを制御する必要がある凝集分離法よりも磁化活性汚泥法の運転操作は容易であると言える。

③ 磁化活性汚泥法では微生物で分解できる汚濁物質のみが処理できる。無機懸濁物質や高分子のような生分解を受けにくい有機懸濁物質を主成分とする排水の水処理には，物理化学的な水処理が適する。互いの特徴を生かした複合多段処理も様々な排水に対処するために有効となる可能性もある。

3.9 磁化活性汚泥法研究の最先端
3.9.1 磁化活性汚泥法研究の広がり

磁気力を利用して活性汚泥を高速で固液分離するというアイディアは1970年頃から多くの特許が出願されており，様々な種類の磁気分離装置が提案されている。活性汚泥法に磁気分離を組み込み，余剰汚泥の引き抜き，磁性粉の追加を不要とする磁化活性汚泥法は1992年に我々が提案し[11]，研究推進してきた。2000年からの学術振興会・未来開拓研究推進事業の磁気分離プロジェクトへ参画を契機として，実用化をめざした実証研究へと大きく発展した。最近，国内では帯広畜産大学など，海外ではダッカ大学（バングラデシュ）で磁化活性汚泥法の研究が開始されつつある。

実用化に向けた実証研究では，現在，パイロットプラントが2基稼働中である。一基は下水処理[3]，もう一基は養豚排水を処理対象として実証試験が行われている。下水処理では上記の未来開拓，科学研究費などの補助を受けて，水処理企業の協力も得ながら$8m^3$の曝気槽をもつ磁気分離/沈降分離ハイブリッド方式の磁化活性汚泥法パイロットプラントを建設し，50人分相当の下水（$15m^3/d$）を500日間に渡り余剰汚泥ゼロエミッションで連続水処理を行うことができた。

養豚排水処理では，2003～2004年度の2年間，群馬県の産学官連携推進補助を受けて企業との共同研究が行われた。2005年には50m^{3}の実プラントを借用して，約半年間の回分式磁化活性汚泥法の実証試験も行われ，実用化に向けての貴重な知見が得られた。

3.9.2 磁化活性汚泥法の高度処理への試み

有機物の分解処理が二次処理といわれるのに対して，富栄養化の原因物質である窒素やリン成分まで除去することは三次処理，高度処理といわれる。すでに嫌気・好気法などの窒素除去プロセスやフォストリップ法などのリン除去プロセスがよく知られている。これらの方法は原理的に磁化活性汚泥法にも適用可能である。ベンチスケール，あるいはパイロットプラントスケールで，窒素やリンを除去する高度処理の試みが検討されつつある。

3.9.3 様々な排水処理への適用

磁化活性汚泥法は微生物の滞留時間が長いため，様々な排水に対してそれを分解できる微生物が増殖しやすい環境を提供する。例えば，硝化菌のように増殖速度が遅い微生物でも栄養分となるアンモニアの供給があれば，曝気槽中で着実に増殖できる。このような利点を生かして様々な排水処理への磁化活性汚泥法の適用が試みられている。界面活性剤，環境ホルモン，ポリビニルアルコール，フェノールなど，毒性物質，難分解性有機物を含む排水が比較的簡単に生分解処理できた。

文　　献

1) 橋本奨, バイオテクノロジー活用の高機能型活性汚泥法（第一版）, 技報堂出版, p.2-7 (1989)
2) アメリカ化学会, Environmental Science & Technology Online News : Recycling sludge bacteria magnetically, http://pubs.acs.org/subscribe/journals/esthag-w/2003/may/tech/rr_sludge.html (2003/5/8)
3) アメリカ化学会, Chemical & Engineering News : Cleaning Up Wastewater Magnetically, http://pubs.acs.org/cen/news/83/i52/8352wastewater.html
4) 酒井保藏, 用水と排水, **46**, 803 (2004)
5) 酒井保藏, 高橋不二雄, "磁気分離法による活性汚泥中の糸状菌とフロック形成菌の分離", 水環境学会, **22**, 323 (1999)
6) Y. Sakai, T. Terakado, F. Takahashi, *J. Ferment. Bioeng.*, **78**, 120 (1994)
7) Y. Sakai, T. Miama, F. Takahashi, *Water Research*, **31**, 2113 (1997)
8) 酒井保藏, 環境浄化技術, **3**, 14 (2004)
9) 酒井保藏, 藏方伸, 高橋不二雄, 水環境学会誌, **15**, 126 (1992)
10) 酒井保藏, 谷充, 高橋不二雄, 水環境学会誌, **23**, 177 (2000)
11) Y. Sakai, K. Tani, F. Takahashi, *J. Ferment. Bioeng.*, **74**, 413 (1992)

4 高勾配磁気分離および電気化学反応を活用した水質浄化技術

井原一高[*1], 渡辺恒雄[*2]

4.1 はじめに

　廃水処理分野においては，活性汚泥法をはじめとする生物学的手法がプロセスの柱となっている。しかし，富栄養化の原因となる窒素・リン処理，二次生成物（余剰汚泥）の削減，そして処理システムの小型化といった点で，生物学的手法では困難な面も存在する。そこで，従来の生物学的手法とは異なる物理化学的廃水処理法として高勾配磁気分離と電気化学反応を活用した水質浄化技術について紹介する。電気化学反応の水処理への利用は，凝集，浮上といった固液分離技術と，促進酸化といった分解技術が挙げられる。特に電解凝集は磁性付与法として活用が可能である。本報では，凝集沈殿ろ過に代わる高速分離法として電解凝集（electrocoagulation）と組み合わせた高勾配磁気分離（High Gradient Magnetic Separation：HGMS），促進酸化法として電解酸化法（electrochemical oxidation）を紹介する。また，両者を組み合わせた手法を高濃度有機廃水に適用した結果について概説する。

4.2　電解凝集と高勾配磁気分離による廃水処理

4.2.1　高勾配磁気分離と磁性付与

　水処理の単位処理プロセスとして広く用いられている凝集沈殿法は，対象物質に働く重力を利用したものである。一方，磁気分離は分散媒中に存在する物質に働く磁気力を利用する点が異なる。磁気分離そのものは昔から使われていた技術であるが，近年開発された高勾配磁気分離では，大量の希薄懸濁系の高速処理が可能になったことが特長[1]である。磁気分離に必要な磁気力の要素は①分離対象粒子の体積，②磁場勾配，③粒子と分散媒の磁性差の3点が挙げられる。より大きな磁場勾配を得るためには，強力な磁場空間が必要になる。近年，冷凍機冷却技術の発達によって液体ヘリウムを必要としない超伝導マグネットが開発され，強磁場空間を得ることが簡便になった。実際の磁気分離応用において，磁場強度よりも重要な要素は，分離対象粒子と分散媒の磁性差である。廃水処理では分散媒は一般的に水であることから，その磁性を変えることは困難である。そこで，粒子に対して磁性を付与することによって両者の磁性差を拡大させる方法が採られている。昨今の磁気分離技術の応用範囲の広がりは，この磁性付与技術の発展に依るところが大きい。

[*1] Ikko Ihara　宮城大学　食産業学部　環境システム学科　助手
[*2] Tsuneo Watanabe　首都大学東京　工学研究科　電気電子工学専攻　教授

4.2.2 磁性付与法としての鉄電解

対象物質に対して磁性を付与する様々な手法が開発されている[2]。その中で，廃水中のリンや有機成分に対する磁性付与法として鉄電極を用いた電解凝集がある。廃水中に含まれるリンに対して鉄電極を用いて電気分解を行うと，リン酸鉄が生成することが知られている[3]。リン酸鉄は常磁性を示すことから，リンに対して磁性が付与されたことになる。同時に，鉄電解によって水酸化鉄コロイドも生成される。廃水中の有機成分がコロイドに吸着することから，鉄電解は有機成分に対する磁性付与の働きも担う。これらのリン酸鉄や水酸化鉄はマグネタイトのような強磁性ではなく常磁性であるが，超伝導マグネットを用いた高勾配磁気分離によって，廃水からの高速分離除去が実用的な流量で実現可能である。

4.3 電解酸化法

オゾン，過酸化水素，紫外線やそれらの組み合わせによって酸化力を得る促進酸化法は，従来の生物処理では困難とされる有機物の酸化分解が実現できる。それらの中で，電解酸化法は有機物のCO_2への分解[4]のみならず，アンモニア性窒素のN_2への分解も期待できる手法である。電解酸化法は電極表面付近で反応が進行する直接酸化（direct oxidation）と，電極間におけるバルク中での反応である間接酸化（indirect oxidation）の2つに大別できる。直接酸化反応における酸化剤は主としてOHラジカルであると考えられ，有機化合物のCO_2への分解が可能である[4]。廃水中に塩化物イオンが含まれる場合，間接酸化反応では電気化学的に生成された次亜塩素酸が酸化剤として働く。次亜塩素酸は有機化合物の酸化分解だけではなく，アンモニア性窒素（NH_4–N）の分解処理が実現する[5]。この反応は不連続点塩素処理（break point chlorination）[6]と同様と考えられ，生成された次亜塩素酸は，NH_4^+と反応し，最終的にN_2への反応が期待できる。これらの反応では，生物的窒素除去である硝化脱窒と異なり炭素源を必要としないことが大きな利点である。

4.4 鉄電解，磁気分離，電解酸化を組み合わせた廃水処理

鉄電解，磁気分離，電解酸化を組み合わせることによって，従来の生物処理とは異なる分離と分解による廃水処理が構成できる。図1に廃水処理の概念図を示した。まず鉄電解によって磁性付与を行い，高勾配磁気分離によって固液分離を行う。窒素や残存COD成分のような磁性付与が困難な物質に対しては，電解酸化によって分解処理を行う。し尿処理場で処理すべき廃水には高濃度の窒素やCOD，そしてリンが含まれており，適切な処理が必要とされている。都市化が進む地域では処理施設の用地確保が困難になりつつあり，システムの小型化が求められている。本研究では，鉄電解，高勾配磁気分離，電解酸化の3つの物理化学的プロセスを組み合わせたベ

第5章 磁気分離法の環境応用技術

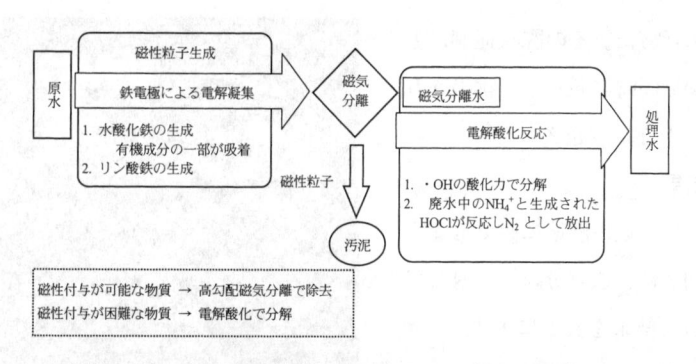

図1 鉄電解，高勾配磁気分離および電解酸化を組み合わせた廃水処理

ンチスケール廃水処理システムを構築した。地方自治体が管理運営するし尿処理施設内で，実廃水を対象に現地試験を行い，その有効性について検討を行った。

4.4.1 装置の概要および実験方法

廃水処理装置のフローを図2に，外観を写真1に示す。し尿および浄化槽汚泥の混合水に対し，凝集剤を添加し固液分離された廃水を実験対象水とした。まず，対象水に対し鉄電極(陽極，陰極共に鉄，電極間隔60mm)を用いて電気分解を行った。電極間にはアニオン交換膜を挟み，まず陰極側に通水し補助タンク1に排出させた後，陽極側に通水し鉄を溶解させた。直流電源を用いて電流密度を15Aに設定した。沈降槽，および調整槽で懸濁成分の一部を沈殿後，磁気フィルタ(SUS430シームレスメッシュ)を装着した超伝導マグネット(JASTEC，JMTD-10T100SS)に上澄み液を通過させた。磁場強度は10T，流量は1.7L/minに設定した。リン酸鉄や水酸化鉄を含む懸濁成分を磁気フィルタによって分離させた。次に，残留成分に対して特にアンモニア性窒素を低減させるために，電解酸化処理を行った。陽極は電解酸化反応が期待できるDSA(Dimensionally Stable Anode)，陰極は鉄とし，両極間にカチオン交換膜を挟んだ上で電極間を30mmに配置した。酸化反応は主として陽極側で行われることから，磁気分離水を補助タンク2に連続的に通水しながらポンプで陽極側の滞留時間を1hになるように流量を設定し，電解酸化

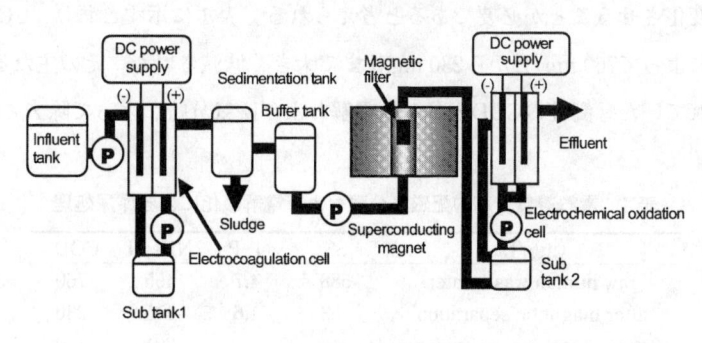

図2 廃水処理装置のフロー

処理を連続的に行った。その際陰極側にも3 L/min の流量で同時に通水し，排出された水は補助タンク2に返送させた。

4.4.2 実験結果

対象水に対して，鉄電解後に磁気分離を行った結果を図3に，磁気分離水に対して電解酸化を行った結果を表1に示す。

(1) 鉄電解および高勾配磁気分離

対象水中には比較的高濃度の懸濁物質（SS：Suspended Solids）や全リン（T-P：Total Phosphorus）が含まれていたが，沈殿槽および磁気分離によって良好に分離された。対象水中に含まれていたリンは鉄電解によってリン酸鉄として磁性が付与された後，磁気分離によって除去されたと考えられる。実験に使用した廃水には懸濁性と溶存性のリンが約半分ずつ含有していた。溶液中にリン酸イオンが含まれる場合，鉄電解によってリン酸鉄が生成する[3]。本実験における鉄電解によって，溶存性のリンの一部がリン酸鉄として懸濁されたと考えられる。さらに，懸濁性のリンの一部は沈殿槽で重力沈降された。磁気分離前後を比較すると，懸濁性のリンは1.3 mg/Lから0.2 mg/Lへ低減されたが，溶存性のリンは殆ど低減されなかった。従って，高勾配磁気分離は鉄電解によって磁性を付与された懸濁性のリンの除去に有効であることが示された。更なる除去率の向上のためには，鉄電解によって溶存性のリンをより多く懸濁性に変化させることが必要であると考えられる。表1に示すとおり，CODは鉄電解および磁気分離によって760 mg/Lから230 mg/Lまで大きく低減された。その主たる理由として，原水中に含まれていた懸濁性のCOD成分が鉄電解および磁気分離によって除去されたことが考

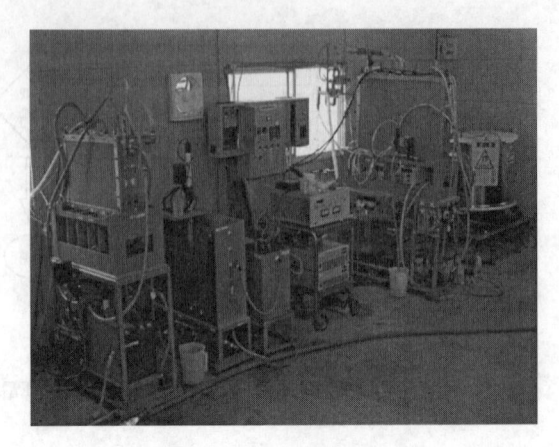

写真1 廃水処理装置の外観

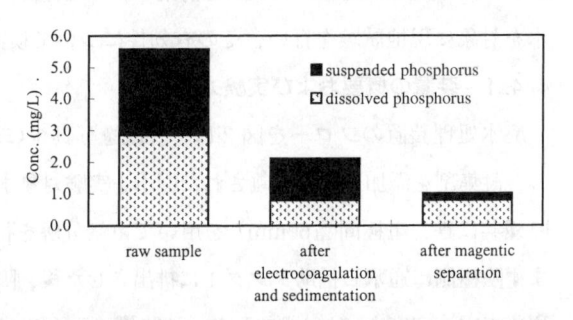

図3 電解凝集および高勾配磁気分離によるリン除去（10T，100L/h）

表1 電解凝集，高勾配磁気分離および電解酸化による尿尿処理

(mg/L)	SS	T-P	NH_4-N	COD_{cr}
raw human wastewater	588	4.7	465	760
after magnetic separation	53	1.6	445	230
after electrochemical oxidation	—	—	221	180

第5章 磁気分離法の環境応用技術

えられる。

(2) 電解酸化処理

磁気分離水に含まれるアンモニア性窒素は445 mg/Lであったが，実験開始後，221 mg/Lにまで連続的に低減することが可能であった（表1）。廃水中に含まれる塩化物イオンから電気化学的に次亜塩素酸が生成され，アンモニウムイオンと反応したためと考えられる。この間，硝酸の顕著な蓄積は見られなかった。その理由として，陽極にDSAを選択したことが挙げられる。一方，CODは230 mg/Lから180 mg/Lへと約50 mg/L低減された。DSAはOHラジカルの物理吸着が期待できないことから，酸化剤として次亜塩素酸が対象水中の有機物に対して働いたと考えられる。アンモニア性窒素およびCODいずれに対しても，電解によって生成された次亜塩素酸が分解反応に寄与していることから，対象水当たりの投入電気量を増加させることによって，更なる水質の改善は可能であると思われる。

4.5 まとめ

鉄電解，高勾配磁気分離そして電解酸化で構成される廃水処理は，屎尿に含まれるCOD，リンそしてアンモニア性窒素を高速に処理可能であることを示した。このほかに，高濃度の窒素・リンが含まれる埋立地浸出水[7]に対しても適用し，本処理法の汎用性についても検討を行っている。既存の凝集沈殿や生物処理と比べると処理時間が短くシステムの小型化が可能であることから，下水処理場のような集中型システムでは設置が困難な分野において，小型分散型システムとしての展開が期待できる。

文　　献

1) 小原健司, 低温工学, **37** (7), 303-314 (2002)
2) 武田真一, 磁気分離のための担磁法, 低温工学, **37** (7), 315-320 (2002)
3) 森泉雅貴ら, 水環境学会誌, **22** (6), 459-464 (1999)
4) Christos Comninellis et al., *Electrochemical Acta*, **39** (11/12), 1857-1862 (1994)
5) Li-Choung Chiang et al., *Wat. Res.*, **29** (2), 671-678 (1993)
6) White G. C., The handbook of Chlorination, 2nd ed., pp172-175, Van Nostrand Reinhold, New York, USA (1985)
7) I. Ihara et al., *IEEE Transactions on Applied Superconductivity*, **14** (2), 1558-1560 (2004)

5 超伝導マグネットを用いた環境技術

福井　聡*

5.1 はじめに

　今日，文明が進む一方で大量消費の時代でもあり大量の産業廃棄物が出るとともに河川や湖沼が汚染される環境問題を抱えている。水，海水，空気，油，有機溶媒などの分散媒中に微粒子（有害物質や有用物質など）が懸濁しているとき，これを磁気力で選別あるいは濾過することを磁気分離という。現在，超伝導マグネットで発生した強磁場中で磁性粒子に働く強い磁気力による流動体などの分離制御技術は非常に注目を浴びている。その理由は，超伝導の民間での利用が俄然現実味を帯びてきたからである。すなわち，様々な産業に用いられる物質処理工程における分離・搬送，前処理や主処理などとしての分離制御，あるいは製品や廃材などの分離工程を効率的に遠隔操作できる新しい技術として注目されている。また，近年環境保全に対する要請が高まっており，産業廃棄物の処理・再生技術，あるいは環境浄化・保全技術としての期待も大きい。

　図1に示すように，磁気分離システムは大きく前処理部分，磁気分離部分，後処理部分に分けられる。分離対象物質が必ずしも大きな磁性を持つとは限らないので，分離対象物質に適切に（磁気分離が可能なように）「磁気的な種付け（担磁）」を行う工程を前処理という[1]。現在開発されている担磁法としては，フェライト化法，高分子凝集剤添加法，コロイド化学法，メカノケミカル法，疎水化マグネタイト法，電気化学的方法などがある。後処理は，例えば，分離処理後の廃水などを環境に戻す工程や分離した物質を廃棄あるいは再処理プロセスに回す工程を指し，個々の分離対象に適するように選定される。本節では，磁気分離の原理と代表的な超伝導マグネットの磁気分離への応用例について概説する。

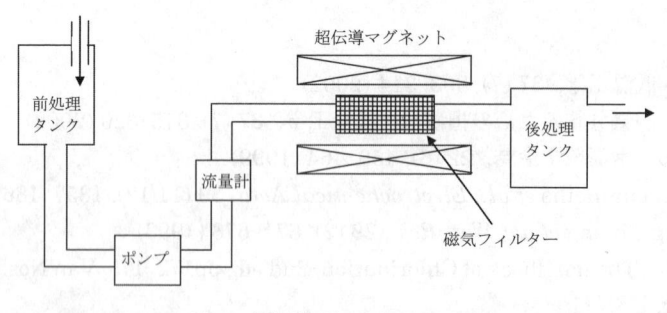

図1　超伝導磁気分離システム

* Satoshi Fukui　新潟大学　自然科学系　助教授

第5章　磁気分離法の環境応用技術

5.2　磁気分離装置の超伝導化

磁性粒子に働く磁気力 F_m は，磁界の勾配と粒子の磁化の積に比例する[2]。

$$F_m = V_p \mu_0 M \cdot \nabla H \tag{1}$$

$$M = \frac{9(\chi_p - \chi_f)}{(3+\chi_p)(3+\chi_f)} H \tag{2}$$

ここで，H は磁場，χ_f は分散媒の磁化率，χ_p 及び V_p は分散質（磁性粒子）の磁化率及び体積，μ_0 は真空の透磁率である。式(2)では，分散質は球形磁性粒子とし，磁場の方向に均一に磁化されるとしている。つまり，F_m が発生するためには分散媒とは異なる磁化率の分散質を空間的に不均一な磁場中に置くことが必要である（図2）。また，磁気力を大きくするためには，①分散質に担磁（磁性の弱い物質に磁性を付与すること）をして磁化を大きくする，②磁場の勾配を大きくする，③分散質と磁化率差の大きい分散媒を選ぶ，また弱磁性の場合には，④高磁場を用いる，ことが有効である。

磁気分離は，磁気選別装置として鉄鉱石や砂鉄等の鉄成分の富化に使用されてきた，かなり古い技術である。日本では1970年代の初期に，重金属イオン除去を目的としてフェライト化法が開発され，廃水処理に適用された。これは，対象の金属イオンを強磁性のフェライト粒子中に取り込んで，磁気分離によりフェライト粒子ごと分離するものであり，対象物質が弱磁性でも磁気分離が可能である。米国では1970年代にMITのグループが，高勾配磁気分離（HGMS：High Gradient Magnetic Separation）と呼ばれる方法[3,4]を開発した。これは，線径数十 μm の強磁性ステンレス鋼線に外部磁場を垂直に印加することにより，磁性線を磁化させて，その周囲に極めて大きな磁場勾配を発生させる方法である。これにより，20,000T/m もの磁場勾配を発生させることが可能になり，従来の数千倍の磁気力の発生に成功した。図3に超伝導マグネットを使用した場合のHGMSの概念図を示す。高勾配磁気分離装置では磁界中に置かれたキャニスター（円筒容器）の中に線径が数10〜100 μm 程度のステンレス線を多数本網

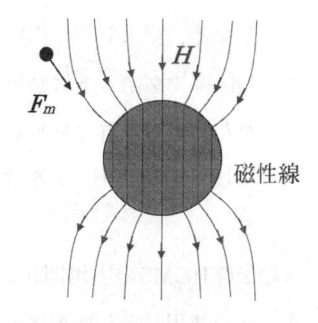

図2　磁性細線周囲の不均一磁場と磁気力の模式図

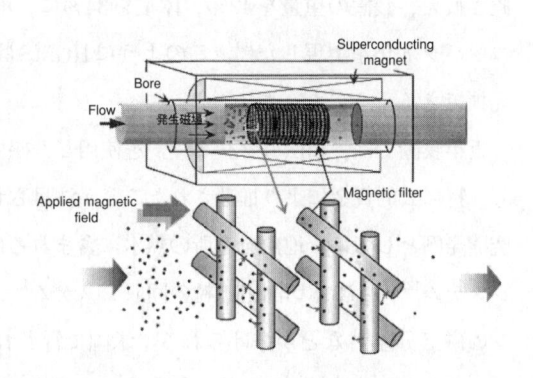

図3　超伝導マグネットを用いた高勾配磁気分離の概念図

目状にした磁気フィルターが充填されている。これらの技術の開発以前は，強磁性かつ大直径の粒子のみに限定されていた分離対象が弱磁性を含む数 μm 以下の粒子にまで広がった。これまでのところ，多くの常伝導マグネットを用いた HGMS 装置が製作され，製鉄所の排水処理[5,6]，カオリン粘土の精製[7,8]などに応用されている。図4に，製鉄排水処理に適用されている磁気分離装置の概略図[9]を示す。

磁気分離装置の超伝導化では以下の2点が特に要望される。

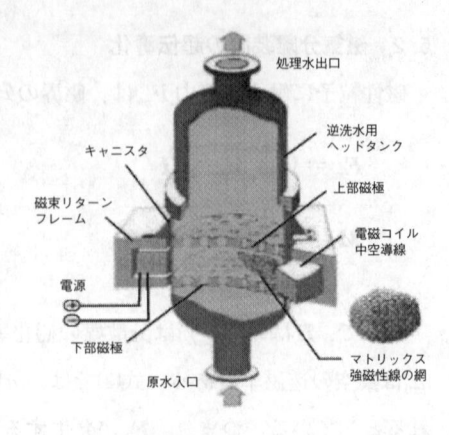

図4 HGMS を応用した製鉄排水浄化装置の概略図

① 超伝導装置は定常時は永久電流モードで運転され，冷却系がメンテナンスフリーであること。
② 超伝導装置が経済的であるか，または，従来装置にない顕著な利点，例えば，大空間に高磁場を発生できることによる技術革新，サブミクロンの常磁性粒子の分離性能が格段に良いことなど，従来装置の問題点を解決できること。
③ 超伝導マグネットは励磁・消磁の際に不安定になり，また励消磁を頻繁に繰り返すことはそれだけ多くの電力が無駄になる。よって，マグネットを消磁することなく粒子吸着により飽和した磁気フィルタを洗浄でき，分離処理を中断しないような連続磁気分離を採用すること。

超伝導 HGMS の実用例としては，カオリン精製システムの磁気分離マグネットに超伝導マグネットを使用し，超伝導化のメリットが確認された。Eriez Magnetic 社は1986年に陶器に使われるカオリンの精製システムで従来形の銅鉄マグネットを超伝導マグネット（中心磁場 2 T）に置き換え，装置の重量を42％，体積を34％に，消費電力を5％にして省エネルギー化と装置のコンパクト化を実現した[10]。このように HGMS は超伝導化によって，本来の利点をより顕著に発揮できるようになった。

近年我国では，超伝導マグネットを使用した磁気分離装置の研究開発は精力的に進められており，特に公的資金により推進されたことが注目される。それらのプロジェクトで行われている研究開発例としては，地熱発電所の熱水に含まれる砒素除去システム[11]，埋立地からの浸出水処理システム[12]，半導体切削用砥粒の回収システム[13]，製紙工場廃水の処理システム[14]，環境ホルモンの磁気分離[15]などが挙げられる。米国で行われている高勾配磁気分離の応用研究の例としては，原子力施設付近の放射能で汚染された環境の修復[16,17]，高レベル放射性廃液からの放射性物質や核分裂生成物質の除去[18]，生物磁気を利用した重金属イオン（プルトニウム，アメリシウム

第5章 磁気分離法の環境応用技術

等)の除去[19]などである。また，磁性細線磁気フィルターを用いない開放勾配磁気分離[20〜23]，数十Åオーダーの弱磁性超微粒子の分離への適用を目指した磁気クロマトグラフィー[24,25]，導電性分散媒(海水など)に磁場中で電流を流したときに発生するローレンツ力による磁気分離[26]など新しい方法も考案されている。以下，幾つかの研究例を紹介する。

5.3 地熱水中の砒素除去システム[11]

　日本国内では，現在19基の地熱発電所が稼動しており，合わせて約53万kWを発電しているが，日本の総発電量の約0.1%に過ぎない。しかし，資源賦存量は6,930万kWと多量に埋蔵されており，エネルギー源の乏しい日本において安定なエネルギー源として注目されている[27〜29]。地熱発電では井戸から熱水(地熱水)と蒸気を取り出し，熱水と蒸気を分離した後，蒸気のみを発電に使い熱水は還元井から地下に戻している。地熱水は百数十℃で数気圧の水であり，有用元素なども多量に含んでいるため，その有効利用が望まれている。しかし，この際の問題の一つとなるのが，地熱水に含まれる砒素である。日本における砒素の排出基準は0.1mg/ℓ，環境基準は0.01mg/ℓであるため，利用には砒素を除去する何らかの処理が必要になる。

　例えば，葛根田発電所（岩手県）の地熱水にも約3.4mg/ℓの砒素が含まれているため，直接利用せずに，地熱水を河川水と熱交換して製造した温水を温水プールや暖房などに利用している。葛根田発電所の場合，約140℃の地熱水が約3000 t/hで井戸から得られるが，この一部の500 t/hを熱交換に使い50 t/hの河川水を温めている。得られた無害な温水を地元に供給しているが，現在は河川水の利用の制限から利用が限られているうえに，数年内に河川水の利用もできなくなるため，熱交換による温水供給は中止せざるを得なくなる状況である。従って，安価な方法で砒素を除去できれば，温水の供給が継続できるばかりでなく供給量の大幅な増加が可能となるため，利用範囲はさらに広がると期待されている。

　葛根田の熱水供給施設内で2000年12月から2002年12月の間，㈱物質・材料研究機構が開発した酸化物高温超伝導マグネット[30]（最高磁場1.7T，室温ボア径20cm，Bi2223超伝導線材使用）と金属系低温超伝導マグネット（最高磁場10T，室温ボア径10cm，金属系超伝導線使用）を使い砒素の磁気分離実験が行われた。

　図5に金属系低温マグネットを使用した磁気分離実験装置の写真を示す。この装置では磁気分離装置は超伝導マグネットの室温ボア空間に通した配管（内径5 cm）内にステンレス製の細線で作られた金網を配している。前処理された地熱水は磁気分離装置の

図5　地熱発電所の熱水に含まれる砒素除去実証システム

下から上へと流れる構造となっている。レシプロ型フィルターの特徴は，上下に独立した同じ形の二組のフィルター部を持ち，このフィルターが上下に動いて交互に捕獲とフィルターの洗浄を行い，連続的に磁気分離を行えることである。各フィルターは内径5cm，長さ60cmで，SUS430の金網を2,000枚以上重ねてできている。レシプロ型フィルターの動作の様子を図6に示す。まず磁場空間内で砒素を吸着した水酸化第二鉄を金網に磁気力で付着させて分離する。その後，磁場空間からフィルターを

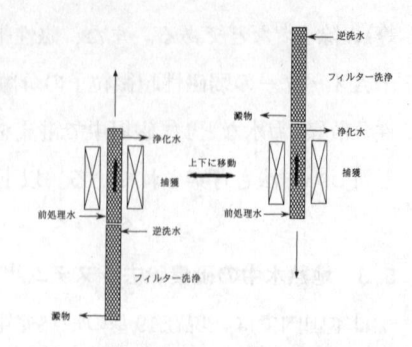

図6　往復型フィルターの動作の模式図

磁場のない空間に引き出して磁気力を無くして金網に付着した水酸化第二鉄を空気や水を流して逆洗する。この動作を交互に繰り返すため，洗浄による時間の無駄をほとんど無くすることができる。

　磁気分離実験は，ポンプによって一定の速度で磁気分離装置に前処理した地熱水を流し，いろいろな条件で行われた。磁気分離前後（マグネットの前後）でそれぞれ地熱水を採取し，砒素及び鉄の濃度を測定して性能の評価が行われた。磁気分離によって砒素濃度が20 μg/ℓ 程度まで減少できることが示されており，環境への排出基準（0.1mg/ℓ）を十分満足する結果が得られている。また，酸化物超伝導マグネットを使った1.7Tの磁場でも排出基準以下にまで浄化可能であることも確認されている。

5.4　製紙工場からの廃水処理システム[14)]

　製紙工場では，その製造工程で大量の水を消費・排出している。近年，工場排水などに対する排出基準が一段と強化される傾向にあり，その廃水処理に対して，高度な技術を導入する必要がでてきている。特に，再生紙製造工場などは再生ルートの確保のために都市近郊に立地している場合が多く，必然的に厳しい排出基準の下に操業しているのが現状である。このような困難な状況を打破するべく，超伝導マグネットを用いた磁気分離を製紙廃水処理に適用する実用化研究が進んでいる。

　製紙廃水処理に超伝導磁気分離を適用するための実証プラントとして，処

図7　製紙廃水処理システムのフロー図

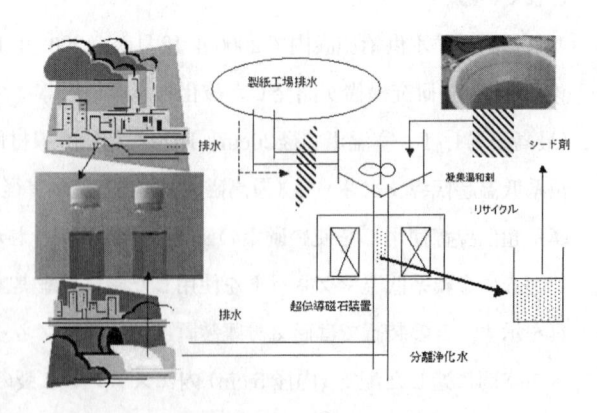

第5章　磁気分離法の環境応用技術

理量50t/日の装置が開発され実証試験が行われた。図7及び図8に製紙廃水処理実証システムのフロー図と装置の外観写真を示す。大量処理のために，1次処理と2次処理に分けて，分離の効率化と磁気フィルターへの負担の軽減が図られている。また，超伝導マグネットボア内部に複数の磁気フィルターを設置し，被分離物質を吸着した各フィルターを順次下流側から上流側に移動させて，マグネットボア外にでたところで洗浄機に移動させる。洗浄したフィルターは再度マグネットの下流側からボア内に挿入される。このようにすることにより，磁気フィルターの洗浄・再生が自動的に行われ，マグネットを消磁することなく連続的な分離処理ができるように工夫されている。本システムを用いて，製紙廃水中のSSやCOD成分を工業用水としてリサイクルできる程度にまで低減できることが実証されている。2005年には，この試験機で得られたデータを基にスケールアップを図った実機（廃水処理量2,000t/日）も製作され，実証試験が開始されている[31]。

図8　超伝導磁気分離を用いた製紙廃水処理実証システム

5.5　バルク超伝導体を用いた下水浄化システム[32]

　合流式下水道の雨天時に放流する越流水による公共水域への環境負荷の低減のための方法としては雨水帯水池の設置等がまず第一に考えられるが，十分な効果を果たすためには膨大な土地が必要となるため，特に大都市部では十分な整備が行き届かないのが現状である。従って，雨天越流水等の汚濁水高速浄化対策用としてコンパクトで省スペース型であり，かつ高速で高除去率の固液分離装置の要求が高まっている。この目的で，高温超伝導バルク体を用いた磁気分離と濾過分離を組み合わせた浄化構造による処理量$100m^3$/日の汚濁水高速浄化装置が試作され，生下水を使用した実験を行い連続浄化機能が確認されている。

　図9に示すように，試作された高速浄化装置は細目フィルターによる濾過分離と磁気分離を組み合わせた構造で，一連の浄化機能が3つに分けられる。すなわち，原水中の被除去物を磁性フロック化する前処理部と，生成した磁性フロック（磁性粒子が多数凝集した状態）をフィルターで濾過し浄化水を得る濾過分離部と，フィルター面に濾過蓄積した磁性フロックを磁気力で捕集しフィルター面を洗浄再生するとともに，磁性フロックを高濃度汚泥として回収する磁気分離部の3要素で構成したのもである。本装置の前処理部では，原水中の微細な有機物や油微粒子等の非磁性の汚濁粒子を磁性化するために，取水した原水に磁性粉（マグネタイト）と凝集剤（ポリ鉄）および高分子ポリマーを添加して攪拌・混合し，汚濁粒子と磁性体とを含んだ磁性フロック

219

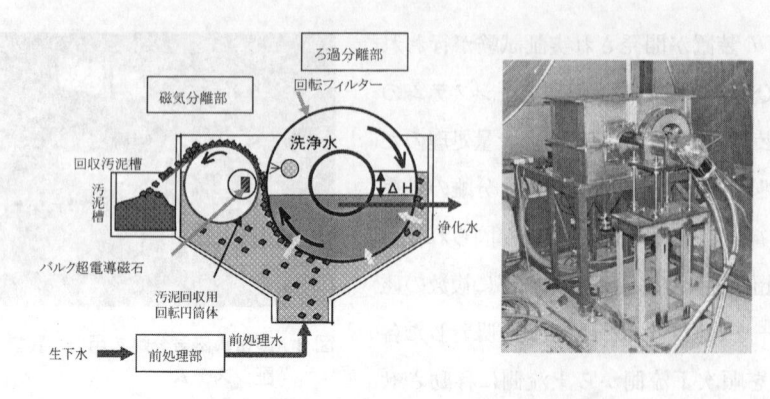

図9 バルク超伝導体を用いた下水浄化装置

を生成する。連続的に浄化できるように，前処理水をフィルターの外側から内側に濾過して通水する。ここで，磁性フロックは回転フィルター面上に濾過，蓄積され，原水は浄化されてドラムの内側に流入し，浄化水として装置外に放流される。一方，水中の回転フィルター面上に蓄積した磁性フロックは回転により前処理水の水面近傍に移動し，この部位に配したバルク超伝導磁石が発生する高磁場の空間を通過する。水面近傍で回転フィルター内側から供給されるシャワー状の洗浄水の水流と磁気力により，磁性フロックはフィルターから剥離し，フィルターは連続的に洗浄・再生される。磁気分離部では，洗浄により水面上近傍の磁界中に落下して漂う磁性フロックが，バルク超伝導磁石の強い磁気吸引力により磁石側に高速移動する。移動した磁性フロックは，円筒体外表面に磁気力で吸引されて付着し，円筒体の回転にともなって水面上の大気空間に移送される。ここで，磁性フロック中の余分な水分は重力で流下し，磁性フロックの濃度は高まり高濃度の汚泥となる。

使用したバルク超伝導体は，33 mm角，厚さは20 mmの樹脂含浸型のYBCOバルク体である。バルク超伝導体を11個用いた，バルク超伝導磁石システムを図10に示す。バルク超伝導体は，断熱真空容器内でギフォード・マクマホン式の1段の小型冷凍機により，温度約35 Kに冷却さ

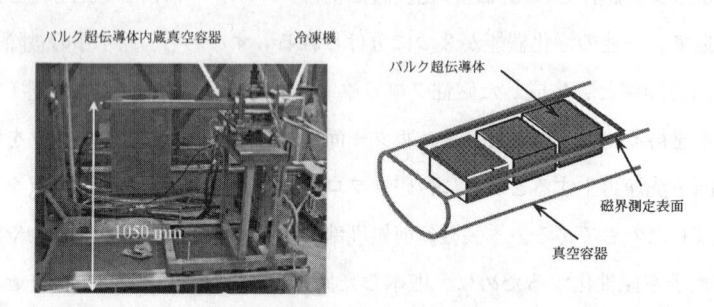

図10 バルク超伝導磁石システム

第5章 磁気分離法の環境応用技術

れる。試作装置で必要となる真空容器表面の長さ200mmの区間において，1.6〜3.2Tのピーク磁場が得られている。この時のバルク超伝導体の冷却温度は約35K，冷凍機の消費電力は2.8kWである。

原水に生下水を用い，処理容量は100m³/日の図9の浄化装置を使用した連続浄化実験の結果，下水中のSS除去率が98％以上という優れた浄化性能が確認された。また，回収汚泥濃度は40,000mg/ℓであり，大気中での水切効果により高濃度で汚泥を回収できることが示された。図11に生下水を用いた時の原水と浄化水および回収汚泥の外観写真を示す。浄化水の濁度は1以下で，色度も2.4という非常に透明な処理水が得られることが確認されている。また，生物化学的酸素要求量(BOD)，化学的酸素要求量(COD)ともに，除去率は97％以上を達成し，そのまま河川放流が可能な水質を確保できていることが確認されている。

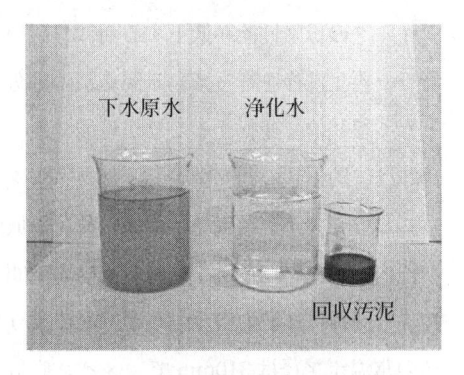

図11 浄化処理前後の処理水の様子

5.6 湖沼水中のアオコ除去システム[32]

湖沼などの閉鎖水系において富栄養化の原因となっているアオコの除去を目的にした超伝導磁気分離装置の研究開発が行われている。この装置の外観写真を図12(a)に，磁気分離部の構成図を図12(b)に示す。超伝導マグネットの一端を小型ヘリウム冷凍機の極低温ガスで冷却し，熱伝導によって全体を冷却する構造となっている。本試作機の設計処理能力は400m³/日である。超伝導マグネットは2分割のスプリット型であり，ボア内に被分離物質を含む前処理水流路を設ける。スプリットマグネット間に発生する磁場空間に磁性細線で構成される磁気フィルタ(メイン磁気フィルタ)を設置する。前処理過程において，添加したマグネタイト(Fe_3O_4)と原水中のアオコ等を凝集剤で凝集させて磁性フロックを生成し，これを磁気力により磁気フィルタに吸着させて分離する。メイン磁気フィルタが設置されたキャニスターは図の左右方向に往復動が可能な構造であり，磁性フロックが吸着して磁気

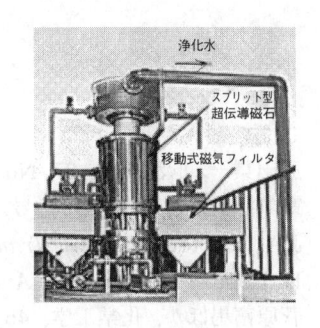

(a) 外観写真

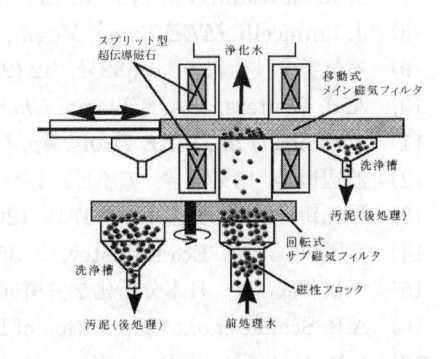

(b) 往復型磁気分離装置の構造

図12 超伝導磁気分離を用いたアオコ除去システム

フィルタの分離性能が低下する前に，磁場空間外に移動させ，ここで磁気フィルタの再生洗浄を行う。再生洗浄を行っている間も別の部分の磁気フィルタが分離処理を行い，処理を中断することなく連続的に運転することが可能である。また，被処理水の上流位置にあたるマグネットの下部には，円盤状の回転型磁気サブフィルタを設置し，大きな磁性フロックはここで除去できるようにして，メイン磁気フィルタの負荷を低減する。サブ磁気フィルタは一定速度で回転し，磁場空間内で磁性フロックを吸着し，磁場空間から外れると洗浄水により洗浄され，メイン磁気フィルタと同様に連続的に分離処理できるようになっている。前処理水の流路が設置される磁気分離部の常温ボア径は310mmで，メイン磁気フィルタ及びサブ磁気フィルタの中心部分の磁場は，それぞれ1.0T及び0.6Tである。一方，磁石から0.5m離れた再生洗浄部はともに0.02T以下でほとんど磁気力は働いておらず，容易に洗浄運転を行える。本装置を使って遊水池の水の浄化実験した結果，処理量400m^3/日での連続処理で原水中のプランクトンを93%以上除去できることが示されている。

文　献

1) 武田真一，低温工学，**37**, No.7, 315–320 (2002)
2) 電気学会技術報告，第932号，11 (2003)
3) J.A. Oberteuffer, *IEEE Trans. Magn.*, **10**, 223–238 (1974)
4) H. Kolm *et al.*, *Scientific American*, 46–54 (1975)
5) 菅原富男ほか，化学工学，**45**, 235–239 (1981)
6) 滝野和彦ほか，工業用水，**227**, 54–59 (1977)
7) J. R. Hartland *et al.*, *Chem. Eng. Prog.*, **72**, 79–80 (1976)
8) J. Iannicelli, *IEEE Trans. Magn.*, **12**, 489 (1976)
9) 電気学会技術報告，第932号，42 (2003)
10) A. J. Winters, J. A. Selvaggi, *Chem. Eng. Prog.*, **86**, 36 (1990)
11) A. Chiba *et al.*, *IEEE Trans. Appl. Supercond.*, **12**, 952–954 (2002)
12) 渡辺恒雄，磁気科学，アイピーシー出版，387–391 (2002)
13) 堀江新一ほか，低温工学，**37** (7) (2002)
14) 武田真一ほか，Eco Industry, **8**, 35–43 (2003)
15) 三橋和成ほか，日本分析化学会第50年会講演要旨集，323 (2001)
16) A.R. Schake *et al.*, "Separation of Elements", Plenum Press, New York, 257–269 (1995)
17) L.R. Avens *et al.*, *Proc. Waste Management 93*, 787–789 (1993)
18) L.A. Worl *et al.*, *Proc. Waste Management 93*, 1039–1043 (1993)

19) J.H.P. Watson *et al.*, *Minerals Engineerings*, **8**, 1097-1108 (1995)
20) S.Fukui, *et al.*, *IEEE Trans. Appl. Supercond.*, **12**, 959-962(2002)
21) M.Franzreb *et al.*, *Proc. of l5th Int. Conf. on Magnet Technology*, 744 (1998)
22) L. Sun *et al.*, *proc. 26th Annual Meeting of the International Society for Experimental Hematology*, Cannes, 24-28 (1997)
23) J Pitel *et al.*, *IEEE Trans. Appl. Supercond.*, **9**, 382-385 (1999)
24) T. Ohara *et al.*, 電気学会論文誌, 116B, 979-986 (1995)
25) M.Takahashi *et al.*, *IEEE Trans. Appl. Supercond.*, **15**, 2340-2343 (2005)
26) 西垣和ほか, 低温工学, **37** (7), 43 (2002)
27) J. Umeno *et al.*, Proc. 20th New Zealand Geothermal Workshop, 209 (1988)
28) 山田茂登, 配管・装置・プラント技術, **39**, 19 (1999)
29) 新妻弘明ほか, 電気学会論文誌, **117**, 751(1997)
30) H. Kumakura *et al.*, *IEEE Trans. Appl. Supercond.*, **11**, 2519 (2001)
31) 西嶋茂宏ほか, 低温工学・超電導学会講演概要集, p.160 (2005)
32) N. Saho, German-Japan Workshop on High Temperature Superconductivity, SRL ISTEC, Tokyo (2000)

第6章 MEMS応用技術

1 マイクロ・セルソーティング技術

笠木伸英[*1], 鈴木雄二[*2], 三輪潤一[*3]

1.1 幹細胞を用いた再生医療

わが国が超高齢化社会へと向かうに従い,医療・福祉とそれに係わる技術がますます重要となってきている。このような中,生体組織の自己再生能力を生かし,移植した組織の再生を促すことで疾患や病変を治療する再生医療への期待が高まっている。

中でも,組織細胞の起源である幹細胞を体外培養し,任意の組織細胞へと分化[注1]させた後に移植する技術が盛んに研究されている。この医療技術が実現すれば,これまで困難とされてきたパーキンソン病の治療,軟骨や心筋の再生などが可能となるといわれている。

成人の体内に存在する幹細胞には,神経幹細胞,脳幹細胞など組織ごとに様々な種類のものがあり,一般にその分化は当該組織を構成する細胞に限定される。一方,主に骨髄中に存在し,末梢血にも少量存在する間葉系幹細胞は,通常骨髄を構成する間質細胞や脂肪細胞へと分化するが,近年の研究により心筋など全く別部位の組織細胞へと分化する能力を持つことが発見され[1],再生医療に用いる幹細胞の有力候補として注目されている。

間葉系幹細胞を用いた再生医療技術では,患者の体内からの幹細胞の抽出が重要な技術的課題のひとつとなっている。患者に対する負担を考慮すると間葉系幹細胞は末梢血中から抽出することが望ましい。しかし,成人の骨髄中では間葉系幹細胞は全細胞の$1/10^7$〜$1/10^6$程度しか存在せず[2],末梢血中ではその数密度はさらに小さいことが予想されている。このような状況から,生体液より希少な細胞を効率良く抽出する手法の開発が望まれている。

注1) 生物の発生の過程で,分裂増殖する細胞がそれぞれ形態的・機能的に変化し,役割に応じた特異性が確立していく現象。

---

*1 Nobuhide Kasagi 東京大学大学院 工学系研究科 機械工学専攻 教授
*2 Yuji Suzuki 東京大学大学院 工学系研究科 機械工学専攻 助教授
*3 Junichi Miwa 東京大学大学院 工学系研究科 機械工学専攻

第 6 章　MEMS 応用技術

1.2　細胞分離法

　複数種類の細胞が懸濁した試料より特定の細胞(群)を抽出する場合，取り出すべき目的細胞と他の細胞とを識別する基準が必要である．例えば，医療現場や実験室において広く用いられている遠心分離法は，細胞の種類による比重の違いを利用し，遠心力を用いて細胞分離を実現している．他にも，フィルターを用いることで大きさの差に基づいて分離を行う方法，シャーレやスライドガラスに対する接着性の違いにより分離する方法などがある．

図 1　細胞膜の構造[3]

　間葉系幹細胞は前項で述べた通り非常に希少な細胞であり，上記のような簡便な手法を用いて骨髄や末梢血中より抽出することは困難である．より高精度に細胞の種類を認識する手法として，細胞膜上に存在する

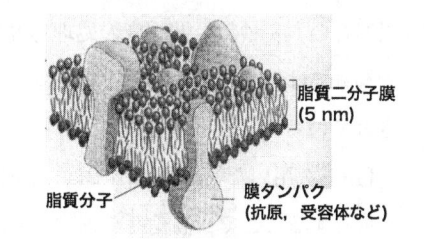

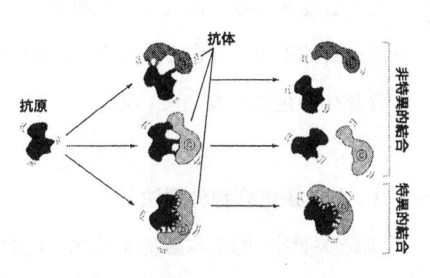

図 2　抗原抗体反応の特異性[3]

タンパク質を化学的に標識するものがある．体内における免疫化学反応の際に重要な役割を果たす抗原(図 1, 2)は，細胞膜上に存在するタンパク質であり，細胞の種類や健康状態を表すメッセンジャーとしての役割を果たすことから，特定の種類の細胞のみを検出するための判断材料として利用することができる．一般に，抗原にはこれに特異的に結合するタンパク質(抗体)が存在し，両分子は非常に高い親和性を持つため容易に化学結合を生成する(図 2)．この性質を利用し，抗原抗体間結合を介して標識となる分子や粒子を目的細胞のみに付着させることで細胞の識別を行う分離法が，主に研究用途に利用されている．

　抗原抗体反応を利用した高精度細胞分離法の代表例として，図 3 に示す蛍光細胞分離法 (Fluorescence Activated Cell Sorting：FACS) がある．まず，目的細胞に対応する抗体をコーティングした蛍光物質を試料細胞懸濁液と混合することにより目的細胞のみが蛍光標識される．この試料を細胞 1 つがちょうど納まるような体積ごとにノズルから噴射し，レーザーを照射すると，蛍光標識された目的細胞のみが蛍光を発する．蛍光検知した場合，下流の分離部において電場を印加し，細胞を引き寄せる．蛍光が検知されなかった場合には電場の印加は行わない．上記の操作を試料中の一つ一つの細胞に

図 3　蛍光細胞分離法 (FACS) の模式図[5]

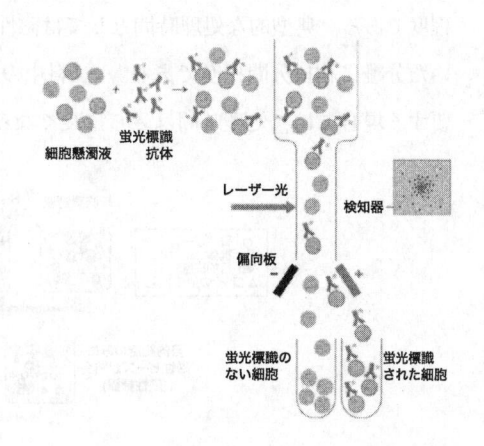

225

対し行い，毎秒数百個程度の処理速度で細胞を選別していく製品が開発されている[4]。このような複雑ではあるが精密な機能を持つシステムを用いることで，幹細胞の分離が行われた例が報告されている[5]。

FACSを用いた幹細胞抽出では，細胞膜上の抗原を蛍光標識し，試料中の細胞を個別に光学的に検査することで，高精度な細胞分離が可能である。細胞一つ一つを順に検査していくという原理上，そのスループットは最大10^3cells/s程度であり，高精度な分離の際にはさらに処理速度を落とす必要がある。従って，医療現場において必要な，あるまとまった量の試料の高速処理という用途には不向きである。また，大がかりで高価なレーザー光源，光学系などを必要とすることも普及への足枷となっている。

1.3 免疫磁気細胞分離法

細胞の種別を的確に識別するべく抗原抗体反応を用い，なおかつ簡便な機材で細胞分離を行うことが可能な手法として，免疫磁気細胞分離法（Immunomagnetic Cell Sorting：IMCS）がある。図4に示す通り，目的細胞に対応した抗体を塗布した磁性ビーズを標識に用いる手法である。試料細胞懸濁液と標識用磁性ビーズ溶液とを混合し，この試料に磁場をかけることで，磁性ビーズの結合した目的細胞のみが磁石に付着し，それ以外の細胞は流れ落ちる。後に磁場を解除することで目的細胞が回収される。

免疫磁気細胞分離では電場ではなく磁場を用いて目的細胞を抽出する。人体に対し強力な磁場がかかるMRIが医用診断に用いられていることからも分かる通り，磁場は電場と比較して生体組織に及ぼす害が少ない。また，装置を最適化することにより試料の一括処理が可能であることから，より医療用途に適した分離法であるといえる。

既存のIMCSを用いた細胞分離における試料の処理量は数ml〜数十ml，細胞数にして10^9個程度である。典型的な処理時間としては磁性ビーズによる目的細胞の標識に約1時間，磁場を用いた分離に約15分間程度である[6]。試料中の細胞種が多く目的細胞抽出のために多段階の分離を要する場合には，処理時間はさらに長くなるため，スループットの向上がIMCSの主な技術的課

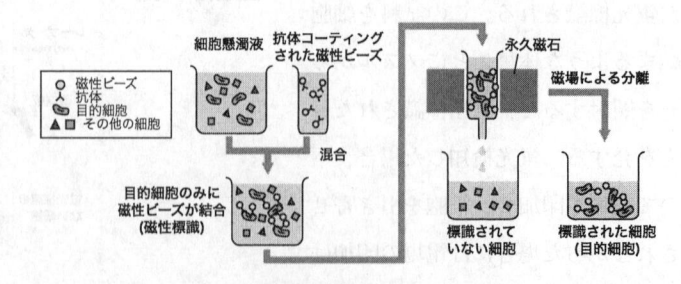

図4　免疫磁気細胞分離法（IMCS）

第6章　MEMS応用技術

題となっている。

1.4　マイクロ免疫磁気細胞分離システム

　近年，MEMS（Micro-Electro-Mechanical Systems）技術の急速な進展に伴い，従来の生化学分析プロセスを微小なチップ上に集積化するための開発研究が注目を集めており，このような分野はμ-TAS（micro Total-Analysis Systems），あるいはLab-on-a-Chipと呼ばれている。システムの微細化により，簡便性，必要な試薬量の大幅削減，迅速な分析，技術者の人的労力の低減，コスト削減など，様々な利点が見込まれている。

　IMCSでは，上記の通り処理時間の短縮が重要な技術課題となっており，システムの微細化により微量の試料を処理することが可能となることから，幹細胞を抽出する際の患者に対する負担の軽減が期待できる。また，試料の微量化は必然的に処理時間の短縮につながることが考えられる。さらに，細胞の直径は一般に数μm～数十μmであり，これに近い寸法を有するマイクロ流路内での試料のハンドリングは細胞分離の性能や効率の向上につながることが期待される。

　上記のようなメリットがあることから，磁性ビーズを標識として用い，細胞やタンパク質などの分離を行うマイクロデバイスの開発が国内外で行われている。一般に，細胞やタンパク質などを標識する磁性ビーズには直径数μm以下で，フェライトコアをポリスチレン等の樹脂で覆ったものが用いられている。これらの粒子は高い飽和磁化および比透磁率を示すが，残留磁気がほぼゼロという超常磁性の性質を示すことが特徴である。

　抗体コーティングした磁性ビーズを試料中の細胞あるいは分子に付着させる機能を有するデバイスとしては，電磁石を用いてマイクロ流路壁面に磁性ビーズを引き付けるもの[7]，強磁性流体を壁面にパターニングしておき，永久磁石により外部磁場を付加して磁性ビーズを柱状に配列させるもの[8]などがある。いずれもマイクロ流路中で磁性ビーズを固定し，上流より流れてきた試料が衝突することにより磁性ビーズ標識が達成される仕組みとなっている。

　一方，標識された細胞・分子の磁気分離を行うデバイスは，あるまとまった量の試料を連続的に処理することを想定しているものが多い[9~11]。磁性ビーズにより標識された細胞・タンパク質を含む試料流体をマイクロ流路に流し，外部永久磁石を用いて目的細胞・分子を流路の一方に引き寄せることが可能となるような流路形状の設計が研究開発の主流となっている。

　著者らは，磁性ビーズによる目的細胞の標識，磁場の付加による分離の機能を有するデバイスを開発し，両者を単一チップ上に統合したマイクロ免疫磁気細胞分離システム（μ-IMCS）（図5）の開発を行っている。試料細胞懸濁液と磁性ビーズ溶液とを別々に供給し，まず両者を混合することで目的細胞に磁性を付与する。標識された細胞は外部からの磁場の付加により流路の一方に移動していき，最終的に試料流体は目的細胞を含む層とそれ以外の細胞を含む層とに分割さ

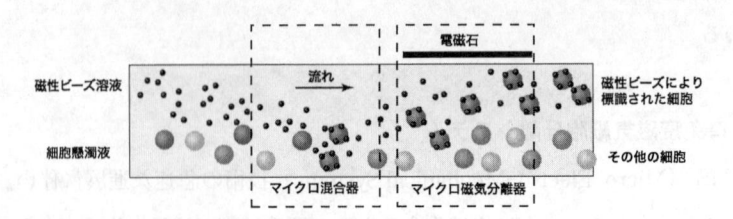

図5 マイクロ免疫磁気細胞分離システムの概念図[12]

れる。最後に流路を分岐させ，試料の分離が完了する。各要素を単一チップ上に集積し，IMCSに必要な二段階の処理を自動化することで，コスト削減などはもちろん，従来より高い清浄性の確保，また試料のロスの低減などが見込まれている。

これまでに磁性ビーズによる目的細胞の標識と磁場を用いた分離の両方を統合したマイクロシステムの開発例はなく，さらに標識部分については連続処理を想定して設計されたデバイスも存在しない。試料の供給を連続的に行う中で細胞と磁性ビーズを効率よく混合し，分離部に送るようなコンポーネントの開発がμ-IMCS実現の鍵であるといえる。

1.5 マイクロスケールにおける混合

既に述べたように，μ-IMCSにおいては，目的細胞を抗体付き磁気ビーズで標識する混合部分の開発が重要な課題となっている。一般にマイクロスケールでは流動現象は粘性に支配され，物質の混合はブラウン運動に依存するため，流体や粒子の混合が困難となる。例えば，直径1μmの磁気ビーズが分子拡散のみの影響下で寸法100μmのマイクロ流路内を分散するのに要する時間を見つもると数時間となり[13]，これはとても細胞分離に許される処理時間ではない。従って，マイクロ流路内における細胞と磁性ビーズの混合を何らかの形で促進する必要がある。

μTASの分野において，マイクロスケールでの流れや物質の混合促進のためのマイクロ混合器の開発研究は盛んに行われており，数々の混合促進手法及び具体的なデバイスが提案されている[14]。図6のように，マイクロスケールにおける混合促進手法は，外力を利用せずマイクロ流路形状や試料流体の供給法の工夫により混合を達成するパッシブな方法と，圧力や静電気力，磁力などの外力による攪乱を利用して混合を促進するアクティブな方法とに大別される。両手法にはそれぞれ表1に示すような利点・欠点があり，どちらの手法を採用するかは用途や条件により異なってくる。

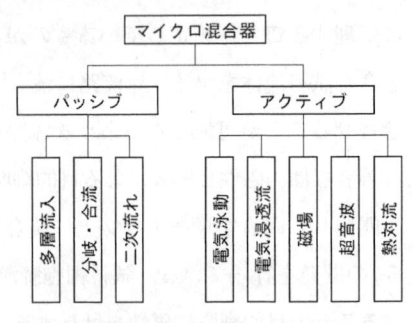

図6 マイクロスケールにおける混合促進手法の分類

第6章　MEMS応用技術

表1　アクティブ及びパッシブマイクロミキサーの特徴

アクティブ	パッシブ
・外力の制御が必要 ・各条件下での最適な制御パラメータを探索することが必要 ・制御パラメータの調整により広い動作条件で高い性能が得られる可能性あり ・電極，稼動部分など構造が複雑，製作が困難	・制御が不要 ・設計点以外の条件下では性能が低下する可能性あり ・流路のみで構成，製作が比較的容易

1.6　アクティブ・マイクロ混合器

　通常は流れが安定な層流を保つマイクロ流れにおいて，外部より擾乱を加えることによって混合を促進するアクティブな手法としては，図6に示す通り様々なものがある。流れを駆動する圧力を時間周期的に変動させるもの[15]や，試料が電解質である場合には電気浸透流により流体粒子の運動を乱すもの[16]などがある。

　一方，μ-IMCSでは，元来試料細胞懸濁液に加え磁性ビーズ溶液があり，混合促進法としてビーズの磁性を利用することが考えられる。著者らは，このような観点から，平面内蛇行流路下部に電磁石を設け，試料流体に含まれる磁性ビーズの運動に対し擾乱を加える混合器を開発した（図7）。

　蛇行流路の主流方向と垂直な方向に電磁石の導線が配置されており，各導線に周期的な電流を印加することにより，時間変動する磁場を発生させ，磁性ビーズの運動を主流方向に変調させる。これはカオス的運動を誘起するために必要な三自由度の擾乱を空間二方向と時間方向の変動によって達成するものである。また，詳細な数値解析により，確かに混合器内における磁性ビーズの運動がカオスに導かれていることを確認している（図8）。

　先に述べた通り，アクティブ・マイクロ混合器の利点は条件の変化に対し柔軟に対応できることであり，また動作パラメータの最適化により

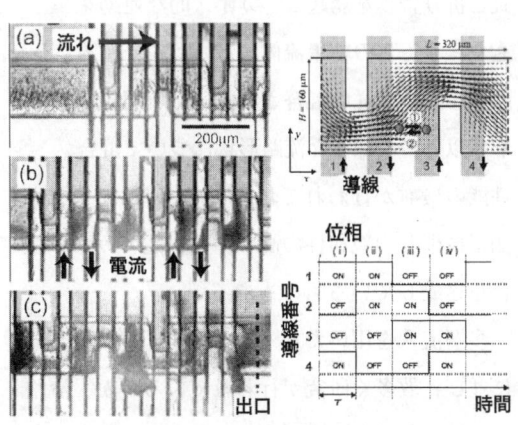

図7　二次元蛇行流路と電磁石から成るアクティブ・マイクロ混合器内における磁性ビーズの混合[13]

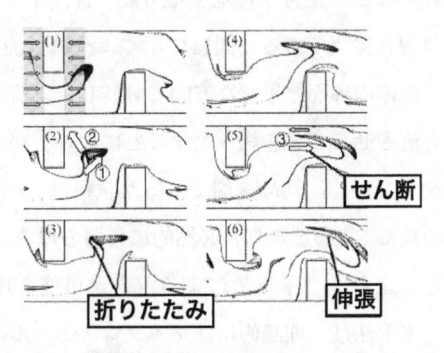

図8　変動磁場を用いたアクティブ・マイクロ混合器内における磁性ビーズの運動の数値解析[17]

パッシブ混合器と比較してより短い流路長，つまり小さなデバイスにおいて混合を達成できる可能性を秘めている。変動磁場を用いたカオスマイクロ混合器は，今後の最適設計によりマイクロ免疫磁気細胞分離システムの重要な要素となることが期待される。

1.7 パッシブ・マイクロ混合器

外力を用いることなく流路形状の工夫によって流体や浮遊する粒子の混合を促進するパッシブ・マイクロ混合器として最も代表的なものに，図9のような多層流入型混合器がある[18]。また，図10は，イリノイ大学の研究グループが開発した三次元蛇行流路を用いたマイクロ混合器である。流れが空間三方向に蛇行を繰り返すことで内部を流れる流体塊の伸長と折り畳みを誘起し，カオス的な運動をもたらす。この結果流体あるいは粒子が流路内を進むに従い混合されていく。図10の形状以外にも様々な流路形状について混合性能の検討が行われており[14]，中にはマイクロ加工技術との親和性の高い平面構造でカオス混合を達成しているものもある[20]。

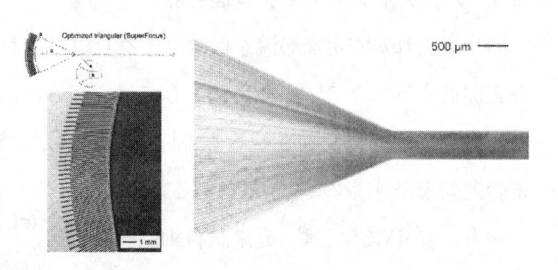

図9 多層流入型パッシブ・マイクロ混合器[18]

多層流入を用いたパッシブ・マイクロ混合器に並び，数多く研究が行われているのが，流路の分岐・合流を繰り返すことにより実効的な流路幅を狭め，また混合すべき試料の間の界面を広げることで混合を促進する分岐・合流型マイクロ混合器[21]である。図11に示すように，流路を二流体の界面と平行な方向に分岐し，下流で界面と垂直に合流させることを繰り返すことにより，層の数を倍々に増やしていく。初め2層であった試料は，n回の分岐・合流の後に2^{n+1}層となり，必然的に各層の厚みが$1/2^n$となることにより，分子拡散による混合が可能な環境が作られる。本手法は，理論的にはマイクロスケールの流れであれば混合性能が流量や圧力などの条件に依存しないことが利点である。

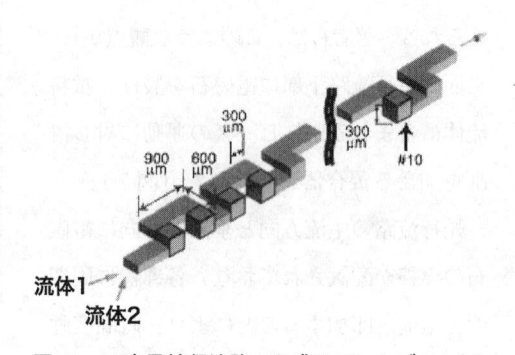

図10 三次元蛇行流路から成るパッシブ・マイクロ混合器[19]

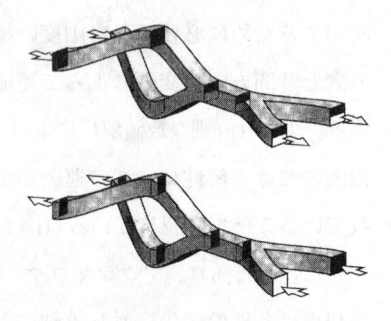

図11 分岐・合流による混合促進法の概念図[21]

第6章　MEMS応用技術

　著者らは，分岐の回数により混合の度合いが決まるという分岐・合流型マイクロ混合器の特徴に着目し，μ-IMCSに用いるマイクロ混合器を開発した[12]。図12に示すように，本マイクロ混合器はマイクロ加工プロセスとの親和性を考慮し，平面構造を積層することにより三層の流路形状から成る。入口からは細胞懸濁液及び磁性ビーズ溶液が上下に積層した状態で導入されることを想定しており，流路の水平方向の分岐，垂直方向への合流により試料流体の層を倍増させる。本マイクロ混合器を流れが進む方向に直列配置することにより，流体の分割層を磁性ビーズ直径程度まで狭めることができれば，十分な混合が達成できることになる。更に，流体中を浮遊する粒子の断面内分布が安定に維持されるマイクロ流れの特徴を利用し，粒子分布の回転を引き起こすような流路形状を提案し，磁性ビーズを使用する場合特有の問題である重力による粒子の沈降を防ぐ設計となっている。

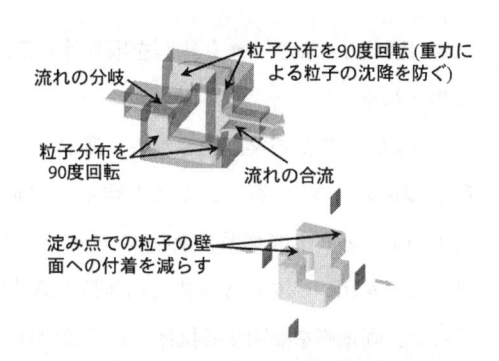

図12　マイクロ免疫磁気細胞分離に用いる分岐・合流型マイクロ混合器の概念図[12]

　図13は，本マイクロ混合器における粒子分布を数値シミュレーションを用いて予測した結果である。入口で流路の上部に配置していた粒子は，流路の分岐・混合が繰り返される中で次第に流路全体へと分散していき，9回の分岐・合流を経て十分に混合した状態となる。

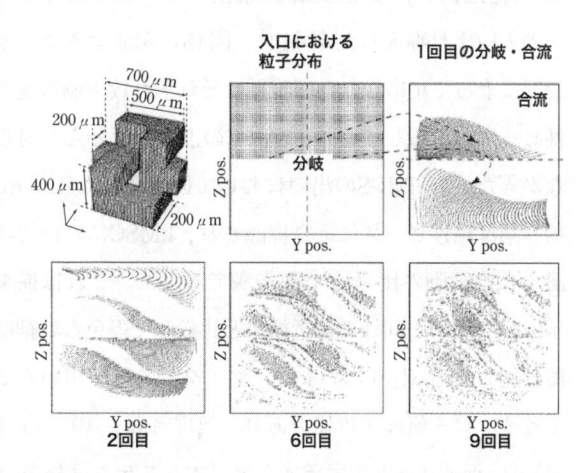

図13　数値シミュレーションを用いた分岐・合流型マイクロ混合器における混合性能予測[12]

　更に，上記のマイクロ混合器と簡易的な磁気分離デバイスとを単一のチップ上に統合し，マイクロ免疫磁気細胞分離デバイスの試作器を製作した(図14)。混合器内で磁性ビーズにより試料細胞懸濁液内の目的細胞を標識し，下流で永久磁石を用いて回収する。不要な細胞

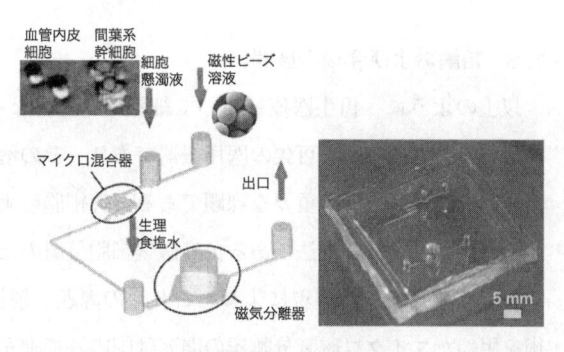

図14　シリコーン樹脂を用いて製作したマイクロ免疫磁気細胞分離デバイスの試作器[12]

は先に回収しておき，永久磁石を取り外すことで目的細胞が得られる。

μ-IMCSの性能を実証するため，細胞分離を施すべき細胞懸濁液のモデル系としてヒト臍帯静脈血管内皮細胞（HUVEC）とヒト間葉系幹細胞（hMSC）とが懸濁した生理食塩水を用い，デバイス内での細胞分離実験を行った。ここで，両細胞を識別する抗体としてはマウス由来抗ヒトCD31抗体（HUVECの細胞膜に結合し，hMSCには結合しない）を選択し，細胞懸濁液と磁性ビーズ溶液とをデバイスの入口より導入した（図14）。図15に示すように，永久磁石によって集められた細胞にはそれぞれ数十個程度の磁性ビーズが付着しており，hMSCの混入はほとんど見られなかった。μ-IMCSの出口において回収されたHUVECの約9割は磁性ビーズにより標識され，hMSCについては標識された細胞の比率は1割未満であった。これは従来のIMCS[6]を用いた同様の分析結果と比較して遜色ない細胞分離性能である（図16）。また，マイクロ流路を用いることで連続フロー処理が可能であり，処理時間も短縮されている（従来法で1時間以上のところ約15分）というメリットを考慮すると，本システムは将来の臨床応用に大変期待の持てるものであるといえる。

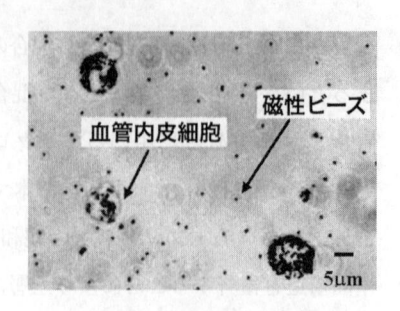

図15 マイクロ免疫磁気細胞分離システムを用いて標識・分離したヒト血管内皮細胞[12]

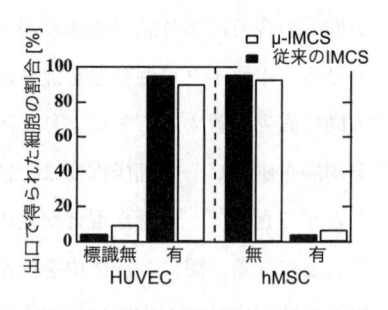

図16 μ-IMCSの細胞分離性能[12]

1.8 結論および今後の展開

以上のように，再生医療において細胞ソースとなる幹細胞を検知・選別・分取するための細胞分離システムは必要不可欠の医用機器であり，その解析時間の短縮，高精度化，小型化，そして清浄性の確保は，特に重要な課題である。幹細胞のような希少細胞を高精度に分離することが可能で，比較的安価な手法である免疫磁気細胞分離のためのコンポーネントをマイクロチップ上に集積したμ-IMCSの実現により，これらの課題が解決されるものと考えられる。既にMEMS技術を用いたマイクロ磁気分離器の開発は国内外で進んでおり，著者らは主にマイクロ混合器に注力し，簡易的な磁気分離器と統合したμ-IMCSを実現した。

マイクロ混合器については分岐・合流型マイクロ混合器（パッシブ），変動磁場を用いたマイクロ・カオス混合器（アクティブ）それぞれについてマイクロスケールにおける磁性ビーズの混合が十分促進されるものを設計・製作し，その性能を確認した。さらに，分岐・合流型混合器を

第6章 MEMS応用技術

簡易磁気分離機と統合したμ-IMCSの試作器を製作し，モデル系での実験の結果従来のIMCSと遜色ない分離性能を確認した。

今後，分離部に電磁石を用いることで磁場の柔軟な制御を可能とするなど，システム高効率化を図るとともに，臨床応用に向け実際的な系を用いた性能評価を予定している。

現在の構想としては，遠心分離を用いて血中より白血球のグループを抽出し，この細胞懸濁液をμ-IMCSを用いて処理するというスキームにより，間葉系幹細胞を抽出することを予定している。遠心分離による連続的な白血球の分離は成分献血などで用いられている成熟した技術であり，μ-IMCSとのシームレスな統合が十分可能であると考えられる。最終的に，μ-IMCSを用いることで，図17に示すようにベッドサイドで細胞分離から血液への移植までの一連の操作を全自動で行うシステムが実現することが期待される。

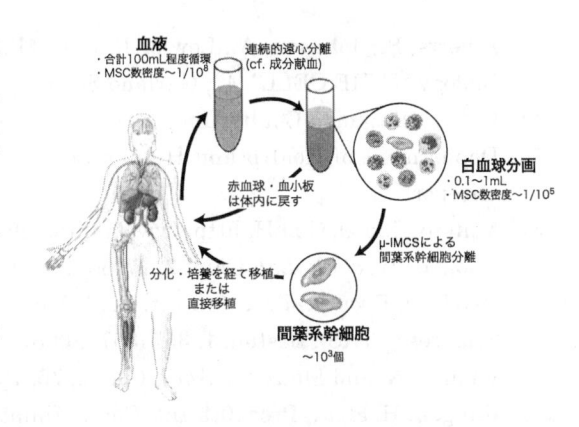

図17　μ-IMCS臨床応用の構想

謝　辞

本稿で紹介したアクティブ，パッシブ両ミキサーの設計・製作及び評価実験，数値シミュレーションにあたっては，東京大学の鹿園直毅助教授，東京大学助手の深潟康二氏，鈴木宏明氏，東京大学大学院生の陳偉雄氏，Chainarong Chaktranond氏，井口裕道氏の協力を得た。μ-IMCS試作器を用いた細胞実験の際には，東京大学大学院医学系研究科の牛田多加志教授，同工学系研究科の古川克子講師の協力を得た。また，著者らの一連の研究は，文科省科研費基盤研究（S）（No. 15106004），文科省21世紀COEプログラム「機械システム・イノベーション」の援助を受けた。記して感謝の意を表する。

文　献

1) Pittenger, M. F. *et al., Science*, **284**, 143-147 (1999)
2) 梅沢明広，"間葉系幹細胞研究の現状と展望"，実験医学，**19**, 350-356, 羊土社 (2001)

3) Alberts, B., Johnson, A., Lewis, J., Raff, M., Roberts, K. and Walter, P. "Molecular Biology of THE CELL", 4th, Garland Science, New York, p.1371 (2002)
4) 例えば, Beckman Coulter Inc., http://www.beckmancoulter.com
5) Department of Health and Human Services (2001), http://stemcells.nih.gov/info/scireport
6) Miltenyi Biotec GmbH, http://www.miltenyibiotec.com
7) Choi, J. -W. et al., Lab Chip, **2**, 27-30 (2002)
8) Psychari, E. et al., Proc. 9th Int. Conf. Miniaturized Systems for Chemistry and Life Sciences (μTAS), Boston, **1**, 355-357 (2005)
9) Pamme, N. and Manz, A., Anal. Chem., **76**, 7250 (2004)
10) Kang, J. H. et al., Proc. 9th Int. Conf. Miniaturized Systems for Chemistry and Life Sciences (μTAS), Boston, **1**, 25-27 (2005)
11) Berger, M. et al., Electrophoresis, **22**, 3883-3892 (2001)
12) Tan, W. -H. et al., JSME Int. J. Ser. C, **48**, 425-435 (2005)
13) Suzuki, H., Ho, C -M. and Kasagi, N., J. Microelectromech, Sys., **13**, 779-790 (2004)
14) Nguyen, N. -T. and Wu, Z., J. Micromech. Microeng., **15**, R1-R16 (2005)
15) Lee, Y. K. Proc. MEMS, ASME Int. Mech. Eng. Congress and Exposition, Orlando, 505-511 (2000)
16) Oddy, M. H., Santiago, J. G. and Mikkelsen, J. C., Anal. Chem., **73**, 5822-5832 (2001)
17) Chaktranond, C., Fukagata K. and Kasagi, N., Proc. 5th Int. Conf. on Multiphase Flow, Yokohama, No. 405 (2004)
18) 例えば, Hessel, V., Löwe, H. and Schönfeld, F., AIChE J., **49**, 566-577 (2003)
19) Liu, R. H. et al., J. Microelectromech. Sys., **9**, 190-197 (2000)
20) Hong, C. C., Choi, J. W. and Ahn, C. H., Lab Chip, **4**, 109-113 (2004)
21) Branjeberg J. et al., Proc. 9th IEEE Int. Workshop Micro Electromechanical Systems (MEMS), San Diego, 441-446 (1996)

2 磁性微粒子操作による小型分析技術

式田光宏*

2.1 分析システムの小型化

　MEMS（Micro Electro Mechanical Systems）技術の発展とともに，生化学分析システムの小型化が試みられている。1970年代半ばには，Stanford大のS.C. Terryが直径5cmの単結晶シリコンウエハ上に，分離カラム，流体開口部，弁座などを集積化したガスクロマトグラフィーを実現し，サンプルガスの制御を行ってみせた。1980年代から1990年代前半にかけては，米国，ドイツ，オランダ，スエーデン，スイス，日本の各国において，単結晶シリコン基板を素材としたガス制御用マイクロ流体機械の開発が盛んになった。1990年代後半以降，小型化の流れは，生化学分野へと波及し，素材もシリコンゴム，感光性樹脂（SU-8）などの樹脂材が使われるようになってきている。

　分析システムの集積化・小型化が，以下に示すような可能性を有していることが，本技術開発の背景となっている。

① **試薬量，廃液量の低減**（環境負荷の低減）
② **省スペース化・携帯化**（その場計測の実現）
・医師がその場で診断結果を伝えることが可能となる
・患者の状態を常時モニタリングできる，家庭における自己計測が可能となる
・多点同時計測による環境汚染物質拡散メカニズムの解明
③ **熱容量の減少による反応の高速化**

　集積化・小型化に対するアプローチは大きく2つに分けることができる。一つはMEMS技術を用いて，従来の分析デバイス自体を小型化するというアプローチで，もう一つはマクロな系とは全く異なった物理現象（動作原理）に基づいて小型化を図るというアプローチである。前者の方法では，反応器，流路，バルブ，ポンプなどといった主構成要素を同一基板上にバッチ処理で実現できるが，その一方で，能動素子としてのバルブ，ポンプなどが小型化により実仕様を満たす性能を得にくいという課題がある。後者の方法では，媒体の形態を連続流ではなく液滴にし，これを操作するという手法をとることで，前者の課題を克服している。液滴操作は，その駆動力に応じて，静電気力と磁気力とに分けることができる。静電気力駆動では基板上に電極パターンを配置するのみで液滴を操作できるという利点があるが，その反面，液滴内に分散しているターゲット試料のみを選択的に取り出すことが難しい。磁気力駆動方式では，磁性微粒子をキャリアー（担体）として用い，これに目的とする試料を付着させて，一連の操作を行うため，目的と

＊　Mitsuhiro Shikida　名古屋大学　エコトピア科学研究所　助教授

する物質のみを効率よく操作できるという利点がある。以下にその詳細を述べる。

2.2 磁性微粒子操作とそれを用いた分析システム

磁性微粒子操作技術は従来法とは全く異なった手法で分析システムを構築する。従来法は，ターゲットとする試料を液体の中に分散させ，この流体を流体機械により搬送して一連の生化学分析処理を行っているが，本方式では，磁性微粒子を試料の担い手（キャリアー）とし，この磁性微粒子のみを選択的に目的とする反応液（実際には液滴）に搬送することで一連の生化学分析を実現する。すなわち，搬送を必要とするもののみを選択的に駆動することで，流体機械を一切用いずにシステムを構成する。以下に本手法の動作原理及び特徴を示す。

2.2.1 動作原理

本小型生化学分析システムでは磁性微粒子を含む液滴を，反応，抽出，洗浄ユニットに搬送することで一連の生化学反応処理を行う（図1）。液滴の搬送には液滴内部に閉じこめた磁性微粒子を利用する。磁性微粒子は試料搬送用としての役目も担っており微粒子表面に目的とする試料が吸着している。液滴の形成には表面張力を利用する。磁性微粒子は液滴内部に閉じこめられているために流路表面上に吸着することはない（図1b）。磁性微粒子を含む液滴を抽出もしくは融合することで一連の処理を行う（図1c）。反応の場合，反応ユニットに反応試薬の液滴を形成しておく。このときゲート材料に，液滴よりもシリコーンオイルとのぬれ性が良い材質を適用することで液滴をユニット内部に閉じこめる。磁気力により試料を含んだ磁性微粒子の液滴を搬送し反応試薬の液滴と融合させ反応処理を行う。磁性微粒子の抽出は各ユニット間に設けてある障壁下で行う。液滴が障壁下にさしかかると隔壁に対する液滴のぬれ性が良くないために障壁にトラップされる。その結果，外部磁場移動により磁性微粒子を移動させると，磁性微粒子を含んだ液滴と含んでいない液滴とに分割され，磁性微粒子のみが抽出される。洗浄は基本的には反応ユニットと同じメカニズムで，磁性微粒子を含んだ液滴と洗浄用液滴とを融合させることで行う。液滴の体積比率を制御することで洗浄倍率を変えることができる。

以下に本手法の特徴を示す。

① 本小型生化学分析装置では外部磁場により磁性微粒子を含んだ液滴を搬送するだけで，試料の反応，抽出，洗浄を行うことができ，その結果，ポンプ，バルブなどの液体の搬送機構が不要である。

② 液滴搬送時に磁性微粒子が液滴のなかに閉じこめられているために流路表面での凝集がなく磁性微粒子（試料）を容易に駆動できる。

③ 抽出後に磁性微粒子が搬送する同伴液量は微粒子量に依存しており，本手法では従来のマクロな系では不可能であった数十nlの微少量を扱うこともできる。

第6章 MEMS応用技術

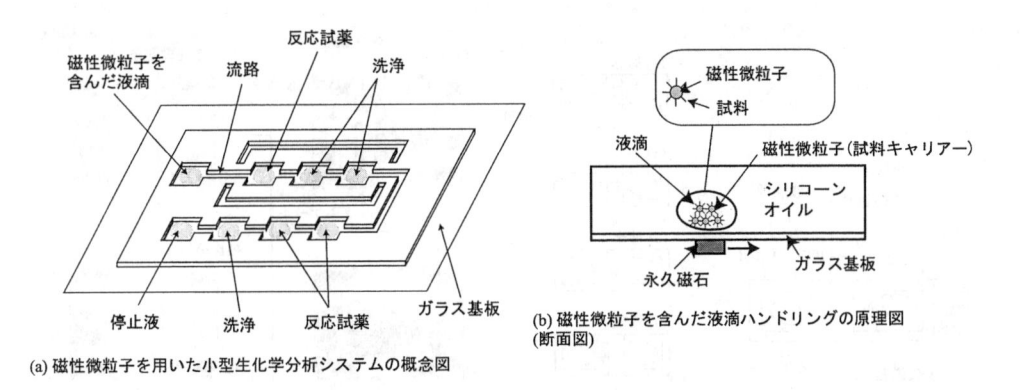

図1 磁性微粒子操作とそれを用いた分析システム

④ 磁気力駆動を用いているので電解質溶液を扱うことができる。

2.2.2 磁気力による微粒子の抽出および融合操作

(1) 磁気力による微粒子の抽出および融合基本操作例

磁気力を用いた微粒子の抽出及び融合操作の実例を図2に示す。図2aには実験に用いたデバイス構造を，図2bには一連の様子を，そして図2cには磁性微粒子（戸田工業㈱製）の仕様を示した。抽出・融合デバイス構造および操作条件の詳細は以下の通りである。

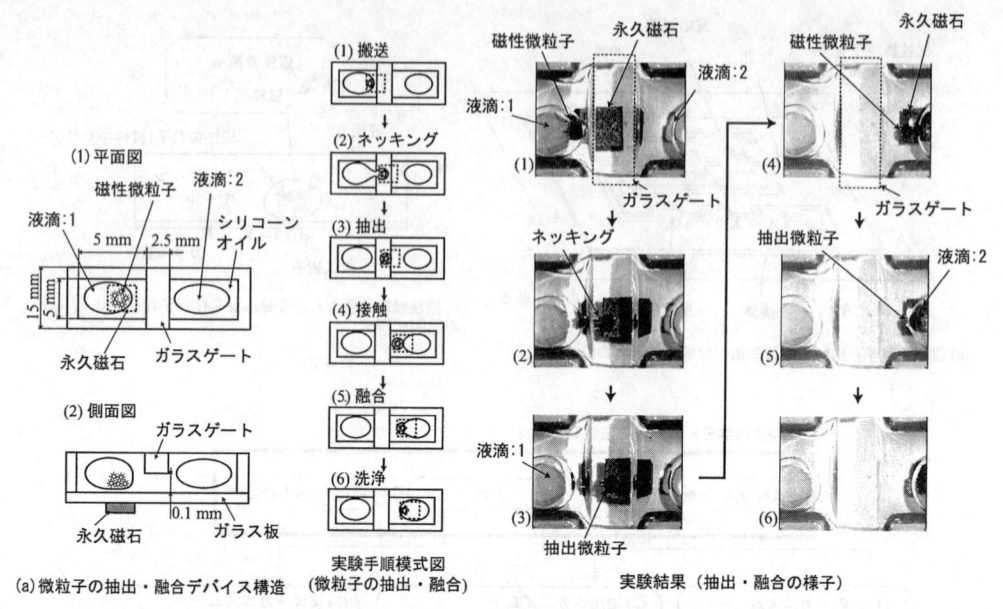

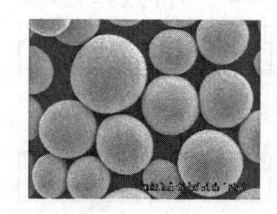

図2 磁気力を用いた微粒子の抽出および融合操作

① 抽出・融合デバイスチップ
  ・大きさ：15 mm × 22.5 mm
  ・ガラスゲートとガラス基板との間隔（ゲート高さ）：0.1 mm
② 液滴周囲の媒質：シリコーンオイル（粘度1.3 cP）
③ 磁性微粒子
  ・材質：直径20nmのマグネタイトをフェノール樹脂でバインドしたもの
④ 磁気力駆動源（永久磁石）
  ・大きさ 2.0 mm × 2.0 mm × 2.0 mm
  ・材質：Nd-Fe-B系（磁束密度：1.3 T）

微粒子操作に関する一連の動きを図2bを用いて説明する。

ⅰ）永久磁石の設置により，微粒子は磁場勾配が最も大きくなる永久磁石の端部に集まりクラス

第6章　MEMS応用技術

ターを形成する（図2 b(1)）。

ⅱ）永久磁石の移動ととともない，液滴がガラスゲートにトラップされ，その結果，磁性微粒子のクラスターと液滴との間にネッキングが生じる（図2 b(2)）。

ⅲ）更に永久磁石を駆動すると磁性微粒子のみが抽出される（図2 b(3)）。

ⅳ）その後，永久磁石の移動により，抽出した微粒子を搬送し，他の液滴と融合させる（図2 b(4)～(6)）。

以上のように，本手法では大きさ数mmの永久磁石を移動させるだけで，目的とする試料の抽出・融合を行うことができる。工業的には本単位操作を組み合わせれば各種反応操作に対応できる。

(2)　微粒子操作における基本特性

微粒子操作における基本特性として，微粒子に作用する磁気力ならびに動作限界質量，抽出操作による液体搬送量について述べる。

① 微粒子に作用する磁気力ならびに動作限界質量

本操作では磁性微粒子に作用する磁気力を用いて，微粒子クラスターの抽出・搬送などの一連の操作を実現している。そこで操作時においてどの程度の駆動力を用いているのかを図3aに示した。グラフは，磁性微粒子の磁気特性と磁石端部（詳細は図中の値を参照）における磁場の強さおよび勾配から求めた計算値例であり，本操作では数mNの駆動力で微粒子クラスターを駆動している。

微粒子クラスターを抽出するには，その駆動源となる磁気力が液滴表面に形成される界面張力に打ち勝つ必要がある。磁気力と界面張力のスケール効果を考えた場合，磁気力は抽出クラスターの体積に比例し，界面張力は体積の1/3乗に比例する。従って磁性微粒子量がある一定以下になると，磁気力が界面張力以下となり，微粒子クラスターを抽出することができなくなる。実験的に抽出するために必要な限界質量値を検討した結果を図3bに示す。図には横軸を微粒子の粒径とし，各粒径値において抽出するために必要であった最低質量値をグラフ上にプロットしてある。微粒子の磁気特性の違いにより値が多少異なるが，本磁気力操作では0.06 mg以上の微粒子が必要である。

② 抽出操作による液体搬送量

磁気力により微粒子クラスターを抽出するとそれに付随して液体が取り出される。微粒子量と付随液量との関係を図4に示した。また，図中には微粒子が細密充填構造（面心立方格子）でパッキングされた場合のその空隙体積もあわせて表示してある。微粒子量が少ない場合には，抽出時の付随液量は空隙体積とほぼ同一であり，付随液量は微粒子の質量で決定される。しかしながら，微粒子量がある一定以上になると，微粒子クラスターにスパイク現象（図4右）が生じは

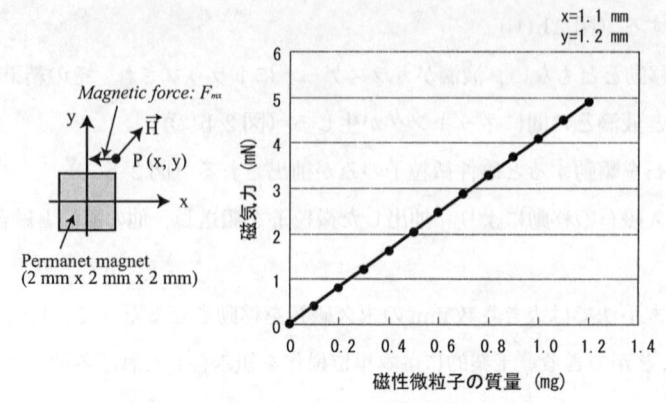

(a) 磁性微粒子の質量と微粒子に作用する磁気力との関係

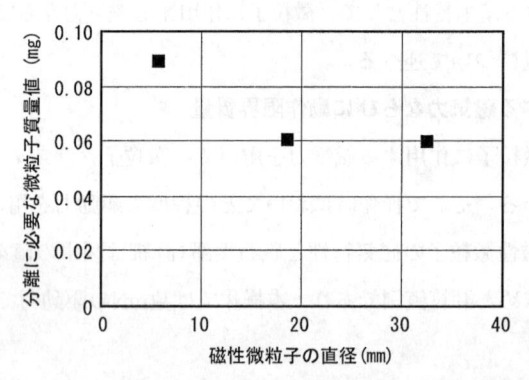

(b) 磁性微粒子の直径と抽出操作に必要な微粒子質量との関係

図3 微粒子に作用する磁気力ならびに動作限界質量

じめ，その結果，付随液量が急激に増加し始める。従って，付随液量を精度良く制御したい場合には，微粒子質量をある一定以下にすることが必要となる。

2.2.3 磁性微粒子操作技術による生化学反応

磁性微粒子操作に基づいた酵素反応例を以下に示す。酵素反応システムの概念および反応ユニットを図5aに示す。システムは4つの独立した処理容器で構成されており，それぞれの容器上には液滴（図左から，磁性微粒子を含んだ液滴，酵素液滴，基質液滴，反応停止液滴）が配置される。各ユニットの役目は以下の通りである。

① 試料導入，② 磁性微粒子上への酵素ラベリング，③ 酵素反応（磁性微粒子上の酵素と液滴中の基質との反応），④ 酵素反応の停止

本システムでは酵素キャリアーである磁性微粒子のみを選択的に，順次，各液滴に搬送することで一連の酵素反応処理をチップ上で行う。ここでは前記システム上で最も重要な機能である酵

第6章 MEMS応用技術

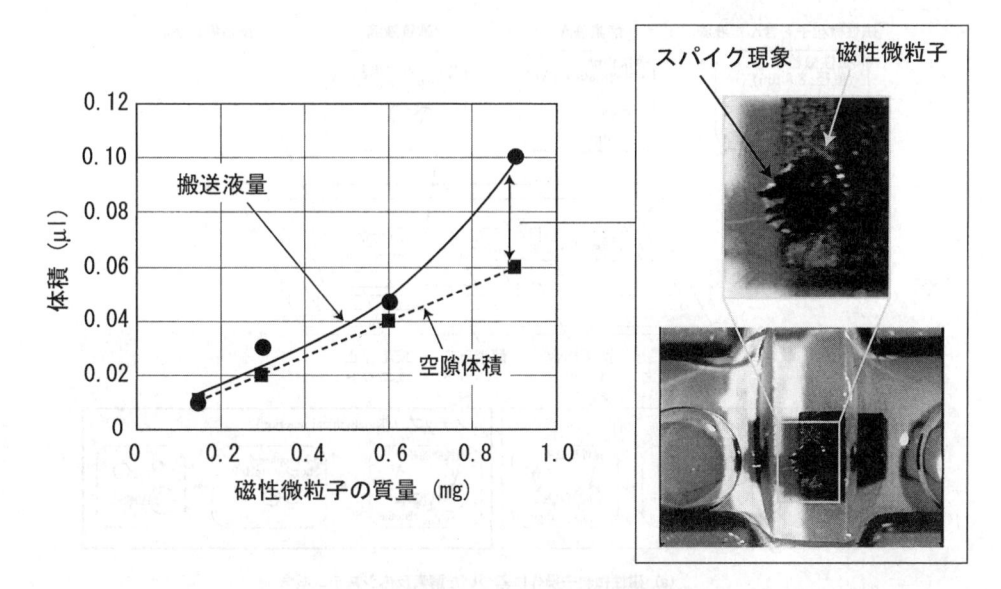

図4 操作抽出による液体搬送量
(微粒子とともに抽出された液体の体積)

素反応に焦点を絞り，以下にその詳細を述べる。

(1) 酵素反応ユニットおよび処理条件

(a) 反応ユニット構造

酵素反応ユニットを図5bに示す。本ユニットでは液滴トラップ機能（ゲート構造）を改善している。抽出時における微粒子クラスターの大きさはゲート間隔に依らず微粒子量で決まる。すなわち，ゲートは液滴をトラップするためだけの機能で，抽出クラスターのサイズには関与しない。そこで，本デバイス構造では，流路を絞ることのみで液滴トラップ機能を実現し，3次元デバイス形状を2次元へと簡素化している。これにより型形成プロセスが可能となり製作コストの低減が図れる。なお，厚さ$2.0\,\mu m$のパリレン樹脂を蒸着することで，デバイス表面を疎水化処理している。

(b) 磁性微粒子および酵素反応試料

・磁性微粒子（直径$18.8\,\mu m$）：微粒子表面に修飾したアミノ基を介して酵素を化学的に固定。
・酵素反応試料：酵素：アルカリフォスファターゼ（AP）
　　　　　　　　基質：p-ニトロフェニルフェノール（pNPP）

(c) 酵素反応手順

① 反応ユニット上への試料の準備

反応容器および流路内をシリコーンオイルで満たし，その後，液体を滴下し，それぞれの反応容器上に酵素修飾付き磁性微粒子を含む液滴と基質の液滴とを形成する。液滴の詳細は

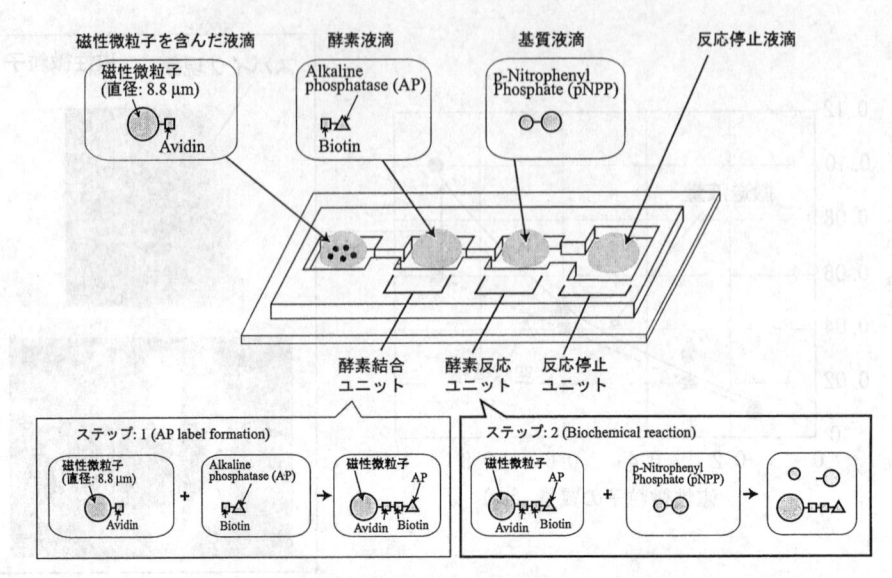

(a) 磁性微粒子操作に基づいた酵素反応システム概念

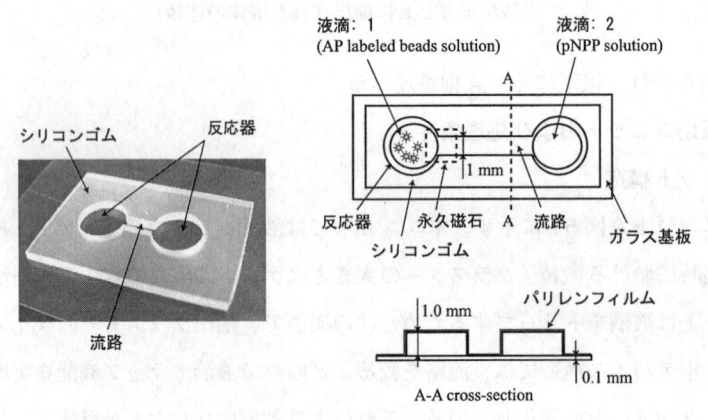

(b) シリコンゴム製酵素反応ユニット

図5 磁性微粒子を用いた酵素反応システム

以下のとおりである。
- 液滴1 (Droplet 1)：AP修飾磁性微粒子を含む緩衝液（40 μl）
- 液滴2 (Droplet 2)：pNPP溶液（40 μl）

② **AP修飾付き磁性微粒子の抽出**

AP修飾付き磁性微粒子を液滴1から選択的に抽出する（図6a）。ガラス基板下の永久磁石を移動させて磁性微粒子を含んだ液滴と含んでいない液滴とに分割し，ターゲットとする磁性微粒子のみ抽出する。

第6章 MEMS応用技術

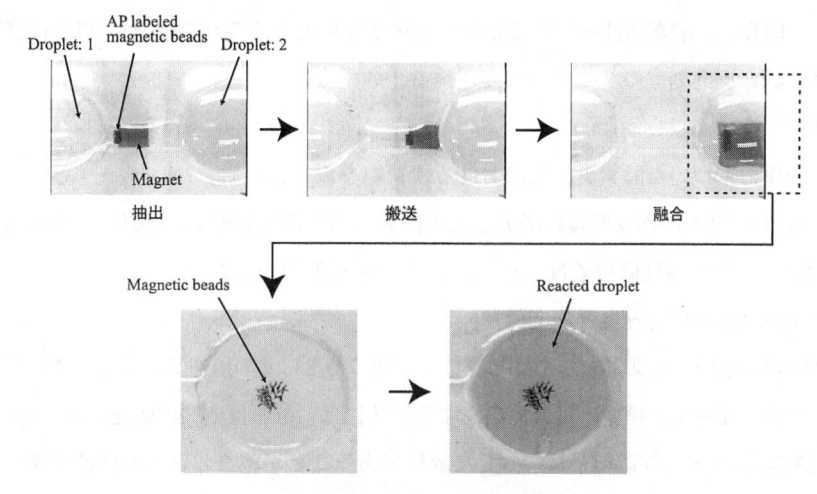

(a) 磁性微粒子操作による酵素反応

(b) 磁性微粒子操作による酵素反応結果
（磁性微粒子：8 µg，反応時間：20 min.）

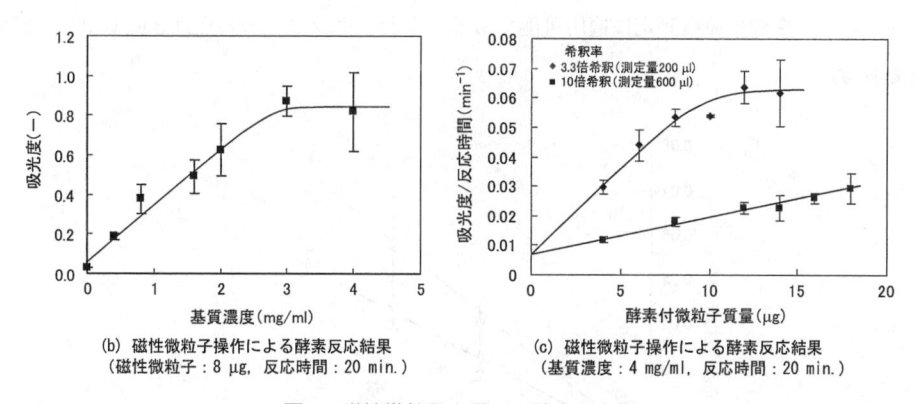

(c) 磁性微粒子操作による酵素反応結果
（基質濃度：4 mg/ml，反応時間：20 min.）

図6 磁性微粒子を用いた酵素反応例

③ 酵素反応

　磁気力により抽出した液滴を搬送し液滴2と融合させ，磁性微粒子表面に固定した酵素と液滴2内の基質を反応させる。酵素APはpNPPを加水分解し液滴2は黄色を呈し始める。酵素反応開始20分後に液滴2から一定量の液体を取り出し，反応停止液で酵素反応を停止させる。停止後の液体の吸光度（405 nm）を分光光度計で計測し，酵素反応における反応速度を測定する。

以上の実験を基質濃度および酵素量(磁性微粒子量)を変えて行い，液滴搬送による酵素反応の特性評価を行った。なお，実験は全て室温で行った。

(2) チップ上における生化学反応

　磁性微粒子操作により，酵素AP付き微粒子を液滴2(基質溶液)に導入すると，図6aに示すように液滴2は無色透明から黄色を呈し始める(本手法を用いた酵素反応系においても従来のマ

クロな系と同様に，酵素活性を失うことなく生化学分析できることを確認）。以下に酵素反応における検量線と反応効率の2つについて述べる。

(a) **検量線**

微粒子操作に基づいた酵素反応系における検量線を以下に示す。

① 基質pNPP濃度と酵素反応後の吸光度との関係（基質濃度と酵素反応速度との関係）
② 酵素AP修飾付き磁性微粒子量と酵素反応後の吸光度との関係
　（酵素濃度と酵素反応速度との関係）

上記2つの検量線は酵素量もしくは基質量が未知のときにその値を算出するときに用いられるグラフとなる。従って，精度の良い検出をするためには，酵素反応後の吸光度が，基質pNPP濃度，酵素AP修飾付き磁性微粒子量に対して線形であることが望ましい。本微粒子操作では，図6b, cに示したように酵素反応速度は酵素量もしくは基質量に対して線形に変化しており，本酵素反応ユニットを酵素免疫測定に適用可能である。なお，グラフ上の各点は3回測定した値の平均値である。

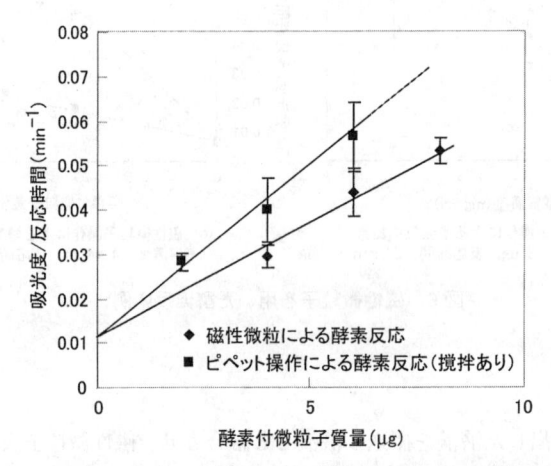

(a) 酵素付微粒子質量と吸光度の関係（分散あり・なしの比較）

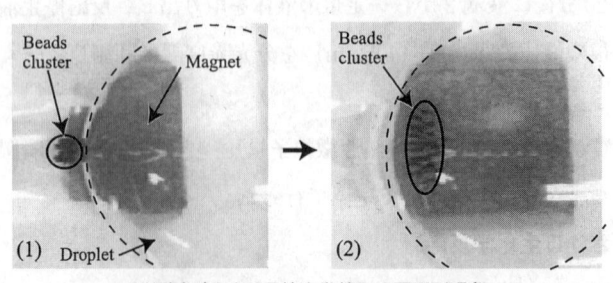

(b) 融合時における抽出微粒子の再配列現象

図7　磁性微粒子を用いた酵素反応効率および微粒子の再配列現象

第 6 章　MEMS応用技術

(b) 反応効率

　上記磁性微粒子操作では大きさ19μmの磁性微粒子をクラスター状態で液滴1から抽出し，その後，流路中を操作し，最終的に液滴2と融合させる。本操作では，磁性微粒子に強磁性体（残留磁化：0.02 T）を用いたために，駆動用の永久磁石を反応ユニットから取り除いても微粒子が液滴中に再分散することはない。そこで，磁性微粒子のクラスター操作においてどの程度の反応効率が得られているのかを以下に述べる。比較実験として，酵素を固定した磁性微粒子を手作業によりチューブから取り出し，これを基質の入ったチューブに移し，それを2分間隔で30秒間振盪させた。この操作を20分間繰り返し続け，このときの酵素反応の結果を分散率100％とした。

　上記の実験結果と液滴搬送機構のそれとの比較を図7に示す。グラフより微粒子操作に基づいた手法の反応効率は70％程度となる。加振及び撹拌などの外部操作を用いていないにもかかわらず，比較的高い値が得られた原因は，抽出微粒子を液滴2に融合させたときに生じるクラスターの再配列のためである。図7bに示したように，磁性微粒子のみを含む小さい液滴が大きな体積を有する液滴2に取り込まれた瞬間，クラスターを形成していた各磁性微粒子は磁場勾配が大きな場所への再移動が可能となる（液滴内において）。この現象が分散効率を高めていると考える。

2.3　今後の展開

　微粒子操作は真の意味で分析システムを小型化する有効な手段である。今後は，磁気力発生機構，駆動機構などを含めたシステム設計することで，小型・携帯化を活かした各種応用デバイスへと発展できると考えている。

3 マイクロマシンのバイオ・化学への応用

藤田博之*

3.1 はじめに

近年，MEMS（Micro Electromechanical Systems）もしくはマイクロマシンと呼ばれるミクロの機械システムを作る技術が急速に発展しているが，この技術の要点は，携帯電話やノートパソコンの小型軽量化をもたらした半導体微細加工技術を援用して，微細な立体構造を作ることである[1~4]。最新のシリコンチップではトランジスタの寸法が100nmに近づいており，研究レベルでは10nm級のものも発表されている。MEMSの微細加工技術を用いてミクロやナノの道具やシステムを作製できる。

マイクロマシンの応用は，自動車用など各種センサから光通信やIT技術まで広範囲に渡っており，エアバック始動用のセンサやインクジェットプリンタなど私たちの身の回りで使用されている。マイクロマシンで流体を扱い化学工学や医用工学に応用しようとする研究も，15年以上前からマイクロバルブやマイクロポンプを中心にして行われてきた。

近年になって遺伝子の解析が進み，マイクロチップを用いた簡単で高速の遺伝子検出が注目されている。いわゆるDNAチップや，微小流路中でマイクロキャピラリー電気泳動分析を行うチップが商品化され，医用診断などに用いられている。本稿ではマイクロマシンの製作技術と特徴を述べ，更にマイクロ流体システムの応用例として細胞操作用マイクロマシン，生体分子解析用マイクロマシンおよびバイオ融合ナノシステムについて紹介する。

3.2 ナノ・マイクロナノマシンの製作法

3.2.1 MEMSの作り方

MEMS技術の要点は，半導体微細加工技術を援用して，微細な立体構造を作ることである。半導体微細加工の代表であるCMOSプロセスは，成膜，不純物ドーピング，熱酸化，フォトリソグラフィー，エッチングから構成され，扱う材料もシリコンとその化合物およびアルミニウムや銅などの金属に限られている。しかしMEMSを作るマイクロマシニングプロセスでは，より多様な材料と加工プロセスを含んでいる。現在良く用いられるマイクロマシニング法を表1にまとめて示す。古くから用いられている結晶異方性ウェットエッチングや，80年代後半に開発された表面マイクロマシニング法に加えて，異方性ドライエッチング，マイクロヒンジによる折り曲げ構造，基板の接合，光造形法，型どり構造，ナノインプリントなど，立体マイクロ構造を作る方法が急速に発展している。これらの方法で，例えば構造の高さが100μm，幅が2~5μmと

＊　Hiroyuki Fujita　東京大学　生産技術研究所　教授

第6章 MEMS応用技術

表1 各種マイクロマシン加工法の特徴と応用例

マイクロマシンの加工法 （加工対象材料）	特　徴	応用例
結晶異方性ウェットエッチング （単結晶シリコン，水晶）	単結晶シリコンの結晶面で決まる正確な立体構造	圧力センサーの感圧膜 光ファイバー固定用V溝 細胞培養用微小容器アレイ
異方性ドライエッチング （シリコン）	マスクパターンに応じた自由な形をもつ立体構造	大出力マイクロアクチュエータ 種々の立体マイクロ構造 分子ピンセット
表面マイクロマシニング （多結晶シリコン薄膜，その他薄膜）	極微細構造の製作，CMOS回路とのプロセス適合性良好	集積化センサー アレイ化システム
ヒンジ構造 （多結晶シリコン構造）	薄膜マイクロ構造をヒンジから折り曲げて立体構造を得る	シリコン光ベンチによる微小な空間光学システム
型取り構造:LIGA*，射出成形，ナノインプリント （金属，プラスチック，多結晶シリコン）	X線リソグラフィー，金属微細加工，異方性ドライエッチングなどで作った立体的な型をもとに，複製を作ることで，立体マイクロ構造を大量に得る	大出力マイクロアクチュエータ 精密な立体マイクロ構造 プラスチック流体チップ

＊ LIGA：X線リソグラフィー，電鋳，射出成形を組み合わせた立体的マイクロマシン加工法

いった，20～50程度のアスペクト比（構造の高さを幅で割った比率）が得られている。加工精度も，通常10～100nmの程度であり，特別なプロセスでは数nmの高精度が得られる。

また，材料についても，シリコンとその関連の誘電体材料，化合物半導体，高分子，金属，セラミック，生体機能材料などをマイクロマシニング加工できるようになった。

3.2.2 マイクロアクチュエータ

静電力，電磁力，圧電効果，形状記憶効果，熱膨張など，様々な駆動原理のアクチュエータが実証された。今後は，駆動対象のデバイスと製作プロセスの適合性があるアクチュエータを選択し，用途で決まる仕様（発生力，使用環境，動作の範囲・精度・速度，寿命，等）を充たすよう，最適設計をすることが重要になる。このとき，熱，電磁場，応力場，などの連成問題を自由に扱える数値解析が必須である。紙面の都合でアクチュエータに関し詳しく紹介できないため，詳細は文献[1]を参照されたい。

3.2.3 集積化システム

マイクロ構造やアクチュエータがあっても，その動きを制御するセンサや回路を一体集積化しないと全体として微小なシステムはできない。マイクロマシンと集積回路を同一基板上に作り上げる，モノリシック集積化が理想である。集積化加速度センサやマイクロミラーアレイによるディスプレイなどは，この方法で製造し，市販されている。一方，少量多品種生産やプロセス適合性のない材料の利用を考えたとき，チップレベルでのハイブリッド集積化法も魅力的である。

歩留まり，組立コスト，パッケージングなど様々な要因を比較し，最小コストとなる解を選ぶ必要がある。

3.3 MEMS技術実用化の進展

近年，マイクロマシンの加工技術や，マイクロアクチュエータの設計製作技術は急速な発展を遂げ，製品化されたものも含め，応用を特定してそこで要求される仕様（性能とコスト）を満足するマイクロマシンが，次々と開発されるようになった。マイクロマシンやその加工技術を利用した商品にはたとえば，自動車のエアバッグ始動用の加速度センサ[5]，ナビゲーション用のジャイロスコープ，インクジェットプリンタ，多数のマイクロミラーからの反射で画像を映す投影型ディスプレイ[6]，など様々な製品があり，我々の身の回りで広く使われている。これからも図1に示すような多くの分野でマイクロマシンの実用化が急速に進むと考えられる。これらのうち特に有望な分野を以下に述べる。

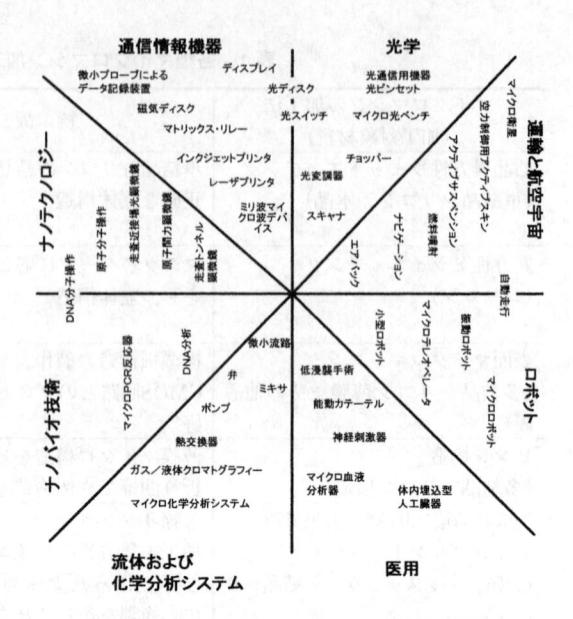

図1 マイクロナノシステム応用の概観図

3.3.1 光学応用

MEMSの光技術への応用は，次のような理由から極めて有望と考えられる。すなわち，重さの無い光子を扱うにはミラーなどを動かせば十分なため大きな力がいらないし，非接触で作用を取り出せる。また，干渉や回折現象などには，ミクロな動きやパターンが有効に生かせる。さらにナノメートルオーダの寸法を持つ周期構造は，フォトニッククリスタルと呼ばれ，大きな非線型光学効果を生ずることが知られている。近接場光（エバネッセント光）を利用したデバイスとともに，ナノフォトニクス分野の実用化が期待されている。

光通信ネットワーク用のデバイスである，光ファイバーのアライナ，光スイッチ，波長可変レーザやフィルタ，可変減衰器などが有望である[7]。これに加え，ディスプレイやデータ記録装置，各種光センサも早期の実用化が期待できる。

3.3.2 情報機器

インクジェットプリンタやマイクロミラーによるディスプレイの製品化に続いて，磁気ディスクデータ記録装置の記録密度向上のため，ヘッドのサブミクロン位置決め用マイクロアクチュエータが導入されようとしている。また，次世代の超高密度データ記録として，鋭い針先を持つ

第6章　MEMS応用技術

プローブをMEMS技術で作り，それで薄膜上にナノオーダの印を付けたり，読み出したりする方式も研究されている[8]。通信の分野では，RF-MEMS（無線通信用マイクロマシン）が注目されており，携帯式の電話や情報端末などの無線通信機器にマイクロマシンを応用し，超高周波用の共振器，可変波長フィルタ，可変の容量やインダクタンスを回路と一括して作る研究が行われている。また各種センサと無線通信回路を小さなチップに収めたデバイスを，多数配置することにより，無線センサネットワークを構成できる。家や工場の防犯や安全管理，広範囲の環境監視に利用できるのであろう。さらに，いつでもどこでも自然に使える，着装可能な計算機（ウェアラブルコンピュータ）の入出力インタフェースや通信デバイスにも，マイクロマシンは必須の技術である。

3.3.3　マイクロ・ナノ化学システムとナノバイオ技術応用

ガラスやプラスチックのチップ上に微小な流路や反応容器をマイクロ加工し，その中で化学反応を行う研究が盛んになっている[9, 10]。流路の寸法は，数百nm〜百μmまでである。枝分かれした微小流路のなかで，化学物質を分離・分析したり，微量の液体同士を反応させたりできる。マイクロ・ナノ化学システムの特長は，反応物質が微量ですみ，反応時間が短く，また多数の反応を同時並列に行えることである。マイクロマシン技術の導入により次のような化学システムが実現可能になる。

① 微量な液体中の対象分子を高感度でかつ高速に分析するシステム。
② 短時間に多様な物質の合成が可能なシステム。
③ 短時間に多様な物質のスクリーニングが可能なシステム。
④ 急激な熱発生を伴う合成反応を，急速排熱と微量合成により可能にするシステム。
⑤ DNAなどの分子の一分子操作や反応を可能にするシステム。
⑥ ナノ空間における壁面効果や空間制限効果を利用し反応を制御するシステム。
⑦ 生体分子などの機能分子を組み込み，高機能を発揮するシステム。
⑧ 単一もしくは少数の細胞を用いたスクリーニングシステムやモニタリングシステム。
⑨ マイクロパターンを付加した表面で細胞を培養し，利用するシステム。

この特長はコンビナトリアルケミストリー（組み合わせ化学合成）の省原料，並列自動処理，探索時間短縮などに利用できると期待される。この他の用途として，(1) 環境監視や医用診断のため微量物質の化学分析を行う，(2) DNAチップやマイクロPCR（遺伝子を増幅する反応）装置などで遺伝子情報を解析する，などが考えられ，すでに商品化されているものもある。また，ナノメートルの寸法を持つプローブを用いて，高感度の化学センサも作られている。細胞や生体高分子の操作[11]などバイオ技術への応用や，マイクロマシン応用能動カテーテル，マイクロ流体システムを利用した微量血液分析装置やドラッグデリバリー装置，遺伝子分析や遺伝子治療装置，

内視鏡による低侵襲手術，等の医学への応用が開発されている．

3.3.4 ナノテクノロジー応用

鋭く尖った針先で，分子の形や試料表面に並んだ原子をなぞって観察する走査プローブ顕微鏡と呼ばれる特殊な顕微鏡への応用が考えられる．走査プローブ顕微鏡の内，走査トンネル顕微鏡（STM）と原子間力顕微鏡は広く使われている．真空装置の中のようなところで，非常に小さいプローブを動かして，原子の分解能で種々の性質を測定するなど，超ミクロな科学の分野にも貢献できるだろう．

3.4 細胞操作用マイクロマシン

マイクロマシニング構造は，数μmの寸法のため，細胞やDNA分子の長さと同程度であり，これらを自由に操作するシステムを作ることが試みられている．細胞の操作は，マイクロピンセットによる把持，流れ場，静電力，レーザピンセット，抗原抗体反応のような化学親和力，など様々の作用を通じて行われる．1980年代後半に，百μm程度の流路内で二種類の細胞を電気的に融合させる装置[12]，アレイ化したピットの中で一対一の細胞融合を同時に行う装置[13]などが試作された．前者は，マイクロ構造の形状を工夫することで，流体場と静電場で細胞を個別に扱うチップを世界に先駆けて実現した点が，また後者はマイクロマシニングの利点である，アレイ構造による並列処理を実証した点で，意義が大きい．筆者の研究室でも細胞捕獲用マイクロマシン，微細中空針アレイによる遺伝子注入システム[14, 15]マイクロパターン上での神経細胞培養[16]などの細胞操作用マイクロマシンを研究している．

遺伝子注入システムでは，1万〜100万個程度の細胞について同時に電気刺孔による遺伝子注入を行い，その結果を個別に確認することができる．注入が成功した細胞だけをロボット等で取り出し培養することで，効率の良い遺伝子治療などに将来は応用が可能である．また，多数のウェル内に少数の細胞を入れたデバイスで，薬剤などの効果を見るスクリーニングへの応用も可能である．

3.5 分子ピンセット

分子をつかむミクロのピンセットを，図2に示す．2本の腕が，シリコンチップの端から突き出している．腕の長さは約1mm，幅は0.3mm，厚さは30μmである．図2bはこのピンセットの先端を10倍に拡大したもので，鋭い針状の構造が各々の腕の先にあり，およそ15μmの間

図2 DNA捕獲用MEMSプローブ[11]

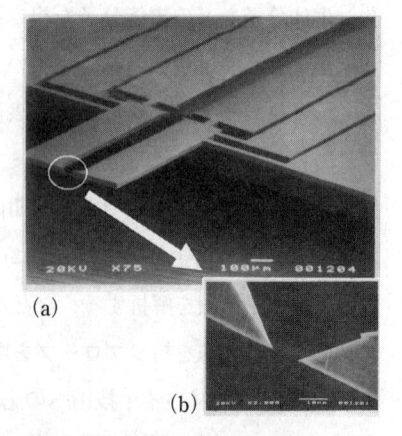

第6章　MEMS応用技術

隔で向かい合っていることがわかる。針先は10～数十nmの曲率半径である。またおのおのの腕のチップ側に付いている細い棒状の構造で腕を押すことにより，先端のギャップの間隔を調節することができる。これらの微細構造は主として，シリコンの板に，プラズマ（イオンになったガス）を当て，徐々に掘って作ったものである。あらかじめシリコンの板の表面に，加工したい形をした保護膜を付けてあったので，保護膜のないところだけが低く掘り下げられる。また鋭い針先は，アルカリ系のエッチング液を用い，いわゆる結晶異方性エッチングで作った。

徳島大学馬場教授（現・名古屋大教授）と香川大学橋口助教授（現・教授）と共同で，水中に溶けたDNA分子をナノプローブに加えた交流電界で捕獲する実験に成功した[11]。先端曲率が10nm級のナノプローブに交流電界（1MHz）を加え，極めて大きな電界を発生することで，水中に溶けたDNA分子の束を引きつけて捕獲し，空気中や真空中で観察することに成功した。蛍光発光の確認や，走査電子顕微鏡による形状観察を行った（図3）。さらに，金ナノ粒子を付けたインターカレータ分子を導入したDNA分子束を捕獲し，透過電子顕微鏡で観察したところ，数nmの粒子がちりばめられた束状の物体を確認できた。

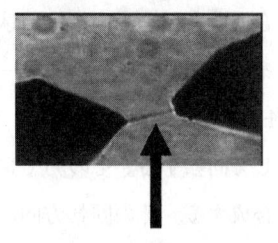

図3　プローブ間に捕獲したDNA分子束とその蛍光観察[11]

3.6　MEMS技術による生体分子モータの1分子解析

そもそも生体内においては，筋肉の動きと力の源であるミオシン-アクチン系，主として細胞内の物質輸送に関わる微小管-キネシン系，バクテリアの移動手段であるべん毛モータなど，生体分子モータといわれる様々なタンパク質が存在する。またアデノシン3燐酸（ATP）合成酵素の回転運動のように，酵素活性とその動きが密接に関連しているものがある。これらは，いずれも数nm～数十nmの直径や太さを持つ分子であり，真のナノアクチュエータと呼ぶにふさわしい。

生体分子モータについては，長い研究の歴史がある。電子顕微鏡やX線結晶解析をもちいた分子の3次元構造の詳細な解析と運動に伴う構造の変化と化学反応過程の対応の研究，生理化学的活性と動きや発生力との対応関係の研究，ブラウン運動と同程度の化学エネルギーで正しい一方向の動きを発生する機構，などなどの研究成果が得られている。特にミオシン-アクチン系に関しては，一分子観測技術を駆使して，一分子の発生力や動きの大きさが測られている。また，べん毛モータに関しては，べん毛を固定した菌体の回転速度から負荷と回転速度の関係が明らかになっている。

ATP合成酵素の一部であるF1モータについても，研究が進んでいる。図4に示したようにATP

合成酵素は，膜内に埋め込まれたF0モータ部分とその上に連結されたF1モータ部分からできている。F0モータは膜内外の水素イオン濃度差を駆動力として回転する。その力でF1モータが回り，ATPを合成する。その回転方向は図4に示す通り，F0側から見て時計回りである。この酵素のうちF1モータ部分だけを取り出し，ATPを加えると，それを分解しながら反時計方向へ逆回転することが知られている。最近の一分子観測により，回転は120度毎のステップ状であること，その120度ステップに一分子のATPが対応すること（すなわち一回転に3分子のATPが対応すること），回転速度と負荷の関係などが解明された。

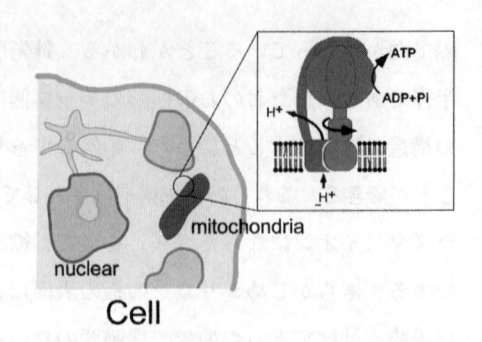

図4　ミトコンドリアにあるATP合成酵素
膜内に埋め込まれたF0モータ部分とその上に連結されたF1モータ部分からできている。

　分子モータの直径は，F1モータが20nm，べん毛モータが50nm程度である。このため，光学顕微鏡で直に動きを観察できない。水中で回るので電子顕微鏡も使えない。幸い，べん毛モータの場合は，べん毛の動きや菌体の動きから回転を観測できるが，F1モータの場合は回転を観察するための人工的な標識を軸に付けなければならない。また，観察をするために基板に固定する場合も，軸がきちんと垂直上向きになるようにする必要がある。この事情を模式的に示したのが図5である。左側の図では，標識（マイクロビーズ）が軸についていたりいなかったり，またモータが基板に対して倒れたりさかさまになって付着したりの状態で，これでは十分な観測ができない。右側は理想的な場合で，軸には標識が付き，基板上の特定の場所にきちんと軸が上向きに分子モータが固定される。このような，選択的分子固定技術は，遺伝子操作により分子自体の特定な場所に結合の鍵となるアミノ酸を導入し，それと特異的に結合する物質を回転標識や基板にナノパターニングすることで実現できる。回転標識を付けたF1モータを基板に固定し，実際に回転を観測した結果を図6に示す。

　最近では，さらに積極的に微細加工技術を利用した分子モータに関する新しい研究が始まって

図5　F1モータの固定法の模式図

第 6 章　MEMS 応用技術

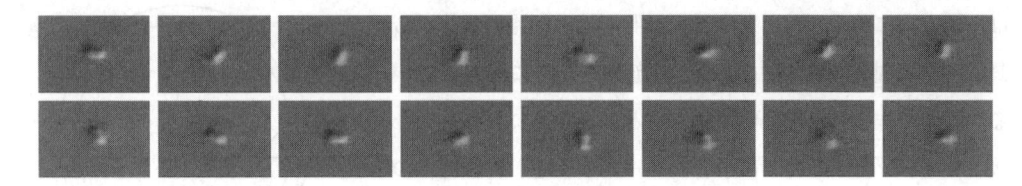

図 6　F1 モータの回転観察結果

いる[17]。例えば，直径・高さ共に数ミクロンしか無い超微小な溶液チャンバーのアレイの開発が報告されている。各チャンバーの体積はわずか数フェムトリットルであり，この中に生体分子を閉じ込めることで，その酵素反応を高感度で検出することが可能である。これは，酵素反応によって生成・分解した分子の数がわずかでも，微小な体積中に閉じ込めることで濃度変化が大きくなり，短時間で検出感度内に達するからである。この特性を生かして，F1 モータの触媒反応効率が測定された。上述の通り，細胞内では F1 モータは F0 モータによって時計方向に回され，ATP 分解の逆反応である ATP 合成反応を触媒する。この合成反応効率を測定するため，F1 モータを 1 分子だけチャンバー内に閉じ込め，強制回転した（図 7）。この強制回転は，F1 モータの回転子に磁気ビーズを接続し，回転外部磁場を与えることで可能である。強制回転の結果，合成された ATP はチャンバー内部に蓄積され，ATP 濃度は急上昇する。外部磁場から開放されると，F1 モータは自ら合成した ATP を再び分解しながら反時計方向に自発的な回転運動を行い，その回転速度はチャンバー内部の ATP 濃度に比例する。したがって，F1 モータの回転速度は強制逆回転の後に上昇する。この上昇率とチャンバーの体積から合成 ATP 量が測定され，その合成反応の効率は極めて高い（77%以上）ことが報告されている。

3.7　生体分子モータによる人工物の搬送システム

前項で述べたのは，生体分子モータの理学的解析結果である。これを人工物と融合して，ナノアクチュエータとして利用する研究が盛んになっている。取り扱いが容易で，連続した長い動きが得やすい微小管・キネシン系の生体分子モータを利用する研究が多い。この系では，キネシンが力や変位を生み出す分子であり，微小管はキネシンの動く方向を定めるレールの役目をする。なお，微小管には＋端，－端という特定の方向（極性）があり，キネシン分子

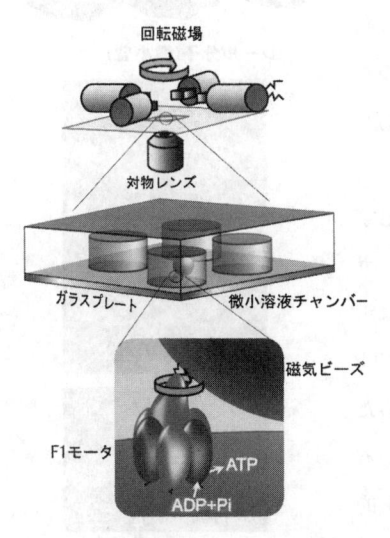

図 7　微小チャンバーへ F1 モータを閉じ込め，磁界により回転させて，ATP 合成を人為的に制御した[17]

は十端方向に動く。たとえば神経細胞では，細胞の本体から長く伸びる神経線維の中に，微小管が一方向に配向している。本体で作られた神経伝達物質などは，小胞に封じ込めた後，キネシン分子の力で微小管のレールの上を，神経線維の先端に運ばれる。これをまねて，基板に微小管を固定し，その上でキネシン分子をつけたビーズなどを動かすことができる。一方，キネシンを基板上に敷き詰め，その上で微小管の運動を見ることもできる。ここではそれぞれを，微小管固定・キネシン運動系およびキネシン固定・微小管運動系と呼ぶことにする。

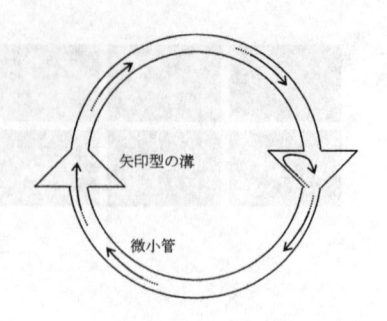

図8 矢印型の溝内で微小管が一定方向に運動するシステム
溝の底にはキネシン分子を付加してある[18]。

まず，通常のキネシン固定・微小管運動系での運動方向は，基板に付着したときの微小管の向きで決まるバラバラの方向となる。微小管分子は剛性があり，またキネシン分子との結合もしっかりしているので，溝などの段差をつけた基板上でこの系を働かせると，微小管が段差に沿って動くようになる。たとえば，ドーナツ型の溝を形成し，その中にキネシン固定・微小管運動系を構成すると，微小管がぐるぐると溝の中を回る様子が観察されるが，右回りと左回りする微小管は同数である。さらに溝の一部に三角形をした矢印の頭部のような形状を作ると，逆向きに動いてきた微小管がそこで方向転換する（図8）。しばらく運動を続けていると，ほとんどすべての微小管が，矢印の指す方向にそろって動くようになる[18]。基板上のある点と別の点をつなぐ溝の中で，一方に動く微小管を用いて，それに付加した物質を運ぶナノアクチュエータができると期待される。

微小管固定・キネシン運動系の例を図9に示す。3 μm のS字型をしたシリコン構造を，表面に付けたキネシン分子の力で，ガラス基板上の微小管にそって運ぶことができた[19]。微小管はポリリジンを介して，ガラスに固定した。さらに，溶液中のATP濃度を上げたり下げたりすることで，物体を動かしたり止めたりすることができた。これをナノアクチュエータとして用いるには，微小管の基板上への極性の一方向配向を含めた，選択的固定が必要である。微小流路中にキネシン固定・微小管運動系を実現し，流路に一定の流れを起こしながら微小管を動かすと，流体の抵抗によって流れに沿い，その下流に向かって動く微小

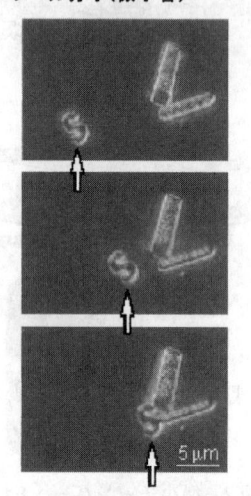

図9 生体分子モータを用いたマイクロ構造の搬送実験とその模式図[19]

第6章　MEMS応用技術

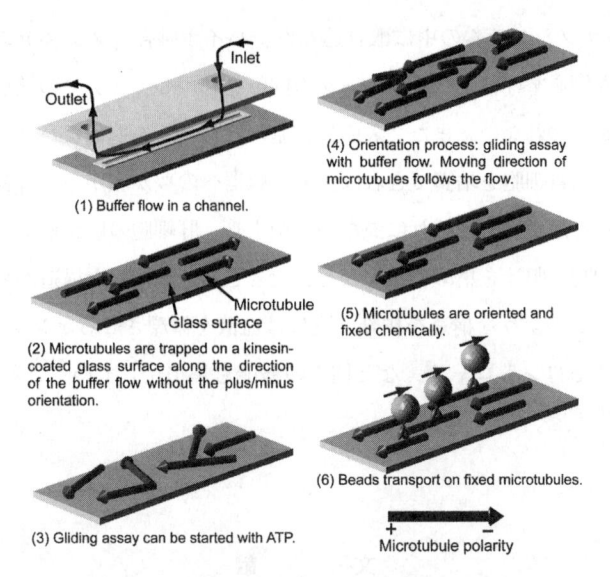

図10　バッファー液の流れと，キネシンを付加したガラス基板上での微小管の運動を利用した微小管の配向プロセス
微小管の矢印は，その運動方向を表し，微小管のマイナス端に対応する[20]。

管のみが洗い流されずに残ることが分かった。このような状態で，キネシンと微小管の結合を固定する別の物質を入れることで，極性の一方向配向を含めた選択的固定を実現した[20]。その手順を図10に示す。この流路内で，キネシンを付加したマイクロビーズを微小管上で運び，90%以上のビーズが一定方向に動くことを確認した（図11）。今後，ビーズ表面に運搬すべき物質もあわせて付加できれば，神経線維内を模倣したナノ搬送システムができることが期待される。

生体分子モータを用いたナノアクチュエータは，さらに広範囲の機能を持つバイオ機能分子を

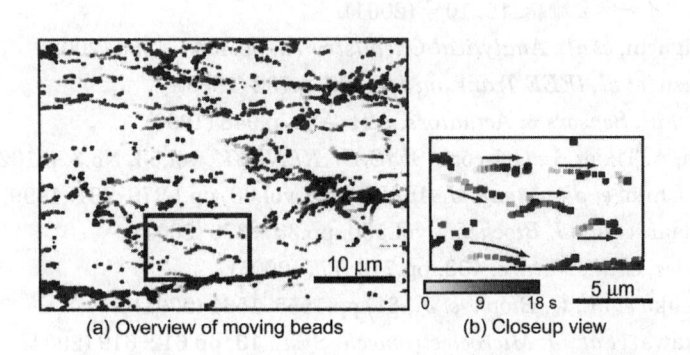

図11　配向した微小管でのビーズの運動を観測した結果
90%以上が右方向に動くことが分かった。淡い灰色から濃いものにと，時間がたっていく[20]。

人工的なマイクロ・ナノシステムの中に取り込んだ，バイオ融合ナノシステムの実現につながるものである。簡単な例を挙げると，分子モータの回転を利用して，ナノの接点を切り替えるナノスイッチができるかもしれない。また，表面に細胞の好む物質を適切なパターンで付加し，その上で肝細胞や副じん髄質細胞を培養できれば，人工臓器への夢が広がる。肝臓を観察すると，栄養，酸素，代謝物質を運ぶ血管とそれにつながる微小管，肝細胞の層状構造とそれを免疫系の攻撃等から守る表皮細胞，胆汁を集める胆管など，大きさの違う複雑な構造からなっている。マイクロマシン技術で，このような構造を作り，更には血液を循環させるポンプ，温度や栄養濃度，酸素量などを制御するコントローラ，など種々の機能も集積化していくことが期待される。

文　　献

1) 藤田博之，マイクロ・ナノマシン技術入門，工業調査会 (2003)
2) 江刺正喜，五十嵐伊勢美，杉山進，藤田博之，マイクロマシニングとマイクロメカトロニクス，培風館 (1992)
3) 江刺正喜，五十嵐伊勢美，藤田博之，マイクロオプトメカトロニクスハンドブック，朝倉書店 (1997)
4) *Proceedings of IEEE*, **86** (1998)
5) N. Yazdi, F. Ayazi, K. Najafi, *Proceedings of IEEE*, **86**, p.1640 (1998)
6) P.F. van Kessel *et al.*, *Proceedings of IEEE*, **86**, no.8, p.1687 (1998)
7) 藤田博之，電子情報通信学会誌, **85**, p.496 (2002)
8) 野田紘喜，計測と制御, **42**, p.56 (2003)
9) 北森武彦，庄子習一，馬場嘉信，藤田博之編：マイクロ化学チップの技術と応用，丸善 (2004)
10) 日本エム・イー学会雑誌, **15**, 10号 (2001)
11) G. Hashiguchi, *et al.*, *Analytical Chemistry* **75**, pp.4347-4350 (2003)
12) M.Washizu, *et al*, *IEEE Trans. on IAS*, **25**, p.732 (1989)
13) K. Sato, *et al*, *Sensors & Actuators*, A21-A24, p.948 (1990)
14) H. Fujita, A. Tixier, L. Griscom, *SEISAN-KENKYU*, vol.53, No.3, p.162 (2001)
15) Kyoseok Chun, *et al.*, *Japan. J. Appl. Phys.*, vol.38, pp.L279-281 (1999)
16) P. Degenaar, *et al.*, *J. Biochem.*, vol.130, pp.367-376 (2001)
17) Y. Rondelez, *et al.*, *Nature*, **433**, pp.773-777 (2005)
18) Y. Hiratsuka *et al.*, *Q. Biophys. J.*, **81**, pp.1555-1561 (2001)
19) R. Yokokawa, *et al.*, *J. Microelectromech. Syst.*, **13**, pp.612-619 (2004)
20) R. Yokokawa, *et al.*, *Nano Lett.*, vol.4, pp.2265-2270 (2004)

第Ⅲ編　関連技術と技術動向

第1章　磁性粒子・流体の調製と医療応用

バラチャンドラン　ジャヤデワン*

1　はじめに

　磁性流体は，液体中に金属あるいは酸化物強磁性ナノ微粒子を極めて安定に分散させたコロイド溶液である。重力や磁場などによる凝集，沈殿が起こらず，見かけ上それ自身が強い磁性を持った液体として振る舞う（写真1）。外部磁場が存在しない場合には磁性流体自身は磁性を持たないが，外部磁場が存在すると各ナノ粒子の磁気モーメントが磁束線方向に向く。磁性流体の磁気物性は分散質である磁性粒子の種類や濃度などに依存するが，磁性流体の液体としての性質を決定するのは主成分である分散媒である。これら磁性流体独特の性質は種々の形で応用に結びつくほか，磁性を有する流体として流体科学における研究材料となっている。磁性流体が他の液体と大きく異なる点は，磁界による保磁と誘導である。それ以外にも様々な応用に関する提案がなされ，研究が行われている。

　初期の磁性流体は，1960年代の初めNASAのPapell[1]によって発明されたといわれている。しかし，そこで用いられた磁性粒子はその粒径が大きく，長期間磁性粒子が沈降しないコロイド溶液としての安定性に疑問があるが，一部の粒子が磁性流体として存在したとは思われる。ほぼ同時期に，日本において東北大学の下飯坂が，Papellとは独立に全く別の製法により磁性流体を発明した[2]。その方法で得られた分散液は，磁性粒子の沈殿が生じない安定なコロイドであり，これが本当の意味での磁性流体誕生と言えるかもしれない。

　磁性流体は，分散質（溶質）としての磁性微粒子と，分散媒（溶媒）である溶剤ならびに分散剤であるイオンや界面活性剤などからなる複合材料である。その組成を分散質である磁性材の種類で大別すれば金属系と酸化金属系の2種があり，代表的な磁性流体は5 vol.%のマグネタイト，10 wt.%の界面活性剤と残りは分散媒で構成されたもの

写真1　磁場中に置かれた磁性流体

---

*　Balachandran Jeyadevan　東北大学大学院　環境科学研究科　助教授

である[3~5]。さらに，それらの磁性流体の作製には粒径10 nm以下の粒子合成と粒子同士の凝集を防ぐ適当な分散手法の適用が必要不可欠である。本章では，良好な磁性流体を得るための金属および酸化物磁性ナノ粒子の合成技術，分散原理について紹介する。さらに，磁性流体および磁性粒子を用いた応用技術の現状と展望について述べる。

2 磁性ナノ粒子の合成

磁性ナノ粒子合成には主に物理的気相成長法，粉砕および溶液化学法が用いられる。物理的気相成長法，溶液化学法いずれの場合でも粒子は原子から組み立てられるが，溶液化学法は他の方法に比べて合成粒子の組成，サイズなどを分子レベルで制御可能なことから生成物質の均一性や大量生産性において有利な方法であり，磁性ナノ粒子合成に最も適しているといえる。また，合成条件の操作により核生成，粒子成長，粒子凝集を調整可能なため粒子径，粒度分布，形状および凝集体の大きさを任意に制御できる。さらに，合成の際あるいはその後に粒子表面修飾を施すことにより粒子に付加的な機能をもたせることもできる。以下に，溶液からのナノ磁性粒子合成法をいくつか紹介する。

2.1 共沈法

この方法は，溶媒（通常は水）中に溶解した金属前駆体と反応時に添加される沈殿剤の化学反応により各成分が均一に混合した不溶性の固体を得，さらにこれを熱分解することにより化合物粒子を得るものである。共沈反応を用いれば，金属元素を2種以上含む複合酸化物の合成も可能である。本法の大きな利点として大量合成が挙げられるが，粒子成長を反応速度因子のみで制御することから粒子サイズの制御は困難である。適切なキレート剤を用いることによってある程度サイズ制御が可能であるが，この場合は逆に形状制御が困難となる。それでも，典型的な水溶液共沈反応プロセスを用いて，粒度分布や形状の厳密な制御はできないものの数多くのスピネルフェライトやペロブスカイトなど各種磁性材料が合成されている[6,7]。共沈法を用いたフェライト合成において通常得られる粒径は10 nm程度と比較的小さく，それより大きい数十nmの粒子合成に関する検討例は少ないが，近年著者らのグループでは，種結晶を用いた共沈法および様々な濃度の第二酸化鉄を導入した酸化法を用いて10～100 nmの間で粒径制御が可能であることを示した[8~10]。

2.2 ゾルゲル法

溶液を利用したナノ粒子素材合成法のなかでゾルゲル法は一般的な方法であり，ガラス，粉末，

第1章 磁性粒子・流体の調製と医療応用

薄膜,繊維,そして塊状のものを含むさまざまな素材の合成に用いられる。従来のゾルゲルプロセスでは,一般に加水分解と金属アルコキシドの凝縮が関係している。金属アルコキシドは有用な前駆体である。加水分解の段階でアルコキシドは水からの水酸基で置換され,フリーのアルコールを形成する。一度加水分解反応が起きると,ゾルはさらに反応して濃縮(ポリマー化)する。

ゾルゲルプロセスにおいて必要とされる因子は,溶媒,温度,前駆体,触媒,pH,添加剤,そして機械的撹拌である。これらの因子は反応速度,粒子成長反応,加水分解,そして濃縮反応に影響を及ぼす[11]。溶媒の選択は反応速度や前駆体同士の衝突に影響を与える。そして,pHは加水分解と濃縮反応に関係する。加水分解には酸性条件が適している。このとき,濃縮が始まる前にほぼすべての加水分解生成物が形成されている。また,酸性条件下では架橋密度が低く,ゲルが壊れたときの最終生成物の密度がより高くなる。塩基性条件の場合は濃縮反応を促進し,酸性条件の場合と異なって濃縮は加水分解が完了する前に始まる。さらに,pH条件は等電点とゾルの安定性つまり凝集と最終的な粒径に強く関連している。これら加水分解や濃縮の反応速度に影響を与える諸条件を変化させることによって,ゲルの構造や物性を調整することができる。これらの反応は室温で進行するが,最終的な結晶状態の粒子を得るためには熱処理が必要である。合成時の粒子は非晶質あるいは準安定な状態であるので,アニーリングによる焼結が通常の固相反応による場合よりも低温で実施可能である。

二元あるいは三元系の多成分粒子の合成においては,金属塩混合溶液からの共沈コロイド水酸化物で得る方法に比べ,ゾルゲル法は特に魅力的な手法である。そのとき,ひとつの分子内に複数の金属を含むアルコキシドあるいは複合アルコキシドを用いれば,良好な多元系粒子が容易に実現可能である。これまでにゾルゲルプロセスを用いたフェライトナノ粒子の合成が数多く報告されている[12, 13]。

2.3 ミセル法

界面活性剤分子は溶液中で自発的にミセルあるいはマイクロエマルションと呼ばれる球形の凝集体を形成する。ミセルの凝集体外側には界面活性剤の親水性部分があり,逆ミセルでは外側に疎水性の部分がある。すなわち,ミセルは水の存在の有無にかかわらず形成されるということである。炭化水素中における逆ミセルの場合,水は「水プール」という可溶状態になっており,そのサイズは水と界面活性剤の存在比で規定される。この方法での粒子成長は,ミセル内の「ナノリアクター」によって速度論的に,そして熱力学的に制限される。ミセル法を用いた金属および酸化物粒子の合成に関するいくつかの報告では,粒子合成の際に界面活性剤としてエーロゾルOT(AOT),セチルトリメチルアンモニウムブロミド(CTAB),硫酸ドデシルナトリウム,ポリ

エトキシレートなどが用いられている[14～16]。界面活性剤の種類によって得られる金属鉄粒子の結晶構造が影響を受けることが報告されている[14～17]。逆ミセルミクロ反応場の特性，またそれを利用した金属ナノ粒子と担持金属触媒粒子の調製とその触媒特性に関する最近の研究については，内藤による解説を参考にしていただきたい[18]。

2.4 熱分解法

熱 (thermolysis)[19,20]，光 (photolysis)[21]，あるいは音 (sonolysis)[22] によって有機金属前駆体の分解を引き起こし，ナノ粒子を作製する方法がよく用いられる。サイズと形状は物性に大きく影響を及ぼすため，特定の物性を実施するためには温度調整や被覆剤などの添加によりナノ粒子の成長を制御することが必要である。多くの場合，ナノ粒子の成長を制限するためにポリマーまたは有機被覆剤が用いられ，通常球形となるカルボニル分解時の形成粒子の形状に対し，異なる形状を与える安定化ポリマーもある[23]。熱分解法は，金属や合金粒子の合成に多く用いられるが，筆者らは近年，この方法を金属酸化物であるマグネタイト粒子合成への適用を試み，単分散粒子を得ることに成功している[24]。

2.5 ホウ化水素還元法

ホウ化水素ナトリウムを用いて金属イオンを還元することにより均一球形の鉄，コバルトおよびニッケルナノ粒子の合成が報告されている[25～27]。問題として副生成物であるホウ化物の生成が挙げられるが，これは反応雰囲気および水分の量を精密に制御することにより解決可能である。非水溶媒例えばテトラヒドロフラン，ジメチルグリオキシム等を用いることによっても純相の素材を得ることができる。また，還元反応の前に金属塩種を複数混合・反応させることで比較的容易に合金粒子合成が実現できるという特徴もある[28]。

2.6 ポリオール法

ポリオールプロセスでは，ポリオールが溶媒，還元剤，そしてある程度界面活性剤的に働くが，反応条件の制御や適切な添加剤の使用などによりそろった形状，制御された粒径や結晶構造をもつナノおよびミクロンサイズの粒子合成に最適な手法である。非水溶媒であるポリオールは水素結合を有しているため高誘電率であり，無機化合物をある程度溶解する能力を持っている。エチレングリコール，トリメチレングリコール，あるいはテトラエチレングリコールなどのジオール類に容易に溶解できる硝酸塩，塩化物，酢酸塩または若干溶解しにくい酸化物，水酸化物などを溶解し溶媒の沸点まで加熱し還流処理する。この反応途中で金属前駆体はジオールに溶解可能となり，中間体を形成して，金属核まで還元され，その後金属粒子を形成する。容易に還元できる

第1章 磁性粒子・流体の調製と医療応用

Ru, Rh, Pd, Ag, Os, Ir, Pt, Au などの貴金属に加え，条件選択により Co, Ni, Cu, Pb などの金属もポリオール中で粒子生成可能である[29]。さらに，通常還元が容易でない鉄または複数の金属複合粉末の合成までこの手法の応用が広がってきた[29〜34]。

粒径は，金属イオン濃度，ポリオールの種類，反応温度，そして種粒子添加の有無などに依存する。本方法で得られる磁性金属粒子径はサブミクロンのものが多かったが，最近では添加物，核生成剤などを加えることでポリオール中での反応速度を制御し，鉄，コバルト，ニッケルなどのナノサイズ粒子合成に成功している。また，遷移金属をベースとした合金ナノ粒子合成にも応用が拡大している[35〜43]。

写真2 ポリオールプロセスを用いて合成された鉄-コバルト合金粒子[46]

特に近年になって最も注目すべき点は，ポリオール反応速度の調整により生成粒子の結晶構造制御が可能となったことである[36, 38, 41]。特に他の合成法では通常実現出来ない結晶構造が得られるようになった[38, 41]。

この節では磁性ナノ粒子合成を中心に様々な合成法について概略を述べた。磁性粒子以外にも様々な無機粒子また数百ナノメーターから数ミクロンの粒子径を持った磁性粒子の合成についても数多くの研究報告がある。これらの研究に興味を持たれる方は最近の解説を参考にしていただきたい[44, 45]。

ナノ粒子合成について幾つかの液相法を紹介した。現在，酸化物ナノ粒子合成においては共沈法，金属および合金ナノ粒子合成においては熱分解法の適用が主流である。しかし，近年ポリオール法を用いた金属および合金ナノ粒子の合成に関する報告が多くなされるようになり，以前不可能と思われた磁性[46]（写真2）および非磁性粒子の合成を可能にするなど，今後ますますこの手法の研究と進展が望まれる。

3 磁性流体の分散性

3.1 理論

磁性流体として安定に保持するためには，溶液内の粒子間に生じる吸引磁気エネルギーおよび沈降させようとする重力エネルギーに対してブラウン運動エネルギーが大きくなるような，十分に小さい粒径を持った微粒子が必要不可欠である。また，粒子が溶媒中で van der Waals 力など他の引力エネルギーにより凝集しないように各粒子表面を修飾することもまた，基本的な必要条

件として挙げられる。磁性流体の安定性は，熱エネルギーおよび引力（van der Waalsおよび双極子間相互作用），斥力（立体および静電）の釣り合いで決まる。磁気凝集が避けられる臨界粒子径は，熱エネルギーと粒子間の双極子相互作用エネルギーを比較することで以下のように見積もられる[47]。

$$D < (72 k_B T / \pi \mu_0 M^2)^{1/3} \tag{1}$$

ここで，k_Bはボルツマン定数，Tは絶対温度，μ_0は真空透磁率，そしてMは磁化強度である。この式によれば，水系および非水系中に分散できる粒子の直径はおよそ10 nm以下ということになる。

磁性流体中の磁性粒子は，引力相互作用として主にvan der Waalsおよび双極子間相互作用を受ける。それは短距離相互作用であり，粒子径の増大と共に増加する。距離r，離れた直径Dの球状粒子間に働くvan der Waals引力 U_{Av} は次式で表される。

$$U_{Av} = -A/6\{[2/(a^2-4)] + (2/a^2) + \ln[(a^2-4)/a^2]\} ; a=2r/D \tag{2}$$

ここにAはHamaker定数（フェライトの場合約10^{-19}J）[48]である。一方，距離rだけ離れた磁気双極子μ_1およびμ_2間の相互作用は，

$$U_{Am} = \mu_0/4\pi r^3 [\mu_1 \cdot \mu_2 - 3[\mu_1 \cdot (r/r)][\mu_2 \cdot (r/r)]] \tag{3}$$

で表される。rは磁性粒子の相対位置である。また，磁性流体の分散機構によって粒子間反発力の発生機構が異なる。界面活性剤を用いた場合，立体反発力によって粒子凝集が抑制される。反発力は温度と線形従属の関係となる。界面活性剤相の厚みがδ，単位平方nmあたりの分子密度がξ，温度Tの場合の反発エネルギーU_{Rs}は，

$$U_{Rs} = (\pi D^2 \xi k_B T)/2 \{2 - [(1+2)/t]\ln[(1+t)/(1+1/2)] - 1/t\} \tag{4}$$

となる。ここで，l=2(r−D)/D, t=2δ/D (Dは直径)である。一方，極性の高いイオンの吸着による分散の場合，粒子間の反発の駆動力は長距離静電相互作用によるものとなる。

他方，Massartらによって開発されたイオン性磁性流体の場合，酸化物粒子の表面電位決定イオンH^+，OH^-の液中濃度を調整する際，これらの酸あるいは塩基の配位イオンの種類を選ぶことによって，界面活性剤を添加することなく電気二重層相互作用のみによって粒子の分散安定性が得られる。水溶液中の磁性粒子は特定のpHの値（zpc, zero point of charge：等電点）において表面電位がゼロとなる。そのpHの値よりアルカリでは負に，酸性では正に帯電する。この表面電荷を中和するために界面近傍には表面と反対符号イオン（counter ion）が分布するが，こ

第1章　磁性粒子・流体の調製と医療応用

のイオンの表面水和層との化学的作用力が非常に小さければその振る舞いは電気的相互作用でのみで決定され，結果的に界面電位が表面電位にほぼ等しくなる。

水溶液系では，粒子は構成成分の表面解離より表面電荷の過不足が生じ，表面電気二重層に含まれているので，粒子近傍において電気的な反発力が作用する。粒子表面電位に対し，この電気的な反発エネルギーV_Rは次式で表される[49]。

$$V_R = [D\pi\sigma^2/\varepsilon_0\varepsilon_r\kappa^2]\exp[-\kappa(r-D)] \tag{5}$$

ただし，表面電位密度σは$\varepsilon_0\varepsilon_r\kappa\psi_0$，溶媒の誘電率$\varepsilon$は$\varepsilon_0\varepsilon_r$，$\kappa$はイオン雰囲気の厚さの逆数である。また，$\psi_0$はヘルムホルツ面における荷電粒子の表面電位である。(5)式を(4)式の代わりに用いれば，表面吸着層のない場合における電気二重層の反発による凝集分散の様子が求められる。また，粒子の磁気力をゼロにした場合でも，エネルギーポテンシャル曲線の最大反発エネルギーを15kT以上とするためには表面電位ψ_0は50mV以上を必要とする。磁気力の寄与があればこの値はさらに高くなければならない。水溶液中での鉄酸化物磁性粒子の表面電位(ゼータ電位)の測定結果によればこのような条件を満足するのは通常困難であり，無機電解質による溶液組成の調整のみで粒子分散を得ることは不可能であるといえる。表面吸着層と電気二重層の両者が存在する条件では，反発要素として(4)式と(5)式の両者が関与することになり，完全分散条件は比較的得やすくなる。

全粒子間相互作用ポテンシャルをU_Tとし，粒子間距離の関数として表したのが図1および図2である[50]。r/Dが1より若干大きい領域ではvan der Waals引力が支配的である。しかし，粒

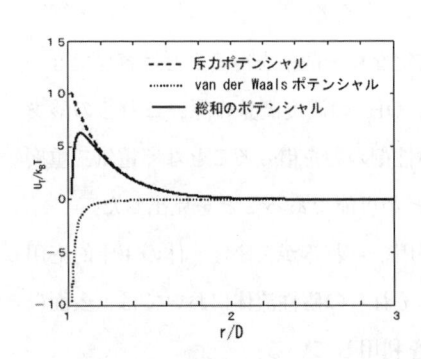

図1　室温における磁性粒子の中心間距離rに対する各成分のポテンシャル曲線[50]
　　表面電位は60mVと仮定している。

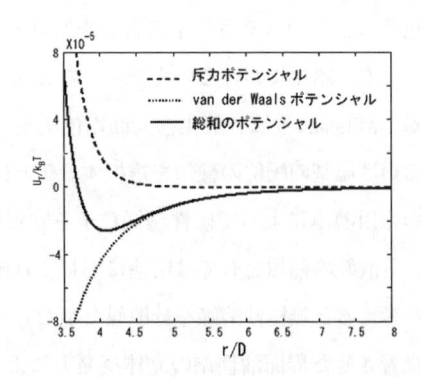

図2　第二最小領域における室温での磁性粒子の中心間距離rに対する各成分のポテンシャル曲線[50]
　　縦軸のエネルギーの目盛は十分増幅されている。イオン性磁性流体中の粒子分散に寄与していると言われている。

子間距離の増大に従い界面活性剤被覆磁性粒子の場合立体反発，イオン吸着磁性粒子の場合クーロン反発が支配的となる。さらに粒子間距離が増大すると二次的な最小値が現れる。イオン性磁性流体の場合，粒子間距離が r/D がこの距離に等しくなるように設計されている。

3.2 分散機構

粒子分散系を得るために上述の因子全ての寄与が必要というわけではない。水を分散媒とした磁性流体においては粒子凝集防止のために，界面活性剤による立体障害の利用以外に電解質添加による電気的反発力を利用したものも開発された[51]。その結果，水を分散媒とした磁性流体の場合，分散安定性を決定する要因である反発力の発生機構によって以下のように分類される。すなわち粒子表面に界面活性剤を吸着させ，その立体反発力による分散手法を基本とした磁性流体，および粒子表面に分極イオンを吸着させ，その電気的な反発力による分散手法を基本とした磁性流体である。

界面活性剤を用いた粒子分散系の場合には，分散質である磁性粒子の表面が界面活性剤によって被覆され，その立体障害によって粒子同士の凝集が抑制されて溶媒中に安定に分散する。これは非極性溶媒への酸化物磁性粒子の分散法であるが，その応用として水を分散媒とした磁性流体を作製することができる。すなわち，あらかじめ単分子被覆した疎水性磁性粒子を作製した後水中において水に溶解する別の界面活性剤を加え磁性流体を得る。この時の界面活性剤としてアニオン系あるいはノンアニオン系が用いられるが，親水基疎水基バランス (HLB) の高いものでなければならない。このとき，水に加えられる界面活性剤はその疎水基を固体側に向けて物理吸着し，水と界面との親和性を向上させて障害層を形成し，さらにイオン性界面活性剤ではその表面電荷によりいっそう粒子の合一を妨げる効果を果たすものと考える。

一方，水中における酸化物粒子の表面電荷制御のみで安定な粒子散系を得ることは容易でないが，Massart らは，酸化物表面電位決定イオンである H^+，OH^- の濃度調整の際，これらの酸あるいは塩基の配位の種類を選択することによって，界面活性剤の力を借りることなく電気二重層の作用のみによって磁性超微粒子を安定に分散させることが可能であることを見出した。

分散媒の種類としては用途に応じて有機溶媒または水が用いられるが，磁性流体の工学的応用を考えると無極性溶媒を分散媒としたものが大半である。それらの磁性流体においては，表面に吸着させた界面活性剤の立体反発力による粒子分散機構を利用している。

4 磁性流体作製

磁性流体は，強磁性体を微粒化して溶媒中に分散させたコロイド溶液であり，磁化あるいはそ

第1章　磁性粒子・流体の調製と医療応用

れに伴う特性と流動性を合わせ持っている。しかし，磁性流体は分散相としての強磁性微粒子，それを被覆する界面活性剤，および粒子を分散させる分散媒によって構成されており，特性は分散質および分散媒に大きく依存する。分散媒は用途によって決定される一方で，分散質の磁気特性が磁性流体の物理的性質の決め手となる。高品質磁性流体の作製を目的として，今まで分散相として磁気特性の異なる金属酸化物，金属および合金ナノ粒子が提案され研究および技術開発が行われている。ここでは，酸化物磁性流体および金属磁性流体の作製について述べることにする。

4.1　酸化物磁性流体

分散質が Fe_3O_4, $CoFe_2O_4$, (Mn–Zn)Fe_2O_4 などの酸化物強磁性体で構成される場合，通常この磁性流体は酸化物磁性流体と呼ばれる[52]。分散媒としては，用途により水，ケロシン，ジエステル，アルキルナフタリン，フルオロカーボン油などが用いられている。また，酸化物磁性流体はすでに種々市販されており，応用技術の発展に伴って様々な分散媒の特性を生かした新たな磁性流体が次々と開発されている。ここでは，分散質としてマグネタイトを使用した酸化物磁性流体の作製について詳しく述べることにする。磁性流体の作製における大きなステップとして，以下の二つが挙げられる。第一ステップは酸化物粒子の合成であり，第二ステップはその分散媒調製である。

マグネタイト粒子の合成においては様々な方法があるが，ここでは一般に用いられる共沈法を紹介する。この方法では，まず塩化第一鉄水和物を溶解し 1 mol/l とした鉄塩溶液 500 ml と，塩化第二鉄水和物を溶解し 2 mol/l とした鉄塩溶液 500 ml を混合する。これを 1 リットルの 6 N NaOH に一度に加え，激しく撹拌しながらさらに NaOH で pH を 11.5±0.5 に調整することによりマグネタイト微粒子が得られる。この時の生成反応式は以下の通りである。

$$FeCl_2 + FeCl_3 + 8\,NaOH \longrightarrow Fe_3O_4 + 8\,NaCl + 4\,H_2O \tag{6}$$

また，鉄塩溶液および NaOH の温度条件を変えることで生成粒子径を制御可能である。続いて，1 N H_2SO_4 を加え pH をマグネタイトの等電点である 6.5 に調整し，蒸留水で数回洗浄して磁性流体作製に適した粒子を得る。

得られた粒子を用いるための分散媒は，粒子同士の凝集を妨げる必要があり，界面活性剤による立体障害あるいは粒子表面電位決定イオンの濃度調整による電気二重層相互作用を利用して達成できる（図3）。

4.1.1　界面活性剤吸着による立体障害をベースとした磁性流体の作製

粒子表面に吸着して粒子間に立体障害を起こし，粒子凝集を抑制して良好な粒子分散系を得るための界面活性剤の条件として，官能基が粒子表面に対し不可逆的な強い吸着性を持つことおよ

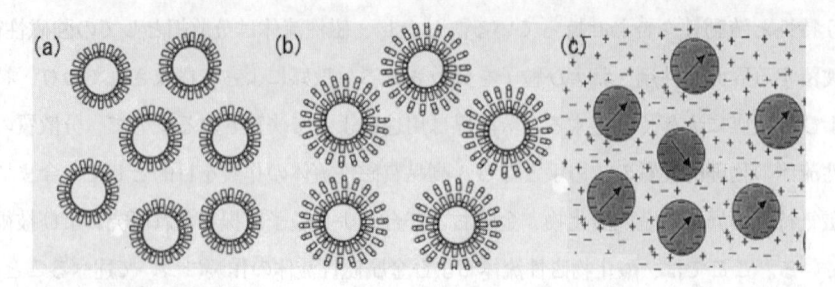

図3 界面活性剤吸着による立体障害斥力および電気二重相相互作用によって分散した磁性粒子の概念図
(a) 単層界面活性剤吸着による立体障害斥力によって有機溶剤中に分散
(b) 2層の界面活性剤吸着による立体障害斥力によって水中に分散
(c) 電気二重相相互作用による斥力で水中に分散

び尾の鎖の部分が分散に必要な長さを持ち,かつ分散媒との"なじみ"が良いことが挙げられる。

活性剤を吸着させた粒子の調製は以下の手順で行う。共沈法で得られたマグネタイトの懸濁液に対し,単分子層形成に十分な量の不飽和脂肪酸塩基性塩,例えばオレイン酸ナトリウム(マグネタイト質量の30％)を添加して,粒子表面に脂肪酸イオンを単分子以上吸着させた後,酸の添加によりpHを5～7の酸性条件として粒子を凝集させ,この沈殿物を濾過,洗浄し分散質を得る。この分散質粒子を用いた磁性粒子の作製手順は,用いる分散媒の極性によって異なる。有機相分散法においては上記で得られた分散質を脱水して(60℃で48時間乾燥)油類に分散させ,磁性流体を得る。一方,極性溶媒である水に分散した磁性流体を調製する場合は,あらかじめ上記の方法で単分子被覆した疎水性磁性粒子を作製した後水中で別の水溶性界面活性剤を加える。

4.1.2 電気二重層相互作用をベースとした磁性流体の作製

電気二重層相互作用をベースとした磁性流体中の粒子は,界面活性剤が存在しなくとも,各微粒子が常に同じ表面電荷を持つことによって,電気的な斥力を得て分散する。マグネタイトは水溶液中においては表面電位がゼロとなるpH (pzc) が6.5付近にあり,これよりアルカリ領域では負に,酸性領域では正に荷電する。各領域で粒子表面電荷を中和するために界面近傍には表面と反対符号のイオンが分布するが,このイオン表面水和層と化学的作用力が非常に小さければその振る舞いは電気的な作用のみで決められ,結果的に界面での電位が表面電位に近くなる。従って,電気的な反発エネルギーV_Rは大きくなる。Massartらの方法では,アルカリ性,酸性および中性領域での粒子の分散系を得るために電位決定イオンとして水酸化テトラメチルアミン［$N(CH_3)_4OH$］,過塩素酸［$HClO_4$］およびクエン酸をそれぞれ用いる。例えばアルカリ領域でのマグネタイト粒子の分散系の調製では,まずマグネタイト粒子を純水懸濁し,これに水酸化テトラメチルアミンを加える。そのときOH$^-$イオンが電位決定イオンとして表面に吸着し,$N(CH_3)_4^+$イオンが反対符号のイオンとして配位し安定な分散系が得られる。実際に粒子の分散系を作製す

第1章　磁性粒子・流体の調製と医療応用

るときには，合成されたマグネタイト粒子を酸性条件下に置いて粒子表面を正に帯電させ，磁性流体化する際に阻害因子となる陽イオン（Na$^+$）の除去を容易にするため，さらに0.1N H$_2$SO$_4$水溶液でデカンテーションを行う。次に15% TMAOH水溶液を加え，再びpHを6.5に調整してデカンテーションを行った後，吸引濾過を行い含水量約70%のマグネタイトのケーキを得る。これに所定量のTMAOHを加えて遠心分離により凝集物を除去し，アルカリ領域での磁性流体を得る。同様なプロセスで酸性領域での粒子の分散系も得ることができる。しかし，クエン酸塩を電位決定イオンとした場合，電気的な反発力の他クエン酸分子吸着による立体障害力も加わり，より安定な粒子分散系が得られる。

4.2　金属磁性流体

4.2.1　金属磁性流体の概要

　酸化物粒子と比較して飽和磁化が大きい強磁性金属，合金ナノ粒子を分散相として用いることや分散媒として熱伝導性および電気伝導性の高いものを用いることが考えられ，磁性流体発明の翌年から様々な磁性流体，特に金属ナノ粒子を分散した金属磁性流体が報告されるようになったが[53～55]，1980年代半ばになって際立った進展が見られるようになった。特に日本では，中谷や若山らにより数多くの報告がなされたが[56～58]磁性流体という形で姿を見せたのは，中谷らによって開発された窒化鉄磁性流体である[59]。

　しかし，この窒化鉄磁性流体には酸化雰囲気中で不安定性であるという大きな問題があった。その克服のため金属酸化防止技術の進歩が切望されたが，しばらく大きな進展は見られなかった。しかし，2002年頃からドイツのBönnemannらは金属カルボニルをテトラヒドロナフタリン中で熱分解する手法を用いて金属磁性粒子合成に取り組んでおり[60]，2005年には安定性に優れた鉄および鉄-コバルトナノ粒子を分散させた磁性流体の合成に成功したと報告している[61]。以下ではBönnemannらの作製方法や酸化雰囲気中での安定性を図るに至った経緯について簡単に紹介する。

4.2.2　鉄-コバルト合金磁性流体の作製

　鉄磁性流体の基本的な作製手順は以下のようなものである。Al(C$_8$H$_{17}$)$_3$(25.52 mM)を500mlのテトラヒドロナフタリン中に溶解した溶液中に255.2mMの金属カルボニルを導入し，アルゴン雰囲気中で攪拌しながら緩やかに263Kまで加熱し一時間放置した後，313Kまで10℃毎分の速度で加熱してその温度で5時間放置し，Al(C$_8$H$_{17}$)$_3$で表面が被覆された鉄粒子を得る（図4）。これをさらに室温まで冷却し16時間攪拌した後生成物が沈殿するまで2時間静置する。その後，酸素を3.5%含むアルゴンガスを3時間パージしてから2時間静置し得られた沈殿をトルエンで洗浄して鉄粒子のトルエン懸濁液を得る。その直後に界面活性剤としてアナカーディム・オシデ

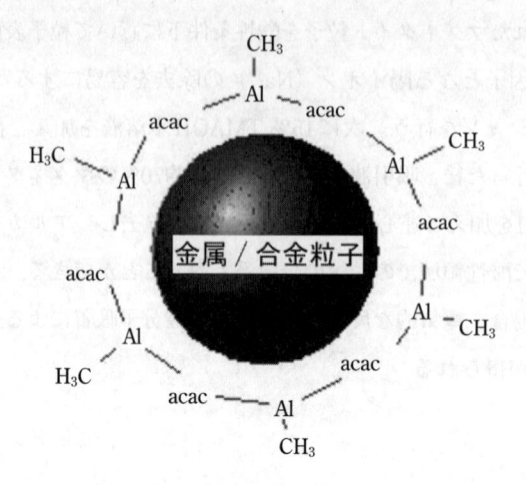

図4 熱分解法を用いて合成された Al(C_8H_{17})$_3$ で被覆された金属および合金粒子[45]

ンタールあるいはコランチン，溶媒としてケロシンあるいはトルエンを用いて磁性流体を調製する。

$$CO_2(CO)_8 + Fe(CO)_5 \xrightarrow[\text{(O}_2, \text{ surfactant, solvent)}]{[C_{10}H_{12}, \Delta, Al(C_8H_{17})_3]} \text{Fe-Co Magnetic fluid} \quad (7)$$

鉄-コバルト磁性流体作製の場合は，共還元を目的とした鉄-コバルトカルボニル前駆体の調製以外は上記の鉄磁性流体作製と同様である。鉄-コバルトカルボニル前駆体は，255.2mMの鉄カルボニルと63.8mMのコバルトカルボニル中に500mlのテトラヒドロナフタリンを添加し，アルゴン雰囲気中室温で3日間攪拌することにより得る。合成手順の詳細についてはBönnemannらによって報告された論文を参照されたい[61]。

この節では，金属酸化物および金属磁性流体の作製について述べたが各磁性流体の物性について表1にまとめて示す。この他にも感温性磁性流体など磁性体の性質を生かしたものや，分散媒の性質を生かして様々な応用に対応できる磁性流体が開発されている[62～64]。

5 磁性流体の応用技術

磁性流体の特徴を生かした応用としてスピーカー，ハードディスク・ドライブ用スピンドルモーター，真空シール，プリンター，油水分離，磁気記録媒体の磁気パターンの可視化など様々

第1章 磁性粒子・流体の調製と医療応用

表1

	外観	飽和磁化	粘土 mPa.s	分散媒	用途
W-35	黒色液体	360	30	水	比重選別
HC-50	黒褐色液状	420	30	ケロシン	比重選別
DEA-40	黒色液体	400	400	ジエステル	シール、ダンパ、軸受
NS-35	黒色液体	350	900	アルキルナフタリン	真空シール、ダンパ、軸受
PX-10	黒色液体	100	1,000	鉱油	ダンパ
CFF 200 A	艶のある黒～黒褐色液状	250	300	エステル	導電性防塵シール
VSG 600 シリーズ	艶のある黒～黒褐色液状	200～600	110～2,100	エステルと炭化水素	真空シール
APG 800, 900 REN シリーズ	艶のある黒～黒褐色液状	100～350	100～6,000	ポリ-α-オレフィン	イナーシャダンパ
P シリーズ	艶のある黒～黒褐色液状	≦ 100	≦ 5	水または炭化水素溶剤	
FeN					
Fe-Co[61]					

な工学的応用がある[65,66]。また磁性流体に磁場を印加すると,磁場勾配,体積および磁化の積に応じた磁気体積力を発生し,磁性流体の見かけ比重は高くなる。その値は磁性流体中の強磁性粒子濃度,磁場および磁場勾配の強度に依存するが比重約10まで実現可能である。この作用の応用例として,非磁性物質の比重差選別,研磨装置などがある[67,68]。

一方,磁性流体を満たした非磁性の容器に永久磁石を入れると,磁気体積力によって永久磁石が磁性流体のほぼ中心に浮遊する。その現象を利用した加速度センサー,傾斜センサー,ダンパーなどがある。もう一つの重要な性質として,磁性体の磁化―温度依存性と磁場中での誘導によって得られる磁気対流が挙げられる。この現象を利用したエネルギー変換装置の研究開発も行われている[69,70]。このように多種多様な分野への応用が考えられるが,ここでは特に磁性流体および粒子を用いた医療応用技術開発について述べることにする。

5.1 医療応用

磁性ナノ粒子は,外部からの磁場により体内での移動や固定が可能であり,さらに磁性による外部からのモニタリングが可能であることから,標識として用いることもできる。また,その粒子径は数nm～数十nm範囲で制御可能であり,細胞(10～100nm),ウイルス(20～450nm),タンパク質(5～50nm),遺伝子(幅2nm,長さ10～100nm)などと比較しても同等あるいはさらに小さい,ということから医療分野への応用が多く検討されている。また,粒子は外部からの磁力によるエネルギーを熱に変換することができるので,腫瘍細胞を加温により死滅させるハ

イパーサーミアの発熱体として利用できる。そこで，上記に述べた幾つかの医療応用についての現状を説明する。

5.1.1 細胞の磁気選別

細胞の磁気選別は，特定の生体物質を分離，濃縮する技術であり，磁性ナノ粒子表面に対し目標とする生体物質と特異吸着する生体適合性物質，例えばデキストラン，ポリビニルアルコール，リン脂質などにより修飾したものを用いる[71〜73]。表面修飾した磁性ナノ粒子と生体物質を混合，撹拌した後，磁石により粒子を回収して上澄みを除去する。回収した粒子を，生体物質との特異吸着の分離が起こる液体中に投入し，生体物質を回収する。磁気分離は生物医学および生物学的な応用によく用いられている。特に血液からの微量な腫瘍細胞の分離に極めて敏感である[74, 75]。また，生態有機組織の遺伝物質であるDNA分子の分離を高速で行うために，磁性流体のナノ粒子を利用した革新的な技術，自動化された機器類の開発が進められた。

約25重量％の鉄を含み，密度約1.56で直径約2μmの磁性を有するシリカビーズは，シリカ化合物と水ベース磁性流体のエマルションをポリマー化することにより得られる。1個のビーズには約10^6個の磁性ナノ粒子が含有されており，これがビーズに磁気的な応答性を与える。分離プロセスとして，検査血液と磁性ビーズを緩衝剤の存在下で混合し，そのとき緩衝剤が細胞を破壊して白血球細胞の核からDNAとRNAを遊離させる。これらの分子は，シリカビーズの親水性表面に結びつく性質があるため，マグネットによりDNAやRNAを被覆吸着したビーズは系外に分離される。最終的にDNAは，脱イオン化された水で洗浄することにより粒子表面から外され，コピー（増殖）により分析に十分な量のサンプルが用意される。このようなプロセスで用いるナノ粒子は，超常磁性を有することが必要不可欠である。それはマグネットで分離した後のDNAで覆われたシリカビーズを，溶液に再分散させる際粒子間の磁気的相互作用による凝集を防ぐためである。マイクロビーズの磁気分離と洗浄など，分離のためのすべての手順は機械中で自動的に行われ，すべてのプロセスは高速かつ信頼性が高いことが確認されている。自動化によるコストの多大な削減により，シリカビーズを用いたDNA分離技術は実質的に有効な手段となった。さらに，複数細胞の混合物の中で目的とした細胞のみがシリカ表面に結合し，マグネットで分離も可能である[76]。また，磁性ナノ粒子に蛍光ラベルを追加することにより視覚的に分離を確認できる方法などの検討もされている[77, 78]。細胞の磁気選別は，磁性ナノ粒子の医療応用において実用化され，広く普及している技術である（図5）。

5.1.2 ドラッグデリバリー

ドラッグデリバリーとは，生体適合性磁性粒子を薬剤のキャリアーとして用いる方法である。薬剤を吸着させた磁性ナノ粒子を，循環系を通して体内に注入する。外部からの磁力によって目標部位に磁性ナノ粒子を集積させ，pH，酵素，温度など生理上の変化を利用し，目標部位付近

第1章 磁性粒子・流体の調製と医療応用

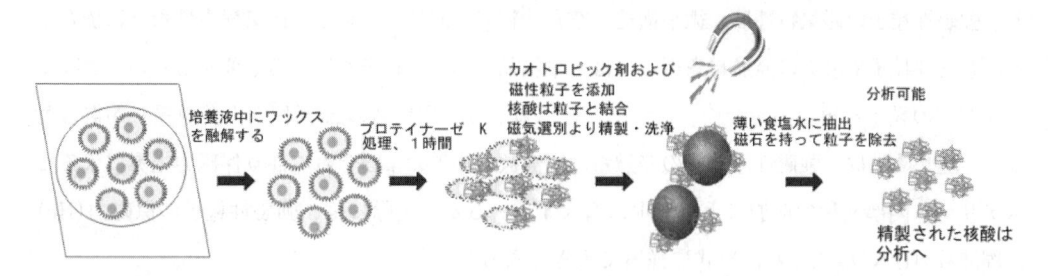

図5 磁性粒子による細胞中の核酸の精製・抽出概念図[76]

のみに投薬することができる[79]。治療効果の高効率化には，磁場強度，粒子量，粒子の磁気特性，放出方法，放出量の制御など様々な因子の検討が必要である[80]。薬剤キャリアーとしては，通常生体適合性ポリマーでコーティングされた多孔質酸化鉄あるいは生体適合性ポリマーの微細空孔に析出させた酸化鉄が用いられる[81]。また，酸化鉄に代わる磁性粒子として鉄，コバルト，ニッケルなどが検討されている[82]。

最近では，磁性粒子に結合させた薬剤を癌腫瘍中に注入し，集中磁場によって特定の場所に特定の時間保持することで大きな効果が得られている[83]。特に，使用する薬剤を少量に抑え，大きな成果を挙げることに意義があると言われている。また，ミトザントロン結合した磁性流体を用いることで腫瘍を抱えた26匹のウサギに対し副作用無くその治療に成功したという報告がある[84]。

5.1.3 ハイパーサーミア

磁性粒子を用いたハイパーサーミアは，磁性粒子を目的とする腫瘍細胞に分散させ，十分な磁場強度と周波数の交流磁場を印加することにより，粒子の発熱を引き起こし，腫瘍細胞を加温して死滅させる治療法のことである。磁性粒子を発熱体として用いることにより特定部分のみを確実に加温できるという利点があるが，生体への影響がない程度の周波数および磁場強度で十分な発熱量を得られるだけの量の磁性粒子を腫瘍細胞内にいかに分散させられるかが課題となる[85, 86]。

ハイパーサーミアの発熱体として強磁性粒子または超常磁性粒子が用いられ，それぞれに利点欠点が存在する。

強磁性粒子の発熱量 P_{FM} は，

$$P_{FM} = \mu_0 f \int HdM \tag{8}$$

で表され，体積あたりの総熱量はヒステリシスの内部面積と周波数の積で求められる。ヒステリシスの内部面積は周波数の影響を受けない。つまり，発熱量は，強磁性粒子の磁気特性に依存す

る。強磁性粒子の磁気特性は，微小構造，空孔，粒界，形状，大きさ，磁気異方性などに依存する。強磁性粒子で最大の発熱量を得るには，単結晶で均一な粒子を用いる必要があるが，実際にはすべての粒子を単結晶かつ均一にすることは難しく，理論値の25%程度の発熱量しか得られない。理想的には，強磁性体粒子の発熱量は周波数の増加およびそれに伴う保磁力上昇によるヒステリシス内部面積の増加により無限に増大する。しかし実際には，強磁性粒子の保磁力(H_c)は周波数（f）の増加と共に次式に従って大きくなる[87]。

$$H_c/H_k = 1 - [k_bT/K_uV]\ln(f_0/f)]^{1/2} \tag{9}$$

従って，外部磁場（$H_{applied}$）とすると，$H_c < H_{applied}$の条件を満たす場合，強磁性粒子は式(8)に従い増加する。しかし，印加できる磁界強度は，使用する装置の機械的要因によって制限されるため，高周波領域では，保磁力が印加磁界より大きくなる。つまり，$H_c > H_{apply}$の条件下では，磁気ヒステリシスが描けなくなり，ヒステリシス損失がゼロとなる。

一方では，超常磁性粒子を，極性もしくは無極性の溶媒に分散させた磁性流体を用いた磁性流体ハイパーサーミアの検討が近年盛んに行われている[88, 89]。超常磁性粒子を用いた場合の総発熱量は

$$P_{SPM} = \mu_0 \pi f \chi'' H^2 \tag{10}$$

で求められる[90]。

χ''は，交流磁化率（$\chi = \chi' - i\chi''$）の虚数部の値であり，磁性粒子内の緩和現象などによるエネルギー損失が原因となって，磁場応答（緩和）に位相の遅れが生ずる場合に出現する。超常磁性粒子の緩和の遅れつまりχ''は，外部磁場強度，周波数，粒子と粒子表面物質の粘性，温度などの外部因子と粒子径，異方性定数，磁性粒子の磁気物性，物理物性などの因子に依存する。粒子径の増加に伴い，磁性粒子の磁気特性が超常磁性領域から強磁性領域へ変化すると，緩和からヒステリシス損失へと変化する。磁性ハイパーサーミアには超常磁性粒子を用いることが望ましい。そこで，温熱治療に適した酸化物磁性粒子の検討が行われ，コバルトフェライト，マグネタイトおよびマグヘマイトを検討した結果，粒子径11～13nmのマグネタイトが適しているという結論に達した[91]。また通常の実験条件（周波数600kHz, 磁場強度4.9kA/m）において，直径8nm以下の粒子は発熱に貢献しないことも実験的に検証された。一方で，上記の周波数および磁場強度条件下で置かれた，平均粒子径15nm，4質量パーセントのマグネタイト粒子を含んだ懸濁液は，急激に発熱しおおよそ一分以内に100℃に達した（図6）。近年，ネズミやウサギを用いたハイパーサーミア実験が数多く行われ，癌腫瘍の治療において有用な方法であることが認められるようになってきた。2004年にはこの方向での大きな進歩が見られ，人間に適用した

例が初めて報告された。また，放射線と組み合わせてハイパーサーミア治療を用いることで15人以上の患者の治療に大きな成果を挙げている。その上用いられた磁性粒子は体内で異常を起こさなかった。また，超常磁性粒子を用いた温熱治療の場合は，磁場強度，周波数の制御によって発熱量を調整できることから，強磁性粒子よりもハイパーサーミアへの利用に向いているといえる。

5.1.4　MRI（magnetic resonance imaging）の造影剤

核磁気共鳴映像法（MRI）は人体の細胞が持つ核磁気共鳴を利用して検出し，その情報をコンピューターにより映像化する診断法である。医療用MRIでは特に，水素原子^{1}Hの緩和時間を測定し，画像とする。測定対象に傾斜磁場を印加することにより，距離による緩和時間と共鳴周波数が微妙に変化するため，得られた信号強度を白黒の濃淡に変換することで生体組織の画像を作り出すことができる。そこで磁性体を添加することより磁気緩和時間が短縮されコントラストが強調される[92]。

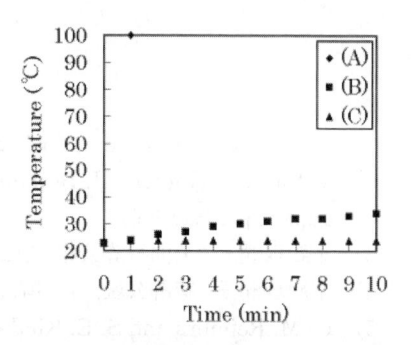

図6　交流磁界中に置かれた粒子径の異なるマグネタイト懸濁液の時間経過と温度上昇[91]
懸濁液の粒子濃度は4重量パーセント，磁界強度は4.9kA/m。平均粒子径は，(A) 15 nm, (B) 8 nm, (C) 3 nm。

MRIの造影剤として，直径30nmもしくはそれ以上の酸化鉄ナノ粒子が適しており，例えば生体適合性のデキストラン鉄は，測定部位に集積するリポソームにより自己カプセル化している。そして，測定を行った後に肝臓から排出される。ナノ磁性粒子の生体医学への詳細はPankhurstらによる解説を参考にしていただきたい[93]。

6　おわりに

工学的応用分野においては，現状の磁性流体がすでに利用されており，磁性粒子の性質がその磁性流体の特性に大きく影響することは十分に認識されている。また，従来の応用分野に加えて新規応用分野への拡大やさらなる特性向上への要求が高まってきている。しかしながら，精力的に研究開発が推進されているにもかかわらず，磁性流体に用いる磁性粒子の開発においてはしばらく大きな進歩が見られなかった。そのような状況の中で近年，飽和磁化がマグネタイトの2倍以上という優れた特性を持つFeCo粒子の合成に成功し，これを用いた磁性流体が報告されるなど，特に工学的応用の拡大が見込まれる成果が出てきた。医療応用分野においては，生体内での使用に適した磁性粒子の開発，これまで以上に高度な機能性を持たせるための新しい工夫などが必要となってくるが，これらの課題を克服する磁性粒子開発の進展が期待される。

文　献

1) S. S. Papell, US Patent No.3, 215 (1965)
2) T. Sato, S. Higuchi, J. Shimoiizaka, 19th Annual meeting of the chemical society of Japan, p.293 (1966)
3) 下飯坂潤三, 公開特許公報, 許公昭 53-17118 (1976)
4) 下飯坂潤三, 特許公報, 許開昭 51-44580 (1976)
5) G. M. Reimers and S. E. Khalafalla, US Patent No.3, 843, 540 (1974)
6) T. Sato, *IEEE Trans. MAG.*, **6**, 295 (1970)
7) T. Sato et al., *J. Magn. Magn. Mat.*, **65**, 252 (1987)
8) B. Jeyadevan et al., *Powder and Powder Metallurgy*, **50**, 114 (2003)
9) C. N. Chinnasamy et al., *J. Colloid and Interface Sci.*, **263**, 80 (2003)
10) C. N. Chinnasamy et al., *Appl. Phys. Lett.*, **83**, 2862 (2003)
11) C. J. Brinker and G. W. Sherrer, "Sol-Gel Science", Academic Press, New York (1990)
12) J. G. Lee et al., *J. Magn. Magn. Mater.*, **177**, 900 (1998)
13) D. H. Chen and X. R. He, *Mater. Res. Bull.*, **36**, 1369 (2001)
14) N. Duxin et al., *Chem. Mater.* **9**, 2096 (1997)
15) J. Tanori et al., *Colloid Polym. Sci.*, **273**, 886 (1995)
16) D. O. Yener and H. Giesche, *J. Am. Chem. Soc.*, **84**, 1987 (2001)
17) J. P. Wilcoxon, and P. P. Provencio, *J. Phys. Chem.*, **B103**, 9809 (1999)
18) S. Naito, *Catalysis Society of Japan*, **44**, 253 (2002)
19) T. O. Ely et al., *Chem. Mater.*, **11**, 526 (1999)
20) T. Hyeon et al., *J. Am. Chem. Soc.*, **123**, 12798 (2001)
21) G. B. Khomutov et al., *Mat. Sci. Eng.*, **C8-9**, 309 (1999)
22) R. V. Kumar et al., *J. Mater. Chem.*, **10**, 1125 (2000)
23) V. F. Puntes, K. M. Krishnan and A. P. Alivisatos, *Science*, **291**, 2115 (1999)
24) T. Atsumi et al., 磁性流体連合講演会, pp. 36 (2005-12)
25) T. Fujita, B. Jeyadevan, M. Mamiya, *J. Powder and Powder Metallurgy*, **36**, 778 (1989)
26) J. Lu, D. B. Dreisinger and W. C. Cooper, *Hydromet.*, **45**, 305 (1997)
27) G. N. Glavee et al., *Langmuir*, **10**, 4726 (1994)
28) A. Yedra et al., *J. Non-Cryst. Solids*, **287**, 20 (2001)
29) F. Fiévet, M. Figlarz, J-P. Lagier, Europe Patent 0, 113, 281 (1987)
30) G. Viau, F. Fiévet-Vincent, F. Fiévet, *J. Mater. Chem.*, **6**, 1047 (1998)
31) P-Y. Silvert et al., *Nanostruct. Mater.*, **7**, 611 (1996)
32) G. Viau, F. Fiévet-Vincent, F. Fiévet, *Solid State Ionics*, **84**, 259 (1996)
33) L. K. Kurihara, G. M. Chow, P. E. Schoen, *Nanostruct. Mater.*, **5**, 607 (1995)
34) G. M. Chow et al., *J. Mater. Res.*, **10**, 1546 (1995)
35) R. Justin J. et al., 28th Meeting of the Mag. Soc. of Japan (2004)
36) O. P. Peralez et al., Proc. Int. Symp. on Cluster Assembled Matter, IPAP Conf. Series 3, pp.105 (2001)
37) B. Jeyadevan et al., *J. Jap. Soc. Powd. Powd. Metall.*, **50**, 107 (2003)

38) B. Jeyadevan et al., *Jpn. J. Appl. Phys.*, **42**, L350 (2003)
39) K. Sato et al., Intl. Conf. On Magnetic Fluid, Brazil 2–6 August (2004)
40) C. N. Chinnasamy et al., *J. Appl. Phys.*, **93**, 7583 (2003)
41) C. N. Chinnasamy et al., 28th Meeting of the Mag. Soc. of Japan (2004)
42) C. N. Chinnasamy et al., 28th Meeting of the Mag. Soc. of Japan (2004)
43) T. Hinotsu et al., *J. Appl. Phys.*, **95**, 7477 (2004)
44) M. A. Willard, L. K. Kurihara, E. E. Carpenter, S. Calvin, V. G. Harris, "Encyclopedia of Nanoscience and Technology", American Scientific Publishers, pp.821 (2004)
45) H. Bönnemann and K. S. Nagabhushana, "Encyclopedia of Nanoscience and Technology", American Scientific Publishers, pp.777 (2004)
46) D. Kodama, B. Jeyadevan, K. Shinoda, K. Sato, Y. Sato and K. Tohji, "Intermag" (2006)
47) R. E. Rosensweig, "Ferrohydrodynamics", Cambridge Univ. Press, London (1985)
48) E. Dubois, "Thesis", Universite Pierre et Marie Curie, Paris (1998)
49) J. N. Israelachvili, "Intermolecular and Surface Forces", Academic, New York (1991)
50) C. Scherer and A. M. Figueiredo Neto, *Barazilian Journal of Physics*, **35** (3A), 718 (2005)
51) R. Massart, US Patent No. 4, 329, 241 (1982)
52) 中塚勝人,"磁性流体セミナー教材",磁性流体連合講演会,pp.1 (1993)
53) J. R. Thomas, US Patent No.3, 228, 881 (1966)
54) 津田史郎,東北大学修士論文 (1985)
55) A. E. Berkowitz, US Patent No. 4, 381, 244, (1983)
56) 中谷 功,増本 剛,公開特許公報,許公昭 60-162704 (1985),若山勝彦,原田 択,公開特許公報,特開昭 61-36907 (1986)
57) 中谷 功,古林 夫,公開特許公報,許公昭 62-11207 (1987)
58) 若山勝彦,成宮義和,公開特許公報,特開昭 63-164404 (1988)
59) 中谷 功,古林 夫,公開特許公報,許公平 6-204026 (1994)
60) H. Bönnemann et al., DE 102227779.6 Studiengesellschaft Kohle mbH (2002)
61) H. Bönnemann et al., *Applied Organometallic Chemistry*, **19**, 790–796 (2005)
62) 中塚勝人,清水和也,山下直彦,磁性流体連合講演会講演論文集,pp. 25–27 (1991)
63) 下飯坂潤三,公開特許公報,許公昭 52-782 (1977)
64) 下飯坂潤三,公開特許公報,許公昭 52-783 (1977)
65) 津田 史郎,"微粒子工学大系",第Ⅱ巻 応用技術,㈱フジ・テクノシステム,pp.260-263
66) 藤田豊久,"ナノ粒子・マクロ粒子最先端技術",㈱シーエムシー出版,pp.292-298
67) 下飯坂潤三,鉱物学雑誌,**16** (1), pp.149–156 (1983)
68) 梅原徳次,M. Raghunandan, R. Komanduri,磁性流体連合講演会講演論文集,pp.69–71 (1994)
69) R. E. Rosensweig, J. W. Nestor, and R. S. Timmins: "Ferrohydrodynamics for direct conversion of heat energy". A. I. Ch. E-I. Chem. E. Symposium Series, No. 5, pp. 104–117 (1965)
70) 中塚勝人,超微粒子ハンドブック,㈱フジ・テクノシステム,pp.592–596 (1990)
71) R. S. Molday and D. Mackenzie, *J. Immunol. Methods*, **52**, 353–367 (1982)

72) C. Sangregorio et al., *J. Appl. Phys.*, **85**, 5699-5701 (1999)
73) H. Pardoe et al., *J. Magn. Magn. Mat.*, **225**, 41-46 (2001)
74) P. A. Liberti, C. G. Rao and L. W. M. M. Terstappen, *J. Magn. Magn. Mat.*, **225**, 301-307 (2001)
75) N. Seesod et al., *J. Tropical Med. Hygiene*, **56**, 322-328 (1997)
76) 廣田泰丈, 津田史郎, *J. Soc. Powder Technol.*, **42**, 492-502 (2005)
77) M. Kala, K. Bajaj, and S. Sinha, *Anal. Biochem.*, **254**, 263-266 (1997)
78) S. P. Yazdankhah et al., *Veterinay Microbiol.*, **62**, 17-26 (1998)
79) C. Alexiou et al., *Cancer Res.*, **60**, 6641-6648 (2000)
80) A. S. Lübbe et al., *J. Magn. Magn. Mat.*, **194**, 149-155 (1999)
81) M. L. Hans and A. M. Lowman, *Curr. Opin. Solid State Mater. Sci.*, **6**, 319-327 (2002)
82) X. Sun et al., *Mater. Sci. Eng.*, **286**, 157-160 (2000)
83) A. S. Lubbe, C. Alexiou, and C. Bergemann, *Journal of Surgical Research*, **95**, 200 (2001)
84) Ch. Alexiou, R. Schmid, R. Jurgons, Ch. Bergemann, W. Arnold and F. G. Parak, "Ferrofluids: Magnetically Controllable Fluids and Their Applications", Springer, pp.233 (2002)
85) J. R. Olsen, T. C. Cetas and P. M. Corry, *Radiat. Res.*, **95**, 175-186 (1983)
86) J. P. Reily, *Ann. New York Acad. Sci.*, **649**, 96-117 (1992)
87) M.P. Sharrock, *IEEE Trans. Magn.*, **34**, 3745 (1998)
88) A. Jordan et al., *Int. J. Hyperthermia*, **9**, 51-68 (1993)
89) A. Jordan et al., *J. Magn. Magn. Mat.*, **201**, 413-419 (1999)
90) R. E. Rosensweig, *J. Magn. Magn. Mat.*, **252**, 370-374 (2002)
91) T. Atsumi et al., 11th Japanese-French Intl. Seminar on Magnetic fluids, Kyoto, pp.43-46 (2005)
92) R. Lawaczeck et al., *Acta Radiol.*, **38**, 584-597 (1997)
93) Q. A. Pankhurst et al., *J. Phys. D: Appl. Phys.*, **36**, R167-181 (2003)

第2章　機能性磁気応答流体技術

島田邦雄*

1　機能性磁気応答流体について

　機能性流体とは，外部から磁場や電場，光などの場を流体に印加することによって，固有な機能的性質が発現される流体の総称である。その内で，磁場に応答するものが機能性磁気応答流体である。機能性磁気応答流体としては，これまで磁性流体（Magnetic Fluid：MF）やMR流体（Magneto-Rheological Fluid：MRF）（あるいは流体的な性質というよりは粉流体的な振る舞いを示すことからサスペンションとしてMRS（Magneto-Rheological Suspension）と呼ぶほうが好ましい）が知られている。MFは，水や油などの中に10 nmオーダの強磁性微粒子が一様に分散した一種のコロイド溶液であり，粒子の分散安定性が極めて良い。したがって，力学的には流体として取り扱うことが出来る。それに対して，MRF中の粒子は，μmオーダの強磁性微粒子であるため，粒子の分散安定性が悪く，界面活性剤により沈降しにくい工夫がとられてはいるが，MFほど分散安定性が良くない。そのため，応用機器にMRFを使用する際には，粒子沈降による応用機器の特性の時間的変化について把握しておく必要性がある。しかしながら，MRFは，MFに比べて，その流体としての飽和磁化が圧倒的に大きいことと，磁場印加による流体の粘度増加が大きいこと，降伏応力が存在することにより，MFよりダイナミックな機構を有する応用機器への利用が注目されている。それに対してMFは，比較的小規模な系を有する応用機器への利用に適している。

　これら両者の流体の利点，欠点をもとに2001年に島田により新しい機能性磁気応答流体が考案され，磁気混合流体（Magnetic Compound Fluid, MCF）と命名された。MCFは，流体中で形成される磁気クラスタの磁気応答性を利用することにより，様々な工学分野への応用が可能な新しい機能性流体の一つである。

2　MFとMRFについて

　MFの応用例には，種々のものがある[1~4]。磁場によるMFの物性の変化を検出，あるいは利

---

*　Kunio Shimada　福島大学　共生システム理工学類　助教授

用する基本原理に基づくものとしては，磁性と磁気光学異方性の性質を利用したものがあり，前者には，温度による磁化変化を利用した温度の制御や，流体の位置確認を利用した水位計，液面変形を利用したレベルメータ，分離を利用したクロマトグラフィ，圧力変化を利用した圧力トランスデューサがある。後者には，光量変化を利用した光シャッターがある。また，磁場により磁性流体の位置を保持，あるいは浮遊させるという基本原理に基づくものとしては，軸シールや圧力トランスデューサにみられるようにシールの機能や，ビッター法磁区検査にみられる可視化の機能を有する磁気圧力を利用したものや，スピーカーなどの熱散逸の機能を有する熱伝達を利用したもの，軸受にみられる潤滑の機能や，回転式ダンパやスピーカーにみられるダンピングの機能，加速度計や研磨にみられる荷重保持の機能を有する粘性を利用したものがある。また，磁場により制御するという基本原理に基づくものとしては，ジェット印刷にみられる誘導の機能を有する磁気圧力と流動の性質を利用したものや，ポンプやアクチュエータ，トルクコンバータ，プリンタにみられる流れや液滴変形の機能を有する磁気圧力の性質を利用したもの，エネルギ変換装置やヒートポンプにみられる熱交換の機能を有する磁気圧力と熱伝達の性質を利用したもの，境界層制御や研磨にみられる流れを利用したものがある。

一方，MRFの応用例[5, 6]には，米国においてトラックの座席のシートダンパとして実用化しているものがある。また，運動器具のダンパやクラッチにも使用されている。他に，磁界を作用させてセラミックスを高精度に研磨する方法，MFよりも摩擦トルクは大きいが耐圧シールとして使用する応用，バルブなどのアクチュエータとして使用する方法などが考案されているが，MFほどの実用化における普及率は高くない。その理由は，前述したMRFのデメリットに起因する。

MRFの応用例は，一般的に，MFの場合と同様の形態をとる[4]。しかしながら，MFの場合とMRFの場合の応用例において決定的に異なるのは，MFは，磁場印加による流体の粘度増加というレオロジ特性と磁気圧力特性の2点が利用できるのに対し，MRFは，磁場印加による流体の粘度増加と降伏応力というレオロジ特性のみを利用したものである。ここでいう降伏応力とは，MRFに作用する歪みの力に対して粒子が抗し得る内部応力であり，材料力学における降伏応力とは異なる。後述するように，MRF中に含まれる鉄粉が多いほど，磁気圧力が小さくなる。そのため，通常，MRFの応用では，鉄粉濃度がかなり高いので，磁気圧力はほとんどなく，磁気圧力を利用する応用は望めない。しかしながら，後述するように，MRFの流体としての磁化は，含まれる鉄粉の量によって決まるので，MFより磁化の大きなMRFのほうが，磁場に吸引される力は大きい。したがって，MRFの場合には，磁化特性を利用した応用機器が期待できることになる。

第2章　機能性磁気応答流体技術

3 MCFについて

3.1 MCFとは

　MCFは，MRFとMFを混合するという発想から生まれた[7, 8]。したがって，MCFは，1 μm オーダの球形の鉄粒子（通常，カーボニル法により精製するため，カーボニル鉄と称する）と10nmオーダの球形のマグネタイト粒子(Fe_3O_4)を包含する。ここで，マグネタイト粒子は，MFの粒子であるため，オレイン酸の界面活性剤で被覆されている。MFに鉄粉を混合するというアイデアは以前より存在したが，流体力学的特性の一つである粘度特性に主に焦点があてられたため，それ以上の発展は見られなかった。ところが，2003年に島田によりMCF中に磁気クラスタが存在することが確認されてから[9]，様々な応用例が考案され，MCFについての研究が飛躍的に伸びることとなった。

　MCFは，鉄粒子やマグネタイト粒子という，構造上，大きさの異なる2種以上の磁性粒子からなるため，それらによって形成される磁気クラスタは，図1に示すように，棒状，あるいは針状の長い形状を有する凝集体となり，MCF中に存在する。この磁気クラスタは，無磁場下ではランダムに配向するが，磁場を印加すると即座に磁力線方向に配向する。磁気クラスタは，マグネタイト粒子が鉄粒子の周りに取り巻き，特に，鉄粒子の間に極度に凝集し，それが結合力となって，鉄粉粒子が多数凝集する。

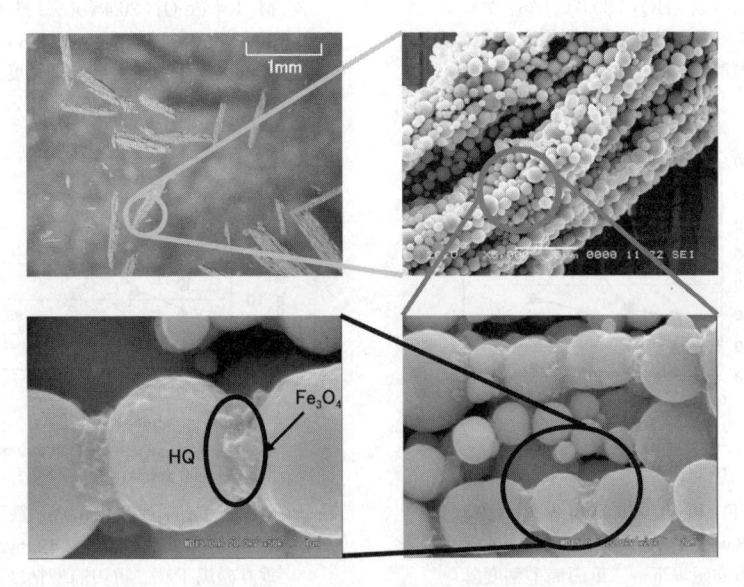

図1　MCFから抽出された磁気クラスタ

カーボニル鉄粉：20g，水ベースMF (35wt%)：10cc，オレイン酸Na：1g，水：14.6gから成る。左上図は60倍の実体顕微鏡[9, 10]，右上図は5,000倍のSEM[9, 10]，下左図は50,000倍のFESEM，下右図は20,000倍のFESEMによる。

3.2 粘度特性[7, 8, 11]

MCFの粘度特性は，磁性粒子の濃度や，磁性粒子の径，MFの種類すなわち溶媒の種類，印加する磁場強度，磁場方向，流体の置かれている系すなわち粘度計の種類により，多様に変化する。例えば，図2に示すように，磁場強度が大きくなると粘度は大きくなる。また，図2a，c，dに示すように，印加する磁場方向と，測定に用いる粘度計によって変化する。また，図2c，eに示すように，鉄

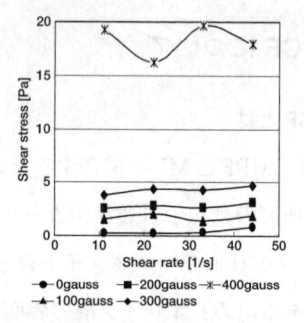

(a) MCF（Fe_3O_4：26.4 vol.%，鉄（HQ）：30.8 vol.%，ケロシン：42.8 vol.%），垂直磁場下，円錐型粘度計

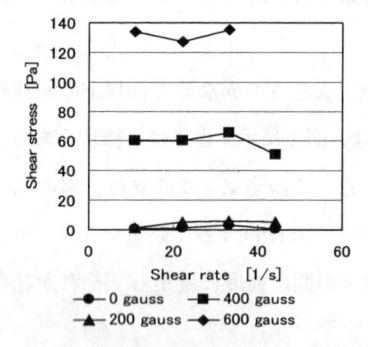

(b) MRF（鉄（HQ）：30.8 vol.%，ケロシン：69.2vol.%），垂直磁場下，円錐型粘度計

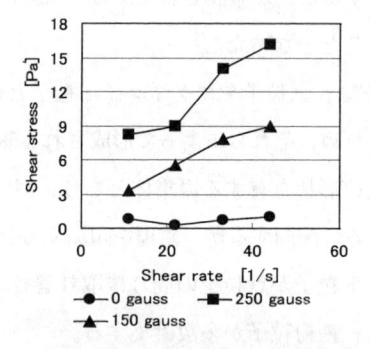

(c) MCF（Fe_3O_4：26.4 vol.%，鉄（HQ）：30.8 vol.%，ケロシン：42.8 vol.%），垂直磁場下，二重円筒型粘度計

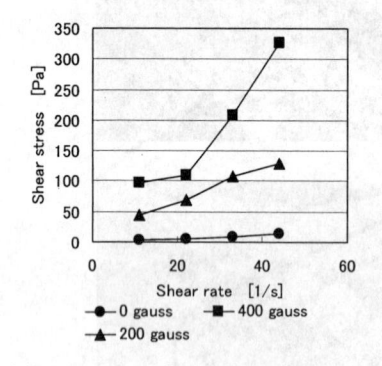

(d) MCF（Fe_3O_4：26.4 vol.%，鉄（HQ）：30.8 vol.%，ケロシン：42.8 vol.%），軸方向磁場下，二重円筒型粘度計

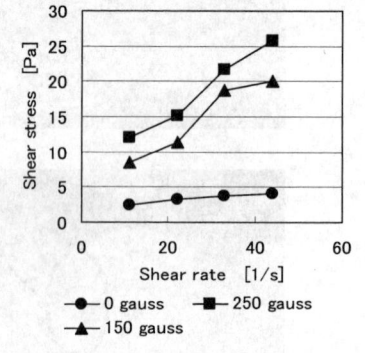

(e) MCF（Fe_3O_4：26.4 vol.%，鉄（CL）：30.8 vol.%，ケロシン：42.8 vol.%），垂直磁場下，二重円筒型粘度計

図2 ずり速度に対するせん断応力の関係
HQは平均粒径1.2 μm，CLは平均粒径7 μm。また，垂直磁場下，軸方向磁場下とは，それぞれ，粘度計の軸に対して垂直方向，軸方向の意[7, 11]

第 2 章　機能性磁気応答流体技術

の粒子径が大きいと粘度が大きくなる。また，通常，MF，MCF，MRFの順に粘度が大きくなる。すなわち，同じ体積濃度の磁性粒子を基準に比較したとき，図2a，bに示すように，鉄粒子の体積濃度が大きいときには，MRFのほうがMCFより大きい粘度をもつ。しかしながら，鉄粒子の体積濃度がマグネタイト粒子のそれより小さいときには，MCFのほうがMRFより大きい粘度をもつことができる。これは，磁気クラスタの振る舞いに起因するものである。通常，流体力学的には，MFはニュートン流体として扱うことができ，MRFはビンガム流体として扱うことができる。したがって，MCFの粘度特性は，上述した諸パラメータにより変化するので，その諸パラメータにより，ニュートン流体にもなるし，非ニュートン流体にもなる。

　以上のようなMCFの粘度特性を利用すると，MCFに対し，個々の応用機器の特性に合わせた粘度特性をもつ流体を作製することが出来る。従来のMFやMRFの応用機器開発では，初めに流体があり，その流体の特性に合わせて応用機器の特性を決めていくという，一方通行の手法しかないため，応用機器の考案は制限される。しかし，MCFによれば，その逆方向の手法が可能となるため，応用機器の特性に合わせた流体を作成することができるという利点がある。

3.3　磁化特性[7, 12)]

　MCFの磁化特性は，基本的に，流体中に包含される磁性粒子により決定される。すなわち，MCFの飽和磁化はMFのそれより大きい。また，MCF中のマグネタイト粒子，あるいは鉄粒子が多くなると，飽和磁化は大きくなる。一方，MRFとMCFを比べた場合，すなわち，鉄粒子にマグネタイト粒子が混在すると飽和磁化が小さくなる。その際，図3に示すように磁化について和の法則が成立しない。これは，図4に示すように交流特性についても同様である。これも，後述する磁気クラスタの振る舞いに起因するものである。ここで，流体としての残留磁化は，MRF

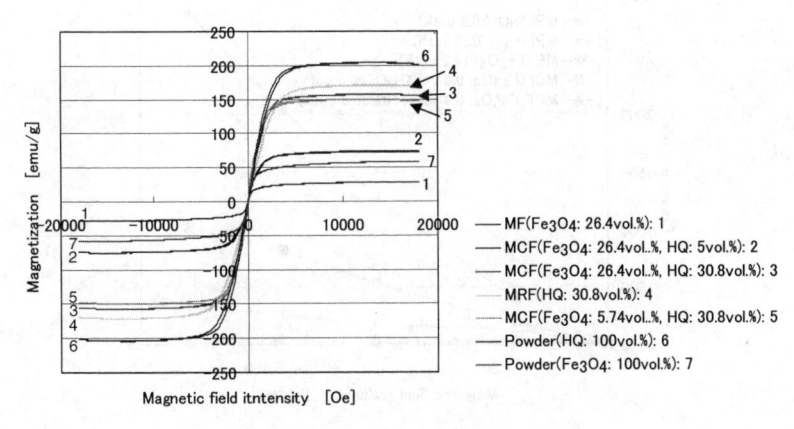

図3　直流磁化特性[12)]
（流体はすべてケロシンベース）

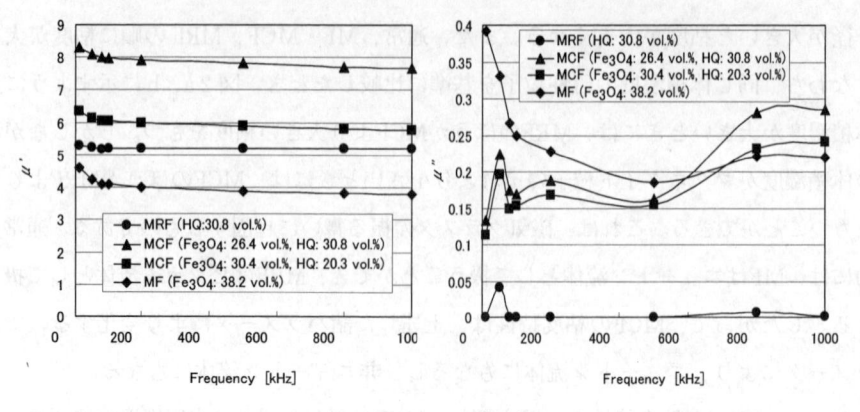

図4 交流磁化特性[7]
（流体はすべてケロシンベース）

とMCFの場合は，絶対値としては大きくないが，比較するとMFより大きい。

3.4 磁気圧力[13]

MFの場合，磁場印加により磁気圧力が生ずることは古くから知られている。これに対して，MCFの磁気圧力は，図5に示すように，同じ磁場勾配下で，含まれる鉄粒子が多い程，低下する。したがって，MF，MCF，MRFの順に磁気圧力は小さくなる。しかしながら，流体自身のもつ磁化は，前述したように，含まれる磁性粒子の量に依存するので，MRF，MCF，MFの順に，磁場に吸引される力が大きい。この吸引力はB×H（磁束密度と磁界の外積）として表すことができ，MCFやMRFの応用開発をする上では，この吸引力を用いるようにする。ここで，こ

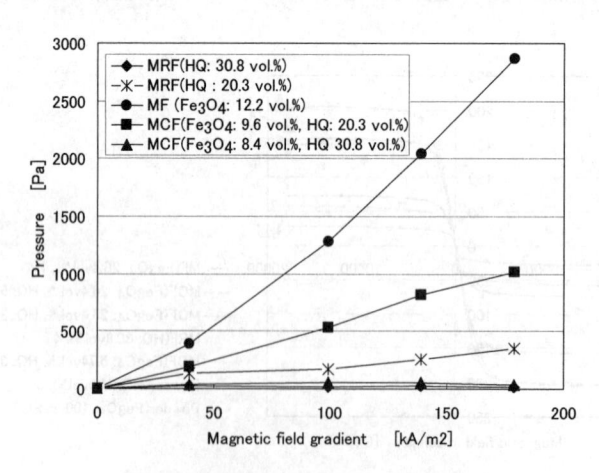

図5 磁場勾配と磁気圧力の関係[13]
（流体はすべてケロシンベース）

第2章　機能性磁気応答流体技術

の吸引力は，磁気圧力と混同しないように注意が必要である。

3.5　磁気クラスタ[9]

磁場下におけるMFやMRF中に磁性粒子の凝集体（クラスタ）が存在することは古くから知られていたが，そのクラスタを抽出する工学的技術はこれまでになかった。そこで，2003年に島田により，MCFやMRFからクラスタを抽出する工学的技術が世界的に初めて提案された[9]。これは，自己集積化技術の一つである。図6に，その手順を示す。MCFから抽出されたクラスタは，図3に示す流体であるMCFと同じ常磁性の磁化特性を示すため，磁気クラスタと呼ばれる。また，図7は，図1に示すMCFから抽出した磁気クラスタについて，非一様な磁場分布を有する永久磁石の表面における最大磁場強度H_{max}に対する，磁気クラスタの最先端同士における長さLと幅Wを示したものである。ここで，統計処理を行っている。一般に，この磁場強度の範囲（1,000Gauss～4,000Gauss）では，次のような代数法則がある。

$$L_{,mean} = 4.00 \times 10^{-8} H_{max}^2 - 9.00 \times 10^{-5} H_{max} + 6.00 \times 10^{-1} \tag{1}$$

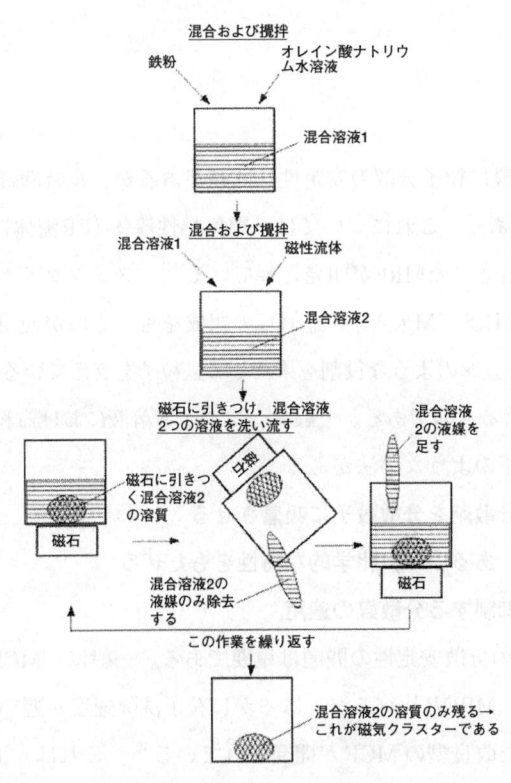

図6　磁気クラスタの抽出方法

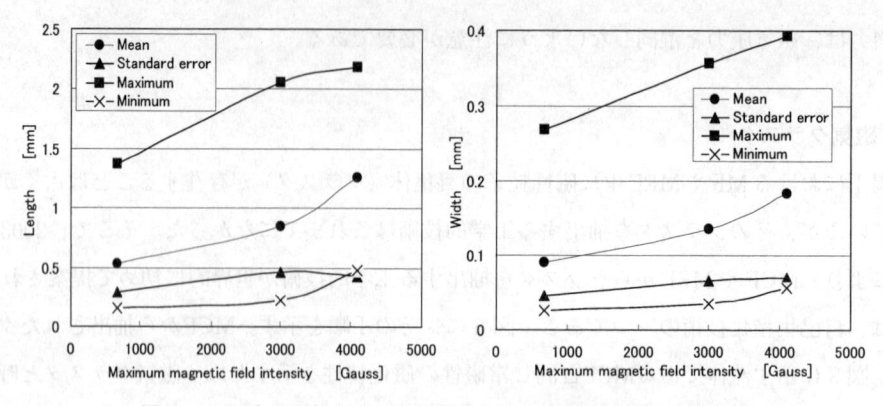

図7 MCF中の磁気クラスタの長さと太さの磁場強度との関係[9]

$$W_{,mean} = 4.00 \times 10^{-9} H_{max}^2 - 1.00 \times 10^{-5} H_{max} + 1.48 \times 10^{-1} \tag{2}$$

このように，磁気クラスタの大きさは磁場強度によって決定される。さらに，磁場除去後も長時間形状を保持すること，また，磁場除去後の攪拌により粒子を分散した後，同じ磁場強度にて再び同じ大きさの磁気クラスタが生成される記憶効果を有し，これらの性質を利用した応用例が期待できる。

3.6 粒子沈降

MRFの場合には，一般に粒子分散の安定性に問題があるが，長時間経過後でも粒子沈降がないMRFも開発されつつある。これについては，電気粘性流体（ER流体）として使用されているスメクタイト粒子を混合させたMRFが開発されている[14]。スメクタイト粒子は，合成ヘクトライトで，一例として$(OH)_4Si_8(Mg_{5.2}Li_{0.8}Na_{0.8})O_{20}$の組成をもつものが使用できる。スメクタイト粒子が，ちょうどクッションのような役割を果たして鉄粒子を支えているものと考えられており，下記に示す③の手法によるものである。一般に，コロイド溶液における粒子の分散安定性を図るための手法として，以下のような手法がある。

① 界面活性剤などの分散剤を分散粒子に吸着させる
② 分散粒子に電気的，あるいは，化学的な特性をもたせる
③ 分散粒子の沈降を抑制する分散媒の適用

MCFについても粒子の分散安定性の問題は重要である。一般に，MCFの場合は，MFより粒子沈降が認められるが，MRFと比べると，はるかに粒子沈降速度が遅い。しかしながら，粒子沈降をできるだけ抑えた改良型のMCFが開発されている[15]。これは，上述したMRFの場合と同じように，スメクタイト粒子を混合させたMCFである。この場合，アルキルナフタレンベー

第 2 章　機能性磁気応答流体技術

スのMFを使用するため，作成されたMCFは高価であるが，スメクタイト粒子はアルキルナフタレンに馴染みが良いため，磁性粒子の分散安定性が極めて良い。

3.7　スパイク

機能性磁気応答流体に磁場を印加すると，磁力線に沿って流体が円錐状に形成する。これを一般にスパイクと呼ぶ。図8は，MF，MRF，MCFのスパイクの違いを示したものである。

スパイクは磁性粒子のクラスタの集合体により形成される。MFの場合は，クラスタが鎖状に形成するという報告がなされているが，MCFやMRFのように目に見えるほど大きな凝集体とはならないので，液体としてのスパイクを形成する。したがって，このスパイクは，押し潰された場合，復元力を持つ。MRFの場合は，磁場強度が小さいときにはクラスタの形状は鎖状に近くなるが，磁場強度が大きいときには，磁性粒子は鎖状に凝集するよりも密集した状態で凝集するようになる。図8bは，その場合の様相を示したものであるが，そのスパイクの形状は円錐状というより，山脈の尾根のようになる。このスパイクは，押し潰された場合，復元力を持たない。MCFの場合は，前述した磁気クラスタの集合体となるため，細長いスパイクを形成する。MCFが液滴の場合，これらの磁気クラスタの集合体より形成される液滴は，磁気クラスタと同様に細長い回転楕円体となるが，変動磁場下において，その液滴同士が長軸方向に結合し，さらに細長い回転楕円体の液滴を形成する[16]。スパイクの場合にも同様なことが起こり，微小な擾乱や変動磁場を印加すると，スパイクがさらに細長く成長する。このスパイクは，復元力を持つ。

4　MCFの応用技術

一般に，MCFの応用例は，MFやMRFのように，応用機器の形態が同じである。ここで，MCFの応用例で特徴的なのは，前述した磁気クラスタの振る舞いを利用しているという点にある。

まず，振動を減衰させる機械（ダンパ）についてであるが，MFダンパ[17]やMRFダンパ[4〜6]と同じように，ダンパの機械的構成は同様である。図9に最も基本的な構成をもつダンパについて，すなわち，スプリングとマスのペアが一つより構成される，1自由度のバネマス系パッシブ

(a) MF　　　(b) MRF　　　(c) MCF

図8　各種機能性磁気応答流体によるスパイクの違い

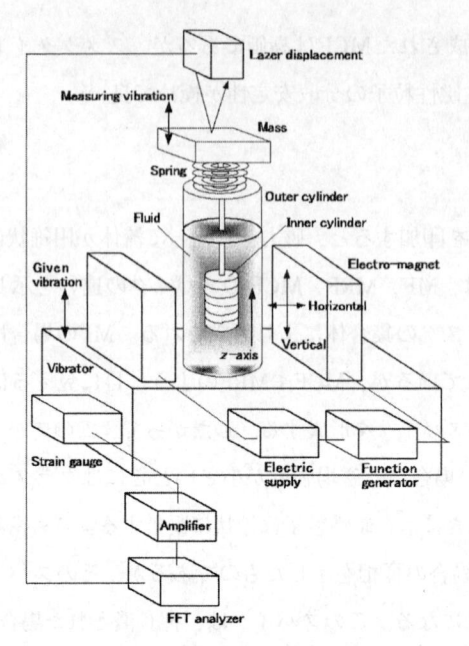

図9 1自由度系のパッシブダンパ[18, 19]

ダンパ(マスの振動を制御することなく磁場を印加するだけのダンパ)の概略を示す。図9において、振幅比(与える振動の振幅をz_o, 振動をz)の周波数応答の一例を図10に示す。ここで、fは、マスの周波数、f_cは共振周波数であり、K, Wはそれぞれケロシンベース、水ベースを意味し、それぞれの流体同士で比較できるように、含まれる各磁性粒子の濃度を一定にして調整してある。また、磁場は、時間的に一定の磁場(定常磁場)(Iは電磁石における供給電流で、最大磁場強度が約65Gaussの非一様磁場)である。印加による振幅比の減衰量は、共振時において、MCFダンパとMRFダンパはMFダンパに比べて35%前後と大きい。一方、応答時間は、MCFダンパが一番早いことが分かっている[19]。このように、MCFをダンパに適用することによって、従

(a) 磁場印加なしの時　　(b) 磁場を印加した時

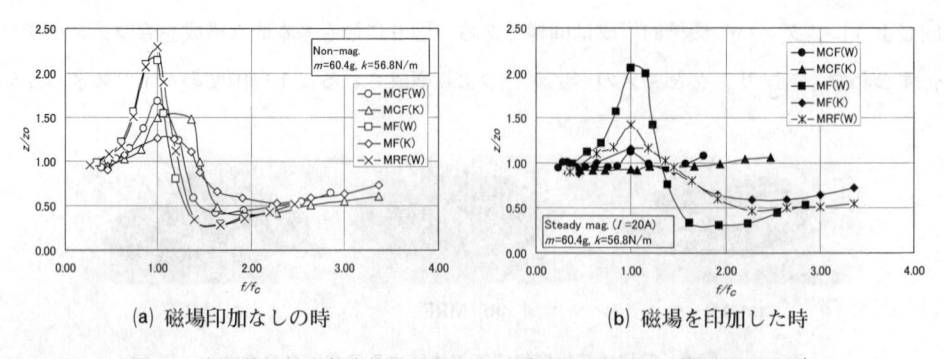

図10 各種機能性磁気応答流体のパッシブダンパにおける周波数応答[19]

第2章 機能性磁気応答流体技術

来のMFダンパやMRFダンパよりも優れた減衰特性を有する。この要因は，磁気クラスタの振る舞いにある。MCFダンパをセミアクティブダンパとし，振動台や建築用ダンパ等へ展開することが行われている[20]。

次に，MCFを利用した加工研磨についてであるが，前述した磁気クラスタが研磨装置において，研磨粒子と共に磁石と研磨される固体表面の間に置くと，磁気クラスタが磁力線に保持されるので，あたかも歯磨きの原理で研磨することができる。これは，前述したスパイクを利用することでもあるので，研磨される物体に接触する流体は，磁気ブラシとも称される。このとき，図11に示すように，2つの研磨原理が考えられる。MCFに磁場を印加すると磁気クラスタが磁力線に沿って配列し，研磨される物体面に磁気ブラシを接触させ，その磁場が運動することにより，磁気クラスタ内の砥粒が研磨される物体面に接触することによって研磨することができる（図11a）。ここで，砥粒は磁気クラスタ内に包含されることが確認されている[21]。一方，磁気クラスタ内にも砥粒は存在するが，それよりも磁気クラスタ外に多く砥粒が存在し，磁気クラスタにより研磨される物体面に砥粒が押し付けられることにより研磨することもできる（図11b）。

このMCF研磨の最大の特徴は，研磨される物体面と研磨する物体面の間の間隔δが大きく取れる非接触式研磨（フロートポリッシング）が実現できる点にある。これは，前述したように，磁気ブラシがMRFやMFよりも長く，また，図13に示すように，弾力性があることに起因する。MCFに砥粒を混合した研磨液（Magnetic Polishing Liquid：MPL）の場合，ラッピングでも研磨効果は得られる[22~23]が，さらに，フロートポリッシングにすると研磨効果が得られる。しかしながら，そのときのδは高々0.1mmで研磨効果が得られる[24]。そこで，α-セルロースをMPLに添加した新しいMPLが開発され，すると飛躍的にδが伸び，大きな研磨効果が得られるようになる。しかもα-セルロースはポリッシングパッドと同じ効果を有するので，研磨する材質にダメージを与えず，ポリッシングパッドの装着を必要としない。例えば，図12に示すような研磨装置を用いてMCF研磨を行うと，真鍮やSUS304，アルミニウム，ジュラルミン，チタン，銅，フェライト，アクリル，SKD，水晶，ガラス等の材質によらずRaがnmオーダで鏡面研磨でき

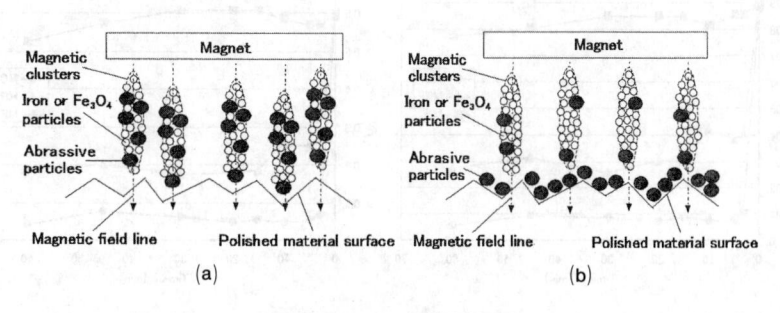

図11　MCFの研磨原理図

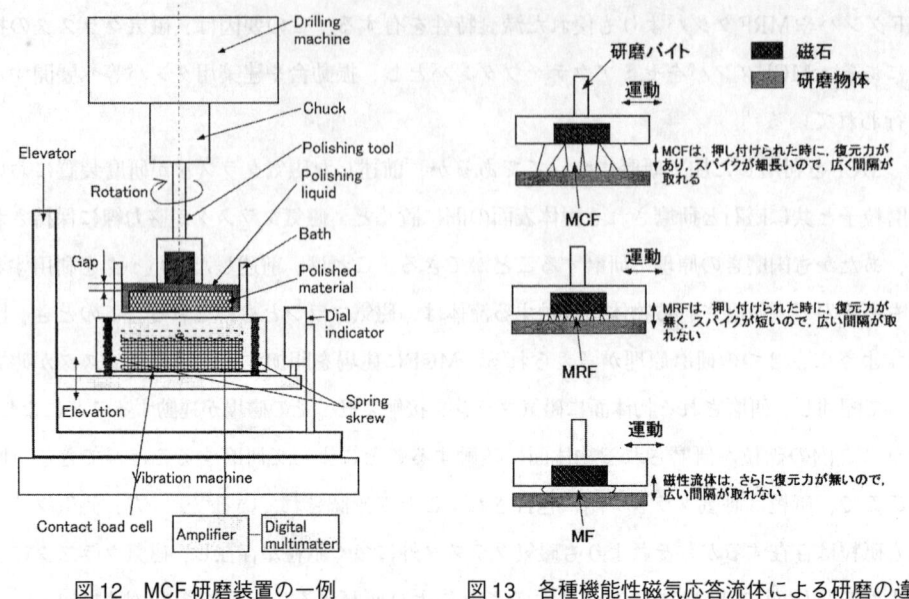

磁性ビーズのバイオ・環境技術への応用展開

図12 MCF研磨装置の一例　　　　図13 各種機能性磁気応答流体による研磨の違い

る。研磨装置の実用化の場合には，研磨する物体面の運動と永久磁石等から成る研磨工具の運動が適切な相対運動をもつようにすればよい。

一般に，フロートポリッシングのδについて，MF研磨の場合は，流体中に含まれる最大径の粒子径の数倍が研磨効果の得られる限界，すなわち，数μmオーダであり，一方，MRF研磨の場合は高々1，2mm程度であるのに対して，α-セルロースを有するMCF研磨の場合は，最大8mm程度まで取れる。したがって，MCF研磨の場合は，3次元の複雑形状を有する，いわゆる非球面研磨を容易に研磨することができることになり，次世代型の新しい研磨として注目される。

また，図14に示すように，MCF研磨は，MF研磨やMRF研磨よりも大きな研磨効果を得る

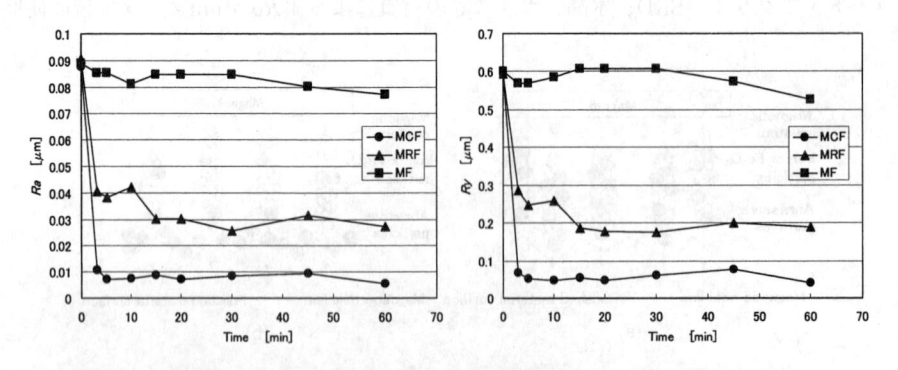

図14 研磨時間に対する表面粗さにおける各種機能性磁気応答流体による違い

第 2 章　機能性磁気応答流体技術

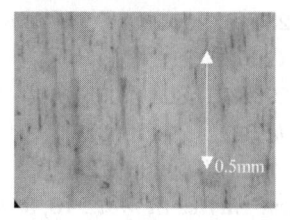

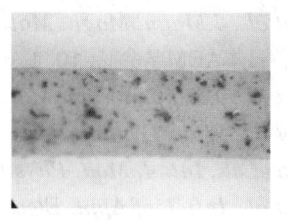

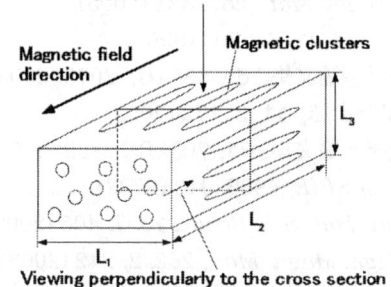

図 15　MCF を含む磁性ゴムの一例 [25]

ことができ，研磨時間も短縮できる。

　次に，MCFをシリコーンオイルゴムやプラスティックに混合し，磁場下で硬化させることにより，力学的，かつ磁気的異方性をもつ複合材料を作ることができる[25]。このときのメリットは，型に流し込んで硬化，成形するので，希望する自由な形の複合材料を容易に作ることができる点にある。図15はその一例であり，磁場をゴムの表面に平行な方向L_2に印加して，その方向に磁気クラスタを配向させたものである。磁場制御しながらの人工筋肉や人工皮膚，ロボットの素材，アクチュエータへの適用，電磁波シールド材等への応用例が期待される。

文　　　献

1)　武富荒ほか，磁性流体，日刊工業新聞社 (1987)
2)　神山新一，磁性流体入門，産業図書 (1988)
3)　神山新一ほか，磁性流体の製法・特性とその応用，応用技術 (1989)
4)　島田邦雄，日本応用磁気学会誌, **28**, 6, 766 (2004)
5)　藤田豊久ほか，日本応用磁気学会誌, **27**, 3, 91 (2003)
6)　T. Fujita et al., *Recent Res. Dvel. Magn. Magn. Mat.*, **1**, 463 (2004)
7)　島田邦雄ほか，日本機械学会論文集, **67**, 664 (B), 3034 (2001)
8)　K. Shimada et al., *J.Magn. Magn. Mat.*, **252**, 235 (2002)
9)　K. Shimada et al., *Smart. Mat. Struc.*, **12**, 2, 297 (2003)

10) K. Shimada et al., *J.Magn. Magn. Mat.*, **289**, 9 (2005)
11) 島田邦雄ほか，日本AEM学会誌, **10**, 1, 67 (2002)
12) K. Shimada et al., *J.Magn. Magn. Mat.*, **290/291**, 804 (2005)
13) K. Shimada et al., *Fluid Dynam. Research*, **34**, 1, 21 (2003)
14) A. Shibayama et al., *Int. J. Mod. Phys.B,* **16**, 17/18, 2364 (2002)
15) K. Shimada et al., *Int. J. of Appl. Electromagnetics in Mat.*, **19**, 351 (2004)
16) S. Sudo et al., *J.Magn. Magn. Mat.*, **289**, 321 (2005)
17) 島田邦雄，トライボロジスト, **41**, 6, 470 (1996)
18) 島田邦雄ほか，日本機械学会論文集, **69**, 685 (B), 2075 (2003)
19) 島田邦雄ほか，日本AEM学会誌, **11**, 3, 179 (2003)
20) 菅野秀人ほか，日本機械学会論文集, **71**, 703 (B), 2869 (2005)
21) K. Shimada et al., *Proc. of SPIE*, **4936**, 312 (2002)
22) K. Shimada et al., *J. Int. Mat. Sys. Struc.*, **13**, 7, 405 (2002)
23) K. Shimada et al., *J. Magn. Magn. Mat.*, **262**, 2, 242 (2003)
24) K. Shimada et al., *J. Mat. Proces. Tech.*, **162/163**, 690 (2005)
25) K. Shimada et al., *J. Int. Mat. Sys. Struc.*, **16**, 15 (2005)

第3章 磁性ビーズを用いた回転分子モーターの研究

野地博行[*]

1 はじめに

　生体分子モーターは，化学反応の自由エネルギーを利用して力学的な仕事をするタンパク質である。その駆動原理解明には，生体分子モーターの1分子操作実験が極めて有効である。磁性ビーズをモーター分子に接続すれば，外部磁場を印加するだけで1分子操作が可能となる。この手法は，特に回転分子モーターの研究に有効である。本稿では，F_1モーターと呼ばれる回転分子モーターに磁性ビーズを接続し，外部磁場を用いて1分子操作した実験を中心に紹介する。

2 生体分子モーターの種類と1分子操作

　生物界には様々な種類の生体分子モーターが存在する[1]。その運動の形態から，大きくリニアモーターと回転モーターの2種類に分類される[2]。たとえば，筋線維で働くミオシンや，神経の軸索で神経伝達物質を運搬するキネシンなどは，線維タンパク質の上を移動するリニアモーターである。一方，生体内には少数であるが回転分子モーターも存在する。それは，バクテリアのべん毛モーターと，ATP合成酵素を構成するF_0とF_1の2つのモーターである。

　これら分子モーターの駆動原理の解明には，1分子操作技術は欠かせない手法である。多くの分子モーターはATPと呼ばれる化合物の加水分解エネルギーを利用して力を発生する。このATP加水分解反応の各素反応（ATP結合，ATP分解，生成物解離）のうち，力発生と共役している素反応は外力によって反応速度や平衡定数が大きく変化することが期待される。そのため，例えば，モーター分子に外力を与えたときに，どの素反応が変化するのか調べることで力発生のメカニズムがわかるのである。

　リニアモーターに関しては，光ピンセットと呼ばれる手法が広く利用されている。これは，光の輻射圧を利用して水中でミクロンサイズの粒子を操作する手法である。この方法では，光（主に赤外光）を一点に集光する事で粒子にバネ状のポテンシャルを与える。しかし，そのポテンシャルの広がりが回転分子モーターの回転半径と同程度（サブミクロン）であるために，粒子の

---

　[*]　Hiroyuki Noji　大阪大学　産業科学研究所　高次細胞機能講座　教授

回転制御には適さない。これに対し，分子モーターに磁気ビーズを接続すれば，その回転角度は外部磁場を用いて簡単に制御できる。この手法は，回転分子モーターの研究で大きな成果を挙げており，以降でその具体例を紹介する。

3 分子モーターの駆動エネルギー

3.1 ATP駆動モーター

分子モーターの駆動エネルギーは，主にATPの加水分解エネルギーと，プロトンの電気化学ポテンシャルの2種類ある。ATPによって駆動する生体分子モーターは，ミオシンやキネシンなどの多くのリニアモーターと，本稿で紹介する回転分子モーターのF_1モーターである。ATPはアデノシン3リン酸の略名で，名前の通り3つのリン酸が直列につながった化学構造をもつ分子量500程度の化合物である。加水分解反応されると無機リン酸とADP（アデノシン2リン酸）の二つに分かれる（図1）。このとき，大きな自由エネルギーを放出するため，そのエネルギーは筋収縮，生合成反応，神経の膜電位発生など，エネルギーを必要とするほとんどの生体反応に利用される。生体内では，およそ50kJ/mole程度の自由エネルギーを放出する。これは，分子あたり約80pNnmに相当する。細胞内ではおもにATPを媒介としてエネルギーのやり取りがなされるために，生化学のテキストでは「細胞のエネルギー通貨」として紹介されている。健康な成人男性は1日あたりおおよそ40kg相当のATPを合成・分解するらしい。

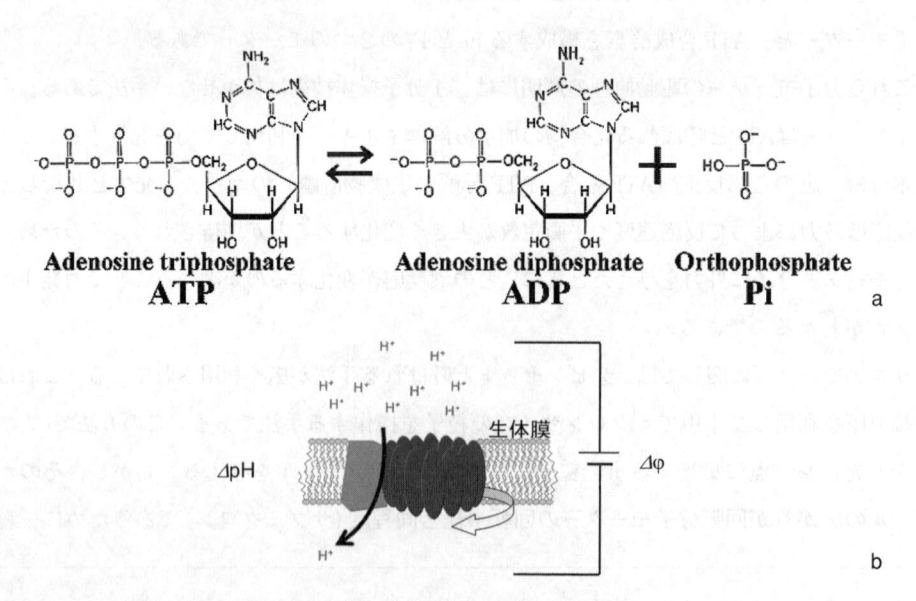

図1 ATPの加水分解（a）とプロトンの電気化学ポテンシャル（b）

第3章　磁性ビーズを用いた回転分子モーターの研究

3.2　プロトンの電気化学ポテンシャル駆動モーター

　プロトンの電気化学ポテンシャルで駆動するモーターとしては，現在のところべん毛モーターと，ATP合成酵素のF_0モーターの2種類のみしか同定されていない。このポテンシャルエネルギーは，生体膜の上下にかかった電位差と，プロトンの濃度差による駆動力を足したものである。そのため，このポテンシャルエネルギーを利用する分子モーターは生体膜に埋まっており，その内部にはプロトンの透過路がある。プロトンがこの透過路を通過する際にトルクを発生する。しかし，その分子メカニズムは全くといって良いほどわかっていない。さて，生体内でこのプロトンの電気化学ポテンシャルを発生しているのは，呼吸鎖と呼ばれる複数のタンパク質である。このタンパク質群も生体膜に埋まっており，食べ物に由来する高エネルギー分子の化学エネルギーを利用して，生体膜の片側から逆側へと水素イオンを輸送する。その結果，膜の内外において水素イオンの濃度差と電位差が発生し，電気化学ポテンシャルが形成される。

4　ATP合成酵素を構成する二つの回転モーター

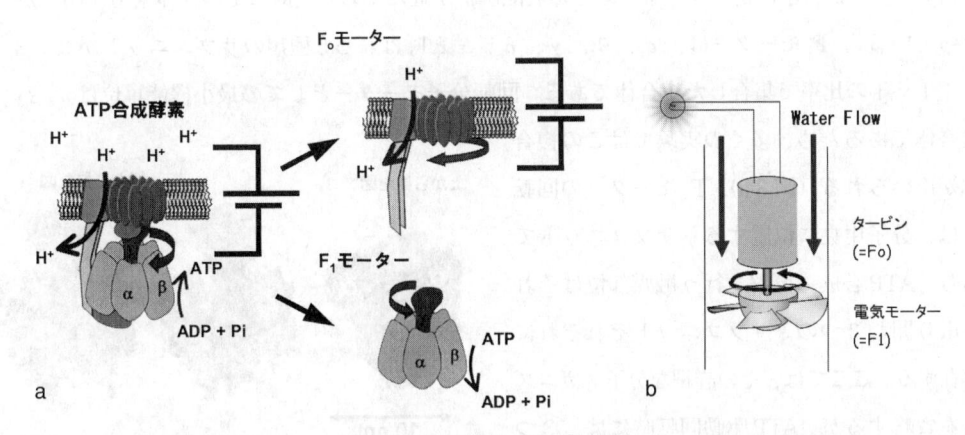

　F_0F_1-ATP合成酵素は，ヒトを含む真核生物のミトコンドリアの内膜，植物葉緑体のチラコイド膜，バクテリアの原形質膜など，自然界に普遍的に存在する膜タンパク質である[3]。この酵素は，F_0とF_1の2つの回転モーターより構成される（図2a）。それぞれ直径，高さ共に10ナノメートル程度のナノ分子機械である。それぞれプロトン駆動，ATP駆動の回転モーターである。F_0は膜に埋まって機能しており，プロトンがその電気化学ポテンシャルに沿ってF_0内部を通過するとき，F_0はそのリング構造を一方向に回転させる。

図2　ATP合成酵素の模式図
a：ATP合成酵素を構成する2つの回転分子モーター，b：水力発電機とATP合成酵素

一方，F_1モーターは，単独ではATPを加水分解してその分子内サブユニットを回転させるモーターである。そのため，正式にはATP加水分解酵素という意味の「F_1-ATPase」と呼ばれている。本章では，モーターであることを前提に記述するためF_1モーターと呼ぶことにする。

5　ATP合成酵素と水力発電機

F_0とF_1の2つの回転モーターは，互いの回転子，固定子同士で接続してF_0F_1-ATP合成酵素を構成する。この2つのモーターの回転方向は互いに逆向きであるため，常に2つのモーターは互いに相手を押し合っている。そのため，回転子の回転方向は2つのモーターの駆動力のバランスによってきまる。生理的な条件下では，F_0モーターの駆動力であるプロトンの電気化学ポテンシャルが大きいため，F_0モーターはF_1モーターを逆回転させる。その結果，F_1モーターはATPの加水分解の逆反応であるADPとリン酸からのATP合成を触媒する。この反応メカニズムは，水力発電機に非常に良く似ている(図2b)。水力発電機は，水流によって回転するタービンと電力で駆動する電気モーターが，互いの回転子と固定子同士で接続されている。発電時は，水のポテンシャルエネルギーを用いてタービンを回転させ，タービンに直結した電気モーターを逆回転させることで起電力を発生する。つまり，F_0F_1-ATP合成酵素のF_0とF_1の2つの回転モーターは，水力発電機のタービンと電気モーターに相当する。F_0F_1-ATP合成酵素は，この回転触媒メカニズムを用いて細胞のエネルギー通貨であるATPの合成反応を担っている。

6　F_1モーターの構造

F_1モーターは，水に良く溶けるためその機能解析が進んでおり，既にその立体構造が明らかとなっている[4]。F_1モーターは，α，β，γ，δ，εと呼ばれる5種類のサブユニットが3：3：1：1：1の比率で集合した複合体である。回転分子モーターとしての最小機能単位は$\alpha_3\beta_3\gamma$複合体であるため，多くの実験ではこの複合体が用いられる(図3a)。F_1モーターの回転子は，分子中央に位置するγサブユニットであり，ATP合成／分解を行う触媒部位はそれを取り囲む3つのβサブユニットそれぞれに存在する。ここでは，その詳細な分子メカニズムを省略するが，ATP駆動回転時には，3つのβサブユニットが順番にATP加水分解反応

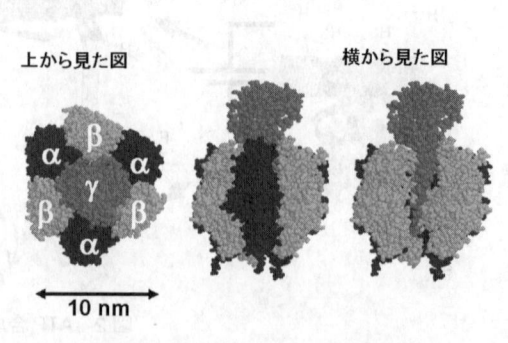

図3a　F_1モーターの立体構造

を行いながら大きくその構造を変化させる。この構造変化が，γサブユニットを一方向に押し出し，回転運動が引き起こされる。

7 F_1モーター回転運動の1分子観察

単離されたF_1モーターがATP駆動で回転する様子は，光学顕微鏡を用いて1分子観察できる[5]（図3b）。直径が10nm程度しかないF_1モーターは水溶液中で激しく回転ブラウン運動をする。まず，これを抑えるために分子をガラス基板上に固定化する。このために，F_1モーターにはHis-tagとよばれるアミノ酸配列（ヒスチジン残基が6～10個程度連なったもの）を遺伝的に導入し，ガラス表面はNi-NTAと呼ばれる化学基で修飾する。Ni-NTAはHis-tagと強い親和性をもつため，F_1モーターを含む水溶液をガラス基板にのせるとモーター分子は自発的に基板上に吸着する。次に，F_1モーターの回転子に回転プローブを接続する。この接続のために，回転子であるγサブユニットをビオチンと呼ばれる分子で修飾し，プローブの表面はストレプトアビジンと呼ばれるタンパク質で修飾する。ストレプトアビジンとビオチンも非常に強く結合するため，F_1モーターが吸着したガラス表面にプローブを流し込むだけで，プローブはF_1モーターのγサブユニットに接続する。初期の実験では，プローブとして蛍光色素で標識されたミクロン長の繊維タンパク質が使用されていたが[5]，最近では直径100～400nmのストレプトアビジン修飾プラスティックビーズが利用される[6,7]。この程度の大きさでも，通常の光学顕微鏡で十分に動きが計測できる。最後に，水溶液にATPを添加すると，F_1モーターが反時計回りに回転する様子がリアルタイムに計測できる。通常の実験では，200～300ミクロンのプラスティックビーズを用いて，高ATP濃度条件（＝1μM以上）で室温で回転観察する。その場合，その回転速度はおよそ6Hzである。したがって，肉眼で計測するのにちょうど適した速度である。

図3b F_1モーターの回転1分子観察

8 磁気ビーズを用いたF_1モーターの1分子操作

上記の1分子観察によって，このモーターが1回のATP加水分解で120°回転するステップモーターであること[8]，そのトルクが40pNnmであることなど[8,9]，その基本性能が解明された。しかし，上述の通り，その詳細な分子メカニズムの解明には1分子レベルでの操作実験が必要である。そこで，磁気ビーズを用いた1分子操作の実験系を開発した[10]（図4）。

まず，回転可視化のプローブとして磁気ビーズをモーター分子に接続した。使用した磁気ビー

ズは，superparamagnetの酸化鉄を含んだものであり，外部磁場が無い時は磁化しない。これによって，磁場が無い時のビーズの分散性が良くなり，取り扱いが非常に簡便となる。また，市販の磁気ビーズの多くは直径が1ミクロン以上あるが，この実験では直径200〜400nmのビーズを選んで使用した。それは，ビーズの直径が1ミクロン以上になると粘性抵抗が大きすぎるため，うまく回転運動できるモーター分子の数が激減するためである。

次に，この磁気ビーズを制御するための装置を作成した。この装置は，顕微鏡ステージ上に水平に設置された4つの電磁石からなる。4つの電磁石は，2つずつ直列につながったペアとなっている。ペアとなっている電磁石の間は空いており，2つのペアはその間で直交している。この交点の直下に試料を設置し，さらにその下に設置された対物レンズを通して1分子観察する。

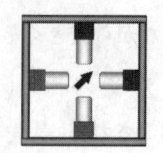

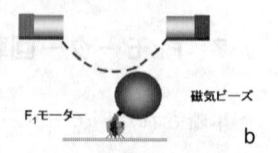

図4 磁気場発生装置の概観（a）と外部磁場を用いたF₁モーターの1分子操作（b）

この2つのペアには，それぞれ独立に電流を与えることができる。これによって，試料に対して任意の強度と向きを持った合成磁場を発生させることができる。このとき，各電磁石の間隔を数十mmあけると，磁気ビーズに鉛直方向の力を与えずかつ試料面に対して平行な磁場を安定に発生させることができる。発生する磁場の強度は，この場合150ガウス程度で十分である。これによって，少なくとも10Hz程度の速度で磁気ビーズを回転させたり，任意の角度に固定することができる。

9 ATP合成実験

上述の通り，F₁モーターは単独ではATPを加水分解して反時計回りの回転する回転分子モーターであるが，本来のこの分子はATP合成酵素の一部として機能する。これまでの1分子計測では，モーターとしての性能が研究されてきたが，より生理的に重要なのはATP合成する機能である。したがって，F₁モーターをより理解するためにはこのATP合成反応を1分子レベルで計測する実験系を確立する必要がある。そこで，我々は，上述の磁場を利用した1分子操作システムを利用して，F₁モーター1分子を強制的に逆回転させたときのATP合成効率を測定する実験を実施した[11]。

ここで新たに問題となるのは，ATP測定方法である。例えば，逆回転1回当たり3個のATPが合成されると仮定して，10Hzで1分間回転させた場合，たった1,800個しかATPが合成されない。これは，既存の測定方法では検出不可能である。しかし，この1,800個のATP分子を極め

第3章 磁性ビーズを用いた回転分子モーターの研究

て狭い空間に閉じることができれば，数は少なくても濃度としては検出可能な領域になる。例えば，1ミクロン立方に相当する1fℓの空間に閉じ込めると，1800個は3μMとなる。これは，通常の生化学アッセイの検出領域である。そこで，ミクロンサイズの非常に小さな溶液チャンバーを作成した[12]。光リソグラフィーの技術を用いてシリコン基板上にミクロンサイズの円柱を作成し，これを鋳型としてシリコーン樹脂（poly-dimethylsiloxane：PDMS）を固化した。その結果，樹脂の表面に体積数fℓの窪み（マイクロチャンバー）を作成した（図5）。また，このシリコーンシートをガラスの上に滴下した水溶液の上から押し付けるだけで，水溶液をマイクロチャンバー中に充填できることが明らかとなった。その結果，F_1モーターの回転観察時に，その上に設置したシリコーンシートを押し付けるだけで，注目した分子をマイクロチャンバー中に閉じ込めることが可能となった。

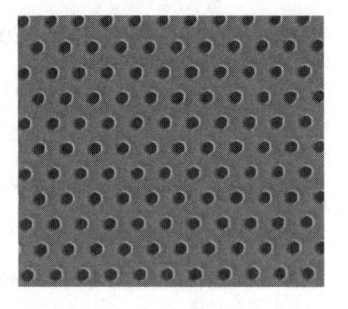

図5 マイクロ加工技術を用いて作成したシリコーン樹脂シート

後は，外部磁場によってF_1モーターを逆回転させれば良い。実際の実験では，体積が6fℓのチャンバー中にF_1モーター分子を閉じ込め，これを10Hzで1分間逆回転させた（図6）。その結果，合成されたATPは6fℓのチャンバー中に蓄積され，その濃度はμM程度まで上昇した。その後，外部磁場から開放されたF_1モーター分子は，自ら合成したATPを今度は加水分解しながら自立回転する。このとき，その回転速度を計測し，あらかじめ計測しておいたATP濃度と回転速度の関係式から，マイクロチャンバー中のATP濃度を決定することができる。つまり，この実験では，F_1モーターをATP合成酵素としてだけではなく，マイクロチャンバー中のATP濃

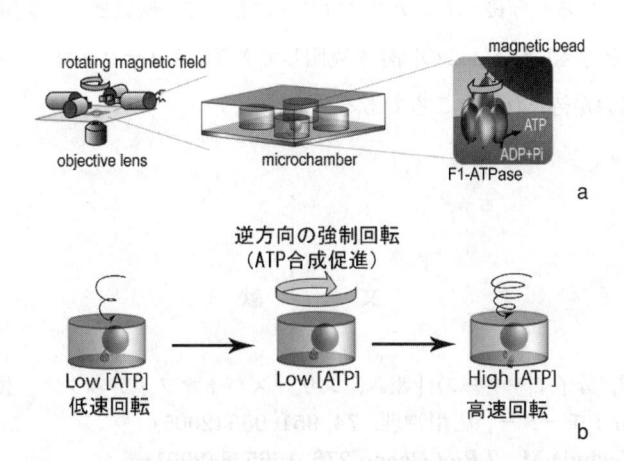

図6 1分子操作とマイクロチャンバーを組み合わせたATP合成実験の概観（a）とF_1モーターの逆回転に伴うATP合成の検出方法（b）

度検出装置としても利用するのである。そして，もとめられたATP濃度に，アボガドロ数とマイクロチャンバーの体積をかけることで，合成されたATPの分子数を決定することに成功した。

解析の結果，一回転あたり約2.3個の効率でATPが合成されたことが明らかとなった。加水分解時には，一回転あたり3個のATPを消費することから考えると，このモーターは77%の効率で機能するATP合成酵素だといえる。ただし，実際のデータはまだ精度が悪いため，さらに実験系を洗練化させればさらに高い効率が得られると期待している。

10 おわりに

ここでは，磁気ビーズを用いた1分子操作にマイクロ加工技術を組み合わた新しい実験を紹介した。しかし，1分子操作実験だけでもF_1モーターの極めて重要な性質が明らかとなってきている[10]。本稿ではこれらを詳しく紹介する余裕は無いが，このモーターの様々な反応速度定数や平衡定数が外力によって敏感に変化することが詳細に解明されつつある。このように，磁気ビーズを利用した1分子計測は将来のナノバイオ領域において非常に重要な役割を果たすことが期待される。今後は，バイオ分子のみならず，人工分子の1分子操作実験にも利用されることが期待されるだろう。しかし，1点だけ問題点を指摘したい。それは，磁気ビーズの形状の不均一性である。直径1ミクロン以下の市販の磁気ビーズのほとんどは，通常のプラスティックビーズと比較して形が圧倒的に不均一である。そのため，各磁気ビーズに与えられた外力の見積もりは現在でも困難である。これに対し，リニアモーターで利用されている光ピンセットの1分子操作実験では，形状や粒径が均一なプラスティックビーズを使用することができるため，力測定が非常に定量的に行なわれている。今後，ナノテクノロジーにおいて，磁気ビーズを用いた1分子操作は非常に有効であると考えられる。この問題を克服してさらにナノテクノロジーを発展させるべく，開発メーカーの努力が待たれるところである。

文　献

1) 石渡信一 編，分子モーターの仕組み，シリーズバイオフィジックス，共立出版 (1997)
2) 野地博行，分子モーター，応用物理，**74**, 951-956 (2005)
3) Noji H. & Yoshida M., *J Biol Chem*, **276**, 1665-8 (2001)
4) Abrahams J.P. *et al.*, *Nature*, **370**, 621-8 (1994)
5) Noji H. *et al.*, *Nature*, **386**, 299-302 (1997)

第3章　磁性ビーズを用いた回転分子モーターの研究

6) Yasuda R. *et al.*, *Nature*, **410**, 898–904 (2001)
7) Hirono-Hara Y. *et al.*, *Proc Natl Acad Sci U S A*, **98**, 13649–54 (2001)
8) Yasuda R. *Cell*, **93**, 1117–24 (1998)
9) Noji H. *et al.*, *J Biol Chem*, **276**, 25480–6 (2001)
10) Hirono-Hara *et al.*, *Proc Natl Acad Sci U S A*, **102**, 4288–93 (2005)
11) Rondelez Y. *et al.*, *Nature*, **433**, 773–7 (2005)
12) Rondelez Y. *et al.*, *Nat. Biotechnol.*, **23**, 361–5 (2005)

第4章 量子ドットによる標識技術

石川　満*

1　概要

1993年[1]にコロイド法を用いたCdSeの量子ドット合成法が発表されて以来，コロイド法を用いた量子ドットの合成と，合成された量子ドットの物性の研究が活発に行われるようになった。その後，1998年に発表された研究では[2,3]，CdSeコア量子ドットの表面をZnSシェル構造で被覆し，可水溶化させた量子ドットを生体分子と共役させて細胞内に導入して，蛍光画像化できることが実証された。この研究に触発されて，その後，量子ドットの特長を生かして生体分子を可視化する応用技術は急速に展開されて現在に至っている。ある意味では，考えうる可能な応用は，ほぼ網羅された感がある。このことは，本章4および5で示した多くの研究例からも窺うことができる。

しかし，量子ドットの生体イメージングへの応用範囲は，基本的には従来から用いられてきた有機蛍光色素がカバーしてきた範囲を超えるものではないことも忘れてはならない。ナノの世界を照らす"提灯"としての用途としては極めて有用ではあるものの，化学的な環境，例えば温度，pH，粘度，誘電率，水素結合性の程度や金属イオンとの相互作用に応じて，発光の強度，寿命やスペクトルが変化するという性質に乏しいことから，こういった性質をナノレベルでプローブするという方向では，有機蛍光体に取って替わることは難しそうである。

2　量子ドットの特長

蛍光標識技術は，DNA，タンパク質，細胞等の生体系の複雑な構造と機能を可視化する方法として，適用範囲の広い方法である。なかでも有機蛍光色素はこれまで広く用いられてきた実績がある。有機蛍光色素は，蛍光量子収率が高く多色蛍光標識が可能という点で，これまで魅力ある方法論を提供してきた。

蛍光色素において重要な性質は，蛍光寿命，蛍光スペクトル，そして強度が環境に依存して変

---

*　Mitsuru Ishikawa　㈱産業技術総合研究所　健康工学研究センター　生体ナノ計測チーム　チーム長

第4章　量子ドットによる標識技術

化する場合があることである。このような性質を利用することにより，ナノスケールの環境をプローブすることが可能である。一方，蛍光色素の欠点は光退色に対して弱いことである。特に，生理的条件下，すなわち空気飽和した水溶液中では光退色が顕著である。また，有機化合物の中では蛍光色素のスペクトル幅は比較的小さいが，特に長波長側に裾を引くために，多色蛍光標識した場合に色のクロストークが問題となる場合がある。実用に際し，光退色に対する安定性は長時間にわたる画像化そして生体分子の動的過程を可視化するためには極めて重要な

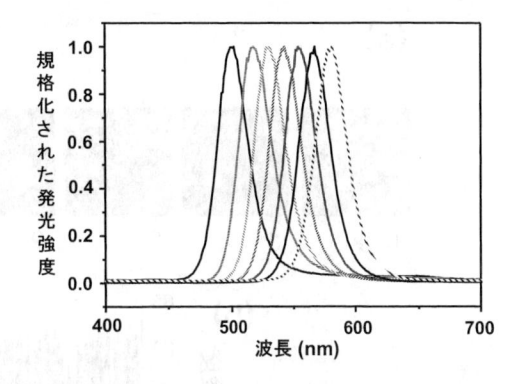

図1　CdSe量子ドットの結晶サイズに依存した発光色
左から 500, 517, 530, 543, 552, 564, 581 nm で直径が~2.2nmから~4.0nmの範囲にあることを示している。

性質であり，また狭いスペクトル幅は多色蛍光標識を行うためには有利な性質である。

　最近開発された半導体の量子ドットは，光退色に対して堅牢であり，スペクトル幅が狭いという性質を持っているので，前述した有機色素の欠点を解消するための代替となることが期待されている。量子ドットの基本的な性質を要約すると以下の通りである。

① ドットのサイズを変えることによって発光の色を変化させることが可能なので，同一の物質で多色蛍光体となる（図1）。
② 発光効率が高く，その量子収率が1に近いものも得られる。
③ 発光スペクトルの幅が狭い。
④ 吸収スペクトルは連続的である。

　一方で，本章1節でも説明したように，

⑤ 環境の変化に対しての発光特性があまり敏感ではない。
⑥ 発光強度が点滅を示す。

といった性質もある。点滅現象は，1個の量子ドットで1個の生体分子を標識して，その挙動を連続的に観察する場合に不都合を生じる。図2に示すように，秒～分程度の時間スケールで発光が消えてしまう場合があるので，標識した生体分子が視野内に存在していても消えたように見えるので具合が悪い。

　しかし，①～④の性質はバイオイメージングにとって非常に有用であり，蛍光色素と比較して優れた性質でもある。最近，これらの優れた性質を細胞および細胞内器官の可視化へ応用した研究が行われている。その他にも，病原体，毒物，バイオハザードの検出，特定のDNA塩基配列の検出，がんのイメージング，がんの光線療法への応用，細胞ソーティング等の応用例が挙げら

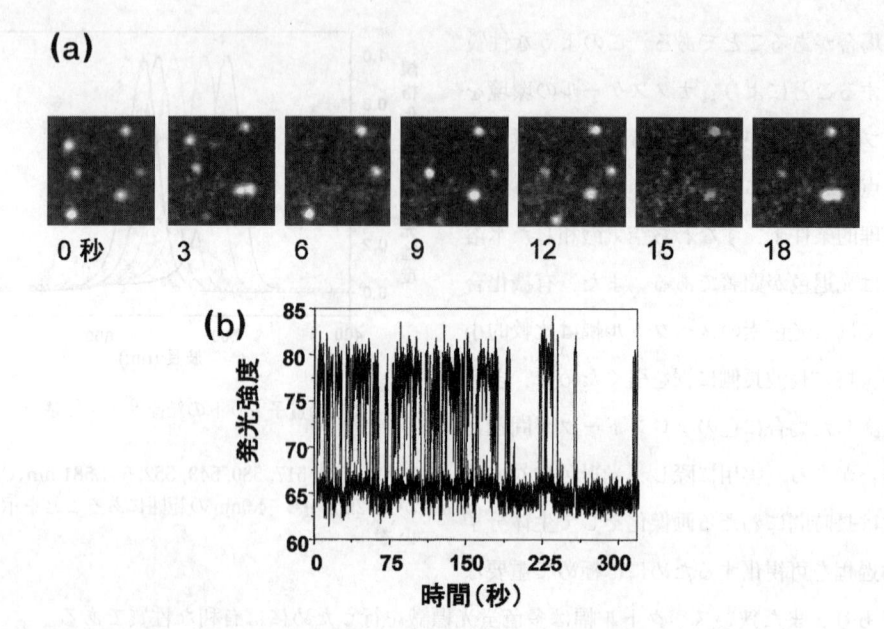

図2 (a) 複数のCdSe単一量子ドットの点滅画像
(b) ある注目した1個の量子ドットの点滅トラジェクトリー
トラジェクトリーと発光強度が〜65のベースラインと重ねて表示してあることに注意

れる。

3 量子ドットの合成・表面修飾・可水溶化

　量子ドットの応用で必要になるのは，抗体あるいはオリゴヌクレオチドを用いた生体分子の標識化技術である。抗体およびオリゴヌクレオチドの選択は標的とする生体分子や細胞の種類に依存する。現段階では，どんな場合でも利用可能な一般的な反応は知られていないが，個々の目的に対応して，抗体と量子ドットあるいはオリゴヌクレオチドと量子ドットを標識するための個別の反応が知られている。また，量子ドットと共役化させたいくつかの抗体も市販されている。例えば市販のCdSe量子ドットは，コアCdSe量子ドット，ZnSシェル，ポリマー被覆，そしてポリマー上に結合した官能基およびそれに結合した生体分子から構成される。このような多層構造をもった量子ドットの直径は〜15nmで，コア量子ドットの直径2〜5nmに比べて大きい。市販されているストレプトアビジンあるいはビオチンと共役化させた量子ドットは，生体分子との共役化という使用目的に利用可能であるが，いくつかの研究グループでは自前で既存の方法を用いて量子ドットを合成し，目的とするタンパク質やペプチドをそれに結合させて使用している。最近では，ZnSシェル上に調製したジスルフィド基が広く用いられるようになってきた。その一

第4章 量子ドットによる標識技術

方,チオール基による発光の消光が報告されている。

このように,量子ドットを生体分子と共役化するためにはコアとシェルに加え,量子ドットの構造と特性を保護するための被覆を調製することが,必須である。品質の高い量子ドットを合成する方法はいくつか知られているが,その中でもMurreyらによって開発された方法[1]が広く用いられている。この代表的な方法の手順を以下に示す。まず,コアのCdSe量子ドットは,図3に示すような器具を用いて,カドミウム前駆体とセレン前駆体をキレート性の有機リン酸化物と混合して,熱分解反応(〜300℃)によって合成する。この反応によって高い発光の量子収率をもった,いろいろなサイズの量子ドットが合成できる。必要とするサイズ,すなわち必要とする色をもった量子ドットは,溶液からサイズ分別沈殿によって得られる。ZnSシェルはジエチル亜鉛とヘキサメチルジシラチアンをコア上で反応させて得られる。シェルの厚さは前駆体試薬の量と反応時間によって制御できる。コア-シェル型の量子ドットは,コア量子ドットに比べて若干赤側にシフトした発光を示し,発光量子収率が向上し,化学的な安定性が向上する。コア-シェル型量子ドットをさらにポリマーで被覆すると,化学的な安定性がより向上し,コア-シェルを構成する元素のイオンが溶液中,とりわけ水溶液中に徐々に浸出することを防ぐことが可能となる。

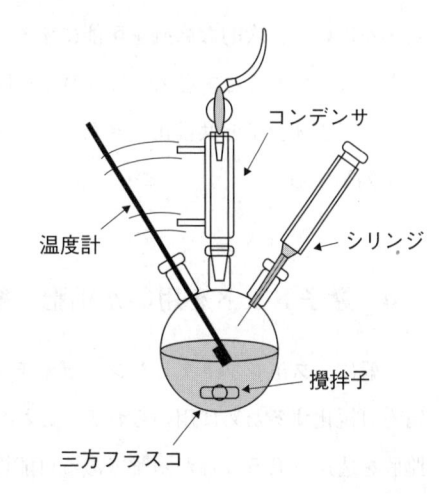

図3 量子ドットの合成に使用する反応容器

高い発光量子収率をもつコア-シェル量子ドットが得られたとして,その表面は合成反応に用いた有機リン酸化合物,すなわち脂肪族リンあるいはリン酸化物によって配位されているので,溶解できる溶媒はヘキサン,トルエン,クロロホルム等に限られる。上述のような量子ドット表面の配位子を除き,その表面を適切に修飾することは,量子ドットを可水溶化し,さらに生体分子を標識するために必要である。量子ドットを可水溶化して生体分子と共役化するために多くの試みがなされてきた。例えば,メルカプタンおよびその誘導体を用いた表面修飾である。メルカプタン誘導体としては,メルカプト酢酸,チオレートデンドリマー,チオシランが用いられる。さらに,ジヒドロリポ酸,ヒスチジン,システインに加え,親水性化されたホスフィン類,両親媒性のポリマーによる表面修飾も用いられる。このようなリガンド類を量子ドットの表面に結合させること,あるいは内側が疎水性で表面をペプチド,アミン,DNA,アルコール,糖,カルボキシル基で修飾したカプセルに量子ドットを入れることによっても,ドットを可水溶化することができる。さらに,これらのリガンド類に含まれる官能基はビオチン,ストレプトアビジン,

抗体を用いて二次的な修飾を可能にする。ただし個々の官能基および抗体は、ある特定の生体分子と共役化することを意図するものであり、万能な方法は存在しないということに留意されたい。以下に、生体分子と共役化させた量子ドットの代表的な応用例と、その量子ドットの調製法について列挙する。

4 量子ドットを用いた細胞，組織および器官の可視化

一般に、ストレプトアビジン、ビオチン、抗体と共役化させた量子ドットが細胞および細胞器官を可視化するために用いられる。これらの量子ドット共役体のサイズは比較的大きいので、細胞膜を透過させることが困難である可能性がある。この困難を解決するために、顕微注射、電気穿孔、エンドサイトーシス等が用いられる。

特定の細胞および細胞器官等を標的としない細胞のイメージングでは、例えばジヒドロリポ酸とストレプトアビジンと共役した非特異的量子ドットが用いられることがJaiswalらによって示された[4]。このような非特異的量子ドットは細胞質中のベシクル中に局在化している。一方、図4に示すように、量子ドットを糖タンパク質（P-glycoprotein：Pgp）に特異的に結合する抗体clone 4E3と共役化させると、細胞膜に局在化した量子ドットを観察することができる。細胞内に存在する量子ドットの光安定性は10～14時間の連続光照射によって実証された。

細胞器官に特異的に結合する量子ドットおよびその細胞内における光安定性がWuらによって示された[5]。彼らは量子ドットをヤギのanti-mouse免疫グロブリン（IgG）とストレプトアビジンとを共役化させて用いた。この研究では核膜、微小管、アクチン線維等の細胞内器官および乳ガンマーカーであるHer2が個別にそれぞれ対応する抗体、すなわち、"抗核膜抗体＋ビオチン化anti-human IgG"、"抗アルファ微小管抗体＋ビオチン化anti-mouse IgG"、"ビオチン化ファロイジン＋抗Her2抗体"、によって標識された。このように抗体およびビオチンで標識された細胞器官は、さらにヤギのanti-mouse IgG標識量子ドットとストレプトアビジン標識量子ドットに

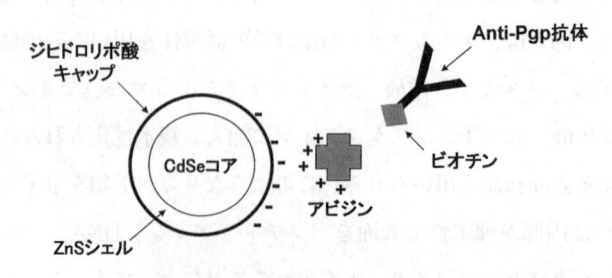

図4 アビジンとビオチンの特異的な結合を利用した量子ドットと抗体の共役化[4]

第4章　量子ドットによる標識技術

よって標識され，可視化された。

　細胞膜および細胞内器官を可視化するために，生体分子と共役化させた量子ドットを用いた他の研究では，グリシン受容体，糖タンパク質，ミトコンドリア等を標識し可視化している[6]。

　生体分子と共役化した量子ドットを用いたバイオイメージング技術では，細胞および細胞内器官を可視化することができる。異なる蛍光色の量子ドットを用いれば，多色イメージングも可能である。このような研究結果は，生体分子と共役化させた量子ドットが単一細胞および細胞内器官を可視化するための強力なツールであることを示している。

　最近，量子ドットはガンの in vivo におけるイメージング，そして in vitro におけるガン細胞およびガン組織をイメージングするために広く用いられるようになった。量子ドットをガンのイメージングに応用できることはNieらによって初めて示された[7]。その研究ではKB細胞をイメージングするために葉酸と共役化させた量子ドットをエンドサイトーシスを用いて細胞内に導入した。後に，Nieらは，ガン細胞がナノ粒子を特異的に取り込むという性質を利用して，量子ドットを用いた in vivo におけるガン細胞のイメージングを行った。マウスの前立腺ガンにおけるガン細胞および組織の標識とイメージングをするために前立腺の細胞膜に特異的な抗体と共役化させた量子ドットを用いた[8]のであるが，前立腺以外の器官，たとえば肝臓と脳が特異的に抗体と共役化させた量子ドットを取り込むという結果が得られた。ほかにも通常の1光子励起に比べて空間分解能を高めることが可能な2光子励起法と，非特異的に細胞器官を可視化するための量子ドットを組み合わせて皮膚および脂肪組織が選択的に可視化されたり[9]，リンパ節[10]のイメージングに応用した研究も最近報告されたが，そのような非特異的な共役化を施した量子ドットは肝臓に特異的に蓄積することが観測された。肝臓への蓄積は量子ドットの無侵襲イメージングへの応用でも観測されている[11]。

　これらの研究で用いられた量子ドットの表面は，水と親和性のあるリガンドで修飾されている。リガンドとしてリン酸，PEG（Polyethylene Glycol），アクリル酸が用いられている。

　組織あるいは臓器に蓄積した量子ドットを in vivo におけるイメージングに用いることに加えて，光線療法的なアプローチによるガン治療の可能性が最近示された[12]。この研究では量子ドットが有機色素に比べて光退色に対して堅牢であるという性質と一重項酸素を発生させるという性質が利用された。量子ドットと共役化したフタロシアニンと呼ばれる色素の誘導体による光増感法がガンの光線療法へ応用された。

　量子ドットの病原体検出と細胞ソーティングへの応用では，大腸菌 E. coli の検出と分離に，ビオチンとストレプトアビジンと共役化させた量子ドットをもとに，anti-E. coli 抗体で標識した細胞と磁気粒子で標識した量子ドットが使用された[13, 14]。他の研究では，磁気粒子とanti-cycline E 抗体で標識された量子ドットが磁力を用いた分離法と蛍光検出法が乳ガン細胞の検出に用いら

れた[15]。

5 量子ドット共役体を用いたバイオアッセイとバイオセンシング

5.1 毒物の検出

量子ドットの毒物検出への応用は，4色の量子ドットのスペクトル解析を用いることによって4種類の毒物の同時検出が達成された[16]。この方法は，コレラの毒素，リシン（トウゴマから得られる有毒なタンパク質），志賀毒素Iおよびブドウ状球菌の腸毒素B（食中毒の原因）の検出に応用された。これらの応用では可水溶化した量子ドットをそれぞれに対応した抗体と共役化させ，毒物の混合物と混ぜて多色蛍光検出に供したものである。最近，上記とは異なる毒物の検出にも有効であることが見出された。このような毒物としてトリニトロトルエン（TNT）[17]と有機リン化合物[18]が含まれる。

5.2 DNAフラグメントと特定の塩基配列の検出，タンパク質の検出

チオール，ビオチンおよびストレプトアビジンを用いて，量子ドットに結合させることにより，DNA，オリゴヌクレオチド，タンパク質は，顕微蛍光イメージングおよび分光法によって検出できる。最近，DNAの複製過程を検出するためにFRET（Fluorescence Resonance Energy Transfer）法が用いられた。これはオリゴヌクレオチドを量子ドットに結合させ，DNAポリメラーゼ活性をもつクレノー断片の存在下で，蛍光色素のテキサスレッドで標識したヌクレオチドを加える[19]という方法である。FRET法はまた，テロメラーゼによって起こるDNA鎖の伸長を検出するためにも用いられた[19]。別の研究では，それぞれ発光色の異なる量子ドットと共役化した2種類のプローブを用いて，特定の2種類のDNAの塩基配列を並列的に検出する方法が開発された。同時に検出された場合，2種類の発光色が混ざった色（例えば，赤と緑の発光が混ざった場合，オレンジ色の発光）が観測される。この方法は炭そ菌の病因となる遺伝子の解析に応用された[20]。

生体分子と共役化した量子ドットをタンパク質の検出と解析へ応用した例として，ニューロン中のグリシン受容体の拡散過程を可視化した研究がある。この研究ではグリシン受容体と量子ドットの共役体が用いられた[21]。また，spinal cultured neuron中におけるグリシン受容体a1サブユニットの分布を，ストレプトアビジン-ビオチン1次抗体と共役化させた量子ドットを用いて解析した[21]。またこの他に，テロメアの繰り返し領域に結合するタンパク質をストレプトアビジン-ビオチンと共役化させ，量子ドットを用いて可視化した例も見られる[22]。

第4章 量子ドットによる標識技術

5.3 マイクロアレイ，フローサイトメトリー，クロマトグラフィーへの応用

　量子ドットで符号化されたビーズをフローサイトメトリーで検出する方法で生体分子を高い処理効率で検出できることが，最近の研究によって示された[23]。また，量子ドット共役体を用いた高スループット解析の他の例として，マイクロアレイを用いたDNAの塩基配列を表面増強プラズモンイメージングとスペクトル解析を用いて検出した研究がある[24]。この研究では，金と銀で被覆した基板上に，オリゴヌクレオチドのアレイがチオールとアビジン-ビオチン結合を用いて調製された。ストレプトアビジンと，ターゲットに相補的なオリゴヌクレオチドを共役化させた量子ドットがマイクロアレイのスポット上で検出された。励起用レーザの入射角度を最適化することにより最も高い蛍光強度を検出した。

　もうひとつの量子ドット共役体を用いた高スループット解析の例は，免疫クロマトグラフィーへの応用である[25]。この応用では，goat IgGで標識したアフィニティーゲルビーズを遠心カラムの中に充てんし，これに共役化量子ドットを結合させる方法がとられた。この共役化量子ドットはビオチン，量子ドット，マルトース結合タンパク質，ロイシンジッパーから構成されており，量子ドットとアフィニティーゲルビーズを結合させるために，rabit anti-goat IgGあるいはrabit-anti-SEB IgG（SEB：Staphylococal Enterotoxin B）を用いた多重ハイブリダイゼーション法が用いられた。

　共役化量子ドットをタンパク質のマイクロアレイ検出へ応用する際には，細胞外シグナル制御タンパクをリン酸化する酵素のアレイを検出するためにストレプトアビジンと共役化した量子ドットが用いられた。酵素タンパク質は1次抗体によって標識され，ビオチン化した2次抗体が，アビジン-ビオチン結合によってタンパク質を標識するために用いられた[26]。

謝　辞

　文献の収集と整理に協力して頂いた，産業技術総合研究所 健康工学研究センターのVasudevan Pillai Biju 博士に御礼申し上げます。

文　献

1) C. B. Murray, D. J. Norris, M. G. Bawendi, *J. Am. Chem. Soc.* **115**, 8706 (1993)
2) M. Bruchez Jr., M. Moronne, P. Gin, S. Weiss, A. P. Alivisatos, *Science* **281**, 2013 (1998)
3) W. C. W. Chan, S. Nie, *Science* **281**, 2016 (1998)

4) J. K. Jaiswall, H. Mattoussi, J. M. Mauro, S. M. Simon, *Nature Biotechnol.* **21**, 47 (2003)
5) X. Wu *et al.*, *Nature Biotechnol.* **21**,41 (2003)
6) I. L. Medintz, H. T. Uyeda, E. R. Goldman, H. Mattoussi, *Nature Materials* **4**, 435 (2005)
7) W. C. W. Chan *et al.*, *Current Opinion in Biotechnol.* **13**, 40 (2004)
8) X. Gao, Y. Cui, R. M. Levenson, L. W. K. Chung, S. Nie, *Nature Biotechnol.* **22**, 969 (2004)
9) D. R. Larson *et al.*, *Science* **300**, 1434 (2003)
10) S. Kim *et al.*, *Nature Biotechnol.* **22**, 93 (2004)
11) B. Ballou, B. C. Lagerholm, L. A. Ernst, M. P. Bruchez, A. S. Waggoner, *Bioconjugate Chem.* **15**, 79 (2004)
12) A. C. Samia, X. Chen, C. Burda, *J. Am. Chem. Soc.* **125**, 15736 (2003)
13) X. L. Su, Y. Li, *Anal. Chem.* **76**, 4806 (2004)
14) M. A. Harn, J. S. Tabb, T. D. Krauss, *Anal. Chem.* **77**, 4861 (2005)
15) D. Wang, J. He, N. Rosenzweig, Z. Rosenzweig, *Nano Lett.* **4**, 409 (2004)
16) E. R. Goldman *et al.*, *Anal. Chem.* **76**, 684 (2004)
17) E. R. Goldman *et al.*, *J. Am. Chem. Soc.* **127**, 6744 (2005)
18) X. Ji *et al.*, *J. Phys. Chem. B* **109**, 3793 (2005)
19) F. Patolsky *et al.*, *J. Am. Chem. Soc.* **125**, 13918 (2003)
20) Y. P. Ho, M. C. Kung, S. Yang, T. H. Wang, *Nano Lett.* **5**, 1693 (2005)
21) M. Dahan *et al.*, *Science* **302**, 442 (2003)
22) R. Bakalova, Z. Zhelev, H. Ohba, Y. Baba, *J. Am. Chem. Soc.* **127**, 9328 (2005)
23) X. Gao, S. Nie, *Anal. Chem.* **76**, 2406 (2004)
24) R. Robelek, L. Niu, E. L. Schmidt, W. Knoll, *Anal. Chem.* **76**, 6160 (2004)
25) B. M. Lingerfelt, H. Mattoussi, E. R. Goldman, J. M. Mauro, G. P. Anderson, *Anal. Chem.* **75**, 4043 (2003)
26) D. Geho *et al.*, *Bioconjugate Chem.* **16**, 559 (2005)

《CMC テクニカルライブラリー》発行にあたって

弊社は，1961年創立以来，多くの技術レポートを発行してまいりました。これらの多くは，その時代の最先端情報を企業や研究機関などの法人に提供することを目的としたもので，価格も一般の理工書に比べて遙かに高価なものでした。

一方，ある時代に最先端であった技術も，実用化され，応用展開されるにあたって普及期，成熟期を迎えていきます。ところが，最先端の時代に一流の研究者によって書かれたレポートの内容は，時代を経ても当該技術を学ぶ技術書，理工書としていささかも遜色のないことを，多くの方々が指摘されています。

弊社では過去に発行した技術レポートを個人向けの廉価な普及版《CMCテクニカルライブラリー》として発行することとしました。このシリーズが，21世紀の科学技術の発展にいささかでも貢献できれば幸いです。

2000年12月

株式会社シーエムシー出版

磁性ビーズのバイオ・環境技術への応用展開《普及版》 (B1000)

2006年4月28日　初　版　第1刷発行
2012年6月6日　普及版　第1刷発行

監　修	半田　宏，阿部正紀，	Printed in Japan
	野田紘憙	
発行者	辻　賢司	
発行所	株式会社シーエムシー出版	
	東京都千代田区内神田 1-13-1	
	電話 03(3293)2061	
	大阪市中央区南新町 1-2-4	
	電話 06(4794)8234	
	http://www.cmcbooks.co.jp/	

〔印刷　倉敷印刷株式会社〕　　© H. Handa, M. Abe, K. Noda, 2012

定価はカバーに表示してあります。
落丁・乱丁本はお取替えいたします。

本書の内容の一部あるいは全部を無断で複写(コピー)することは，法律で認められた場合を除き，著作者および出版社の権利の侵害になります。

ISBN978-4-7813-0504-2　C3043　¥5000E